21世纪高等学校计算机系列规划教材

Photoshop CS4 中文版实用教程

黄侃　张松波　主　编

潘忠立　范晶　李达辉　赵凌飞　马宪敏　副主编

清华大学出版社

北　京

内容提要

本书全面细致地介绍了Photoshop CS4中文版的主要功能和面向实际的应用技巧，包括图像处理的基础知识和基本操作、选区的绘制与编辑、图像的编辑、路径的使用、文字与矢量图形处理、图像色调与色彩调整、图层和通道等重要调板的应用、滤镜特效、各种新颖特效字的制作及网页特效元素的设计等内容。最后一章还安排了精彩的综合实例，用于拓宽读者的创作思路，巩固和提高读者对Photoshop CS4操作的掌握与应用。

本书结构清晰，语言流畅，内容丰富，图文并茂。根据知识点的学习进程，精心安排具有针对性的精彩实例，强调理论知识与实际应用的结合，令读者能够快速学习和掌握使用Photoshop CS4的功能和技巧进行图像处理的各种实用操作。

本书既可作为高等院校、高职高专相关课程的教材，也可作为各类社会培训班的教学用书。此外，本书也非常适合广大初、中级电脑美术爱好者自学和阅读。

图书在版编目（CIP）数据

Photoshop CS4中文版实用教程/黄侃，张松波主编. —北京：清华大学出版社，2012.7
（21世纪高等学校计算机系列规划教材）
ISBN 978-7-302-28824-4

Ⅰ. ①P…　Ⅱ. ①黄…　②张…　Ⅲ. ①图像处理软件-教材　Ⅳ. ①TP391.41

中国版本图书馆CIP数据核字（2012）第103075号

责任编辑：魏江江　王冰飞
封面设计：杨　兮
责任校对：徐俊伟
责任印制：李红英

出版发行：清华大学出版社
网　　址：http://www.tup.com.cn，http://www.wqbook.com
地　　址：北京清华大学学研大厦A座　　**邮　　编**：100084
社 总 机：010-62770175　　**邮　　购**：010-62786544
投稿与读者服务：010-62776969，c-service@tup.tsinghua.edu.cn
质 量 反 馈：010-62772015，zhiliang@tup.tsinghua.edu.cn
课 件 下 载：http://www.tup.com.cn,010-62795954
印 刷 者：北京四季青印刷厂
装 订 者：三河市兴旺装订有限公司
经　　销：全国新华书店
开　　本：185mm×260mm　　**印　张**：26.5　　**字　　数**：662千字
版　　次：2012年7月第1版　　**印　　次**：2012年7月第1次印刷
印　　数：1～3000
定　　价：39.50元

产品编号：042182-01

编审委员会成员

（按地区排序）

浙江大学	吴朝晖	教授
	李善平	教授
扬州大学	李　云	教授
南京大学	骆　斌	教授
	黄　强	副教授
南京航空航天大学	黄志球	教授
	秦小麟	教授
南京理工大学	张功萱	教授
南京邮电学院	朱秀昌	教授
苏州大学	王宜怀	教授
	陈建明	副教授
江苏大学	鲍可进	教授
武汉大学	何炎祥	教授
华中科技大学	刘乐善	教授
中南财经政法大学	刘腾红	教授
华中师范大学	叶俊民	教授
	郑世珏	教授
	陈　利	教授
国防科技大学	赵克佳	教授
中南大学	刘卫国	教授
湖南大学	林亚平	教授
	邹北骥	教授
西安交通大学	沈钧毅	教授
	齐　勇	教授
长安大学	巨永峰	教授
哈尔滨工业大学	郭茂祖	教授
吉林大学	徐一平	教授
	毕　强	教授
山东大学	孟祥旭	教授
	郝兴伟	教授
中山大学	潘小轰	教授
厦门大学	冯少荣	教授
仰恩大学	张思民	教授
云南大学	刘惟一	教授
电子科技大学	刘乃琦	教授
	罗　蕾	教授
成都理工大学	蔡　淮	教授
	于　春	讲师
西南交通大学	曾华燊	教授

出版说明

随着我国改革开放的进一步深化，高等教育也得到了快速发展，各地高校紧密结合地方经济建设发展需要，科学运用市场调节机制，加大了使用信息科学等现代科学技术提升、改造传统学科专业的投入力度，通过教育改革合理调整和配置了教育资源，优化了传统学科专业，积极为地方经济建设输送人才，为我国经济社会的快速、健康和可持续发展以及高等教育自身的改革发展做出了巨大贡献。但是，高等教育质量还需要进一步提高以适应经济社会发展的需要，不少高校的专业设置和结构不尽合理，教师队伍整体素质亟待提高，人才培养模式、教学内容和方法需要进一步转变，学生的实践能力和创新精神亟待加强。

教育部一直十分重视高等教育质量工作。2007 年 1 月,教育部下发了《关于实施高等学校本科教学质量与教学改革工程的意见》，计划实施“高等学校本科教学质量与教学改革工程（简称‘质量工程’）”，通过专业结构调整、课程教材建设、实践教学改革、教学团队建设等多项内容，进一步深化高等学校教学改革，提高人才培养的能力和水平，更好地满足经济社会发展对高素质人才的需要。在贯彻和落实教育部“质量工程”的过程中，各地高校发挥师资力量强、办学经验丰富、教学资源充裕等优势，对其特色专业及特色课程（群）加以规划、整理和总结，更新教学内容、改革课程体系，建设了一大批内容新、体系新、方法新、手段新的特色课程。在此基础上，经教育部相关教学指导委员会专家的指导和建议，清华大学出版社在多个领域精选各高校的特色课程，分别规划出版系列教材，以配合“质量工程”的实施，满足各高校教学质量和教学改革的需要。

本系列教材立足于计算机公共课程领域，以公共基础课为主、专业基础课为辅，横向满足高校多层次教学的需要。在规划过程中体现了如下一些基本原则和特点。

（1）面向多层次、多学科专业，强调计算机在各专业中的应用。教材内容坚持基本理论适度，反映各层次对基本理论和原理的需求，同时加强实践和应用环节。

（2）反映教学需要，促进教学发展。教材要适应多样化的教学需要，正确把握教学内容和课程体系的改革方向，在选择教材内容和编写体系时注意体现素质教育、创新能力与实践能力的培养，为学生的知识、能力、素质协调发展创造条件。

（3）实施精品战略，突出重点，保证质量。规划教材把重点放在公共基础课和专业基础课的教材建设上；特别注意选择并安排一部分原来基础比较好的优秀教材或讲义修订再版，逐步形成精品教材；提倡并鼓励编写体现教学质量和教学改革成果的教材。

（4）主张一纲多本，合理配套。基础课和专业基础课教材配套，同一门课程可以有针对不同层次、面向不同专业的多本具有各自内容特点的教材。处理好教材统一性与多样化，基本教材与辅助教材、教学参考书，文字教材与软件教材的关系，实现教材系列资源配套。

（5）依靠专家，择优选用。在制定教材规划时依靠各课程专家在调查研究本课程教材建设现状的基础上提出规划选题。在落实主编人选时，要引入竞争机制，通过申报、评审确定主题。书稿完成后要认真实行审稿程序，确保出书质量。

繁荣教材出版事业，提高教材质量的关键是教师。建立一支高水平教材编写梯队才能保证教材的编写质量和建设力度，希望有志于教材建设的教师能够加入到我们的编写队伍中来。

21 世纪高等学校计算机系列规划教材

联系人：魏江江 weijj@tup.tsinghua.edu.cn

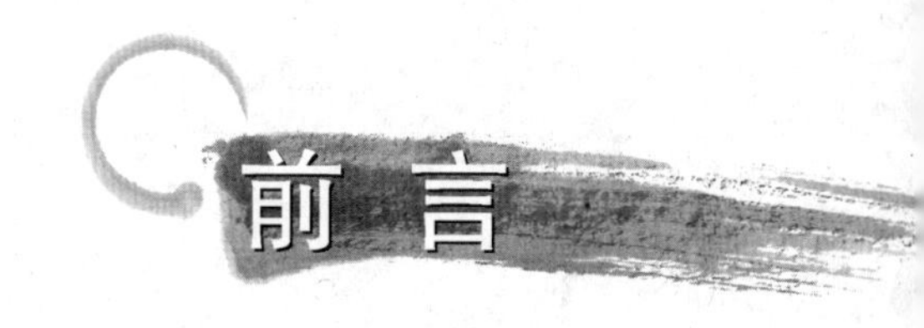

Photoshop 是 Adobe 公司开发的图形图像处理软件，目前已广泛应用于美术设计、彩色印刷、海报、数码照片处理等诸多领域。Photoshop CS4 是 Adobe 公司 2008 年推出的新版本，与以往版本相比，增加了许多新功能，使软件在图像编辑处理过程中变得更易操作和更加完美。

本书以最新的 Photoshop CS4 中文版为蓝本，通过对基础知识和典型实例的讲解，使读者能够快速学习和掌握 Photoshop 软件的功能和技术进行图像处理的各种操作。本书共分 11 章，主要内容如下：

第 1 章和第 2 章介绍图像编辑处理的基础知识和基本操作方法。

第 3 章介绍使用各种选区工具创建选区和对选区的编辑、填充等内容。

第 4 章介绍绘图工具的设置方法和使用，橡皮擦工具组擦除图像的方法，各种图像色彩、画面修饰工具的使用，以及常用图像编辑命令操作。

第 5 章介绍路径的一些基础知识，创建路径的各种方法，编辑路径以及路径调板的使用。

第 6 章介绍文字的输入和编辑处理的操作方法，包括创建路径文字和变形文字的方法。

第 7 章介绍“图像/调整”菜单命令下的调整图像色彩的相关命令。

第 8 章介绍图层面板和通道面板等重要面板的使用，并结合实例体现它们的强大功能。

第 9 章介绍 Photoshop CS4 中各种滤镜的效果和功能。

第 10 章介绍网页元素（包括按钮、导航条以及网页背景）的制作方法。

第 11 章介绍商业照片后期调色、雾窗水滴效果、复古海报、有质感的文字肖像、书籍装帧设计、三折页、展会舞台背景、易拉宝设计 8 个应用实例，以及综合应用 Photoshop CS4 进行平面设计的方法与技巧。

本书集合了多所高校多年从事计算机教学的一线教师的智慧联合编写，参与本书编写的人员有丰富的教学经验，在 Photoshop 方面都有较高的造诣。全书实例典型、精彩，编写语言通俗易懂、由浅入深，步骤讲解详尽、富于启发性。

本书由黄侃、张松波任主编，朱小菲主审，潘忠立、范晶、李达辉、赵凌飞、马宪敏任副主编，参加本书编写工作的还有张婷婷、徐星明、石晶、蒋东玉、李轶欧等。具体分工是：第 1、6 章由黄侃编写，第 2、7 章由李达辉编写，第 3 章由石晶编写，第 4、5 章由范晶编写，第 8 章由赵凌飞编写，第 9 章由张松波、蒋东玉共同编写（张松波编写 9.4 节，其他由蒋东玉编写），第 10 章由张婷婷编写，第 11.1～11.5 节由潘忠立编写，第 11.6～11.8 节由徐星明编写。李轶欧整理了习题答案及附录，全书由马宪敏统稿。

在编写过程中，我们力求做到严谨细致、精益求精，由于编写时间仓促，编者水平有限，书中疏漏和不妥之处在所难免，殷切希望读者和同行专家批评指正，编者的 E-mail 是：hljmxm@163.com。

作　者

2012 年 5 月

目录

第1章 Photoshop CS4 窗口

【学习目标】本章介绍 Photoshop CS4 的基本知识。要求了解 Photoshop 的基本功能和 Photoshop CS4 的特点；熟悉 Photoshop CS4 标题栏、菜单栏、工具箱和图像窗口；熟悉常见的图像类型和图像文件的格式；理解图像的分辨率、颜色模式、像素等概念。

【本章重点】

- Photoshop CS4 的应用领域；
- 位图和矢量图；
- Photoshop CS4 工作界面；
- 分辨率和图像颜色模式；
- 常用图像文件格式。

1.1 Photoshop CS4 概述

Adobe Photoshop 是一款由世界上最大的软件公司之一 Adobe 公司开发的图像处理应用软件，在同类软件中它的使用范围最广，同时也是最专业、功能最强大的一款图像处理软件，同时因为它的易操作、实用等特点备受广大使用者青睐。

自 1990 年第一个版本的 Photoshop 问世以来，Adobe 公司不断对其进行完善和更新。Photoshop CS4 版本在 2008 年 9 月 23 日正式发行，CS 是 Creative Suit 的缩写，有创新、适合之意。而 Photoshop CS4 号称是 Adobe 公司历史上最大规模的一次产品升级，Photoshop CS4 在保留原有传统功能的基础上又新增了许多强大的功能，在图像处理领域它几乎可以满足用户的任何要求。其操作命令灵活变通，操作工具得心应手，操作方式简洁易学，编辑与合成功能无与伦比，能高效率地协助用户设计制作出高水平的图像作品。

1.2 Photoshop CS4 的应用领域

要了解、学习、掌握 Photoshop CS4 软件，首先要了解 Photoshop CS4 的用途。Photoshop CS4 的应用领域很广泛，在图形、图像、影视和印刷出版各方面都有广泛的应用。

1. 平面设计和印刷领域

随着 PC 与人们的生活结合得越来越紧密，越来越多的平面设计作品都是由计算机来辅助完成的，它与印刷技术也有机地结合在一起，使得平面设计在视觉感官领域的表现越来越丰富、越来越有冲击力和感染力，同时完成作品的质量和效率也更高了。

在平面设计领域中，Photoshop 的应用是最为广泛的，无论是印刷领域中的书籍封面的设计、图书内页的编辑还是遍布大街小巷的海报、招贴画都离不开 Photoshop 软件的应用，如图 1-1 和图 1-2 所示。

图 1-1　书籍封面示例图

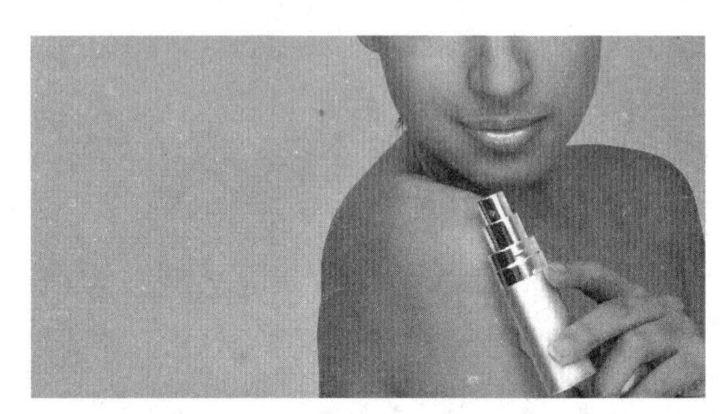

图 1-2　海报招贴示例图

2. 图像修复领域

在日常生活中经常会遇到这样的情况，我们小心翼翼保存的珍贵老照片发霉、变色或是被弄脏了，Photoshop 软件的强大图像修复功能在此时就有了用武之地，它可以迅速、简单地将破损的老照片复原、上色，也可以去除照片上的污渍、斑点，更正缺陷，如图 1-3 所示。

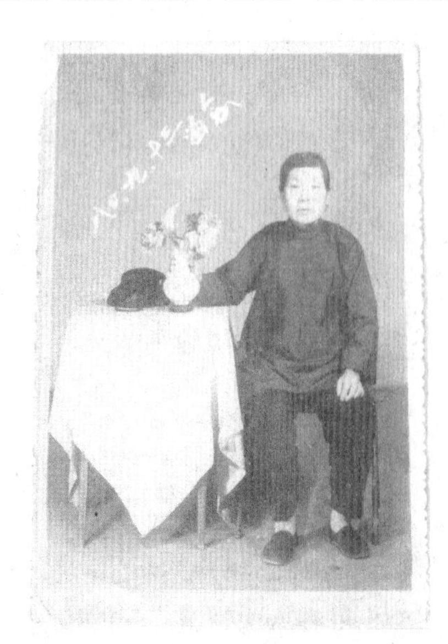

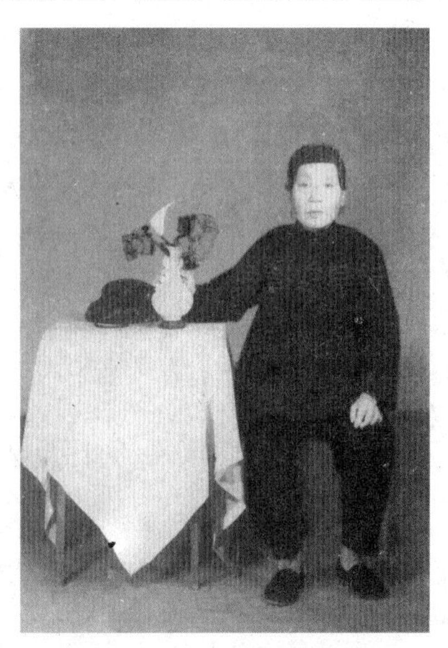

图 1-3　修复老照片示例图

3. 婚纱照片和广告摄影领域

现在的婚纱影楼很少能看到传统的胶片相机了，几乎全部使用数码相机进行拍照，用数码相机拍摄婚纱照片不仅可以达到传统相机的高像素，更为重要的是成像快速，被拍摄人可以马上看到拍摄的效果，可以马上挑选满意的照片进行冲印，大大提高了工作效率。另外，Photoshop 软件还可以对拍摄好的婚纱照片进行后期处理，调整照片的色调，对照片中的人物进行修饰，还可以对照片中的场景进行更换，设计出更加梦幻、新奇的效果，如图 1-4 所示。

图 1-4 婚纱照片示例图

广告摄影是以商品为拍摄对象的影像形式，对于图像的求要更为严格，要通过对实物商品的多角度表现来刺激顾客的购买欲望，从而达到促进商品销售的目的。广告摄影作品大多要运用 Photoshop 软件进行修饰、调整，添加文字说明等各种效果，如图 1-5 所示。

4. 绘画和艺术文字领域

随着现代科技的日新月异，PC 的普及与软、硬件技术的不断进步，在 PC 上完成绘画作品越来越方便，而且在 PC 上绘画方便快捷、易于修改、易于保存，而且不用考虑褪色、掉色的问题。随着手绘板技术越来越成熟，利用 Photoshop 软件完成的绘画作品效果越来越完美，现已广泛地应用于书籍插图、插画和招贴、海报设计当中了，如图 1-6 所示。

图 1-5 广告摄影示例图

图 1-6 绘画效果示例图

现在无论是广告招贴、海报、广告摄影作品，还是书籍插图、插画，几乎都能看到艺术文字的“身影”。Photoshop 软件可以使文字发生各种各样的变化，使处理后的文字艺术性更强、视觉效果更加突出。漂亮的艺术文字往往会成为一幅设计作品的点睛之笔，如图 1-7 所示。

图 1-7　艺术文字效果示例图

5．图像和影像创意领域

创造性也是 Photoshop 软件的特长，在图像创意中我们可以通过 Photoshop 软件将两个毫不相干的图像有机组合到一起，达到乱真的目的。也可以发挥想象力，通过图像的创意组合来表现设计理念、思想，达到我们的视觉要求，如图 1-8 所示。

影像创意图像更广泛地应用在影视作品中。利用 Photoshop 软件制作出的场景图片可以应用到影片当中，制作出特定的影像环境，如《蜘蛛侠》、《指环王》和《阿凡达》等影片都广泛地应用了这项技术，如图 1-9 所示。

图 1-8　创意图像效果示例图　　　　图 1-9　影像创意效果示例图

6．建筑效果图后期制作和处理三维贴图领域

在建筑效果图后期制作中需要对三维图像进行整体调整，此时 Photoshop 软件是必不可少的。在效果图中添加人物、交通工具和场景，对效果图的整体色调进行处理都要用到 Photoshop 软件，如图 1-10 所示。

用三维制作软件可以精确地制作出物体的模型，但是当我们想给模型赋予材质和图片的时候，在三维制作软件中很难做到这一点，而利用 Photoshop 软件与三维制作软件就可以很好地解决这一难题，得到逼真的效果，如图 1-11 所示。

图 1-10 建筑效果示例图

图 1-11 三维贴图效果示例图

7. 网页界面制作领域

互联网与我们的生活关系越来越密切，各种各样的网页界面几乎天天冲击着我们的视觉神经。设计什么样的网页界面可以吸引网民，增加点击率，成为一个网页设计师需要思考的问题。现在绝大多数的网页界面设计都是由 Photoshop 软件来完成的，Photoshop 软件已成为学习网页制作的人员不可不学的图像处理软件之一，如图 1-12 所示。

图 1-12 网页界面效果示例图

1.3 Photoshop CS4 的新增功能

Adobe 公司自 1990 年以来不断对 Photoshop 软件进行完善和更新。Photoshop CS4 在保留原有传统功能的基础上又新增了许多强大的功能，其中最大的变化就是加入了 GPU 支持，有了 GPU 加速支持，用 Photoshop 软件打开一个 2GB（4.42 亿像素）的图像文件将非常迅速，对图片进行缩放、旋转也不会存在任何延迟。下面针对其主要的新增功能进行简要介绍。

1. 3D 绘图与合成

Photoshop CS4 中新增了 3D 绘图与合成技术，运用它可以直接在 3D 模型上进行绘图，用二维图像处理三维空间画面，将有渐变关系的二维画面转换为三维形体图像，并能够精确地导出常见的 3D 格式文件。

2. “调整”面板

在新版的 Photoshop CS4 中一改以往通过菜单栏的烦琐操作，将所有的调整功能集中到了一起，当我们打开一个图像文件时，调整作为一个面板就会显示在窗口的右侧，如图 1-13 所示。通过对“调整”面板的操作，即可轻松地完成对图像颜色、色调、明暗等的调整。

图 1-13　“调整”面板

3．图像的自动混合

爱好摄影的朋友用微距拍摄照片时往往会得到景深极浅、前实后虚的照片，很难拍摄出前景和背景都清晰的照片。应用 Photoshop CS4 中的“自动混合图层”命令就可以将两张景深极浅的照片制作成一张清晰的照片。如图 1-14 所示为景深极浅的照片示例图，如图 1-15 所示为应用“自动混合图层”命令后的效果图和“图层”面板效果图。

4．流转画布旋转

“流转画布旋转”命令在图像处理中应用得非常广泛，它与“画布旋转”命令不同，作用于当前视图。应用旋转视图工具可以在不破坏图像的前提下对画布进行旋转，可以按照图像中心给出的虚拟方向标按任意角度进行旋转。

图 1-14　景深极浅的照片示例图

图 1-15　应用“自动混合图层”命令后的效果图和“图层”面板效果图

旋转视图工具需要 PC 的显卡必须支持 OpenGL 的 GPU（Photoshop CS4 利用图形显

卡的 GPU，而不是 PC 的主处理器（即 CPU）来加速屏幕重绘），必须要有支持 Photoshop 各种功能所需的足够内存（至少 128MB 内存）。如果打开 Photoshop 软件时该功能不能应用，可以选择“编辑”→“首选项”→“性能”，选中“启用 OpenGL 绘图”复选框。如果打开 Photoshop 时该复选框未启用，检查显卡和驱动程序是否在 Photoshop CS4 支持的显卡列表中。如果 Photoshop 与用于协同访问 GPU 的显示组件不兼容，则会出现问题。用户可能会遇到观感不自然、错误、崩溃或 Photoshop 没有出现错误就关闭等问题，如图 1-16 所示。

图 1-16　流转画布旋转示例图

5. 自动对齐图层

“自动对齐图层”命令可以根据不同图层中的相似内容（如角和边）自动对齐图层。可以指定一个图层作为参考图层，也可以让 Photoshop 自动选择参考图层。其他图层将与参考图层对齐，以便匹配的内容能够自行叠加。

通过使用“自动对齐图层”命令，可以用下面几种方式组合图像：

（1）替换或删除具有相同背景的图像部分。对齐图像之后，使用蒙版或混合效果将每个图像的部分内容组合到一个图像中。

（2）将共享重叠内容的图像缝合在一起。

（3）对于针对静态背景拍摄的视频帧，可以将帧转换为图层，然后添加或删除跨越多个帧的内容。如图 1-17 所示为拼合前的 3 张图片，如图 1-18 所示为拼合后的图片。

图 1-17　拼合前的 3 张图片

图 1-18　拼合后的图片

6．画面景深的调整

在 Photoshop CS4 中新增了“自动混合图层”功能，可将几个图层中每个图层清晰的地方混合在一起，制造出景深更大的图片。

7．与 Adobe 其他软件的配合

借助 Photoshop Extended 与 After Effects、Premiere Pro、Flash Professional 等应用程序之间增强的集成，在很大程度上提高了工作效率。

8．文件显示选项

在 Photoshop CS4 软件中文件的显示更加方便，使用了选项卡式文档显示或 n-up 视图，可以在可用窗口范围比较方便地在各个图像间切换。

9．颜色校正

在 Photoshop CS4 软件中，颜色校正功能得到大幅度的提升，最为突出的是减淡工具、加深工具和海绵工具，利用它们处理图片时可以智能地保留图像的颜色和色调，使图像的处理更加和谐。

10．内容感知缩放

在处理图像时肯定有过这类烦恼：想更改图像大小或更改比例，但是重点内容（比如人物或者建筑物）的比例不能变。可能我们也想到过该如何解决（比如用图章工具和缩放工具等），但工作量无疑是相当庞大的。而 Photoshop CS4 软件解决了这个难题，可任意修改图片中某一位置的大小而不影响其他部分。如图 1-19 所示为原始图片，如图 1-20 所示为在 Photoshop CS4 中应用了内容感知缩放方式处理的图像，如图 1-21 所示为在 Photoshop CS4 以前版本中使用传统方法处理的图像。

11．“蒙版”面板

在 Photoshop CS4 软件中，“蒙版”面板的功能更加强大，可以实现快速创建和编辑，如图 1-22 所示。利用“蒙版”面板可以创建基于像素和矢量的可编辑蒙版，还可以调整蒙版的浓度和羽化值。

图 1-19　原始图片

图 1-20　用内容感知缩放方式处理的图像

图 1-21　用传统方法处理的图像

图 1-22 “蒙版”面板

1.4 图像处理基础知识

1.4.1 位图和矢量图

在日常生活中，我们编辑和处理的图像类型大致分为位图和矢量图两种形式。这两种类型的图片有着各自的优点和缺点，下面分别进行介绍。

1. 位图

位图是由像素点组合成的图像，一个点就是一个像素，每个点都有自己的颜色。所以位图能够表现出丰富的色彩，但是正因为这样，位图图像记录的信息量较多，文件容量较大。

Photoshop 生成的图像主要是位图图像。位图图像与分辨率有直接的关系，分辨率大的位图清晰度高，其放大倍数相应增加。但是，当位图的放大倍数超过其最佳分辨率时，就会出现细节丢失，并产生锯齿状边缘的情况，如图 1-23 所示。

图 1-23 位图放大前后的效果对比

2. 矢量图

矢量图是以数学向量方式记录图像的，由点、线和面等元素组成。所记录的是对象的几何形状、线条大小（粗细）和颜色等信息，不需要记录每个点的位置和颜色，所以它的文件容量比较小。另外，矢量图与分辨率无关，可以任意倍的缩放且清晰度不变，而且不会出现锯齿状边缘，如图 1-24 所示为矢量图放大前后的效果对比。

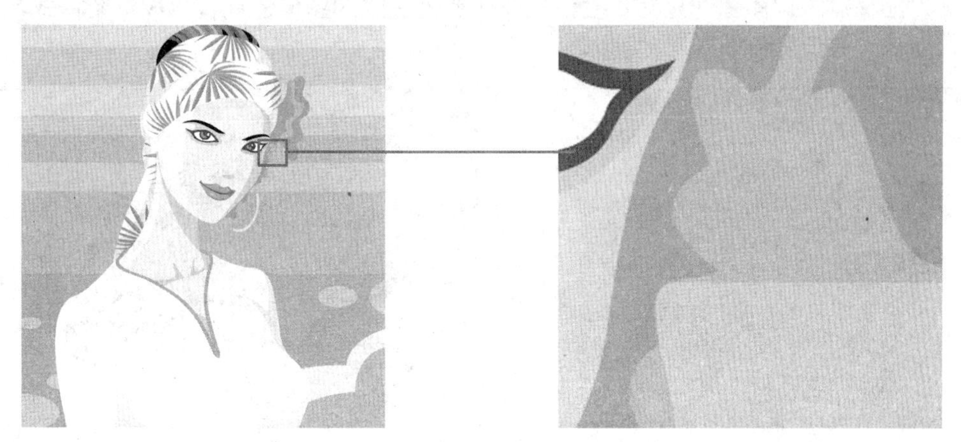

图 1-24 矢量图放大前后的效果对比

1.4.2 像素与图像分辨率

1. 像素

像素是构成位图图像的基本单位，水平及竖直方向上的若干个像素组成了图像。像素是一个个正方形小方块，每一个像素都有其明确的位置及色彩值。所有像素的位置及色彩决定了图像的效果。一个图像文件的像素越多，则包含的信息量越大，文件容量就越大，图像的品质也就越好。

2. 图像分辨率

图像分辨率是指图像中每单位长度显示的像素的数量，通常用“像素/尺寸（dpi）”表示。分辨率是用来衡量图像细节表现力的一个技术指标。每英寸的像素越多，分辨率越高。一般来说，图像的分辨率越高，得到的印刷图像的质量越好。

1.4.3 图像的颜色模式

颜色模式决定图像最终的显示和输出色彩。在 Photoshop 中，支持多种颜色模式，如位图、灰度、索引颜色、RGB 颜色等。选择菜单栏中的“图像”→“模式”命令，在弹出的子菜单中包含了更多、更全面的颜色模式类型，如图 1-25 所示。

Photoshop 中的颜色模式用于显示和打印图像的颜色模型。颜色模式以建立好的用于描述和重现色彩的模型为基础。

位图(B)
灰度(G)
双色调(D)
索引颜色(I)
RGB 颜色(R)
✔ CMYK 颜色(C)
Lab 颜色(L)
多通道(M)
✔ 8 位/通道(A)
16 位/通道(N)
32 位/通道(H)
颜色表(T)...

图 1-25 颜色模式

1. 位图模式

位图模式使用两种颜色值（黑色或白色）表示图像中的像素。如图 1-26 所示为 RGB 颜色模式下的图像转化成位图模式下的图像效果图。因为其位深度为 1，位图模式下的图像又被称为位映射 1 位图像。只有灰度模式和多通道模式的图像才能转换成位图模式，位图模式有助于较好地控制灰度图的打印。

图 1-26 RGB 颜色模式下的图像转化成位图模式下的图像效果图

2. 灰度模式

灰度模式在图像中使用不同的灰度级。在 8 位图像中，最多有 256 级灰度。在灰度图像文件中，图像的色彩饱和度为 0，高度是唯一能够影响灰度图像的参数。灰度图像中的每个像素都有一个 0（黑色）到 255（白色）之间的亮度值，如图 1-27 所示。在 16 位和 32 位图像中，图像中的级数要比 8 位图像大得多。灰度值也可以用黑色油墨覆盖的百分比来度量(0% 等于白色，100% 等于黑色)。

图 1-27 用灰度模式表示的图像

3．索引颜色模式

索引颜色模式的像素只有 8 位，可生成最多 256 种颜色的图像文件。这些颜色是预先定义好的，当转换为索引颜色时，Photoshop 将构建一个颜色查找表，用于存放并索引图像中的颜色。如果原图像中的某种颜色没有出现在该表中，则程序将选取最接近的一种，或使用仿色，以现有颜色来模拟该颜色。

索引模式会使图像上的颜色信息丢失，但是尽管如此，索引颜色能够在保持多媒体演示文稿、Web 页等所需的视觉品质的同时，减少文件大小，因此经常应用于 Web 领域中。

4．RGB 颜色模式

RGB 颜色模式使用 RGB 模型，R 表示 Red（红色）、G 表示 Green（绿色）、B 表示 Blue（蓝色）。3 种色彩形成其他色彩，因为 3 种颜色每一种都有 256 个高度水平级，所以相互叠加能形成 1670 万种颜色。

5．CMYK 模式

CMYK 模式是印刷中必须使用的颜色模式，C 代表青色、M 代表洋红、Y 代表黄色、K 代表黑色。可以为每个像素的每种印刷油墨指定一个百分比值，通常，为最亮（高光）颜色指定的印刷油墨颜色百分比较低；为较暗（阴影）颜色指定的百分比较高。例如，亮红色可能包含 2%青色、93%洋红、90%黄色和 0% 黑色。在 CMYK 图像中，当 4 种分量的值均为 0%时，会产生纯白色。

1.4.4　图像的格式

文件格式是指数据的结构和方式，一个文件的格式通常用其扩展名来区分。扩展名是在用户保存文件时，根据所选择的文件类型自动生成的。不同格式所包含的信息并不完全相同，文件的大小也有很大的差别，因而，根据需要选择合适格式的图像非常重要。

Photoshop 支持的图像文件格式多达 20 余种，用户能够对这些图像进行编辑操作。下面简单介绍几种常用的图像格式。

1．PSD（.psd）格式

PSD 格式是 Photoshop 图像处理软件中默认的文件格式，可以将所编辑的图像文件中的所有有关图层和通道的信息记录下来。所以，在编辑图像的过程中，通常将文件保存为 PSD 格式，以便于重新读取需要的信息。但是用 PSD 格式保存图像时，由于图像没有经过压缩，当图层较多时，文件会很大，会占用很大的硬盘空间。

该格式的通用性较差，只有 Photoshop 能使用它，很少为其他软件和工具所支持。所以，在图像制作完成后，通常需要将其转换为一些比较通用的图像格式，以便于输出到其他软件中继续编辑。

2．BMP（.bmp）格式

BMP 格式（bitmap）是一种与设备无关的图像文件格式，是 Windows 环境中经常使用的基本位图图像格式。其最大的好处就是能被大多数软件“接受”，可称为通用格式。其结构简单，未经过压缩，图像文件一般会比较大，因此在网络中传输不太适用。

3．TIFF（.tif）格式

TIFF 格式（Tagged Image File Format）的最大优点是图像不受操作平台的限制，所以是应用最广泛的位图图像格式。TIFF 格式可包含压缩和非压缩像素数据，几乎被所有绘画、图像编辑和页面排版应用程序所支持。

4．JPEG（.jpg）格式

JPEG 格式（Joint Photo graphic Experts Group）是应用最广泛的图片格式之一，它采用一种特殊的有损压缩算法，将不易被人眼察觉的图像颜色删除，从而达到较大的压缩比，所以其“身材娇小，容貌好”，特别受网络“青睐”。

JPEG 支持 24 位真彩色，因此 JPEG 格式显示的图像色彩丰富。对于使用的颜色数较多，含有大量过渡颜色区域，而且追求图像质量的图像应选用 JPEG 格式，如扫描的照片、使用纹理的图像和任何需要 256 种以上颜色的图像等。

5．GIF（.gif）格式

GIF 格式（Graphics Interchange Format）是目前网络中应用最为广泛的图像压缩格式，采用 LZW 无损压缩算法，不会出现图像效果的失真。它分为静态 GIF 和动画 GIF 两种，支持透明背景图像，适用于多种操作系统，文件很小，可以极大地节省存储空间，因此常用于保存作为网页数据传输的图像文件。

GIF 格式的图像最多只能显示 256 种颜色。对于包含颜色数目较少的图像，可选用 GIF 格式，如卡通、徽标、包含透明区域的图形以及动画等。

1.5 Photoshop CS4 的工作界面

启动和退出 Photoshop CS4 是使用该软件编辑图像的基本操作，安装好 Photoshop CS4 后，即可启动、使用和退出该软件。

1.5.1 启动与退出 Photoshop

1．启动 Photoshop

启动 Photoshop 软件的方法有很多，一般通过以下 3 种方法启动：

（1）双击桌面上的 Photoshop CS4 快捷方式图标，软件将自动运行，完成启动。

（2）右击桌面上的 Photoshop CS4 快捷方式图标，在弹出的快捷菜单中选择“打开”命令，软件将自动运行，完成启动，如图 1-28 所示。

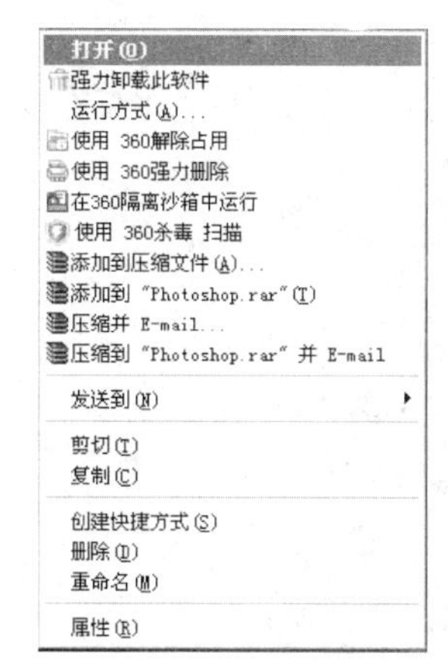

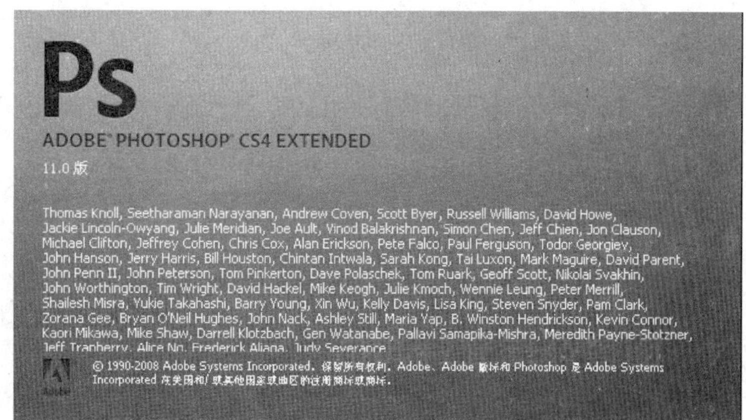

图 1-28　启动 Photoshop CS4 程序 1

（3）单击显示器左下角的按钮，在弹出的菜单中选择 Adobe Photoshop CS4 命令，进行启动，如图 1-29 所示。

图 1-29　启动 Photoshop CS4 程序 2

2．退出 Photoshop

退出 Photoshop CS4 的方法也有很多种，主要介绍以下 3 种：

（1）单击 Photoshop CS4 界面右上角的“关闭”按钮，退出 Photoshop CS4 程序。

（2）选择“文件”→“退出”命令，退出 Photoshop CS4 程序。

（3）按 Alt+F4 或 Ctrl+Q 快捷键，退出 Photoshop CS4 程序。

1.5.2　Photoshop CS4 工作界面的组成

启动 Photoshop CS4 后，即可查看到它的工作区，主要由标题栏、菜单栏、工具选项栏、工具箱、面板、图像窗口及状态栏组成，如图 1-30 所示。

图 1-30　Photoshop CS4 工作界面

1. 标题栏

相对于 Photoshop CS3 软件，Photoshop CS4 的标题栏做了很大的改进，更加人性化。标题栏位于整个窗口的最上方，在标题栏左侧不仅有软件信息，还新增了“启动 Bridge”按钮、“查看额外内容”按钮、“抓手工具”按钮、“缩放工具”按钮、“旋转视图工具”按钮、“排列文档”按钮和“屏幕模式”按钮，标题栏最右侧新增了基本功能按钮，单击会弹出下拉式菜单，如图 1-31 所示。另外 3 个按钮分别用于控制窗口的最小化、最大化/还原和关闭操作。在标题栏上右击，在弹出的快捷菜单中选择相应的命令，也可完成最小化、最大化、关闭等操作。

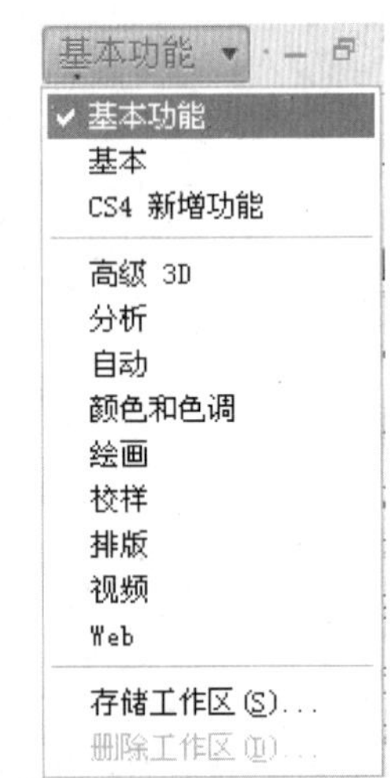

图 1-31　基本功能菜单

2. 菜单栏

在界面上 Photoshop CS4 去掉了 Windows 本身的蓝条，直接显示菜单栏。菜单栏包括“文件”、“编辑”、“图像”、“图层”、“选择”、“滤镜”、“分析”、3D、“视图”、“窗口”和“帮助”11 个命令菜单，如图 1-32 所示。只要单击其中的一个菜单，随即会出现一个下拉式菜单。

文件(F)　编辑(E)　图像(I)　图层(L)　选择(S)　滤镜(T)　分析(A)　3D(D)　视图(V)　窗口(W)　帮助(H)

图 1-32　菜单栏

3. 工具箱

工具箱是在软件应用过程中使用最频繁的部分，第一次打开 Photoshop CS4 应用程序时，工具箱出现在屏幕的左侧并默认为单栏，单击工具箱左上方的双三角可将工具箱变成双栏状态。

使用工具箱中的工具可以选择、移动、修复、绘图、绘画、编辑、添加注释等，其结构如图 1-33 所示。

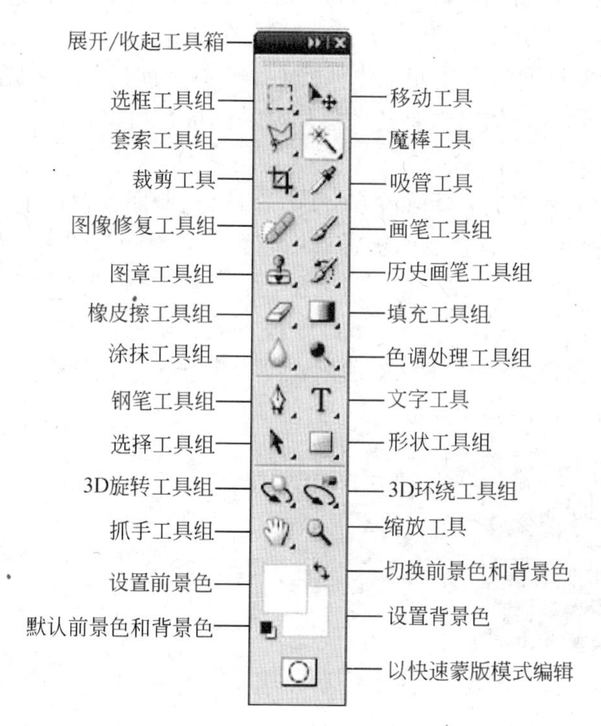

图 1-33　Photoshop CS4 工具箱

在工具箱中，有些工具的右下角有一个小的黑三角，表明该工具下还隐藏着其他功能类似的工具，如果要在它们之间进行切换，方法很简单：只要用鼠标按在相应按钮上不放或右击即可显示隐藏的工具，然后单击左键选择。另外，也可以在按住 Alt 键的同时，单击工具箱中的工具，在隐藏和非隐藏的工具之间循环切换。

工具箱中的任何工具都可以用相应的字母键进行快捷切换，如果记不住工具的快捷键，只需将鼠标指针移动到工具图标上，稍停数秒，右下角会弹出提示框，提示当前工具的名称和切换它的字母键。

4. 工具选项栏

单击工具箱中的一个工具，会在菜单栏下方出现相应的“工具选项栏”，其提供了有关使用工具的选项，大多数工具选项都会显示在工具选项栏中，当选择工具箱中的不同工具时，会有相应的工具选项栏显示不同的选项设定。应用工具选项栏可以对所选工具进行操作，如图 1-34 所示。

图 1-34　选中魔棒工具时的选项栏

5. 面板

面板是 Photoshop CS4 工作界面中非常重要的一部分，通过面板可以方便地进行图像的各种编辑操作，是进行图像编辑和处理操作（选择颜色、编辑图层、新建通道、编辑路径和设置参数等）的主要途径。

在默认状态下，常用面板放置在工作区的右侧，有些面板是不常用的，所以 Photoshop 将其默认状态设置为隐藏。如果需要某个已隐藏的面板，可以通过选择“窗口”菜单中的相应命令使其显示出来。

默认情况下，面板以组的方式堆叠在一起，每个控制面板窗口中都包含 2～3 个不同的面板，如图 1-35 所示。在该控制面板窗口中包含了“颜色”、“色板”和“样式”3 个面板。

面板不仅可以灵活方便的显示和隐藏，还可以最小化和移动。单击面板上方空白处或最小化按钮可以最小化窗口，如图 1-36 所示，再次单击可以还原窗口。用鼠标拖动面板上方空白处到其他位置，可以移动面板。

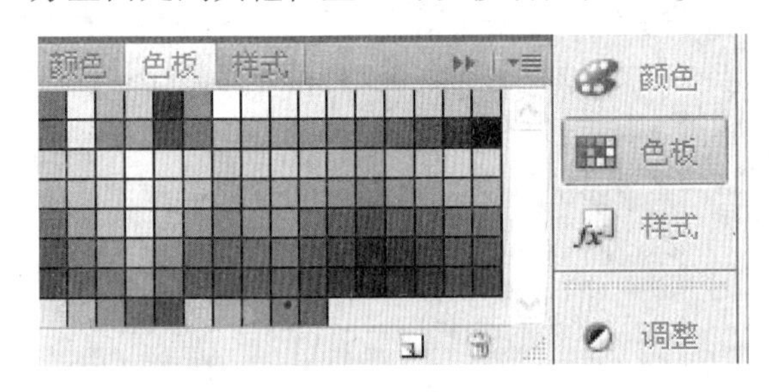

图 1-35 “色板”面板

图 1-36 最小化面板组

在一个控制面板组中的不同面板还可以分离，从而使用起来不用来回切换，方便许多。操作方法也很简单，只要在面板标签上按住鼠标并拖动，将其拖出面板窗口后释放鼠标，就可以将两个面板分开，如图 1-37 所示为分离出来的“图层”面板。同样，也可以将一些面板组合在一起，只要用鼠标拖动面板到要合并的面板上即可。

图 1-37 “图层”面板

因为面板相对灵活，可以拆分、组合、移动，在执行这些操作之后，界面看上去可能会有些杂乱，如果需要将面板恢复到默认状态，选择“窗口”→“工作区”→“基本功能（默认）”菜单命令即可。

1.5.3　图像窗口的基本操作

1. 改变窗口的大小和位置

要调整窗口的大小，只需将鼠标置于图像窗口的边界，当鼠标指针变为双箭头时，拖动鼠标来任意调整窗口的大小。也可以使用窗口右上角的最小化按钮、最大化/还原按钮来实现。

如果图像窗口没有处于最大化状态，可以用拖放标题栏的方法，将图像窗口移动到当前窗口的任何位置。

2. 调整窗口排列和切换当前窗口

如果打开了多个图像窗口，可以使用“窗口”→“排列”下的“层叠”、“平铺”、“在窗口中浮动”、“使所有内容在窗口中浮动”和“将所有内容合并到选项卡中”命令将已打开的窗口重新排列，菜单命令如图 1-38 所示。

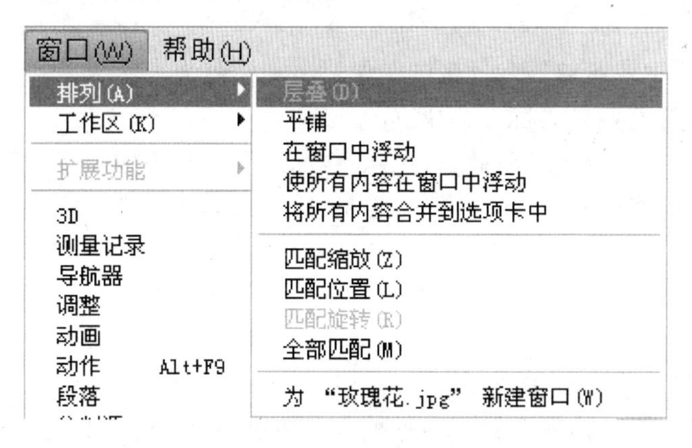

图 1-38　窗口排列菜单

可以直接单击要处理的窗口区域使之成为当前活动窗口，也可以使用 Ctrl+Tab 快捷键来切换不同的窗口，还可以使用“窗口”菜单选择需要切换为当前窗口的文件名。

3. 切换屏幕的显示模式

Photoshop CS4 软件一改 Photoshop CS3 为用户提供的“标准屏幕模式”、“最大化屏幕模式”、“带菜单栏的全屏模式”和“全屏模式”4 种工作视图模式，而提供“标准屏幕模式”、“带有菜单栏的全屏模式”和“全屏模式”3 种。单击标题栏上的“更改屏幕模式”图标右侧的倒三角按钮，将出现如图 1-39 所示的菜单，其中显示了这 3 种模式。也可以使用“视图”→“屏幕模式”子菜单中的命令来实现。

（1）标准屏幕模式：是软件默认的屏幕显示模式。在这种模式下，Photoshop 的所有组件（如标题栏、工具箱、工具选项栏和面板、状态栏等）都显示在屏幕上。

（2）带有菜单栏的全屏模式：与标准屏幕模式相似，全屏显示当前图像。

（3）全屏模式：在这种模式下，图像之外的区域以黑色显示，并且在屏幕中隐藏菜单栏和状态栏，图像以最大化状态显示，以便在最大屏幕空间中处理图片。

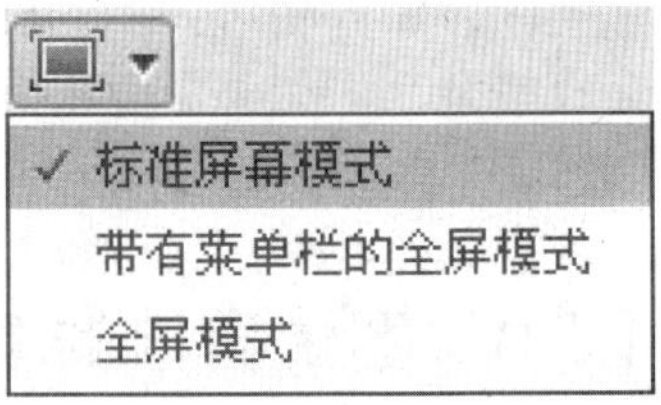

图 1-39　3 种工作视图模式

习　题　1

一、填空题

1．Adobe Photoshop 是一款由世界上最大的软件公司之一 Adobe 公司开发的________软件，在同类软件中它的使用范围最广，同时也是最专业、功能最强大的一款软件。

2．Photoshop CS4 软件的安装要求：PC 处理器（CPU）应在 500MHz 及以上；硬盘空间应在________及以上；内存空间应在________及以上；显示器分辨率应在________像素及以上。

3．在日常生活中，所编辑和处理的图像类型大致分为________和________两种形式。这两种类型的图片有着各自的优点和缺点。

4．矢量图以________记录图像，由点、线和面等元素组成。

5．一个图像文件的________越多，包含的信息量越大，文件容量就越大，图像的品质也就越好。

6．________是指图像中每单位长度显示的像素的数量，通常用“像素/尺寸（dpi）”表示。

7．________模式是印刷中必须使用的颜色模式，C 代表青色、M 代表洋红、Y 代表黄色、K 代表黑色。可以为每个像素的每种印刷油墨指定一个百分比值。

8．________格式是 Photoshop 图像处理软件中默认的文件格式，可以将所编辑的图像文件中的所有有关图层和通道的信息记录下来。

9．Photoshop CS4 的工作区，主要是由________、________、工具选项栏、________、面板、图像窗口及状态栏组成的。

10．________支持 24 位真彩色，因此显示的图像色彩丰富。

二、选择题

1．Photoshop 生成的图像主要是________图像。

A．位图　　　　B．矢量图

C．灰度　　　　D．索引

2．在 Photoshop 中，不支持的颜色模式是________，如位图、灰度、索引颜色等。

A．灰度 B ．RGB 颜色

C．TXT 文本 D．CMYK 颜色

3．________模式使用 RGB 模型，R 表示 Red（红色）、G 表示 Green（绿色）、B 表示 Blue（蓝色）。

A．CMYK 颜色 B．RGB 颜色

C．处理器 D．索引

4．________是应用最广泛的图片格式之一，它采用一种特殊的有损压缩算法，将不易被人眼察觉的图像颜色删除，从而达到较大的压缩比。

A．GIF 格式 B．TMB 格式

C．黑白格式 D．JPEG 格式

5. 启动 Photoshop 软件的方法有很多，下面方法中不能启动 Photoshop CS4 的是________。

A．双击桌面上的 Photoshop CS4 快捷方式图标，软件将自动运行，完成启动

B．右击桌面上的 Photoshop CS4 快捷方式图标，在弹出的快捷菜单中选择“打开”命令，软件将自动运行，完成启动

C．单击显示器左下角的按钮，在弹出的菜单中选择 Adobe Photoshop CS4 命令进行启动

D．按 Alt+F4 或 Ctrl+Q 快捷键，启动 Photoshop CS4 程序

三、简答题

1．位图和矢量图的概念以及最明显的区别是什么？

2．什么是图像分辨率？

3．常见的图像颜色模式有哪些？

4．简述 Photoshop CS4 工作界面。

第2章 Photoshop CS4 快速入门

【学习目标】通过本章的学习主要掌握 Photoshop CS4 的基本操作方法和一些辅助工具的使用方法，要求掌握如何建立、保存、打开、关闭、置入和查看图像文件的基本操作，了解“图像大小”和“画布大小”两个菜单命令的功用，掌握“显示标尺”、“显示网格”和“显示参考线”的应用方法。

【本章重点】

- 图像文件的基本操作；
- 查看图像文件；
- 调整图像文件尺寸；
- 辅助工具的使用。

2.1 图像的基本操作

2.1.1 新建图像文件

新建图像文件是指创建一个自定义大小、分辨率和颜色模式的图像窗口，在新建的图像窗口中可以对图像进行编辑操作。

启动 Photoshop CS4 软件以后，选择“文件”→“新建”菜单命令，或按 Ctrl+N 快捷键，打开“新建”对话框，如图 2-1 所示。

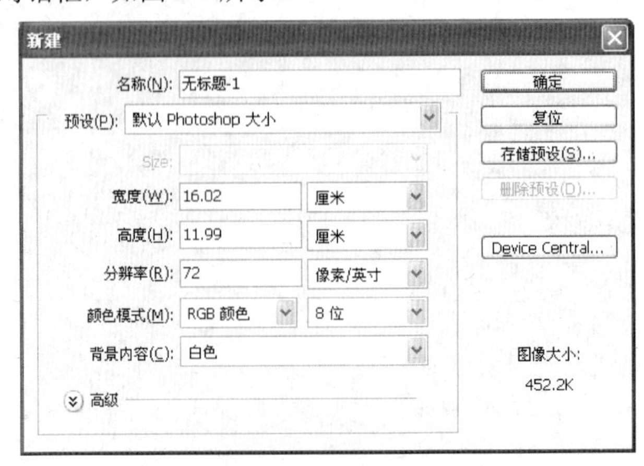

图 2-1 “新建”对话框

在“新建”对话框中可以对文件的大小、分辨率、颜色模式和背景内容等选项进行设置，“新建”对话框的主要选项内容如下。

“名称”文本框：为新建的图像文件命名，系统默认文件名为“无标题-1”。

“预设”下拉列表框：可以在下拉列表框中选择系统预设的多种规格的标准图像尺寸。

“宽度”和“高度”文本框：用于输入图像文件的尺寸，在文本框右侧的下拉列表框中可以选择单位，例如厘米、像素、毫米、英寸等。

“分辨率”文本框：用于输入图像文件的分辨率，分辨率越高，图像品质越好。在文本框右侧的下拉列表框中可以选择分辨率的单位。

“颜色模式”下拉列表框：可以选择图像文件的色彩模式，一般使用 RGB 或 CMYK 色彩模式。在文本框右侧的下拉列表框中可以选择位深度，通常默认为 8 位。

“背景内容”下拉列表框：用于选择图像的背景颜色。其中，“白色”选项表示背景色为白色；“背景色”选项表示使用工具箱中的背景色作为图像的背景色；“透明”选项表示图像背景透明，以灰白相间的网格显示，没有任何填充色。

2.1.2 打开图像文件

如果想对已有的图像进行编辑处理，必须将文件打开。

1. 直接打开文件

可以选择“文件”→“打开”菜单命令，或按 Ctrl+O 快捷键，也可以双击 Photoshop 工作界面中的灰色底面区域，打开如图 2-2 所示的“打开”对话框。

图 2-2 “打开”对话框

在该对话框的“查找范围”下拉列表框中，可以设置所需打开的图像文件的位置。默认情况下，文件列表框中显示的是所有格式的文件，如果只想显示指定文件格式的图像文件，可以在“文件类型”下拉列表框中选择要打开图像文件的格式类型。在“打开”对话框中选择图像文件，按住 Ctrl 键可以选定多个文件，按住 Shift 键可以选定多个连续文件。单击“打开”按钮，所选择的图像文件就会显示在 Photoshop 界面中。

在 Windows 资源管理器中找到要在 Photoshop 上打开的图像文件，启动 Photoshop 软件后，用鼠标将图像文件直接拖动到工作窗口上，同样可以打开文件。

2. 打开特定格式的文件

在 Photoshop CS4 中，用户不仅可以按照原有格式打开一个图像文件，还可以按照其他格式打开该文件。选择“文件”→“打开为”命令，打开“打开为”对话框，如图 2-3 所示。从中选择需要打开的文件，然后在“打开为”下拉列表框中指定想要转换的图像格式，然后单击“打开”按钮，即可按选择的图像文件格式打开图像文件。

3. 打开最近打开的文件

选择“文件”→“最近打开文件”菜单命令，可以弹出最近打开过的文件列表，直接选取需要的文件名即可将其打开，使其此功能可以快速打开近期打开过的 10 个图像文件，如图 2-4 所示。

图 2-3 “打开为”对话框

图 2-4 最近打开过的文件

2.1.3 保存图像文件

对图像编辑完毕后要对图像文件进行保存，Photoshop CS4 可以指定多种文件格式来保存图像，下面介绍几种保存方式。

1. 存储图像文件

存储图像文件可以通过“文件”→“存储”或“文件”→“存储为”菜单命令来完成。

对于已存储过的文件，如果选择菜单栏中的“文件”→“存储”命令，不会打开对话框，而是直接以原路径、原文件名保存。

对于新图像文件，第一次存储时，选择“文件”→“存储”菜单命令或“文件”→“存储为”菜单命令，都会打开“存储为”对话框，如图 2-5 所示。

图 2-5 “存储为”对话框

利用“存储为”对话框，不仅可以改变存储位置、文件名，还可以改变文件格式。可以使用该对话框中的“存储选项”选区进行详细的保存选项设置。例如，可以生成副本文件，还可以选择是否存储图像中的图层或 Alpha 通道等。

2. 储存为 Web 和设备所用格式

选择“文件”→“存储为 Web 和设备所用格式”菜单命令，打开“存储为 Web 和设备所用格式”对话框，如图 2-6 所示。在该对话框中，可以选择要压缩的文件格式或调整其他的图像优化设置，可以把正在制作的图像存储优化成网页专用文件。

2.1.4　关闭图像文件

如果不需要编辑图像文件，可以关闭图像文件窗口，关闭时不退出 Photoshop 程序，关闭的方法有以下 3 种。

图 2-6 “存储为 Web 和设备所用格式”对话框

（1）选择“文件”→“关闭”菜单命令可关闭当前图像文件窗口。

（2）单击需要关闭的图像文件窗口右上角的“关闭”按钮。

（3）按 Ctrl+W 或 Ctrl+F4 快捷键都可关闭当前图像文件窗口。

2.1.5 图像文件的置入与导出

1. 置入图像文件

使用 Photoshop CS4 的导入和导出功能，可以实现与其他软件之间的数据交互，即 Photoshop CS4 支持不同应用程序之间的数据交换。

使用“文件”→“置入”菜单命令和“文件”→“导入”菜单命令都可以实现 Photoshop CS4 的导入功能。

“导入”命令的主要作用是直接将输入设备（例如扫描仪）上的图像文件导入至 Photoshop CS4 中使用。

“置入”命令的主要作用是将选择的图像文件导入至 Photoshop CS4 的当前图像文件窗口中，Photoshop CS4 目前支持置入的图像格式有 AI、EPS、PDF 和 PDP 共 4 种。使用“置入”命令之前，必须先打开一幅图像，下面以一个具体的实例来介绍如何在图像文件中使用“置入”命令。

【例 2.1】 在打开的图像中置入 PSD 格式的图像文件。

（1）启动 Photoshop CS4，打开一个素材文件，如图 2-7 所示。

（2）选择“文件”→“置入”菜单命令，打开“置入”对话框，如图 2-8 所示。在该对话框中选择需要打开的“素材 1.psd”图像文件，然后单击“置入”按钮。

图 2-7　素材文件

图 2-8　“置入”对话框

（3）导入之后，Photoshop 会在当前图像窗口中显示一个带有对角线的矩形来表示所置入图像的大小、位置，并显示草稿图，如图 2-9 所示。

（4）将光标移动到置入图像的边框上，当出现双向箭头时，拖动鼠标调整置入图像的大小和位置，调整结束后，按 Enter 键应用调整，将 PSD 格式图像嵌入到图像中，效果如图 2-10 所示。

图 2-9　置入图像

图 2-10　应用置入

2．导出图像文件

使用“文件”→“导出”菜单命令，可以把 Photoshop CS4 中的图像文件导出为其他应用程序所需的文件格式，如导出成 Illustrator 默认的 AI 文件格式。

2.2　图像文件的查看

2.2.1　使用“导航器”面板

使用“导航器”面板，不仅可以很方便地对图像文件窗口中的显示比例进行缩放调整，而且还可以对画面显示的区域进行移动选择。选择“窗口”→“导航器”菜单命令，可以显示“导航器”面板，如图 2-11 所示。

图 2-11　“导航器”面板

在“导航器”面板中可以左右移动底部的“缩放比例”滑块，来调整图像文件窗口的显示比例。向左移动可以缩小画面的显示比例；向右移动可以放大画面的显示比例。也可以直接在其左侧的“显示比例”文本框中输入数值来控制显示比例。

在该面板中，红色矩形表示当前窗口显示的画面范围，在调整画面比例的同时，红色矩形也会相应的缩放。可以将光标移动到面板上，移动红色矩形，快速地调整显示窗口中显示的画面区域。

2.2.2 使用缩放工具和抓手工具

1. 缩放工具

在图像文件窗口中观察图像画面时，可以选择工具箱中的缩放工具，缩放工具可以缩小或放大图像，以便于观察图像。

选择缩放工具，在图像文件窗口中每单击一次，图像画面会以 50%的显示比例递增放大显示；按住 Alt 键，在图像文件窗口中每单击一次，图像画面会以 50%的显示比例递减缩小显示，缩放工具的选项栏如图 2-12 所示。

图 2-12 缩放工具的选项栏

单击选项栏中的“放大”按钮或“缩小”按钮，可以切换缩放工具的放大或缩小功能。

单击“实际像素”按钮，图像将以 100%的显示比例显示；单击“适合屏幕”按钮，图像会根据当前窗口的大小显示图像的全部区域；单击“打印尺寸”按钮，图像文件会以与打印时完全相同的大小显示。

2. 抓手工具

在图像文件窗口中观察放大显示的图像画面时，可以选择工具箱中的抓手工具。抓手工具可以用来移动画布，以改变图像在窗口中的显示位置。抓手工具的选项栏如图 2-13 所示，通过单击选项栏中的“实际像素”、“适合屏幕”和“打印尺寸”3 个按钮，即可调整显示图像，其功能与缩放工具的按钮的功能相同。

图 2-13 抓手工具的选项栏

2.3 图像文件尺寸调整

2.3.1 更改图像大小

在图像编辑过程中也可以查看或修改图像的尺寸和分辨率。选择“图像”→“图像大小”菜单命令即可打开“图像大小”对话框，如图 2-14 所示。

对话框中各选项的含义如下。

“像素大小”选区：显示当前图像文件的大小和图像的宽度、高度，通常以“像素”为单位，另外还有一个单位是“百分比”，可输入缩放的比例。右边的链接符号表示锁定长宽的比例。若想改变图像的比例，可取消选中对话框下端的“约束比例”复选框，如果选择该复选框，图像的长度和宽度的比例固定，改变其中的一项则另一项会随之发生改变。新文件的大小会出现在“像素大小”选区的顶部，而原文件大小在括号内显示。

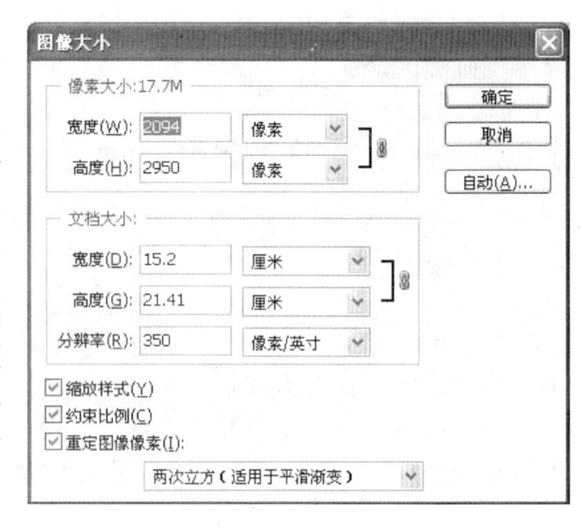

图 2-14 “图像大小”对话框

“文档大小”选区：可以设定图像的“宽度”、“高度”和“分辨率”值。

“缩放样式”复选框：选中该复选框，在改变“像素大小”和“文档大小”的图像尺寸时，可以按照相同的比例变换宽度和高度的大小。如果没有选中该复选框，用户可以随意改变宽度和高度的像素数和尺寸。

“约束比例”复选框：选中该复选框，在改变图像的宽度时，图像的高度会随着宽度的改变按原比例变化。

“重定图像像素”复选框：在不改变图像文件容量的状态下，改变图像的尺寸及分辨率。也就是说，如果缩小图像的分辨率，图像尺寸会增加，如果缩小图像的尺寸，分辨率会提高。如果不选中该复选框，则“像素大小”选区和“缩放样式”、“约束比例”复选框也不会激活。

2.3.2 更改画布大小

画布大小是指图像四周的工作区的尺寸大小。如果减小画布尺寸，画布上原来的图像将会被裁切一些；而增大画布尺寸，新增的部分会用指定颜色去填充。设置画布大小的方法很简单，选择“图像”→“画布大小”菜单命令，打开“画布大小”对话框，如图 2-15 所示。

对话框中各选项的含义如下。

“当前大小”选区：显示当前图像的宽度和高度以及文件大小。

“新建大小”选区：可以在“宽度”和“高度”文本框中显示调整后画布的尺寸数据，同时显示调整后的文件大小。

图 2-15 “画布大小”对话框

“相对”复选框：如果选中该复选框，可以以当前画布尺寸为基准改变画布尺寸。因此，在增大画布尺寸时，要输入正值，如果要缩小画布，要输入负值。

“定位”选项：可以将画面尺寸的缩放方向设置成 8 个方向，单击某一方向按钮，可以对现有画布的某边进行裁切或指示图像在新画布中的位置。

“画布扩展颜色”下拉列表框：如果在修改画布大小后，新尺寸中的宽度或高度比原有的尺寸大，则“画布扩展颜色”被激活，可选择使用“前景”、“背景”、“白色”、“黑色”或“灰色”来填充画布的扩展区域，如图 2-16 所示。

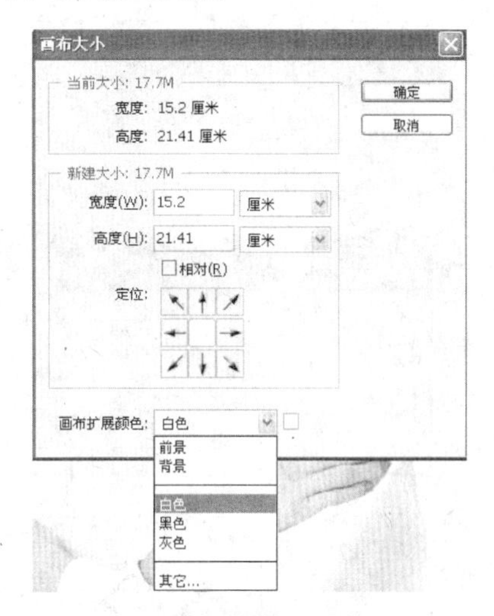

图 2-16　选择填充画布扩展区域的颜色

【例 2.2】 在 Photoshop CS4 中打开图像文件，使用“图像”→“画布大小”菜单命令，将图像的高度和宽度相对右下角各减少 2 厘米。

（1）打开需要修改的图像素材，如图 2-17 所示。

（2）选择“图像”→“画布大小”菜单命令，打开“画布大小”对话框，在该对话框中的“宽度”和“高度”文本框中输入-2，并设置单位为厘米，然后在“定位”选项中，单击右下角的箭头，如图 2-18 所示。

图 2-17　图像素材

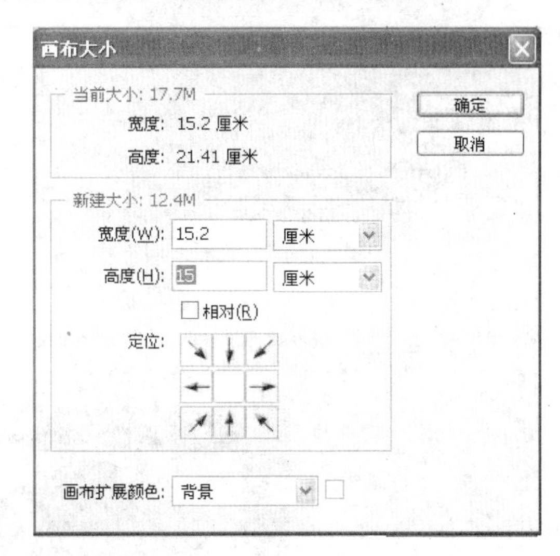

图 2-18　“画布大小”对话框

（3）单击“确定”按钮，若设置的画布尺寸改成了比原来的图像尺寸小，会弹出如图 2-19 所示的提示信息框。单击“继续”按钮，将画布变小，修改后的图像如图 2-20 所示。

【例 2.3】 在 Photoshop CS4 中打开图像文件，并将图像设置成左侧和右侧各增加 1 厘米，上侧增加 1 厘米的画布宽度，画布颜色为黑色。

（1）打开需要修改的图像素材，如图 2-21 所示。

（2）选择“图像”→“画布大小”菜单命令，打开“画布大小”对话框，在该对话框中的“宽度”文本框中输入2，“高度”文本框中输入1，并设置单位为厘米，然后单击上侧居中的定位按钮，在“画布扩展颜色”下拉列表框中选择“黑色”选项，如图2-22所示。

（3）单击“确定”按钮，扩展画布，最终效果如图2-23所示。

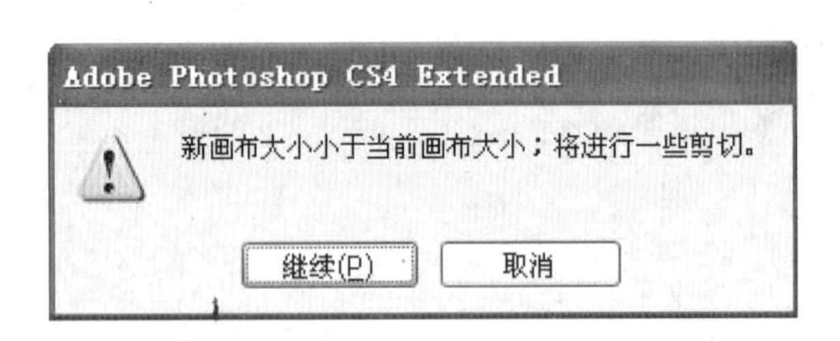

图 2-19　提示信息框

图 2-20　修改后的图像

图 2-21　图像素材

图 2-22　设置画布大小

图 2-23　扩展画布

2.4　辅助工具

在绘图过程中需要借用一些辅助工具来保证绘图更加准确和快捷，这些辅助工具主要包括标尺、网格和参考线。

2.4.1　使用标尺

标尺可以帮助用户精确地确定图像或元素的位置。选择“视图”→“标尺”菜单命令或按 Ctrl+R 快捷键，可在图像文件窗口顶部和左侧分别显示水平和垂直标尺，如图 2-24 所示。

2.4.2　使用网格

网格在默认情况下显示为不可打印的线条或者网点，网格对于对称布置的图像很有用。选择“视图”→“显示”→“网格”菜单命令或按 Ctrl+,快捷键，即可在当前所打开文件的页面中显示网格，如图 2-25 所示。

图 2-24　显示标尺

图 2-25　显示网格

2.4.3　使用参考线

参考线是显示在图像上方的一些不会被打印出来的线条，可以帮助用户定位图像。参考线可以移动和删除，也可以将其锁定。

在 Photoshop 中可以通过以下两种方法来创建参考线。

（1）按 Ctrl+R 快捷键，在图像文件中显示标尺。然后将光标放置在标尺上，按住鼠标左键不放并向画面中拖动，即可拖出参考线，如图 2-26 所示。

（2）选择“视图”→“新建参考线”菜单命令，打开“新建参考线”对话框，如图 2-27 所示。在“取向”选区中选择参考线的方向，然后在“位置”文本框中输入数值，此值代表了参考线在画面中的位置。单击“确定”按钮，可以按照设置的位置创建水平或垂直参考线。

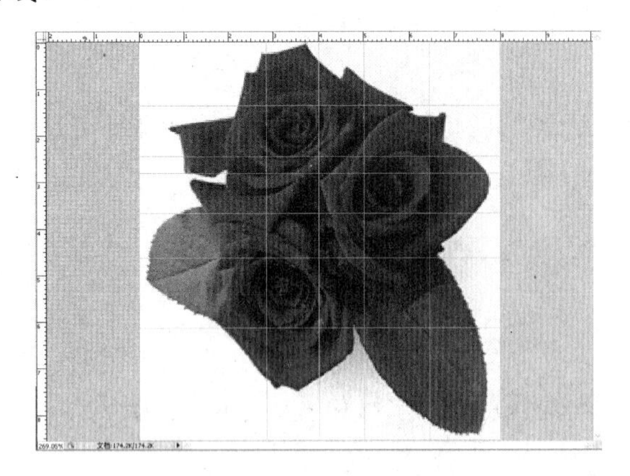

图 2-26　显示参考线

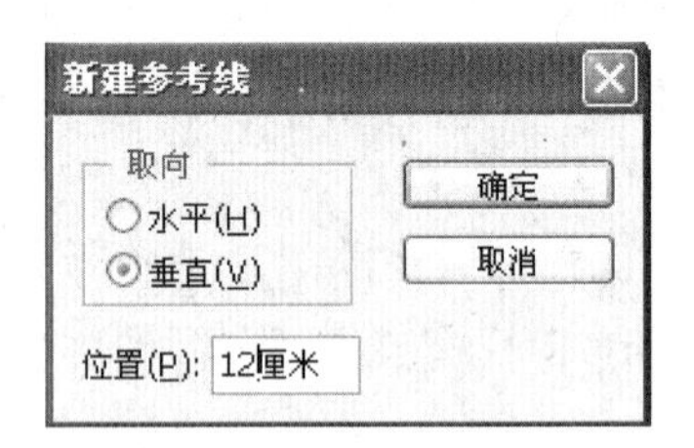

图 2-27　“新建参考线”对话框

习　题　2

一、填空题

1．对于已存储过的文件，如果选择菜单栏中的________命令，不会打开对话框，而是直接以原路径、原文件名保存。

2．使用________面板，不仅可以很方便地对图像文件窗口中的显示比例进行缩放调整，而且还可以对画面显示的区域进行移动选择。

3．在图像编辑过程中也可以查看或修改图像的尺寸和分辨率。选择________菜单命令可打开“图像大小”对话框。

4．________是显示在图像上方的一些不会被打印出来的线条，可以帮助用户定位图像。

5．在图像文件窗口中观察图像画面时，可以选择工具箱中的________工具调整图像大小，以便于观察图像。

6．在图像文件窗口中观察放大显示的图像画面时，可以选择工具箱中的________，它可以用来移动画布，以改变图像在窗口中的显示位置。

7．在绘图过程中需要借用一些辅助工具保证绘图更加准确和快捷，这些辅助工具主要包括________、________和________。

二、选择题

1．直接打开文件可以选择“文件”→“打开”菜单命令或按________快捷键，也可以双击 Photoshop 工作界面中的灰色底面区域。

A．Ctrl+V　　　　B．Ctrl+O

C．Ctrl+X　　　　D．Ctrl+A

2．不需要编辑图像文件时，可以关闭图像文件窗口，关闭时不退出 Photoshop 程序，以下几种关闭方法不正确的是________。

A．选择“文件”→“关闭”菜单命令可关闭当前图像文件窗口

B．单击需要关闭的图像文件窗口右上角的“关闭”按钮

C．按 Ctrl+W 快捷键关闭当前图像文件窗口

D．按 Ctrl+F5 快捷键关闭当前图像文件窗口

3．在“新建”对话框中，“背景内容”下拉列表框用于选择图像的背景颜色。其中，________选项表示图像背景透明，以灰白相间的网格显示，没有任何填充色。

A．白色　　B．黑色

C．透明　　D．前景色

4．在 Photoshop 中可以通过以下方法来创建参考线。按________快捷键，在图像文件中显示标尺，然后将光标放置在标尺上，按住鼠标左键不放并向画面中拖动，即可拖出参考线。

A．Ctrl+V　　B．Ctrl+O

C．Ctrl+X　　D．Ctrl+R

三、简答题

1．简述 Photoshop 图像文件的基本操作。

2．在保存图像文件时“存储”与“存储为”命令有什么区别？

3．关闭图像文件有几种方法，分别是什么？

四、上机练习题

1．打开一个扩展名为.psd 的图像文件，然后在 Photoshop CS4 中更改图像大小为 500 像素×500 像素，最后将图像另存为.jpg 格式。

2．在 Photoshop CS4 中打开一个图像文件，使用“图像”→“画布大小”菜单命令，将图像高度和宽度相对右下角各减少 2 厘米。

第3章 图像选区的创建与编辑

【学习目标】在对图形进行合成、编辑或者修饰的过程中都需要首先创建图像的选区，对于图像选区的选择有很多方法，本章将主要学习如何利用工具箱中的选区工具（包括选框工具组、套索工具组、魔棒工具、快速选择工具）选择图像中的指定区域，并要活学活用，在什么情况下选择哪种选区工具能够快速选择需要的选区，达到事半功倍的效果。除此之外，还要掌握创建选区和编辑选区等操作。

【本章重点】

- 选区工具的使用；
- 选区的调整；
- 图像选区的填充；
- 图像选区的描边。

3.1 使用 Photoshop 选区工具

对于图像的处理，最基本的要求就是在指定的范围内进行相应的操作，因此，在 Photoshop 中选区选取的质量直接影响到图像处理的质量和效果。在实际图像处理过程中，经常需要创建各种各样的选区来设计不同的形状，因此，对于选区的使用要灵活掌握，这样才能达到预期的效果。

3.1.1 选框工具组的使用

Photoshop CS4 提供了规则形状的选区工具——选框工具组，选框工具组中包括矩形选框工具、椭圆选框工具、单行选框工具和单列选框工具，如图 3-1 所示。

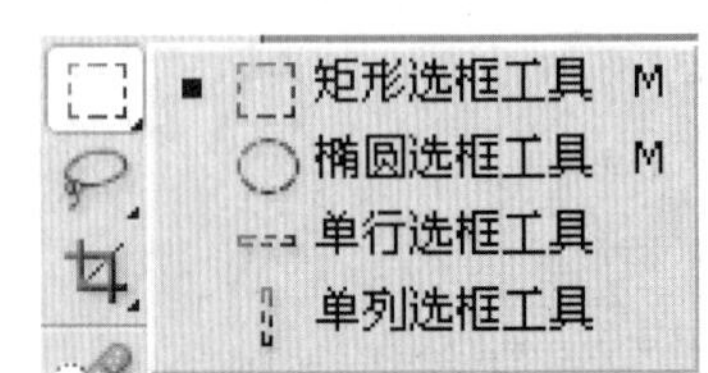

图 3-1 选框工具组

矩形选框工具：用于在被编辑的图像中或在单独的图层中画出矩形区域，另外，按住 Shift 键可以画出正方形，按住 Alt 键可以以一个点为中心点画一个同心圆。椭圆选框工具与矩形选框工具的使用相似。

单行选框工具和单列选框工具：用于在被编辑的图像中或在单独的图层中选出 1 像素宽的横行区域或竖行区域。

当选择某个选区工具时，工具选项栏的选项参数会随着所选工具的不同而改变，如图 3-2 所示。

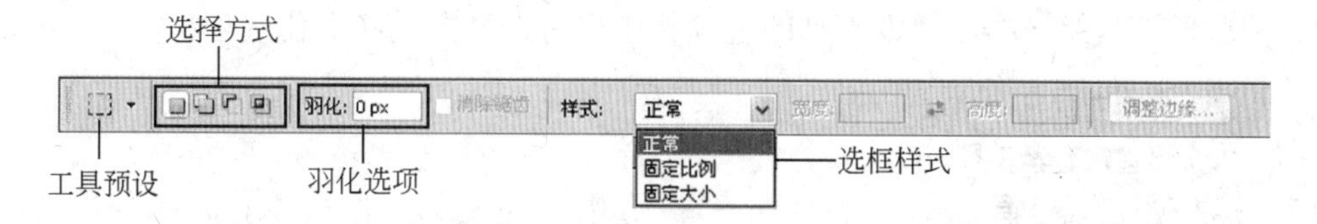

图 3-2　矩形选框工具选项栏

使用选框工具在图像中拖曳后会形成一个选区，如果再次使用选框工具拖曳，生成的新选区会代替原来的选区。在选框工具选项栏中有 4 种选择方式，从左到右依次为“新选区”、“添加到选区”、“从选区减去”、“与选区交叉”。

新选区：鼠标拖曳后形成一个闭合的虚线区域，新选区会代替原来的选区。

添加到选区：在原有选区上再增加新的选区，即将两次选择的区域合并在一起。

从选区减去：在原有选区上减去新选区的部分。

与选区交叉：选择两次选区交叉重叠的部分。

羽化：用于设定选区边界的羽化程度，羽化的值越大，选区的边缘就越模糊。羽化后选区的直角处也将变得圆滑，其取值范围为 0～255 像素。以上 5 种选区变化如图 3-3 所示。

图 3-3　选框工具各种效果对比

消除锯齿：用于设置是否清除选区边缘的锯齿，选中该复选框后，选区的边缘会更加柔和。注意，该复选框只有在选择椭圆选框工具后才可以使用。

样式：用于选择选区的类型，与后面的“宽度”和“高度”一起使用。默认类型为“正常”，“固定比例”是按照宽度和高度的比例进行选择；“固定大小”是通过预定的宽度和高度来进行区域的划定。

3.1.2　套索工具组的使用

对于规则的形状可以利用选框工具选择，对于不要求固定形状的图像，可以使用 Photoshop CS4 提供的套索工具组，以手绘的方式绘制出不规则的形状选区。套索工具组提供了 3 种套索工具：套索工具、多边形套索工具和磁性套索工具，如图 3-4 所示。

选择其中的一种套索工具后，工具选项栏会变化成该套索工具的相关参数，如图 3-5 所示。和选框工具组一样，套索工具的选项栏中也有选择方式和羽化选项。

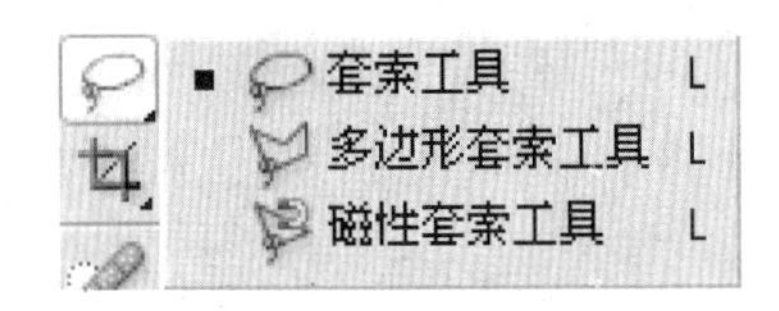

套索工具 L
多边形套索工具 L
磁性套索工具 L

图 3-4　套索工具组

羽化: 0 px
消除锯齿
调整边缘...

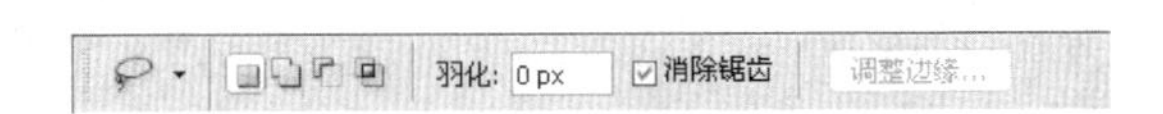

图 3-5　套索工具选项栏

套索工具：套索工具可以在图像中或某一个单独的图层中通过鼠标滑动选择一个不规则的闭合区域，形成一个选区。

多边形套索工具：多边形套索工具可以产生直线型的多边形选区，通过鼠标在图像中的某个位置作为起始点，然后移动鼠标，在需要转折的位置单击，就可以形成一条直线，然后通过鼠标单击需要的区域即可形成一个一个闭合的完整区域。如图 3-6 所示为用多边形套索工具绘制的选区。

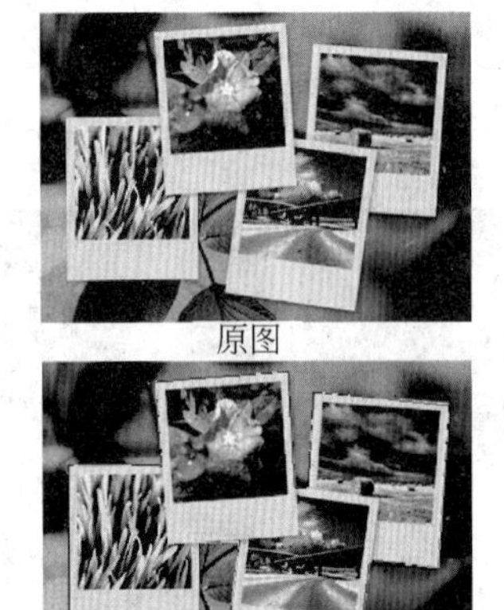

原图
勾选出的结果
用多边形套索工具绘制路径

图 3-6　用多边形套索工具绘制选区

磁性套索工具：磁性套索工具是一种具有智能可识别边缘的套索工具，通过自动分辨图像边缘来确定选区，和前两种套索工具相比，这种套索工具更简单方便。需要注意的是，磁性套索工具的选项栏和套索工具的选项栏有所不同，如图 3-7 所示。

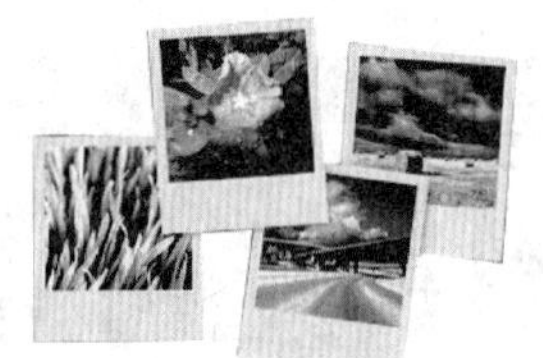

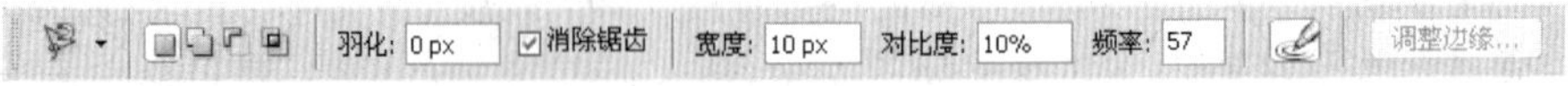

羽化: 0 px
消除锯齿
宽度: 10 px
对比度: 10%
频率: 57
调整边缘...

图 3-7　磁性套索工具选项栏

磁性套索工具的选项栏中多出了“宽度”、“对比度”和“频率”3 个参数，其中，“宽度”用来定义磁性套索工具检索的距离范围，一般定义在 1～40 像素范围内，默认参数是 10 像素。在勾勒选区时，利用鼠标单击一个起始点，然后磁性套索会沿着颜色变化比较大的边缘选取区域，最后形成一个闭合的区域，如图 3-8 所示。

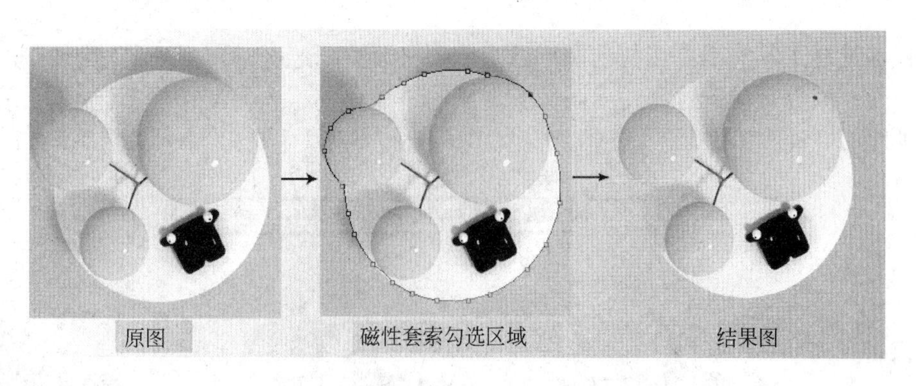

图 3-8　用磁性套索工具勾选选区

3.1.3　魔棒工具和快速选择工具

魔棒工具和快速选择工具是用来勾选不规则选区的工具，与磁性套索工具相似，也能够快速地区分勾选区域的边缘颜色，具有良好的效果，如图 3-9 所示。

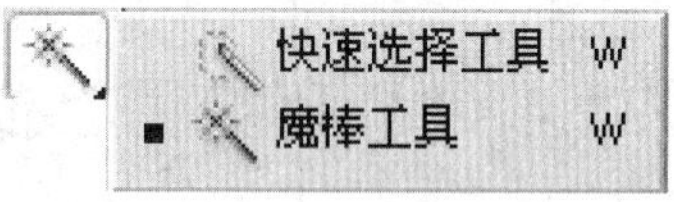

快速选择工具　W
■ 魔棒工具　W

图 3-9　魔棒工具和快速选择工具

魔棒工具是以图像中相同或相近的色素来建立选取范围的，当使用魔棒工具单击图像中的某个点时，可以选取颜色一致的区域，可以通过魔棒工具选项栏中的容差来调整选择颜色区域的范围，如图 3-10 所示。魔棒工具选项栏中也有 4 种选择方式，用来增加或减少选区。

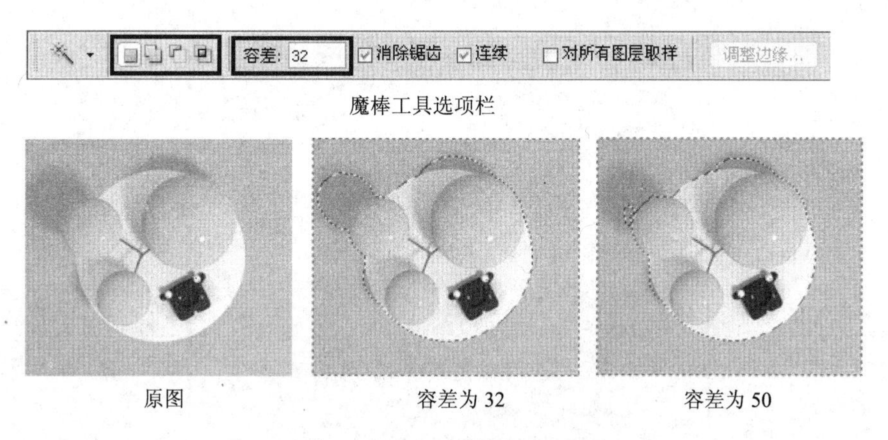

图 3-10　魔棒工具

容差：用于设置选择的颜色范围，取值范围为 0～255。输入的数值越大，表示可允许相邻像素间的近似程度越大；反之，数值越小，魔棒工具所选的范围就越小。

连续：选中该复选框将只选择颜色相同、相似的连续图像，取消选中时可在当前图层中选择颜色相同、相似的所有图像。

对所有图层取样：当图像含有多个图层时，选中该复选框表示对图像中所有的图层起作用；否则，只对当前图层起作用。

快速选择工具利用可调整的圆形画笔笔尖快速绘制选区，在拖动鼠标绘制选区时，选区会向外扩展并自动查找和跟随图像中定义的边缘。快速选择工具选项栏及使用效果如图3-11所示。

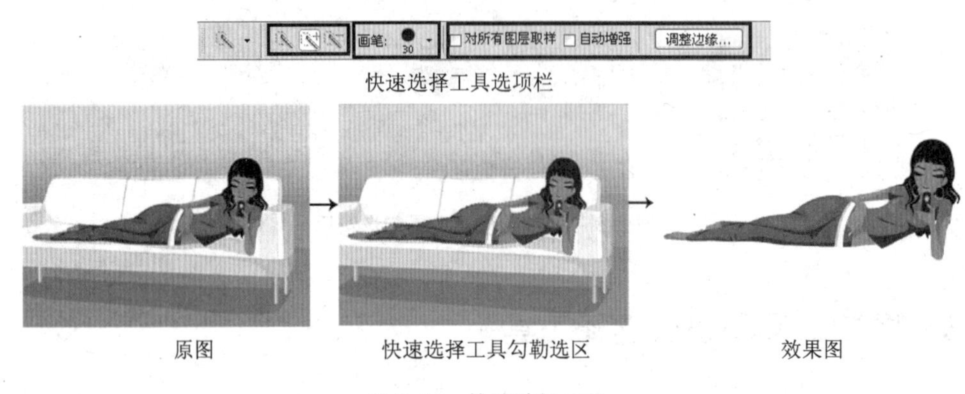

图 3-11　快速选择工具

3.1.4 “色彩范围”命令的使用

“色彩范围”命令可以选取图像中某一颜色区域内的图像或者整个图像内指定的颜色区域，和魔棒工具相似，但是功能更强大，下面具体介绍“色彩范围”命令的使用方法。

选择“选择”→“色彩范围”命令，打开“色彩范围”对话框，如图3-12所示。其参数含义如下。

图 3-12　“色彩范围”对话框

“选择”下拉列表框：提供了4种选择模式，其中，“取样颜色”将按照颜色滴管在图像上采集的颜色样本进行选择，取样后可以通过“颜色容差”来控制选区范围，数值越大，选区的颜色防伪就越强，也可以指定一个标准色彩或色调范围选项来创建选区。

“选择范围”单选按钮：用于控制预览窗中图像以灰度显示，白色区域表示选定的像素，黑色区域表示未选定的区域，灰色区域表示部分选定的区域。

“图像”单选按钮：以色彩显示图像。

“颜色容差”选项：用来控制颜色选择的范围。

3.2 编辑选区

3.2.1 常用选区命令的使用

1. 全选

打开一张素材图片，如果想将整个图像作为选区，可以选择“选择”→“全部”命令，或者按 Ctrl+A 快捷键。

2. 取消选区

当选择的选区不是所需要的时候，可以将选区取消。在图像窗口中右击，会弹出一个快捷菜单，在其中选择“取消选择”命令即可，如图 3-13 所示。

图 3-13　通过快捷菜单取消选区

选择“选择”→“取消选择”命令或者按 Ctrl+D 快捷键也可以取消选区。

3. 重新选择

取消选区后，如果想恢复前一次取消的选区，可以选择“选择”→“重新选择”命令，或者按 Ctrl+Shift+D 快捷键完成效果。

4. 反选

反选是选择图像中除选区以外的其他区域，反选的主要目的是通过选择容易选取的区域来确定不容易选取的区域，如图 3-14 所示。如果直接选取花朵图案，比较困难，但是如果在选取了背景之后，通过反选，就比较容易了。

原图　　选择背景　　反选后的效果图

图 3-14　反选效果

反选主要包括以下 3 种方法：在图像中右击，在弹出的快捷菜单中选择“选择反向”命令；选择“选择”→“反选”命令；按 Ctrl+Shift+I 快捷键。

5. 修改选区

在图像选区的选取过程中经常需要通过选区工具对选区做细微的调整，在 Photoshop CS4 中，对选区进行修改的命令包括“边界”命令、“平滑”命令、“扩展”命令、“收缩”命令和“羽化”命令，如图 3-15 所示。

图 3-15　“修改”命令

“边界”命令：可以对选区加一个边界，宽度可以在打开的“边界选区”对话框中进行设置，如图 3-16 所示。

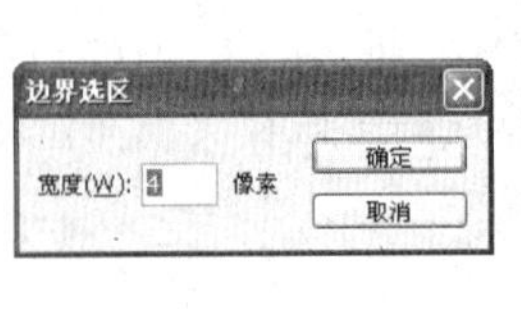

原图　　绘制选区　　“边界选区”对话框　　设置参数后选区的变化

图 3-16　“边界”命令

“平滑”命令：可以使选区的边缘更加柔和，如图 3-17 所示。

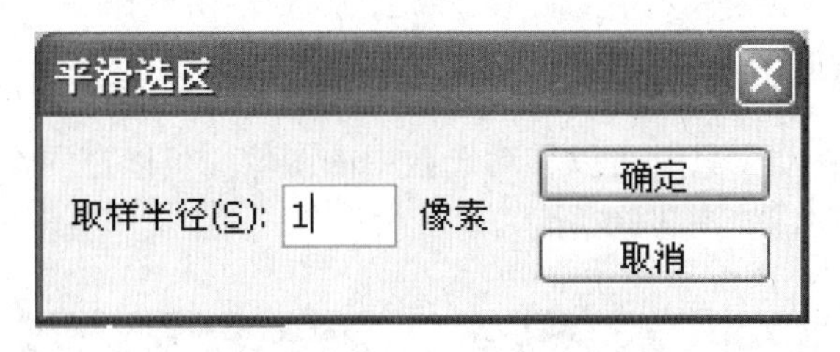

图 3-17 “平滑选区”对话框

“扩展”命令和“收缩”命令：“扩展”命令可以在原有选区的基础上扩大选区，“收缩”命令可以在原有选区的基础上缩小选区，如图 3-18 所示。

原选区　“扩展选区”对话框　扩展后的效果　“收缩选区”对话框　收缩后的效果

图 3-18 “扩展”命令和“收缩”命令

“羽化”命令：可以柔和选区边缘轮廓，与选框工具、套索工具不同的是，“羽化”命令要先设置选区，然后再柔和边缘，而选区工具则是在绘制选区前设置羽化的值，如图 3-19 所示。

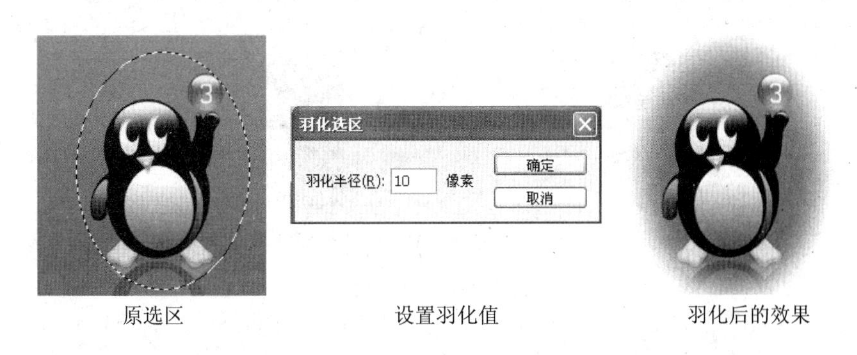

原选区　设置羽化值　羽化后的效果

图 3-19 “羽化”命令

注意，“羽化”命令的效果需要通过对选区进行移动、填充或者删除才能看到。

3.2.2 移动选区及移动选区内容

1. 移动选区

通过选区工具绘制选区后，可以将绘制的选区通过鼠标移动，但是要注意的是选区工具要处于“新选区”的状态，即选区工具的选项栏中选择方式应处于状态，当鼠标指针形状为时，才可以移动选区。另外，通过键盘上的方向键可以控制选区以 1 个像素为单位增量移动，如果在按住方向键的同时按 Shift 键，选区将以 10 个像素的增量移动。

2．移动选区内容

使用工具箱中的移动工具可以移动选区中的图像，可以在同一个文件中移动，也可以在不同的文件中移动，如图 3-20 所示。

选中区域

移动工具移动中

图 3-20　移动选区内容

选中移动工具时，工具选项栏如图 3-21 所示。“自动选择”表示通过单击自动选择在工作区中图像的某个图层；“显示变换控件”用于对选区对象进行各种变换，如缩放、旋转等操作，选中该复选框后，选区周围会出现 8 个控点，可以通过调节这些控点来改变选区的形状。另外，移动工具选项栏中提供了多种图层排列和分布的方式。

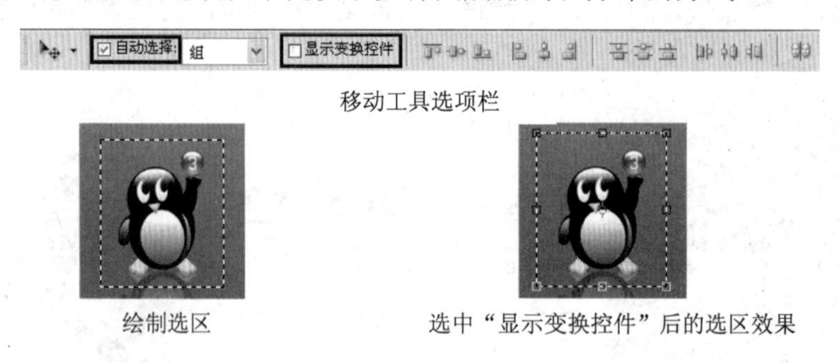

移动工具选项栏

绘制选区

选中“显示变换控件”后的选区效果

图 3-21　移动工具

3.2.3　修改选区

在前面介绍选区工具的时候讲述了 4 种选择方式，如图 3-22 所示。那么，如何正确地使用这些选择方式呢，下面具体学习一下。

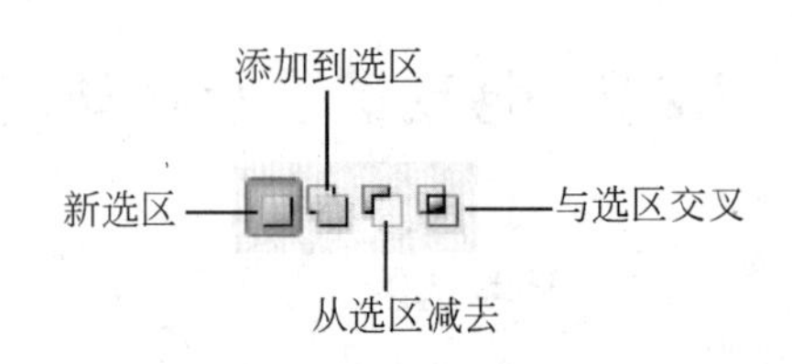

图 3-22　修改选区按钮

1．选区相加

在建立一个新的选区后，如果要添加其他的图像作为选区的范围，可以选择任意一种选区工具，然后单击选项栏中的“添加到选区”按钮，然后拖曳一个选区。

【例 3.1】 绘制灯笼选区。

（1）新建一个 500 像素×300 像素的文件，然后选择椭圆选框工具，绘制一个椭圆，如图 3-23 所示。

（2）选择矩形选框工具，然后单击“添加到选区”按钮，当鼠标指针变为形状时，在椭圆选区的上方绘制一个长方形，然后释放鼠标，如图 3-24 所示。

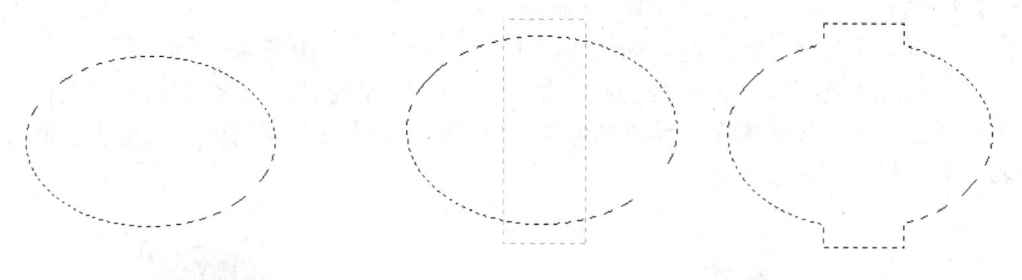

图 3-23　绘制椭圆选区　　图 3-24　绘制矩形选区

2．选区相减

如果想从已有的选区中减去一部分，要利用“从选区减去”按钮。

【例 3.2】 绘制月亮选区。

（1）新建一个文件，然后使用椭圆选框工具绘制一个椭圆选区。

（2）单击“从选区减去”按钮，然后在已有选区的基础上交叉绘制另一个椭圆选区，如图 3-25 所示。

3．选区相交

选区相交是将两个选区重叠的部分保留下来作为最终的选区，选择任意一种选区工具绘制选区后，单击“与选区交叉”按钮，然后绘制另一个选区即可。

【例 3.3】 绘制树叶选区。

（1）新建一个文件，然后使用椭圆选框工具绘制一个椭圆选区。

（2）单击“与选区交叉”按钮，然后使用椭圆选框工具绘制另一个椭圆选区，效果如图 3-26 所示。

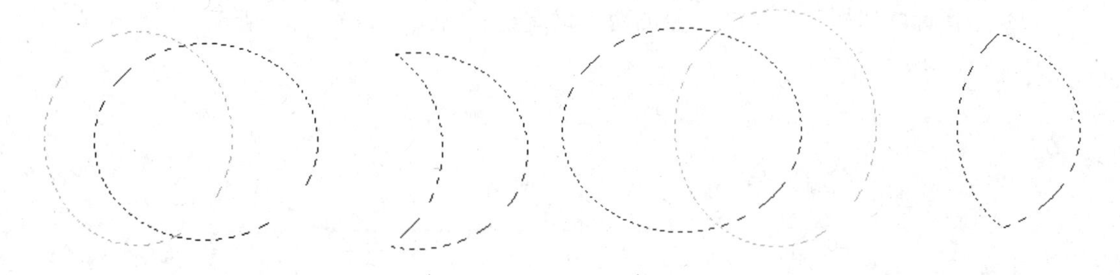

图 3-25　绘制另一个椭圆选区　　图 3-26　绘制树叶选区

3.2.4 变换选区

选区创建之后，可以对创建的选区进行缩放和旋转等操作，而选区内的图像可以保持不变。

【例 3.4】 变换选区，添加阴影效果。

（1）打开素材文件 sc1.jpg，利用选区工具绘制选区，如图 3-27 所示。

（2）选择“选择”→“变换选区”命令，在选区的周围显示 8 个控点，将鼠标指针移动到控点上，然后按住鼠标左键拖曳可以调整选区的大小或旋转选区，如果想变形选区需要按住 Ctrl 键，如图 3-28 所示。

图 3-27　绘制素材图片的选区

图 3-28　调整变换选区

（3）双击鼠标，或按 Enter 键，应用选区的变化，如果要取消变换可按 Esc 键。然后新建一个图层，填充黑色，接着取消选区，将阴影移动适当的位置，如图 3-29 所示。

3.2.5 描边选区

描边选区是将建立的选区用当前的前景色描绘出选区的边缘。

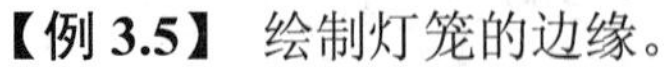

【例 3.5】 绘制灯笼的边缘。

图 3-29　填充阴影效果图

（1）根据例 3.1，先绘制出灯笼的基本形状，如图 3-30 所示。

（2）选择椭圆选框工具，在灯笼的两个顶端绘制圆弧，如图 3-31 所示。

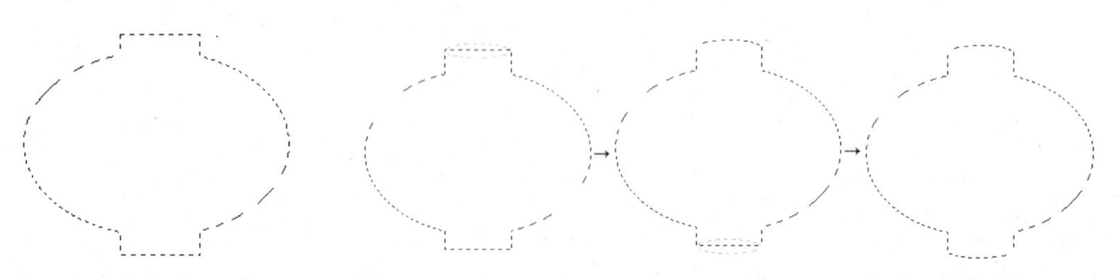

图 3-30　灯笼的基本形状

图 3-31　绘制圆弧

（3）选择“编辑”→“描边”命令，打开“描边”对话框，设置相关参数（颜色为红色），然后单击“确定”按钮，取消选区，如图 3-32 所示。

在“描边”对话框中，“宽度”用于设置描边的宽度，取值范围为 1～250 像素；“颜色”用于设置描边的颜色；“位置”用于设置描边的位置，其中，“内部”表示在选区边框以内进行描边，“居中”表示以选区边框为中心进行描边，“居外”表示在选区边框的外侧进行描边；“模式”用于设置描边的混合模式；“不透明度”用于设置描边的不透明度；“保留透明区域”用于设置描边时不影响原来图层的透明区域。

灯笼的最终效果如图 3-33 所示，请思考怎样绘制出来。

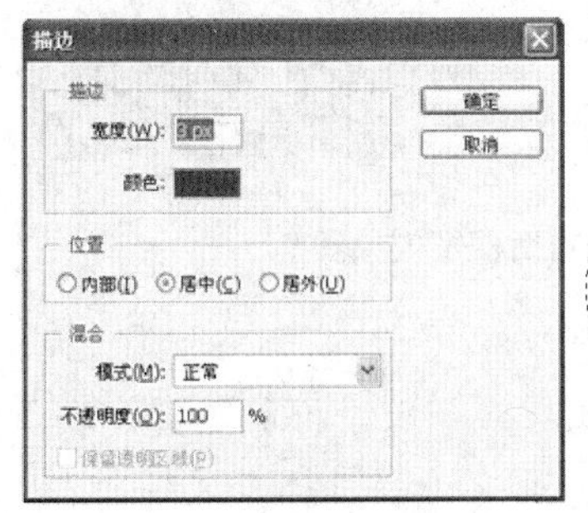

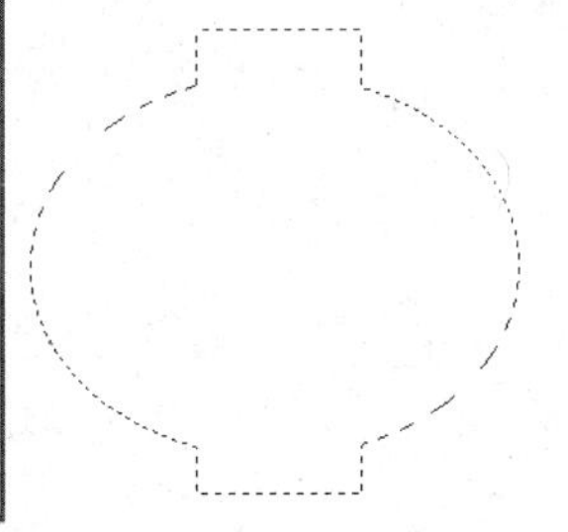

图 3-32　“描边”对话框及绘制效果

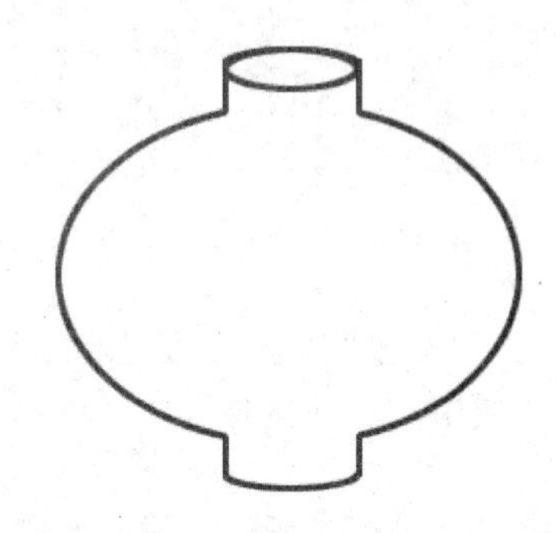

图 3-33　灯笼边缘绘制最终效果图

3.3　填充选区

创建选区后不仅可以将选区描边，还可以对创建的选区填充颜色或者图案。本节将介绍几种填充选区的方法。

3.3.1　“填充”命令的使用

利用“填充”命令可以对选区进行前景色、背景色和图案的填充。

【例 3.6】　给章鱼换肤。

（1）打开素材图片 sc2.jpg，然后利用选区工具将章鱼选取出来，如图 3-34 所示。

（2）选择“编辑”→“填充”命令，打开“填充”对话框，设置相关参数，然后单击“确定”按钮，如图 3-35 所示。

在“填充”对话框中有多个参数，这些参数的含义如下。

“使用”下拉列表框：该下拉列表框中列出了可以填充的适用对象，选择相应的选项即可用它们来填充选区，如图 3-36 所示。

“自定图案”选项：如果在“使用”下拉列表框中选择了“图案”选项，则需要在“自定图案”中单击向下的箭头，选择相应的图案作为填充内容。

“模式”下拉列表框：该下拉列表框中是填充的着色模式。

“不透明度”文本框：用于设置填充内容的透明度。

图 3-34 设置选区

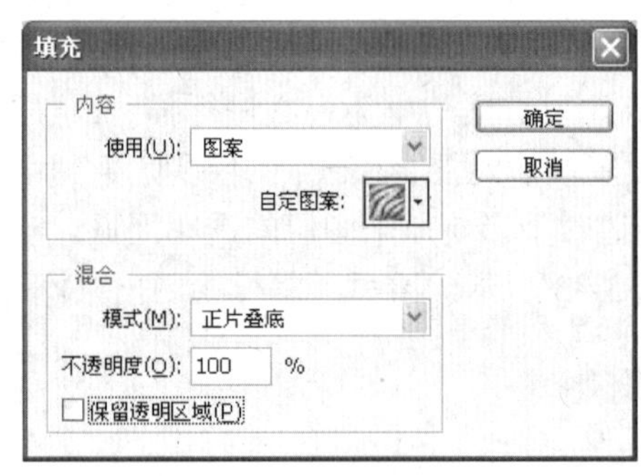

图 3-35 “填充”对话框及效果图

“保留透明区域”复选框：选中该复选框后，填充时不会影响图层中的透明区域。

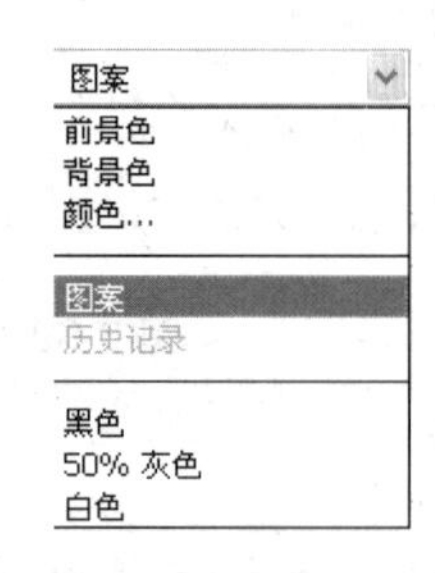

图 3-36 “使用”下拉列表框

3.3.2 油漆桶工具的使用

油漆桶工具和“填充”命令是相似的，但是更方便。油漆桶工具不能应用于位图模式的图像。在工具箱中选择油漆桶工具后，选项栏如图 3-37 所示。

图 3-37 油漆桶工具选项栏

油漆桶工具有两种填充方式：“前景”和“图案”，“前景”填充的是前景色，“图案”填充的是连续的图案，当选择“图案”时和“填充”命令相似。

油漆桶工具选项栏中还有以下几个参数。

“模式”下拉列表框：选择填充的着色模式。

“不透明度”文本框：设置填充内容的不透明度。

“容差”文本框：输入填充的容差数值，数值范围为 0～255，数值越大，填充的范围越大。

“消除锯齿”复选框：用于平滑填充选区的边缘。

“连续的”复选框：选中该复选框，填充与所选像素临近的像素，否则，填充图像中的所有相似像素。

“所有图层”复选框：将所有可见图层都填充。

在 Photoshop 中还可以自定义图案，作为填充的内容。

【例 3.7】 自定义图案。

（1）打开素材图片 sc3.jpg，选择要定义为图案的内容，如图 3-38 所示。

（2）选择“编辑”→“定义图案”命令，在打开的“图案名称”对话框中设置名称为“图案 1”，如图 3-39 所示。

图 3-38 选择选区

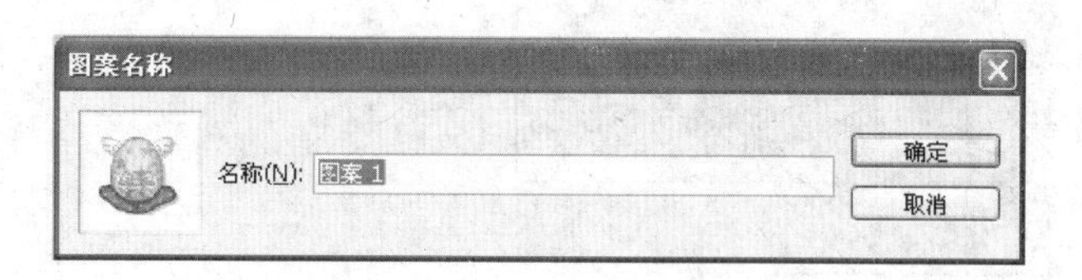

图 3-39 “图案名称”对话框

（3）新建一个文件，选择油漆桶工具，并设置填充模式为“图案”，如图 3-40 所示。

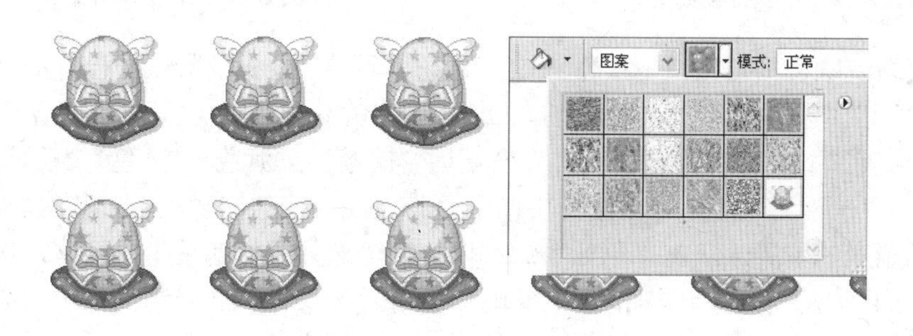

图 3-40 新图案及填充效果图

另外，除了用油漆桶工具填充外，还可以用“填充”命令完成刚才的操作。

3.3.3 渐变工具的使用

渐变工具■也能够实现填充，但是与油漆桶工具不同的是，渐变工具能够实现多种颜色之间逐渐过渡的填充。选择渐变工具后，会出现如图 3-41 所示的选项栏。

图 3-41 渐变工具选项栏

1．渐变方案

单击渐变工具选项工具栏中的渐变方案的向下箭头▾，会弹出渐变方案面板，如图 3-42 所示，可以从中选择相应的渐变方案。

如果对于给定的渐变方案不满意，可以自己调整渐变方案，单击渐变方案中的编辑区域■，会弹出渐变编辑器，如图 3-43 所示。

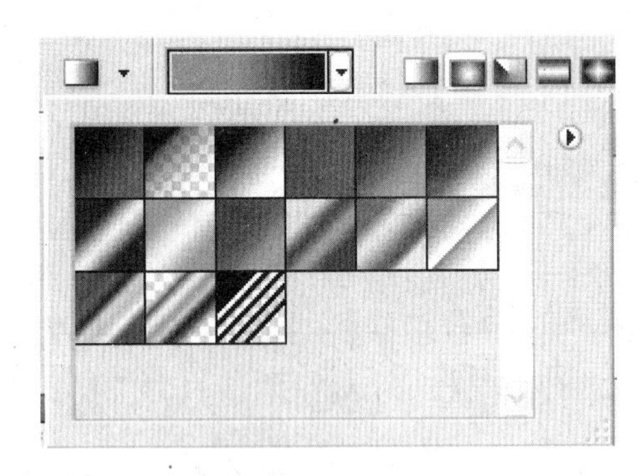

图 3-42　渐变方案面板

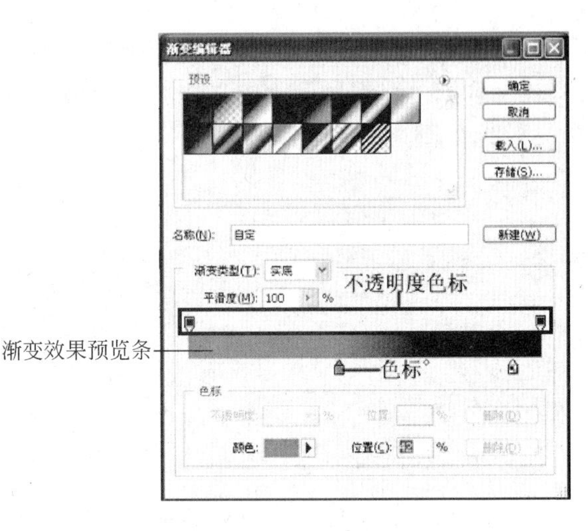

图 3-43　渐变编辑器

自定义渐变颜色需要做以下操作：首先选择“预设”中提供的一种已有的渐变方式，可在“名称”文本框中设置当前编辑的渐变颜色的名称；然后，在“渐变类型”下拉列表框中选择“实底”或“杂色”，“实底”为设置均匀的渐变过渡色，“杂色”表示设置粗糙的渐变过渡色，“平滑度”用于调节渐变中两个色带之间渐变的光滑程度；其次，“色标”用于控制颜色渐变的位置，双击“色标”后可以打开“选择色标颜色”对话框，然后编辑颜色，如图 3-44 所示，如果要添加渐变的颜色，可在“渐变效果预览条”上单击添加一个新色标，用鼠标选中色标滑块后可以移动其位置，调整渐变的整体效果，如果对于色标设置不满意，用鼠标选中色标后向下拖曳即可将色标删除；最后，单击“确定”按钮，完成设置。

2. 渐变方式

渐变工具提供了 5 种渐变方式，如图 3-45 所示。单击相应的渐变方式按钮，可以填充不同的渐变。

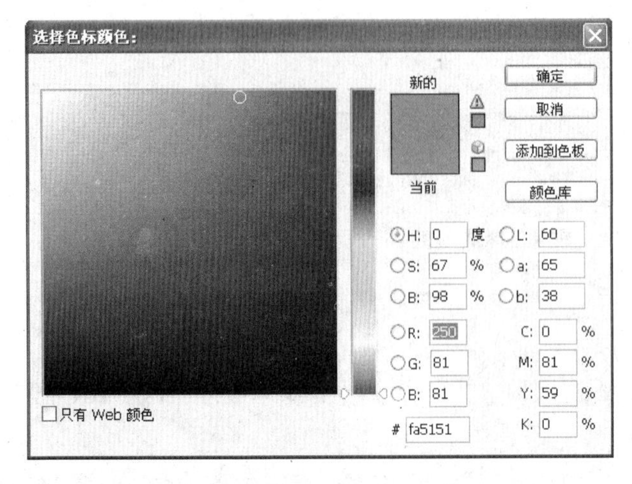

图 3-44　“选择色标颜色”对话框

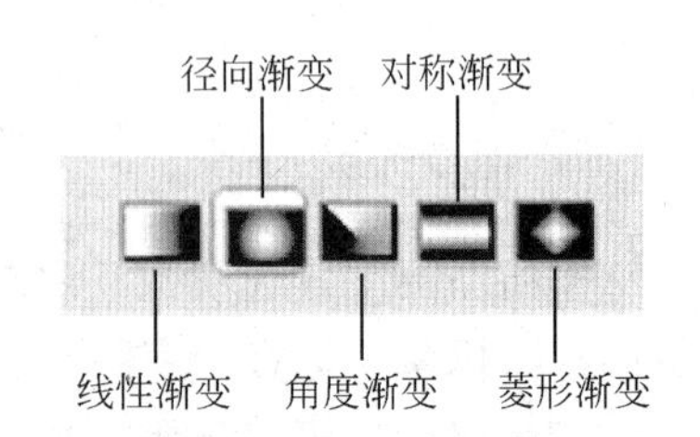

图 3-45　渐变方式

线性渐变：从起点到终点的直线渐变。

径向渐变：以鼠标起点为圆心，鼠标拖曳的距离为半径形成的圆形渐变。

角度渐变：以鼠标起点为中心，拖曳鼠标，形成一个旋转一周的锥形渐变。

对称渐变：以鼠标起点为中心，拖曳鼠标，形成两边对称的渐变。

菱形渐变：以鼠标起点为中心，拖曳鼠标，形成一个以拖曳的距离为半径的菱形渐变。5 种渐变方式的效果如图 3-46 所示。

图 3-46　5 种渐变方式的效果

3.4 实训项目：制作新年贺卡

（1）新建一个 800 像素×600 像素的文件，然后填充背景色为#c81818，如图 3-47 所示。

（2）打开素材图片 sc3-4.jpg，选择“选择”→“色彩范围”命令，在打开的“色彩范围”对话框中设置相关参数，如图 3-48 所示，勾勒出龙形选区。

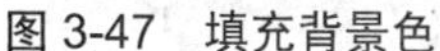

图 3-47　填充背景色

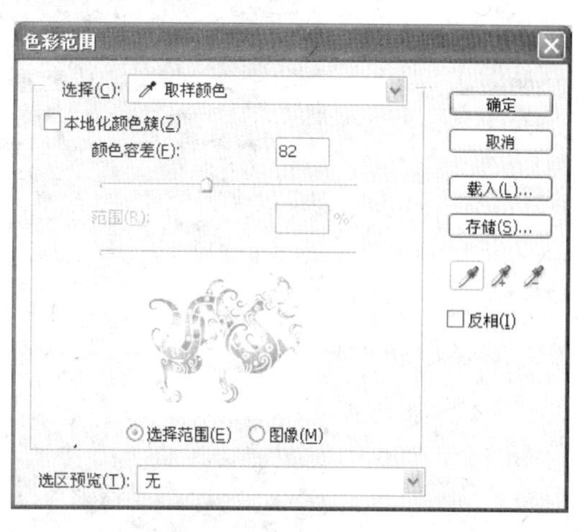

图 3-48　“色彩范围”对话框

（3）按 Ctrl+Shift+I 快捷键，反选选区，然后按 Ctrl+J 快捷键，创建一个所选区域的图层，如图 3-49 所示。将“背景”图层隐藏，然后选择“编辑”→“定义图案”命令，打开“图案名称”对话框，将该图案命名为“long”，单击“确定”按钮，如图 3-50 所示。

（4）回到编辑窗口，选择油漆桶工具，设置工具选项栏中的参数，如图 3-51 所示。然后新建一个图层，命名为“阴影”，并填充图案，如图 3-52 所示。

（5）按住 Ctrl 键，单击“阴影”图层，得到图案的选区。然后填充黑色，设置图层混合模式为“线性减淡（添加）”，接着按 Ctrl+D 快捷键取消选区，如图 3-53 所示。

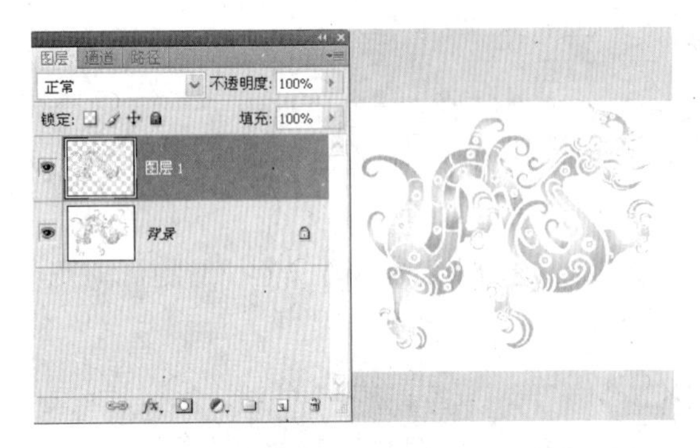

图 3-49　建立新图层

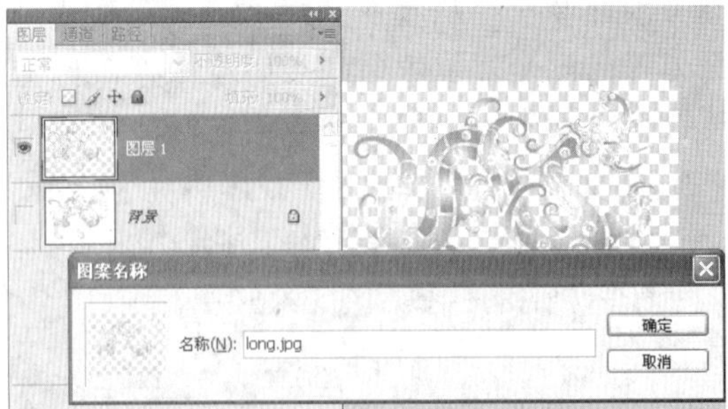

图 3-50　定义图案

图 3-51　油漆桶工具选项栏

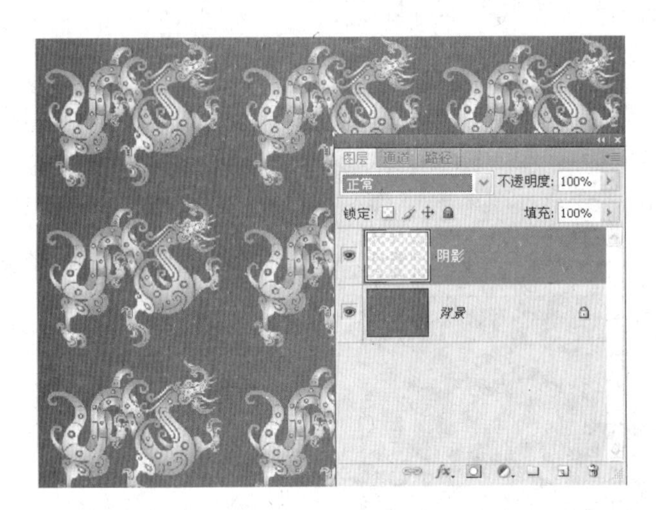

图 3-52　填充图案

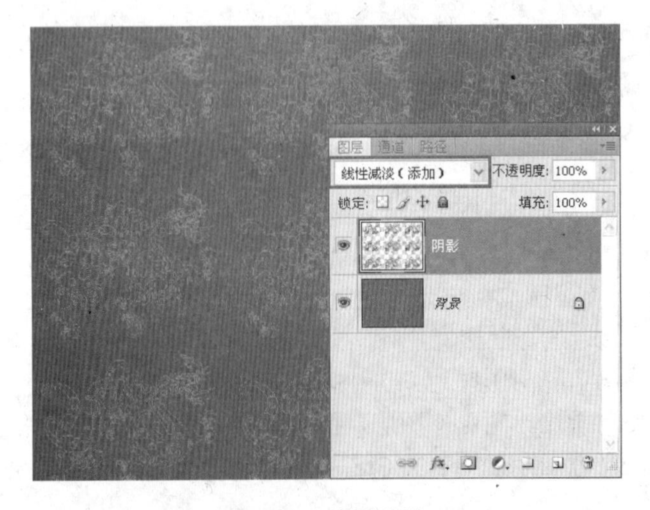

图 3-53　设置阴影

（6）打开素材 sc3-5.jpg，利用魔棒工具勾勒选区，如图 3-54 所示。然后按 Ctrl+C 快捷键复制选区图像，回到编辑窗口后按 Ctrl+V 快捷键，粘贴图像，则“图层”面板中自动生成了一个新图层，如图 3-55 所示。

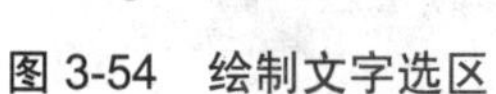
图 3-54　绘制文字选区

图 3-55　复制图像

（7）按 Ctrl+T 快捷键，调整“图层 1”的大小，然后确认变换，如图 3-56 所示。新建一个图层，按住 Ctrl 键，单击“图层 1”，得到“图层 1”的选区，然后选择渐变工具，选择“橙，黄，橙渐变”，设置渐变方式为“对称渐变”，在“图层 2”上自上向下绘制一个渐变，如图 3-57 所示。

图 3-56　调整图层大小

（8）选择“编辑”→“描边”命令，在打开的“描边”对话框中设置描边参数，如图 3-58 所示。然后按向上和向右的方向键，调整“图层 2”的位置，如图 3-59 所示。

（9）选择横排文字工具，设置工具选项栏中的相关参数，然后在图像窗口中输入文字“新年快乐”和 HAPPY NEW YEAR，如图 3-60 所示。

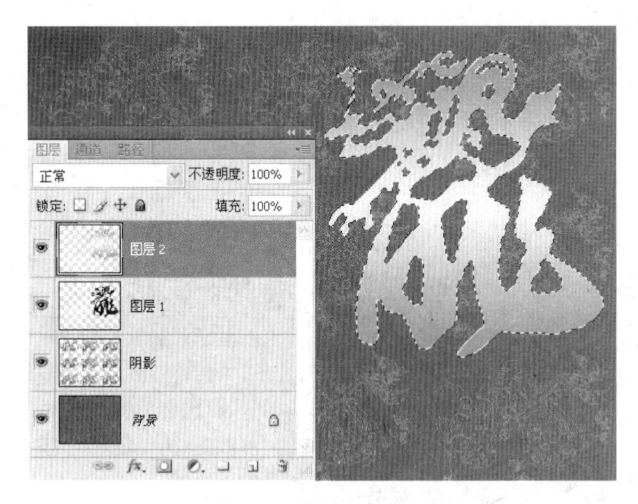

图 3-57 填充渐变

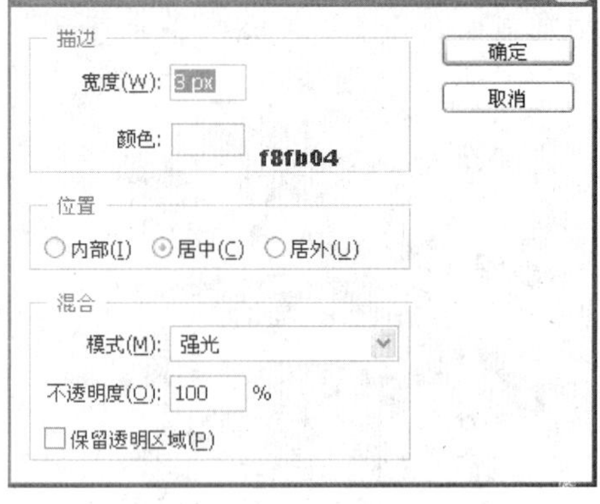

图 3-58 “描边”对话框

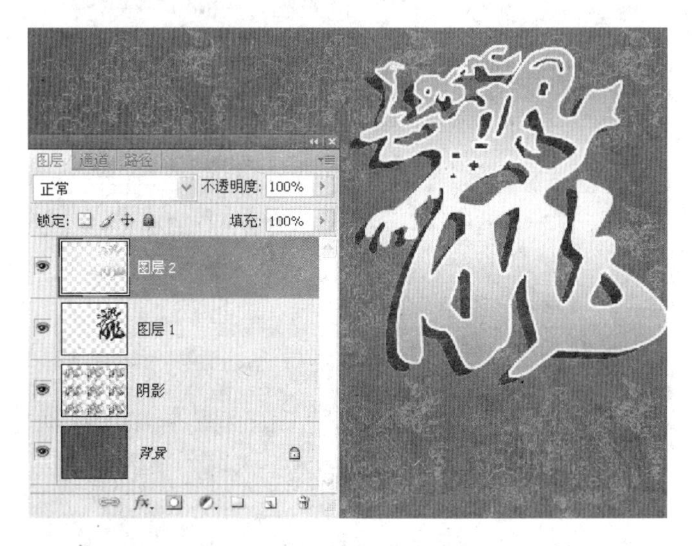

图 3-59 微移后的效果图

图 3-60 添加文字

（10）打开素材 sc3-6.jpg，选择“选择”→“色彩范围”命令，得到选区，如图 3-61 所示。将得到的选区图像复制到编辑窗口中，按 Ctrl+T 快捷键调整图像大小，按 Enter 键确认变换。然后选择“编辑”→“变换”→“水平翻转”命令，水平翻转图像，如图 3-62 所示。最后在“图层”面板中调整“图层 3”的位置，将其放到“阴影”图层的上方，最终效果如图 3-63 所示。

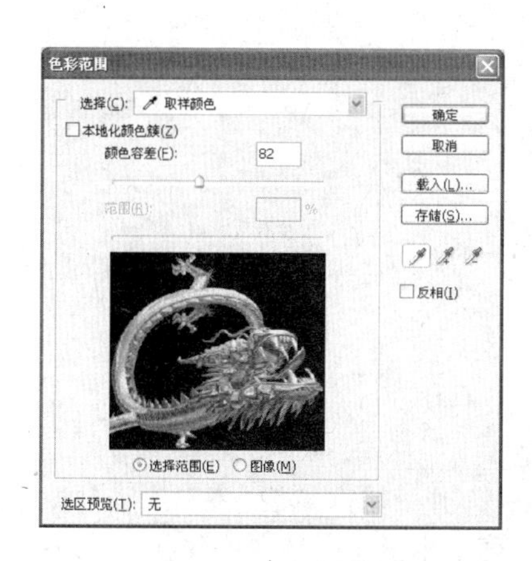

图 3-61　设置选区

图 3-62　变换“图层 3”

图 3-63　最终效果图

习　题　3

一、填空题

1．在绘制同心圆的时候，需要在拖动选区时以某一点为中心点，因此，在绘制的时候应该按住________。

2．在“编辑”菜单中，________命令可以将剪贴板上的图像粘贴到选区。

3．自由变换的快捷键是________。

4．在 Photoshop 中套索工具包括________、________和________。

5．全选图像文件的快捷键是________。

二、选择题

1．在 Photoshop 中如果要选取圆角矩形形状，可以使用矩形选框工具，但需要设置该工具的________参数。

A．角度　　B．硬度　　C．羽化　　D．宽度

2．以下关于“羽化”的说法中正确的是________。

A．“羽化”和选择的区域有关

B．“羽化”和图片的分辨率有关

C．“羽化”只能对图像的中间部分起作用

D．“羽化”只能对图像的边缘部分起作用

3．“反选”命令的快捷键是________。

A．Shift+Ctrl+A　　B．Shift+Ctrl+I　　C．Shift+Ctrl+B　　D．Ctrl+Alt+D

4．复制当前图层中选区内的图像到剪贴板的命令是________。

A．编辑→变换　　B．编辑→粘贴　　C．编辑→复制　　D．编辑→剪切

5．选取特定颜色范围内的图像，可以使用“选择”菜单中的________命令。

A．全选　　B．反选　　C．取消选择　　D．色彩范围

6．渐变工具有________种渐变方式。

A．4　　B．5　　C．6　　D．7

7．油漆桶工具可以根据像素颜色的近似度来填充颜色，填充的内容包括________。

A．前景色　　B．背景色　　C．形状　　D．样式

8．可以设置前景色和背景色的工具有________。

A．吸管工具和钢笔工具　　B．吸管工具和拾色器

C．拾色器和画笔工具　　D．“颜色”面板和画笔工具

三、上机练习题

1．使用椭圆选框工具和“描边”命令绘制奥运五环图形，如 3-64 所示。

2．使用油漆桶工具、渐变工具和椭圆选框工具绘制一幅海上升明月图形，如图 3-65 所示。

图 3-64　奥运五环图形

图 3-65　海上升明月图形

第4章 图像的绘制、润色和编辑

【学习目标】本章分为两个部分：首先介绍绘图工具的使用方法，以及绘图工具的相关设置；其次介绍一些图像编辑的基本操作，以及图像编辑的相关工具，如模糊工具组、色调处理工具组、仿制图章工具组、图像修复工具组等。

【本章重点】

- 画笔工具的使用；
- 各种图像编辑工具的使用。

4.1 图像的绘制

4.1.1 设置画笔颜色

在使用画笔工具时，要设置前景色，因为前景色将被作为绘画的颜色来填充选区或选区边缘。而当用橡皮擦工具擦除的时候，使用的是背景色。那么，前景色和背景色应如何设置呢？下面进行介绍，如图 4-1 所示，在 Photoshop CS4 的工具箱中有一个前景色和背景色区域。

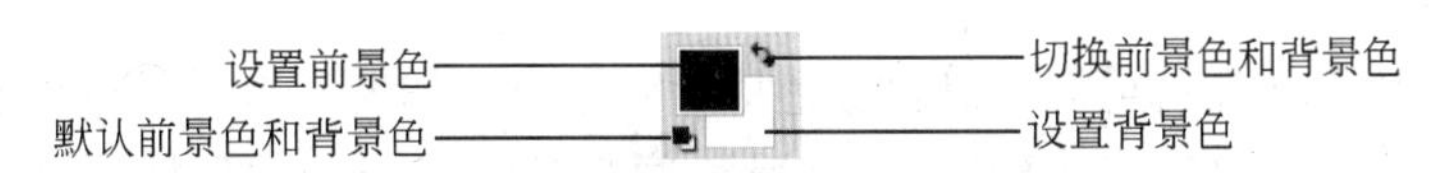

图 4-1 前景色和背景色设置按钮

默认的前景色为黑色，背景色为白色，单击“默认前景色和背景色”按钮即可还原初始状态。如果想将前景色和背景色交换，可单击“切换前景色和背景色”按钮。

1. 使用拾色器调整前景色和背景色

如果要设置前景色，可以单击“设置前景色”按钮，打开如图 4-2 所示的拾色器进行设置。

如果只是粗略地选取某种颜色，可以通过调整滑块定位颜色的位置，然后在“颜色选择区域”单击选择某种颜色，在单击的位置会出现一个小圆圈。

如果精确地选取颜色，可在“颜色数据区域”根据色彩模式输入相应的数值来确定具体的颜色信息。

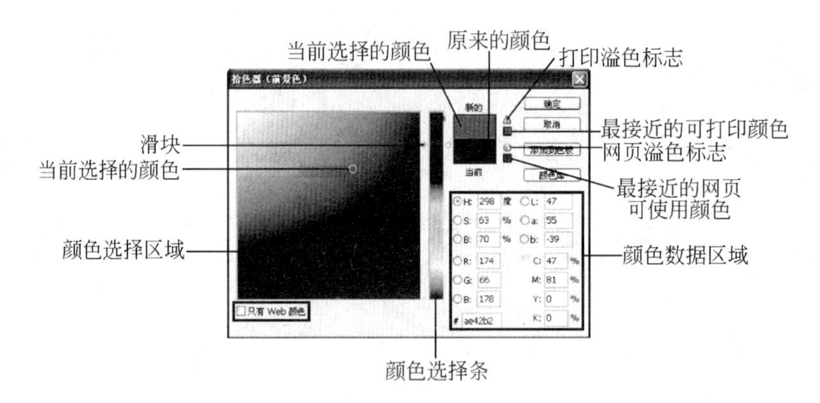

图 4-2　拾色器

在拾色器中有一个“只有 Web 颜色”复选框，选中该复选框，会出现如图 4-3 所示的对话框，可在该对话框中确定 Web 安全颜色。

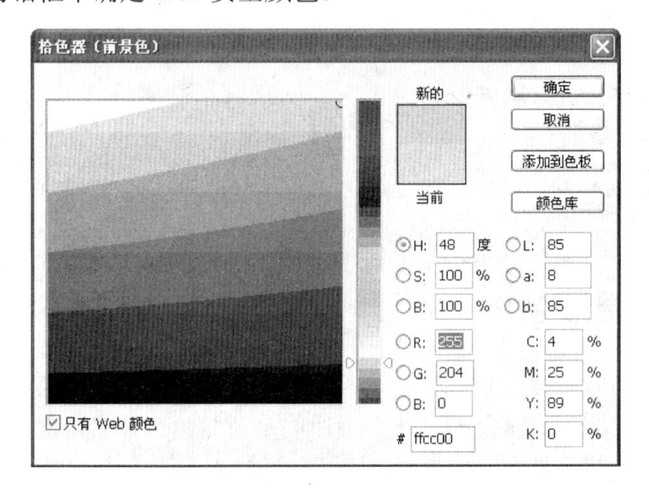

图 4-3　Web 颜色拾色器

单击“颜色库”按钮，可以打开“颜色库”对话框，如图 4-4 所示。在该对话框的“色库”下拉列表框中共有 27 种颜色库，这些颜色库都是国际公认的色样标准，用户可以通过这些标准精确地选择需要的颜色。

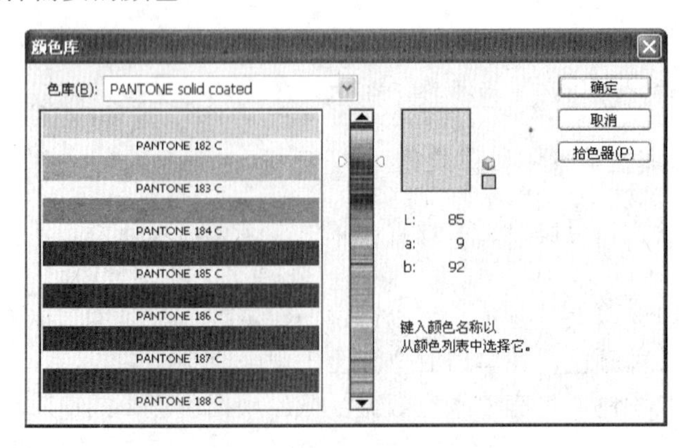

图 4-4　“颜色库”对话框

注意，背景色的设置和前景色相似。

2. 使用“颜色”面板调整前景色和背景色

选择“窗口”→“颜色”命令，会打开如图 4-5 所示的“颜色”面板，利用“颜色”面板可设置前景色和背景色。

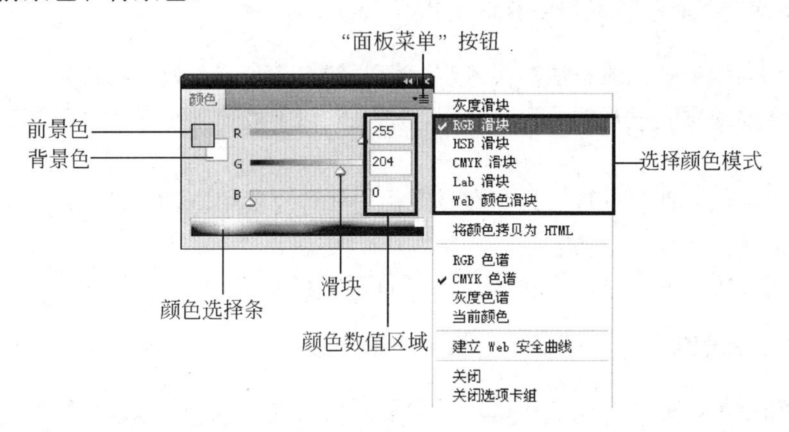

图 4-5 “颜色”面板

在“颜色”面板中，单击“前景色”按钮，表示当前设置前景色，通过拖动滑块可以粗略地设置颜色，或者单击“颜色选择条”进行选择。如果要精确地设置颜色，可在“颜色数值区域”的文本框中输入相应的数据来精确地确定颜色。另外，可以通过单击“面板菜单”按钮设置颜色模式。

3. 使用“色板”面板设置前景色和背景色

选择“窗口”→“色板”命令，可打开如图 4-6 所示的“色板”面板。

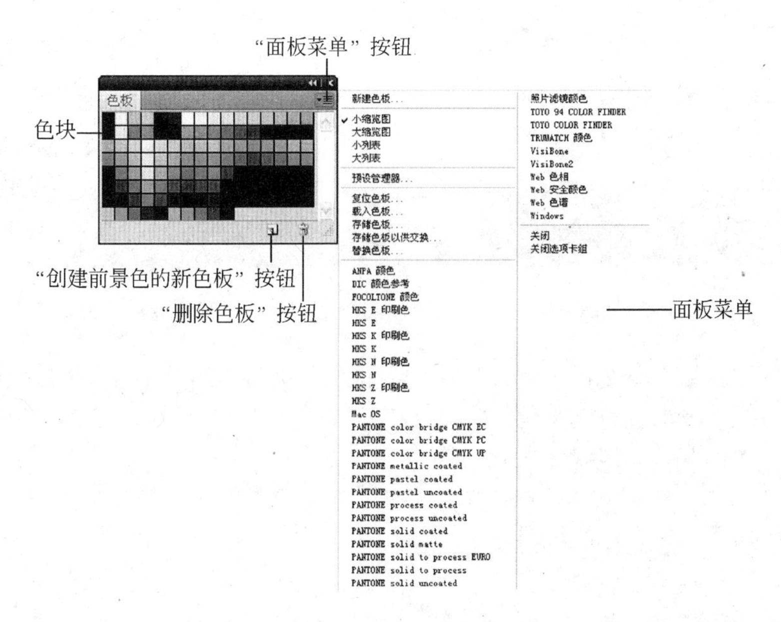

图 4-6 “色板”面板

“色板”面板主要用于设置前景色。将鼠标指针移动到色板区域，当其变成吸管形状时，单击相应的色块，前景色就会相应变化。另外，通过单击“创建前景色的新色板”按钮，创建新的颜色色块，也可以选中某一个色块，按住鼠标左键拖曳到“删除色板”按钮上删除已有色块。单击“面板菜单”按钮可以打开面板菜单。

4. 使用吸管工具设置前景色和背景色

前面介绍的调整颜色的方法都很直观，想要什么颜色都可以直接设置。如果在编辑图像的时候，需要的颜色没有办法直观获得，则可以利用吸管工具吸取想要的颜色，具体方法如下：

打开素材，然后使用吸管工具在素材图片的任意位置单击，即可将单击处的颜色作为前景色，如图 4-7 所示。

在使用吸管工具的同时，按住 Alt 键，吸取的是背景色。

5. 使用颜色取样器工具获取多个颜色信息

在一幅图像中，如果想要了解每一个像素点的颜色信息，可以使用吸管工具组中的颜色取样器工具。使用方法如下：

打开素材图片，然后选择颜色取样器工具，在图像中单击，即可在图像上留下一个带有数值序号的标记，如图 4-8 所示。每个标记都可在“信息”面板中获得该取样点的颜色信息。

图 4-7 用吸管工具吸取颜色

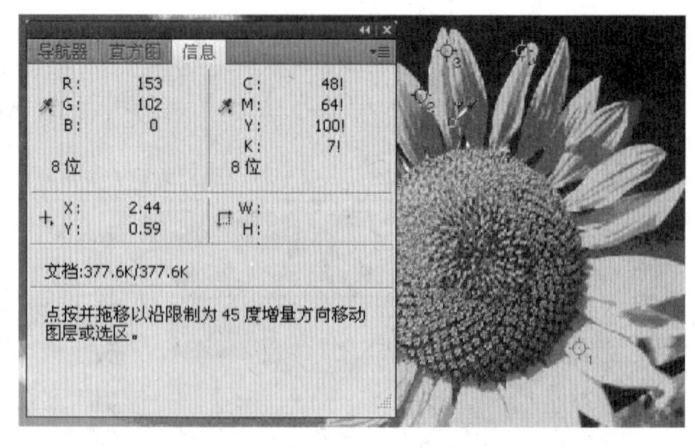

图 4-8 用颜色取样器工具取样

使用颜色取样器工具在同一幅图像中最多能够同时获取 4 个点的颜色信息，可以通过鼠标拖曳的方式改变取样点的位置。如果要删除取样点的颜色信息，可以在取样点上右击，然后在弹出的快捷菜单中选择“删除”命令。

4.1.2 画笔工具组的使用

画笔工具组中包括画笔工具、铅笔工具和颜色替换工具，如图 4-9 所示。这 3 种工具能够提供已有的形状图形，作为绘制的内容。

图 4-9　画笔工具组

1. 画笔工具

画笔工具的绘制效果类似于毛笔，边缘柔和。画笔工具的选项栏如图 4-10 所示。

图 4-10　画笔工具选项栏

“画笔”下拉列表框：用于设置画笔笔尖的大小和样式，单击向下箭头，可弹出画笔笔触设置面板，如图 4-11 所示。在该面板上可以设置画笔直径、硬度（画笔笔触的柔和度），也可通过系统提供的画笔笔触选择相应的笔触形状。

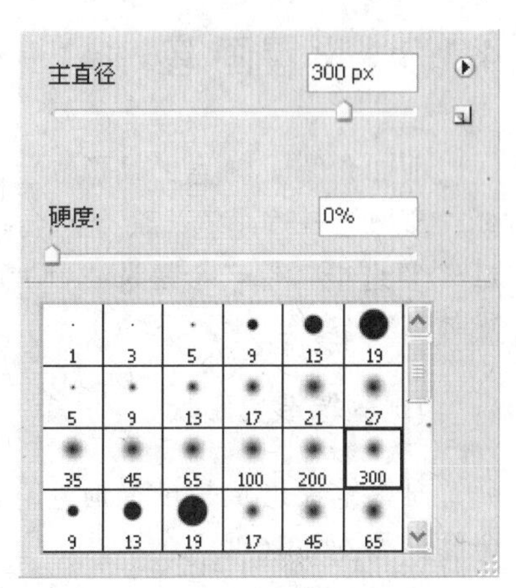

图 4-11　画笔笔触设置面板

“模式”下拉列表框：与油漆桶工具选项栏中的“模式”一致，都是用来设置混合模式的。

“不透明度”文本框：用来设置画笔的透明度。

“流量”文本框：用于设置画笔线条的浓度。

“喷枪”按钮：用于加强画笔的绘制效果。

选择画笔工具后，需要在选项栏中设置相应的参数，然后利用鼠标在绘制区域中拖动即可。

2. 铅笔工具

铅笔工具和画笔工具相似，但是铅笔工具在绘制图形时绘制的线条边缘要更加生硬一些，铅笔工具选项栏如图 4-12 所示。

图 4-12　铅笔工具选项栏

铅笔工具选项栏的使用和画笔工具相似，不同的是铅笔工具选项栏中多了一个“自动抹除”复选框，功能是在绘制图像时，如果前景色与绘制区域的颜色相同，则会自动用背景色绘制。

3. 颜色替换工具

颜色替换工具能够快速替换图像中的颜色，颜色替换工具的选项栏如图 4-13 所示。

图 4-13　颜色替换工具选项栏

取样方式：用于设置颜色替换时颜色的选取方式。取样方式有 3 种，分别是连续取样、一次取样和背景色板取样，如图 4-14 所示。“连续取样”指在图像上拖动鼠标时对颜色连续取样；“一次取样”指替换第一次单击选择的颜色所在的区域中的目标颜色；“背景色板取样”用来涂抹包含当前背景色的区域。

限制：用来设置颜色替换的范围，主要有 3 种方式，其中，“不连续”选项用来替换出现在鼠标指针下任何位置的样本颜色；“邻近”选项用来替换与鼠标邻近的颜色相似的颜色；“查找边缘”选项用来替换包含样本颜色的相连区域，同时更好地保留形状边缘的锐化程度。

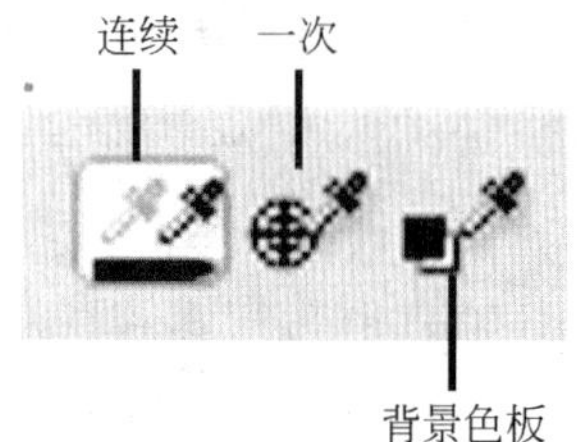

图 4-14　3 种取样方式

4.1.3　设置画笔

前面介绍了画笔工具和颜色的设置，接下来介绍画笔工具的画笔笔触的复杂设置。选择“窗口”→“画笔”命令，会打开如图 4-15 所示的“画笔”面板，在“画笔”面板中有 11 个复选框，每一个复选框都有各自的参数，它们是用来设置画笔笔触形状的，并且可一次使用多个。

1. 画笔笔尖形状

画笔笔尖形状是设置画笔笔触的基础，包括画笔工具选项栏中的多个参数，并且更加全面，如图 4-16 所示。

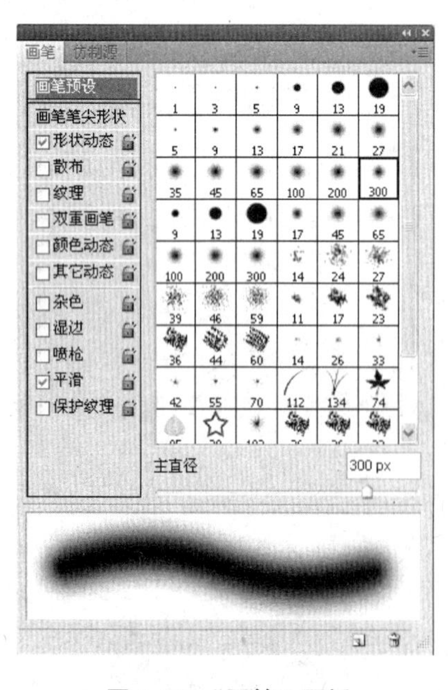

图 4-15　“画笔”面板

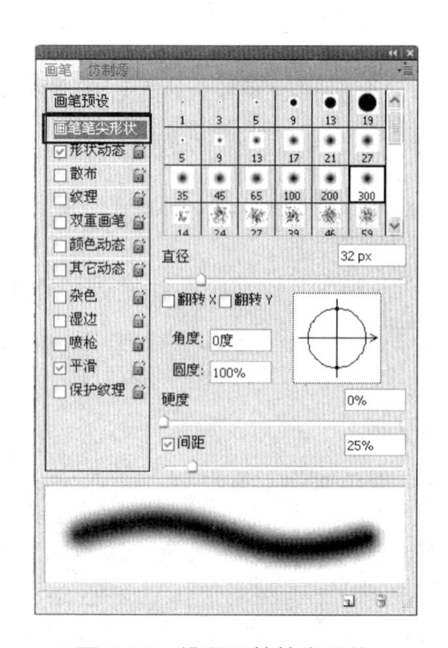

图 4-16　设置画笔笔尖形状

直径：用来设置画笔笔尖的大小，如图 4-17 所示。

翻转 X 和翻转 Y：改变笔尖在 X 轴或在 Y 轴的方向，如图 4-18 所示。

图 4-17 直径比较

图 4-18 翻转比较

角度：用于设置画笔笔尖的角度方向，如图 4-19 所示。

圆度：设置画笔笔尖形态为椭圆的程度，如图 4-20 所示。

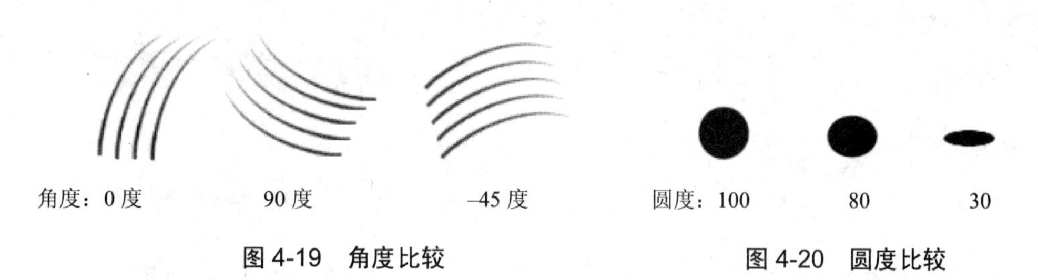

图 4-19 角度比较

图 4-20 圆度比较

硬度：设置画笔颜色的强度，范围为 0%～100%，取值越小，画笔边缘越柔和，如图 4-21 所示。

间距：控制画笔笔尖形状间隔的距离，间距越小，笔触越密集，反之，越稀松，如图 4-22 所示。

图 4-21 硬度比较

图 4-22 间距比较

2．形状动态

形状动态是指笔尖的直径、角度、圆度等参数会在绘制过程中动态变化，选中“画笔”面板中的“形状动态”复选框即可设置相关的参数，如图 4-23 所示。

大小抖动：设置画笔笔尖大小的变化方式，值越大，画笔的形态变化越不规则，如图 4-24 所示。

最小直径：设置“大小抖动”或“相应控制”后画笔笔尖缩放的最小百分比。

角度抖动：设置画笔角度方向的变化方式，包括：“关”、“渐隐”、“钢笔压力”、“钢笔斜度”、“光笔轮”、“旋转”、“初始方向”和“方向”几种方式，角度抖动比较如图 4-25 所示。

圆度抖动：设置画笔的圆形显示概率，值越大，显示概率越小，如图 4-26 所示。

3．散布

散布选项可以设置画笔图案分散的位置和数量。选中“画笔”面板中的“散布”复选框，即可设置相关的参数，如图 4-27 所示。

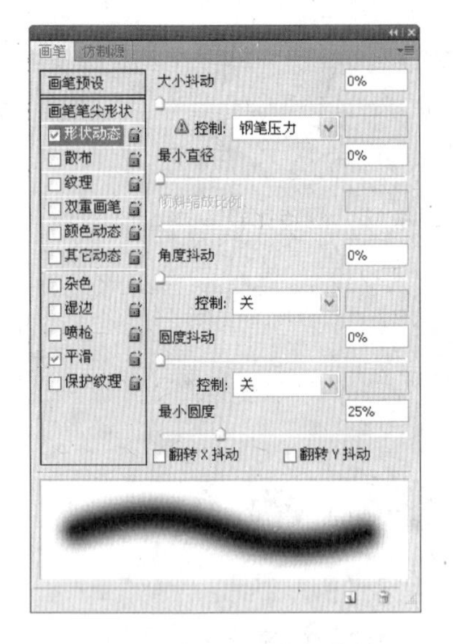

图 4-23 形状动态选项

图 4-24 大小抖动比较

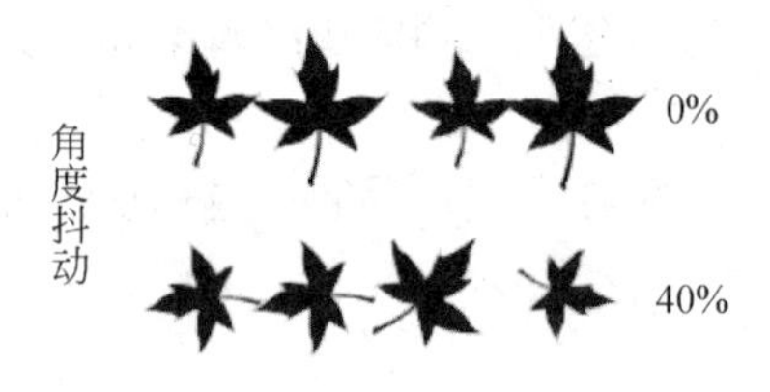

图 4-25 角度抖动比较

图 4-26 圆度抖动比较

散布：设置画笔笔触的分布方式，值越大，散布效果越强烈。

数量：设置画笔图案分布的数量，值越大，分散量越多，如图 4-28 所示。

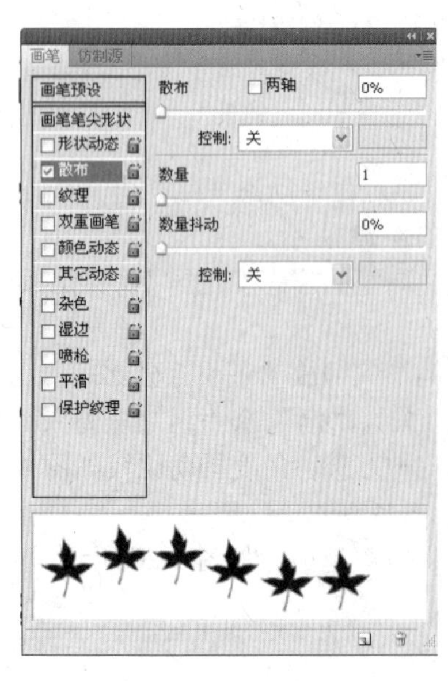

图 4-27 散布选项

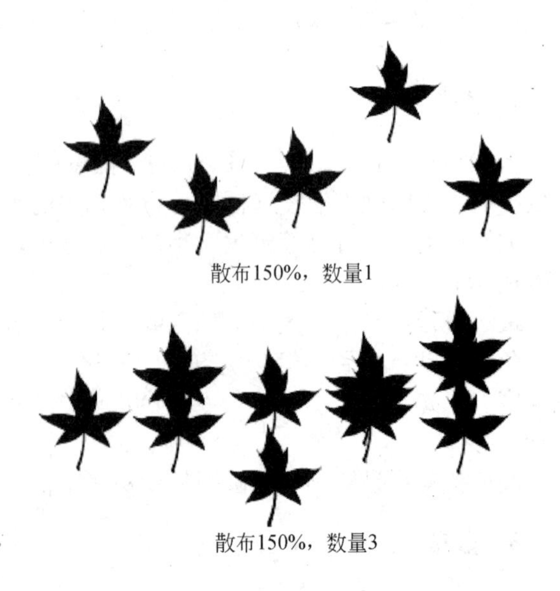

图 4-28 数量比较

数量抖动：设置画笔图案分散的间隔大小，值越大，间隔越远，如图 4-29 所示。

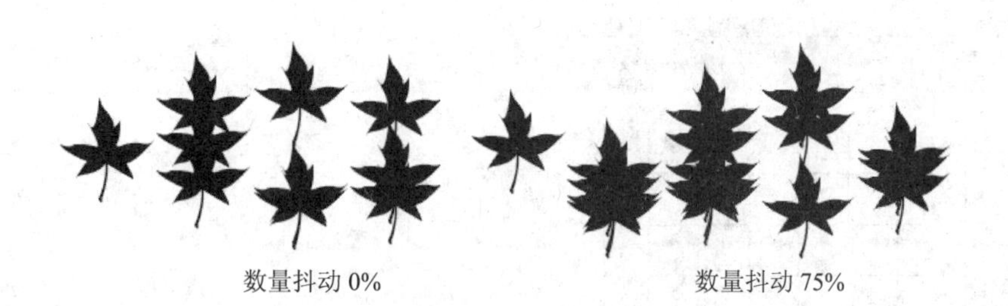

图 4-29　数量抖动比较

4．纹理

纹理选项用于设置画笔绘制过程中在画笔图案中添加 Photoshop CS4 提供的相关纹理的效果，如图 4-30 所示。

纹理：提供纹理的选项，如图 4-31 所示。

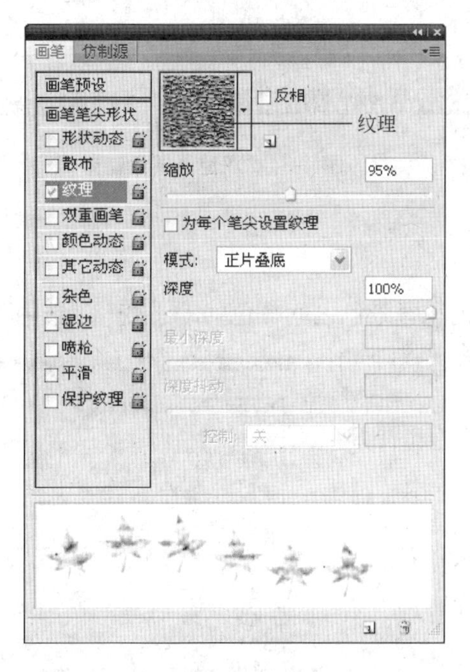

图 4-30　纹理选项

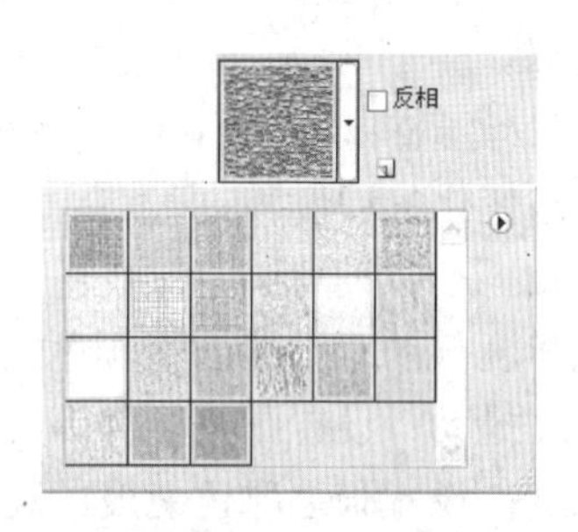

图 4-31　选择纹理

缩放：设置纹理在图案中的大小。

模式：设置纹理和画笔图案的混合效果，如图 4-32 所示。

图 4-32　模式设置效果

5．双重画笔

双重画笔可以将两种画笔形状融合，选中“画笔”面板中的“双重画笔”复选框，即可进行相关设置，如图 4-33 所示，绘制效果如图 4-34 所示。

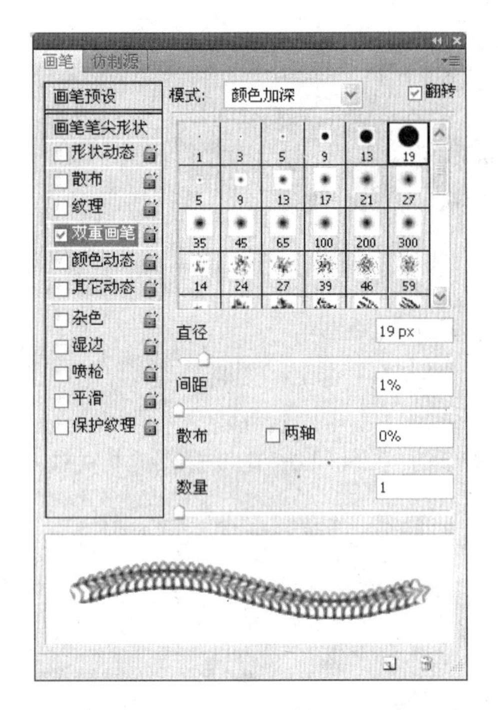

图 4-33　双重画笔选项

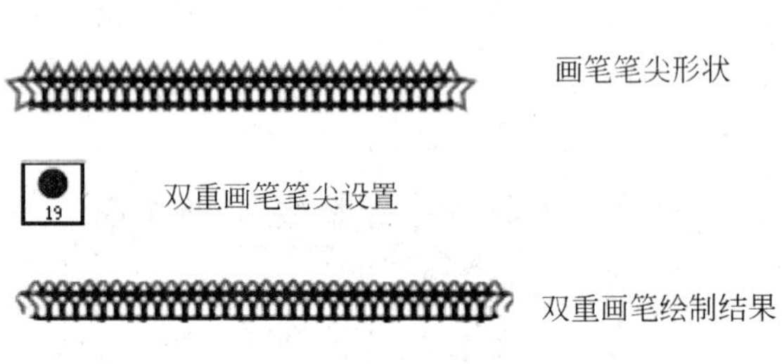

图 4-34　双重画笔绘制效果

6．颜色动态

颜色动态用来设置画笔绘制过程中前景色和背景色之间颜色的动态变化。选中“画笔”面板中的“颜色动态”复选框，即可进行相关设置，如图 4-35 所示。

前景/背景抖动：设置画笔的颜色在前景色和背景色之间动态变化的程度。

色相抖动：设置画笔颜色色相动态变化的参数。

饱和度抖动：设置画笔颜色饱和度的动态变化。

亮度抖动：设置画笔颜色亮度的动态变化。

纯度：设置画笔颜色纯度的动态变化。

在“画笔”面板中还有其他选项，用户可以自己学习。

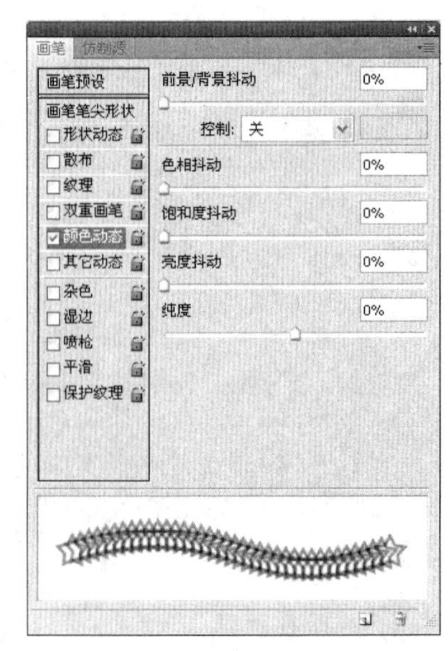

图 4-35　颜色动态选项

4.1.4　创建自定义画笔

在第 3 章中讲述了自定义图案的方法，本节来介绍自定义画笔的方法。为什么要自定义画笔呢，因为在 Photoshop CS4 中预设的画笔样式可能不能够满足所有使用者的需求，因此，使用者可以根据自己的需要自定义画笔。可以利用选取工具选取图案，然后选择“编辑”→“定义画笔预设”命令，将所选图案作为自定义的画笔样式。

【例 4.1】 自定义画笔。

打开素材图片 sc4-1.jpg，选取选区，然后选择“编辑”→“定义画笔预设”命令，在打开的“画笔名称”对话框中设置画笔的名称，并单击“确定”按钮，过程如图 4-36 所示。

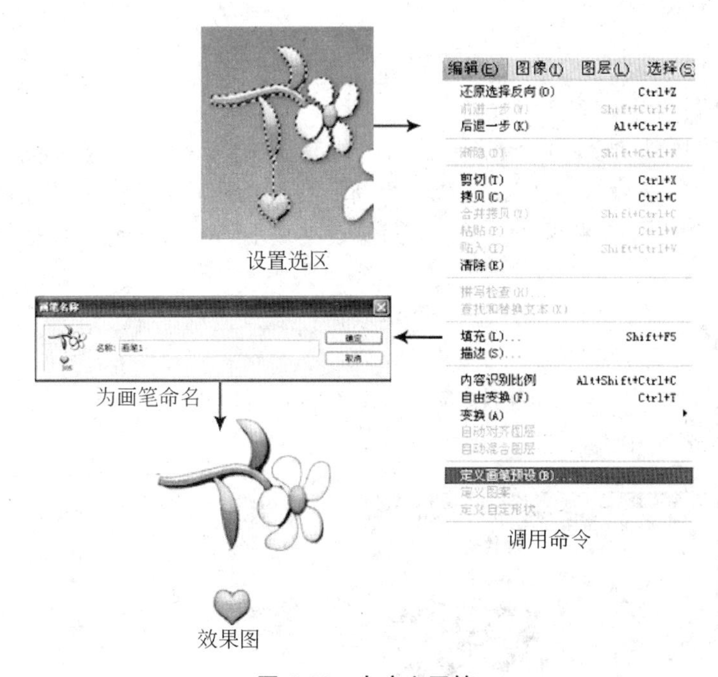

图 4-36　自定义画笔

4.2 编辑图像

4.2.1 基本编辑操作

在 Photoshop 中，图像的编辑操作包括复制、剪切、粘贴、旋转和变换等。

1. 复制图像

在 Photoshop 中复制图像是将图像中的选区作为复制的对象，然后通过选择“编辑”→“拷贝”命令或者按 Ctrl+C 快捷键复制图像。复制的图像暂时存放在 Windows 的剪贴板中，通过执行“粘贴”命令即可应用到新的图像中。

2. 剪切图像

剪切图像和复制图像相似，选择“编辑”→“剪切”命令或者按 Ctrl+X 快捷键即可。注意，剪切后，选区内的图像被放入剪贴板中，原图像中的选区图像消失并填充上背景色。

3. 粘贴

复制或剪切图像后，可将图像粘贴到一个新的文件中，选择“编辑”→“粘贴”命令或者按 Ctrl+V 快捷键即可粘贴，粘贴后，在“图层”面板中会生成一个新图层，并自动命名。

4．合并拷贝和贴入

合并拷贝：设置选区，然后选择“编辑”→“合并拷贝”命令，则将文件选区内所有图层的图像都复制到剪贴板中。

贴入：复制图像，然后设置选区，选择“编辑”→“贴入”命令或按 Ctrl+Shift+V 快捷键，如图 4-37 所示。粘贴后，会生成一个新的图层，只显示选区内的图像。新图层中包含两个部分，一个是图像区域，可以调整图像设置显示的区域；另一个是蒙版，可以调整图像的位置。

5．旋转图像

在 Photoshop 中，如果要调整图像的显示方向，可以选择“图像”→“图像旋转”的子命令，如图 4-38 所示。

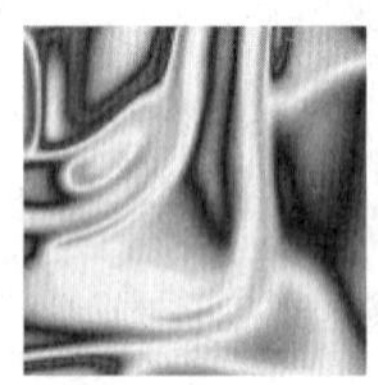

图 4-37　贴入效果

图像(I)
模式(M)
调整(A)
自动色调(N)　Shift+Ctrl+L
自动对比度(U)　Alt+Shift+Ctrl+L
自动颜色(O)　Shift+Ctrl+B
图像大小(I)...　Alt+Ctrl+I
画布大小(S)...　Alt+Ctrl+C
图像旋转(G)
裁剪(P)
裁切(R)...
显示全部(V)
复制(D)...
应用图像(Y)...
180 度(1)
90 度(顺时针)(9)
90 度(逆时针)(0)
任意角度(A)...
水平翻转画布(H)
垂直翻转画布(V)

图 4-38　图像旋转命令

各子命令的含义如下。

180 度：将整个图像旋转 180°。

90 度（顺时针）：将整个图像顺时针旋转 90°。

90 度（逆时针）：将整个图像逆时针旋转 90°。

任意角度：选择该命令，会打开如图 4-39 所示的对话框，在“角度”文本框中输入角度的值，选择顺时针或者逆时针，然后图像就会旋转相应角度。

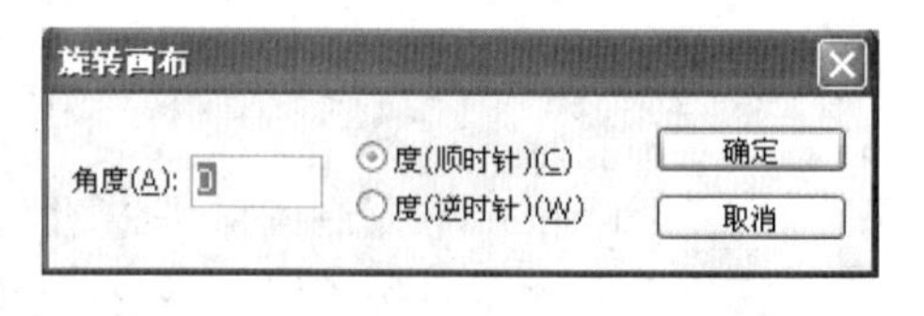

图 4-39　“旋转画布”对话框

水平翻转画布：将整个图像水平翻转。

垂直翻转画布：将整个图像垂直翻转。

各种旋转效果如图 4-40 所示。

6．自由变换

前面介绍的是对整个图像进行旋转，如果要对图像中的某个图层进行变化，则需要利用“编辑”→“变换”的子命令，如图 4-41 所示。

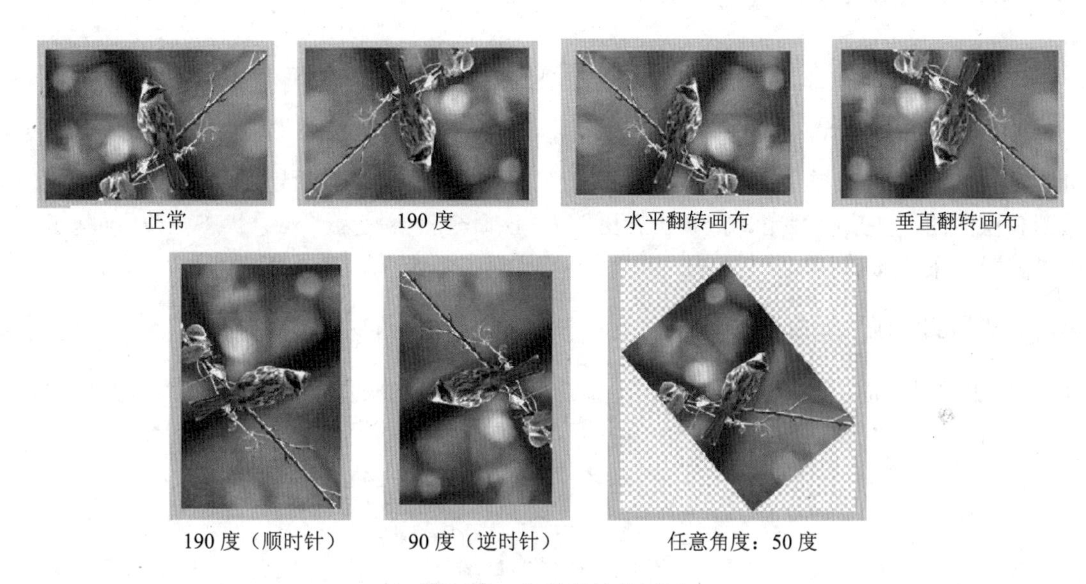

图 4-40　各种翻转效果图

变换命令包括“缩放”、“旋转”、“斜切”、“扭曲”、“透视”和“变形”等，选中要变换的图层或图像，然后执行变换命令或按 Ctrl+T 快捷键，在图像上会出现 8 个控点，利用鼠标拖曳这 8 个控点即可完成变换，具体效果如图 4-42 所示。

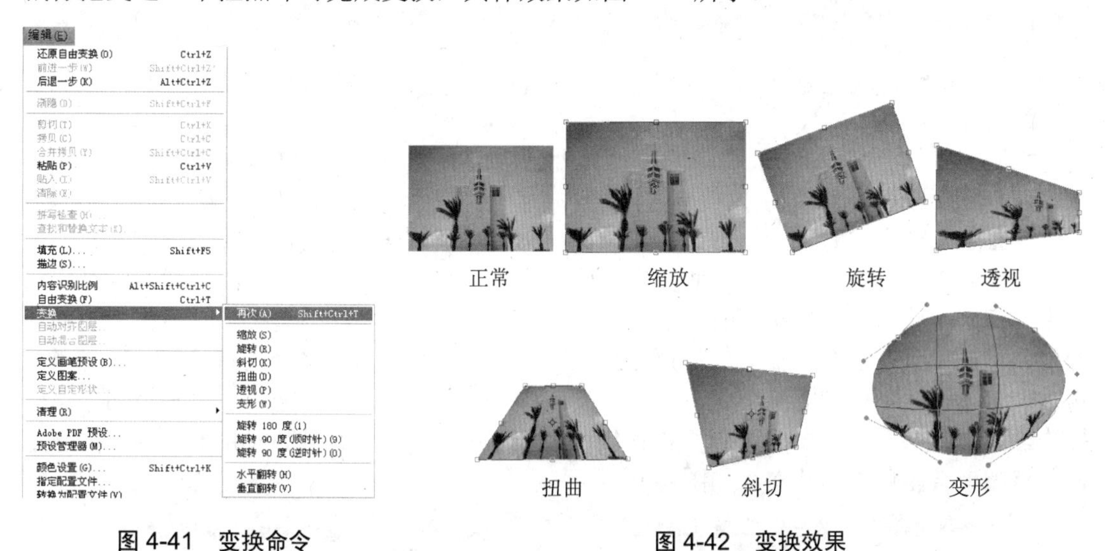

图 4-41　变换命令　　　　图 4-42　变换效果

4.2.2　图像的恢复

在用 Photoshop 绘制图像的过程中，不可能一蹴而就，一个优秀的 Photoshop 作品会有多个图层、通过多个步骤完成，因此，在制作的过程中会有或多或少的错误，如何纠正这些错误呢？在软件中提供了撤销和恢复命令来恢复图像的状态，当无法通过撤销和恢复命令来还原，或者还原的步骤太多时，可以通过“历史记录”面板来还原图像。

1. 撤销和恢复命令

在 Photoshop 中，撤销和恢复命令是根据具体的情况而变化的，如图 4-43 所示。大家可以看到，“编辑”菜单中的“重做状态更改”、“前进一步”和“后退一步”都是用来完成撤销和恢复的，如果执行完“重做状态更改”，该命令就会变为“还原状态更改”。除了利用“编辑”菜单撤销和恢复外，还可以利用 Ctrl+Z 快捷键实现想要的效果。

2.“历史记录”面板

“历史记录”面板是用来记录操作步骤，并能够恢复到操作过程中的任意一步的工具。选择“窗口”→“历史记录”命令，可打开“历史记录”面板，如图 4-44 所示。

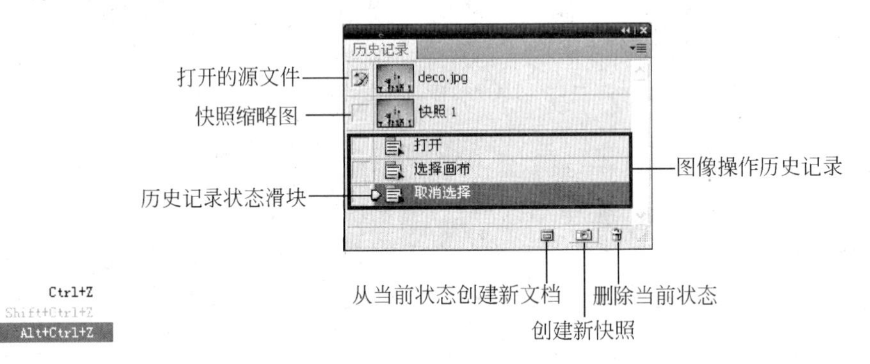

图 4-43　撤销和恢复命令

图 4-44　“历史记录”面板

“历史记录”面板中记录了图像编辑的所有操作步骤，每个步骤都是按照操作的先后顺序从上到下依次排列的。

当打开一个图像时，“历史记录”面板中的第一个状态就是“打开”，如果是新建一个文件，那么第一个状态就是“新建”了，随着不同的操作，“历史记录”面板记录了操作过程中的每一个状态。如果撤销的是刚刚完成的操作，可以直接在“历史记录”面板中将其操作状态拖曳到“删除当前状态”按钮上，删除当前的操作。如果想要撤销多个操作步骤，可以直接单击要还原到的某个状态，这时候该状态下面的状态均为灰色，表示撤销了这些操作，如图 4-45 所示。如果要恢复被撤销的操作，可以直接单击要恢复的操作状态，则该操作状态就会呈现显示状态，如图 4-46 所示。

图 4-45　撤销状态

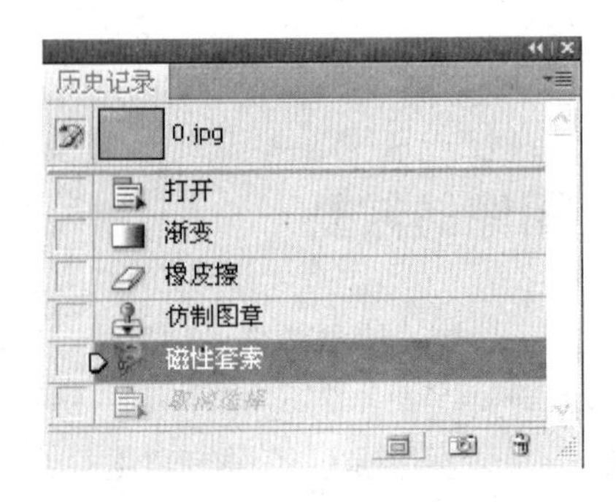

图 4-46　恢复状态

如果想要保留一个有特点的状态，可以单击“历史记录”面板上的“创建新快照”按钮或者单击“历史记录”面板右上角的“面板菜单”按钮，在面板菜单中选择“新建快照”命令，将当前选中的状态生成一个新的快照暂存下来，不管在创建快照后操作多少步，都不会影响后面的操作，这样做的好处就是，一旦在后面的制作过程中出现了问题可以恢复到建立快照时的状态。

4.2.3　图像的裁剪

裁剪工具用于在指定的图像或图层中剪切设定的区域。选择工具箱中的裁剪工具，选项栏如图 4-47 所示。在该选项栏中，“宽度”和“高度”用来设置裁剪区域的范围，即宽度和高度；“分辨率”用来设置裁剪图像的分辨率，一旦这两项被设定，则裁剪的大小就确定了。“前面的图像”按钮用来在不改变图像大小的前提下，自动设定图像的宽度和高度；“清除”按钮用来清除前面设定的“宽度”和“高度”等参数。

宽度:　高度:　分辨率:　像素/英寸　前面的图像　清除

图 4-47　裁剪工具选项栏

使用裁剪工具的方法如下：打开素材，选择裁剪工具，在图像中利用鼠标拖曳，然后释放鼠标，则在裁剪工具拖曳的区域会出现 8 个控点，此时选区外的部分呈现灰色，即被裁剪掉的部分，如图 4-48 所示。

图 4-48　裁剪工具的使用

通过裁剪工具的 8 个控点可以调整区域的大小或者旋转选区，确定选区后双击选区或者按 Enter 键确认，则图像就会将多余的部分剪掉。如果要取消选区，可以按键盘上的 Esc 键。

设定选区后，裁剪工具的选项栏会发生变化，如图 4-49 所示。“屏蔽”用于显示裁剪和非裁剪的区分；“颜色”用于设置屏蔽区域的颜色；“不透明度”用于设置屏蔽区域的颜色的透明度；“透视”用于设置选区的变化，如图 4-50 所示。另外，工具选项栏中的⊘按钮用于取消当前操作；✓按钮用于确认裁剪范围，也可以双击鼠标或按 Enter 键确认。

图 4-49　用裁剪工具选定选区后的选项栏

4.2.4　仿制图章工具组的应用

仿制图章工具组包含仿制图章工具和图案图章工具，如图 4-51 所示。

图 4-50　透视变换的效果

图 4-51　仿制图章工具组

1. 仿制图章工具

仿制图章工具用于将图像的一部分绘制到同一图像的另一部分，或绘制到具有相同颜色模式的任何打开的文档的另一部分。仿制图章工具对于复制对象或移去图像中的缺陷很有用。选择该工具后，其选项栏如图 4-52 所示。

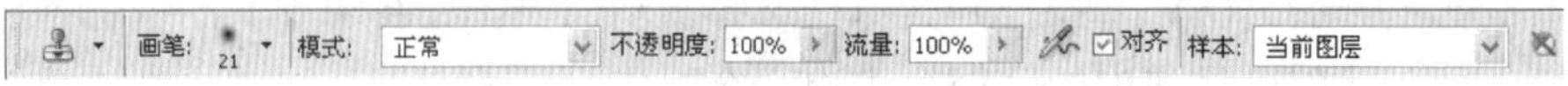

图 4-52　仿制图章工具选项栏

仿制图章工具选项栏中的“画笔”、“模式”、“不透明度”、“流量”和喷枪几个参数与前面介绍的画笔工具的参数相同，不同的是“对齐”复选框和“样本”下拉列表框。

对齐：连续对像素进行取样，即使释放鼠标，也不会丢失当前取样点。如果取消选中“对齐”复选框，则会在每次停止并重新开始绘制时使用初始取样点中的样本像素。

样本：从指定的图层中进行数据取样。要从当前图层及其下方的可见图层中取样，可选择“当前和下方图层”；要仅从当前图层中取样，则选择“当前图层”；要从所有可见图层中取样，可选择“所有图层”；要从调整图层以外的所有可见图层中取样，也可选择“所有图层”，然后单击右侧的“忽略调整图层”按钮。

【例 4.2】 去除图像中多余的手臂。

（1）打开素材图片 sc4-3.jpg，然后选择仿制图章工具，设置画笔大小及相关参数，如图 4-53 所示。

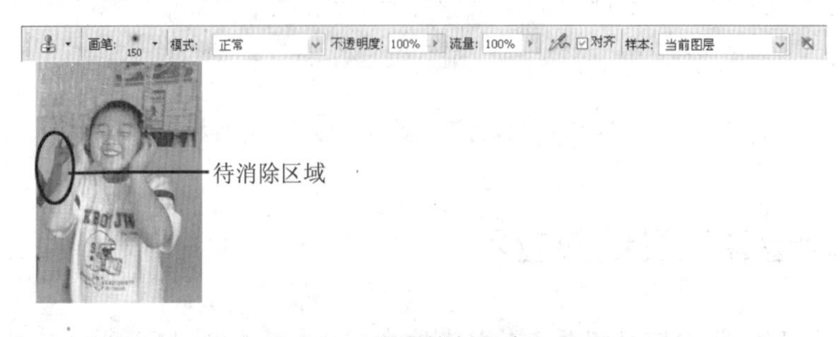

图 4-53　设置仿制图章工具

（2）按住 Alt 键，在图像手臂的周围单击取样，逐渐消除图像中的手臂，如图 4-54 所示。

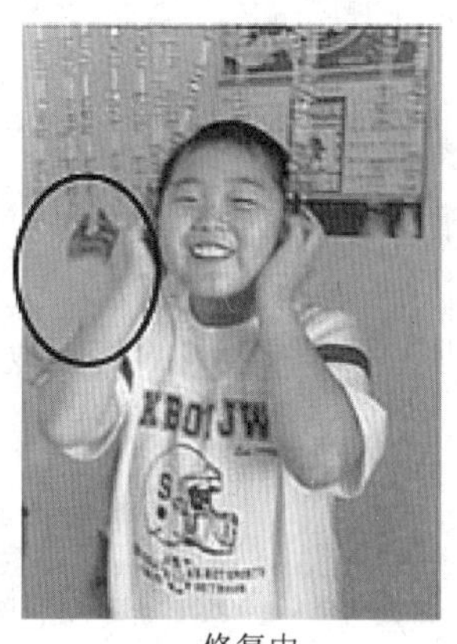
修复中

效果图

图 4-54　使用仿制图章工具效果图

2. 图案图章工具

图案图章工具是 Photoshop 提供的图案绘制图案，选择该工具后，其选项栏如图 4-55 所示。

图 4-55　图案图章工具选项栏

图案图章工具和仿制图章工具相似，不同的是，仿制图章工具需要选取样本源，而图案图章工具使用系统提供的图案绘制图像，即图案图章工具可直接使用，不需要按 Alt 键。在图案图章工具中包含的参数与仿制图章工具相似，并另外包含了“图案”和“印象派效果”两个参数。

图案：提供 Photoshop 预设的图案。

印象派效果：将绘制的图案以印象派艺术画的效果显示出来，如图 4-56 所示。

正常

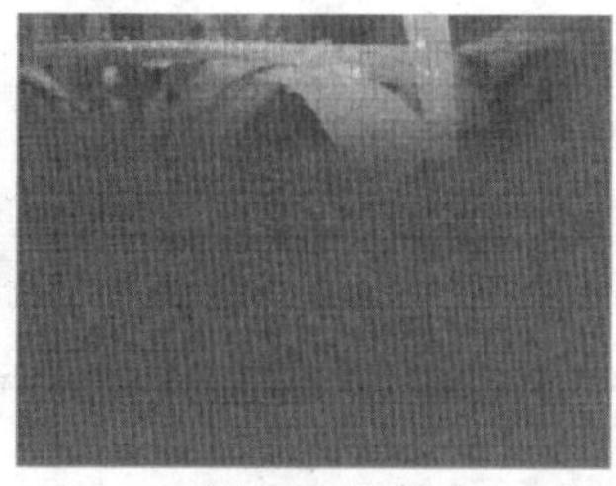
模式：正片叠底

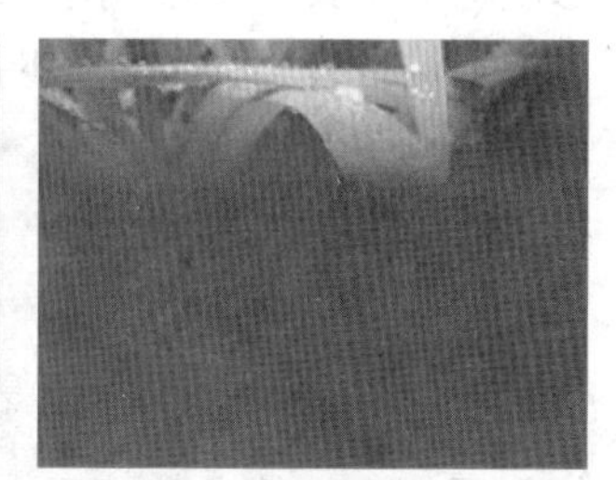
印象派效果

图 4-56　使用图案图章工具效果图

4.2.5　图像修复工具组的应用

图像修复工具组中的工具主要用于对图像中的一些瑕疵部分进行修复，以达到最好的效果。图像修复工具组中包括污点修复画笔工具、修复画笔工具、修补工具和红眼工具，如图 4-57 所示。

1. 污点修复画笔工具

使用污点修复画笔工具可以快速移去图像中的污点和不理想的部分。污点修复画笔工具使用图像或图案中的样本像素进行绘画，并将样本像素的纹理、光照、透明度和阴影与所修复的像素相匹配。污点修复画笔工具自动从所修饰区域的周围取样，完成修复。污点修复画笔工具的选项栏如图 4-58 所示。

图 4-57 图像修复工具组

图 4-58 污点修复画笔工具选项栏

污点修复画笔工具的“画笔”和“模式”参数和仿制图章工具的参数功能大致是相同的，不同的是，污点修复画笔工具的“模式”中多了一个“替换”选项，且多了“类型”参数，包括“近似匹配”和“创建纹理”两个单选按钮。

替换：混合模式如果选择“替换”，表示在使用柔边画笔时，保留画笔描边的边缘处的杂色、胶片颗粒和纹理。

近似匹配：使用选区边缘周围的像素来查找要用作选定区域修补的图像区域。如果选中该单选按钮后的修复效果不能令人满意，可以使用“创建纹理”恢复原图。

创建纹理：使用选区中的所有像素创建用于修复该区域的纹理。

对所有图层取样：如果选中该复选框，表示从所有可见图层对数据进行取样，否则，只从当前图层中取样。

2. 修复画笔工具

修复画笔工具可用于校正瑕疵，使它们消失在周围的图像中。与仿制图章工具一样，使用修复画笔工具也可以利用图像或图案中的样本像素来绘画。并且修复画笔工具还可以将样本像素的纹理、光照、透明度和阴影与所修复的像素进行匹配，从而使修复的图像不留痕迹地融入图像的其余部分。修复画笔工具选项栏如图 4-59 所示。

图 4-59 修复画笔工具选项栏

修复画笔工具的参数与污点修复画笔工具相似，但是“源”、“对齐”、“样本”3 个参数不同。

源：制定修复像素的源。“取样”可以使用当前图像的像素，而“图案”可以使用某个图案的像素。如果选择了“图案”，则要从“图案”弹出面板中选择一种图案，如图 4-60 所示。

对齐：连续对像素进行取样，即使释放鼠标，也不会丢失当前取样点。如果取消选中“对齐”复选框，则在每次停止并重新开始绘制时使用初始取样点中的样本像素。

样本：从指定的图层中进行数据取样。要从当前图层及其下方的可见图层中取样，可选择“当前和下方图层”；如果仅从当前图层中取样，可选择“当前图层”；如果从所有可见图层中取样，可选择“所有图层”；如果从调整图层以外的所有可见图层中取样，可选择“所有图层”，然后单击右侧的“忽略调整图层”按钮。

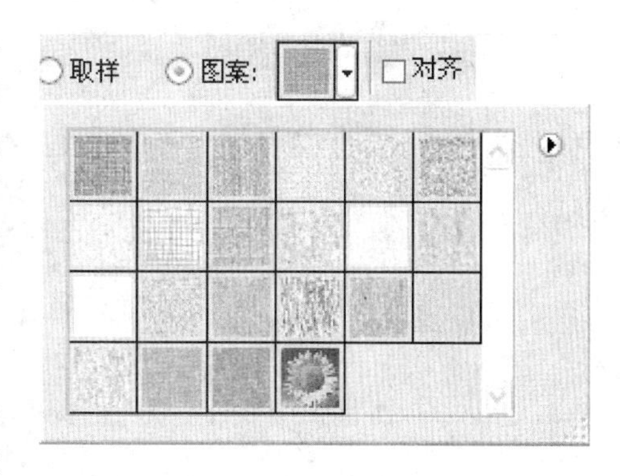

图 4-60　“图案”弹出面板

与仿制图章工具一样，在使用修复画笔工具时需要按住 Alt 键取源点，然后在有瑕疵的部位进行涂抹。注意，如果从一幅图像中取样并应用到另一幅图像，则这两个图像的颜色模式必须相同，除非其中一幅图像处于灰度模式。在修复图像时，如果要修复的区域边缘有强烈的对比度，则在使用修复画笔工具前，要先建立一个选区。选区应该比要修复的区域大，但是要精确地遵从对比像素的边界。当用修复画笔工具绘画时，该选区将防止颜色从外部渗入。

3. 修补工具

修补工具利用其他区域或图案中的像素来修复选中的区域。和修复画笔工具一样，修补工具会将样本像素的纹理、光照和阴影与源像素进行匹配。可以使用修补工具来仿制图像的隔离区域。修补工具可以处理 8 位通道或 16 位通道的图像，修补工具的选项栏如图 4-61 所示。

图 4-61　修补工具选项栏

修补工具在使用的时候分为两种情况，一种是使用样本像素修复区域，另一种是使用图案修复区域。下面分别介绍这两种修复方法。

1）使用样本像素修复区域

选择修补工具，在打开的图像中拖动鼠标绘制一个想要修复的区域，然后执行下列操作之一：在图像中拖动选择一个想要修复的区域，并在选项栏中选择“源”单选按钮，然后拖动选区到想要进行取样的区域，释放鼠标后原来选中的区域就被取样的样本像素修补；如果在利用修补工具绘制一个选区后，选择了选项栏中的“目标”单选按钮时，则现在选择的区域会被作为样本像素，利用鼠标移动该选区到要修补的位置，然后释放鼠标，则样本像素就被移动到相应的位置，如图 4-62 所示。注意，选区可以在选择修补工具之前建立，也可以在选择修补工具之后绘制，然后通过选项栏中的“选区方式”按钮添加或删减选区。

2）使用图案修复区域

选择修补工具后，在图像中拖出一个要修复的区域，然后调整选区，从选项栏的“图案”弹出面板中选择一个图案，然后单击“使用图案”按钮即可，如图 4-63 所示。

原图

选择源，则选区内为要修复的位置

拖动选区，得到取样的图像

选择目标，则选区内为取样像素

拖动鼠标到要修复的区域

图 4-62　使用样本像素修复

获得背景选区

使用图案修复

图 4-63　使用图案修复区域

4．红眼工具

使用红眼工具 可以移去用闪光灯拍摄的人物或动物照片中的红眼，也可以移去用闪光灯拍摄的动物照片中的白色或绿色反光，其选项栏如图 4-64 所示。

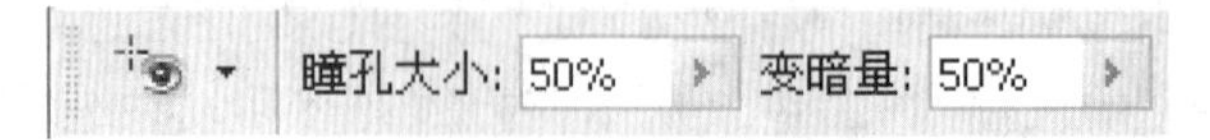

图 4-64　红眼工具选项栏

瞳孔大小：增大或减少受红眼工具影响的区域。

变暗量：设置校正的暗度。

红眼工具的使用较为简单，选择红眼工具后，在红眼区域中单击即可。如果对效果不满意还可进行还原，重新设置参数。

4.2.6　模糊工具组的应用

模糊工具组包括模糊工具、锐化工具和涂抹工具，如图 4-65 所示。使用该工具组中的工具可以将图像变得更模糊或更清晰，也可以使用该工具组中的工具对图像细节进行修饰。

1. 模糊工具

模糊工具可以柔化硬边缘或减少图像中的细节，使用模糊工具时，如果在图像上多次使用，则该区域的图像就越模糊。模糊工具选项栏如图 4-66 所示。

图 4-65　模糊工具组

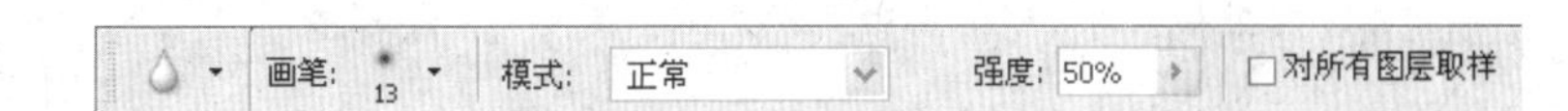

图 4-66　模糊工具选项栏

强度：用于设置模糊的力度，数值越大，模糊的效果越明显，取值范围为 0%～100%。

对所有图层取样：选中该复选框表示对所有图层的图像进行操作，否则只针对当前图层中的图像进行操作。

2. 锐化工具

锐化工具用于增加边缘的对比度，以增强外观上的锐化程度，多次使用该工具可以增强锐化的效果。锐化工具选项栏如图 4-67 所示，由于锐化工具的参数与模糊工具相似，此处不再赘述。

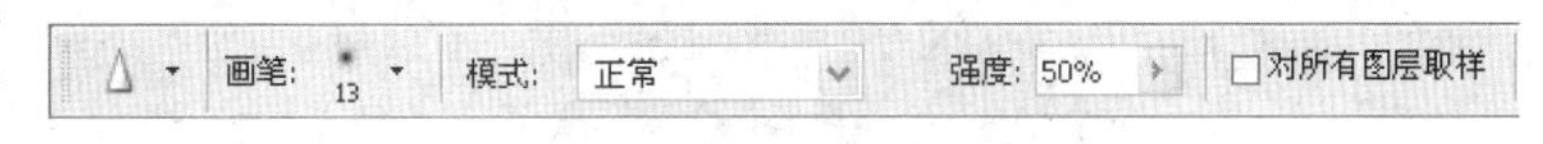

图 4-67　锐化工具选项栏

【例 4.3】 模糊工具和锐化工具的使用：去除粗糙皮肤，强化人物重点部位。

（1）打开素材图片 sc4-4.jpg，选择模糊工具，并设置相关参数，然后在人物的脸部和头发部分进行涂抹，注意避开人物的眼睛和唇部，如图 4-68 所示。

原图

模糊后的效果图

图 4-68　使用模糊工具

（2）选择锐化工具，并设置相关参数，然后在人物的眼睛和唇部进行涂抹，突出人物的五官，如图 4-69 所示。

原图

锐化后的效果图

图 4-69　使用锐化工具

3．涂抹工具

涂抹工具可以模拟手指涂抹图像的效果，通过拾取最先单击处的颜色，然后通过鼠标拖动，使颜色融合产生模糊的效果。其选项栏及效果图如图 4-70 所示。

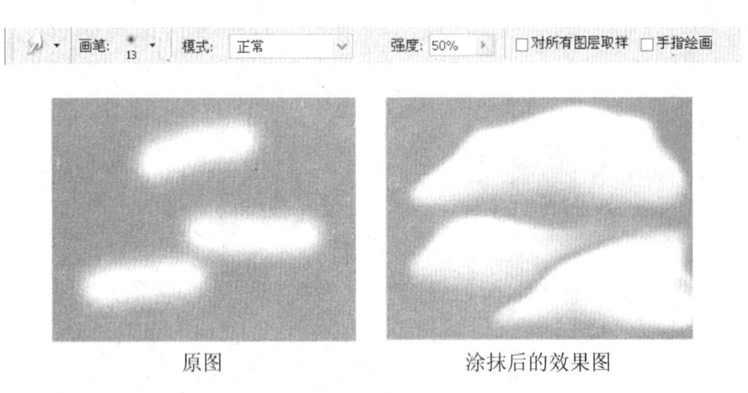

原图　　　　涂抹后的效果图

图 4-70　涂抹工具选项栏及效果图

4.2.7　色调处理工具组的应用

色调处理工具组中的工具用于对图像的细节部分进行调整，使图像的局部变亮、变暗或使色彩的饱和度降低。色调处理工具组中包括减淡工具、加深工具和海绵工具 3 种工具，如图 4-71 所示。

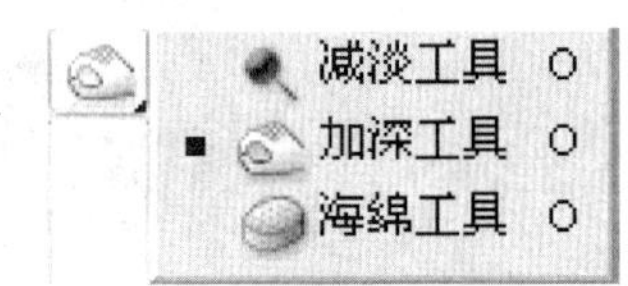

图 4-71　色调处理工具组

1．减淡工具和加深工具

减淡工具和加深工具都是基于调节照片特定区域的曝光度的传统摄影技术，使图像区域变亮或变暗。摄影师可遮挡光线使照片中的某个区域变亮（减淡），或增加曝光度使照片中的某些区域变暗（加深）。用减淡或加深工具在某个区域上方绘制的次数越多，该区域会变得越亮或越暗。减淡工具和加深工具的选项栏如图 4-72 所示。

图 4-72　减淡工具和加深工具选项栏

范围：该下拉列表框中包括“中间调”、“阴影”和“高光”3 个选项，其中，“中间调”指更改灰色的中间范围；“阴影”指更改暗区；“高光”指更改亮区。

曝光度：调整图像的曝光强度。

选择减淡工具或加深工具，并设置相关参数，然后在图像上拖动，即可完成操作，如图 4-73 所示。

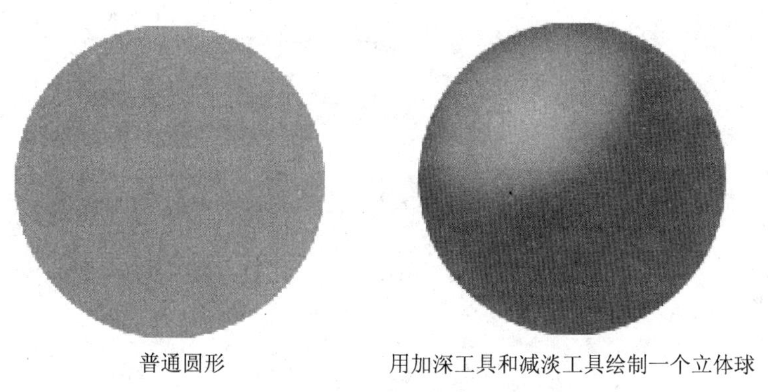

普通圆形　　用加深工具和减淡工具绘制一个立体球

图 4-73　用加深工具和减淡工具绘制效果图

2. 海绵工具

海绵工具可以更改区域中的色彩饱和度，当图像处于灰度模式时，可通过该工具使灰阶远离或靠近中间灰色来增加或降低对比度。其选项栏如图 4-74 所示。

图 4-74　海绵工具选项栏

模式：用于调整图像的饱和方式，包括“降低饱和度”和“饱和”两种。“降低饱和度”指降低图像饱和度；“饱和”指提高图像饱和度，如图 4-75 所示。

流量：用于设置饱和度提高或降低的程度。

4.2.8　图像的擦除

1. 橡皮擦工具

橡皮擦工具能够利用背景色擦除背景或者部分区域的图像。但是，如果要擦除普通图层中的图像，则橡皮擦以透明色擦除图像。其选项栏如图 4-76 所示，设置相关参数后的效果图如图 4-77 所示。

原图

模式：饱和

模式：降低饱和度

图 4-75 使用海绵工具效果图

画笔: 13 模式: 画笔 不透明度: 100% 流量: 100% 抹到历史记录

图 4-76 橡皮擦工具选项栏

不透明度100%，流量100%

不透明度100%，流量50%

不透明度50%，流量100%

图 4-77 使用橡皮擦工具效果图

画笔：和画笔工具一样，用来设置橡皮擦工具的大小和样式。

模式：用来设置橡皮擦类型，包括“画笔”、“铅笔”和“块”3 个选项。其中，“画笔”和“铅笔”和前面学习的画笔工具的相应选项相似，而使用“块”时，画笔的大小固定不变。

不透明度：画笔擦除图像的透明度。

流量：画笔的擦除程度。当流量是 100%时，一次性完全擦除；如果流量为 50%，则需要两次才能完全擦除。

2. 背景橡皮擦工具

背景橡皮擦工具能够擦除图层上的指定颜色，然后以透明色代替被擦除的区域。其选项栏如图 4-78 所示。

画笔: 13 限制: 连续 容差: 50% 保护前景色

图 4-78 背景橡皮擦工具选项栏

取样方式：与颜色替换工具的相关选项的功能是一样的，用于设置颜色的取样方式。

限制：该下拉列表框中包含了“连续”、“不连续”和“查找边缘”3 个选项。“连续”表示擦除图像中与取样颜色相关联的区域；“不连续”表示擦除图像中所有的取样颜色；“查找边缘”表示在擦除与取样颜色相关的区域时保留图像中物体锐利的边缘。

容差：用来设置擦除颜色的范围，容差的百分比越大，擦除区域的颜色取样的偏差越大，擦除的范围也就越大；容差的百分比越小，则取样偏差越小，擦除的范围也就越小。

保护前景色：顾名思义，保护图像中与前景色色块中颜色相同的区域不被擦除。

选择背景橡皮擦工具，然后设置相关参数进行涂抹，效果如图 4-79 所示。

原图

一次取样，限制：连续　容差：60%

图 4-79　使用背景橡皮擦效果图

3. 魔术橡皮擦工具

魔术橡皮擦工具只需通过单击鼠标一次即可擦除颜色相同的像素，其选项栏如图 4-80 所示。

容差: 32　☑消除锯齿　☑连续　□对所有图层取样　不透明度: 100%

图 4-80　魔术橡皮擦工具选项栏

消除锯齿：使擦除区域的边缘变得更加柔和、平滑。

连续：选中该复选框，只擦除与鼠标单击相连接的区域。

对所有图层取样：擦除所有可见图层。

4.3 实训项目：修饰美女

（1）打开素材图片 sc4-5.jpg，将“背景”图层拖曳到“创建新图层”按钮上，生成一个背景副本，并将该背景副本命名为“修补工具去皱”。选择修补工具，设置修补参数如图 4-81 所示，然后在人物的眼部勾选一个选区，并向下移动选区替换没有皱纹的皮肤，如图 4-82 所示。

修补: ⊙源　○目标　□透明　使用图案

图 4-81　修补工具选项栏

（2）按 Ctrl+D 快捷键取消选区，然后按照上面的方法去除右眼的皱纹，去皱效果如图 4-83 所示。

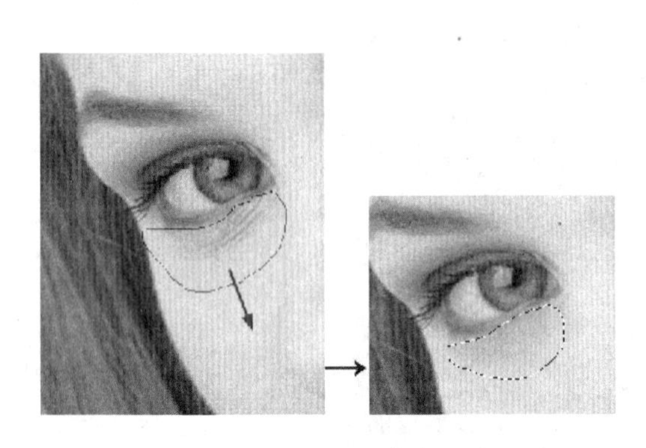

图 4-82　去除皱纹

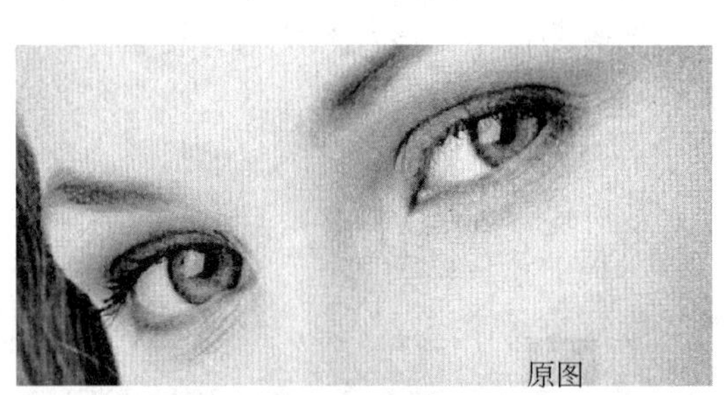

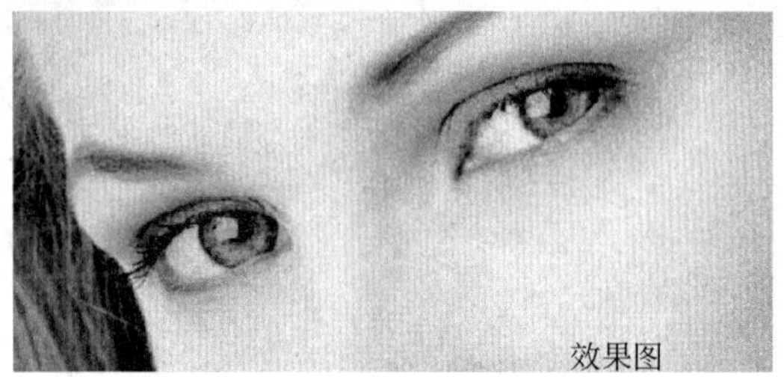

图 4-83　双眼去皱的效果

（3）复制“修补工具去皱”图层，将复制后的图层命名为“细化皮肤”，然后选择模糊工具，设置相关参数如图 4-84 所示，将皮肤细化。在细化的过程中，模糊工具的画笔大小可自行调整。

图 4-84　设置模糊工具参数

（4）复制“细化皮肤”图层，并将复制的图层命名为“加深眼睛和眉毛”，然后选择加深工具，设置相关参数，在人物的眉毛和眼睛周围进行涂抹，效果对比图及工具参数设置如图 4-85 所示。

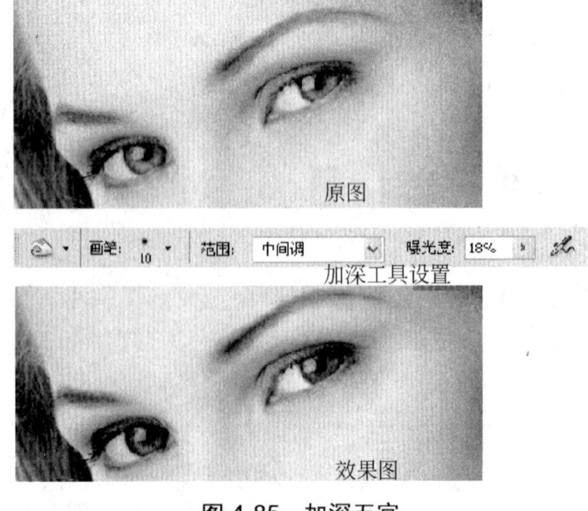

图 4-85　加深五官

（5）复制“加深眼睛和眉毛”图层，将复制的图层命名为“美白”，然后选择减淡工具，在人物皮肤的位置进行涂抹，相关参数设置及效果对比图如图 4-86 所示。

图 4-86　美白

（6）新建一个空白图层，使用快速选择工具选择人物的衣服，然后选择油漆桶工具，设置相关参数如图 4-87 所示。然后填充选区，并将该图层的图层混合模式改为“颜色加深”，最终效果如图 4-88 所示。

图 4-87　油漆桶工具参数设置

图 4-88　最终效果图

习　题　4

一、选择题

1．下列工具中能够将图案复制到图像中的是________。

A．渐变工具　　B．仿制图章工具　　C．图案图章工具　　D．画笔工具

2．使用仿制图章工具或者修复工具的时候，可以________进行取样。

A．在取样的位置直接单击

B．按住 Shift 键的同时单击取样位置

C．按住 Ctrl 键的同时单击取样位置

D．按住 Alt 键的同时单击取样位置

3．下列关于模糊工具的功能的叙述正确的是________。

A．模糊工具的压力是不能够调整的

B．模糊工具可以降低临近像素的对比度

C．如果在有图层的图像上使用模糊工具，只有所选中的图层起变化

D．模糊工具只能模糊图像的部分边缘像素

4．使用减淡工具可以________。

A．变暗图像中的某些区域

B．变亮图像中的某些区域

C．删除图像中的某些像素

D．增加图像中某些区域的饱和度

5．减少图像饱和度的工具是________。

A．加深工具　　B．减淡工具　　C．海绵工具　　D．锐化工具

6．在"历史记录"面板中，如果选择了一个前面的操作记录，则所有位于该操作后面的历史记录均会变成灰色显示，这说明________。

A．灰色的历史记录已经被删除了，但可以使用还原命令将其恢复

B．"允许非线性历史记录"复选框处于选中状态

C．应当清除历史记录

D．如果从当前选中的历史记录开始修改图像，则所有其后的无效记录都会被删除

二、上机练习题

使用减淡工具和仿制图章工具将小兔"洗"干净，并将小兔的右眼修复，如图 4-89 所示。

原图

效果图

图 4-89　效果对比图

第5章 路径的使用

【学习目标】在使用 Photoshop 处理图像时，经常会需要一些图形，这些图形需要用户自己绘制，但使用画笔等简单的绘制工具是没有办法达到想要的效果的。为此，Photoshop 引入了“路径”的概念，本章主要介绍路径的一些基础知识，包括绘制路径的各种方法，如何编辑和调整路径，以及如何填充路径、描边路径等。

【本章重点】

- 创建路径的方法；
- 编辑路径的方法；
- 路径的填充与描边。

5.1 路径的基础知识

在 Photoshop CS4 中，绘制不规则形状涉及矢量形状和路径，什么是矢量形状呢？矢量形状是用形状或钢笔工具绘制的直线和曲线。矢量形状和分辨率无关，不会随着图像放大或缩小失去清晰程度。路径是由多个矢量线条构成的图形，其形状可以通过相应的工具任意改变，如钢笔工具。路径在绘制后可以重复使用，因为在 Photoshop CS4 中提供了一个“路径”面板，通过“路径”面板可以对绘制的路径进行填充或描边。

5.1.1 构成路径的元素

使用钢笔工具可以绘制路径，路径包括直线路径和曲线路径两种，绘制的路径可以通过锚点改变位置或者形状。锚点是与路径相关的点，标记着组成路径的各线段的端点。两个锚点之间的直线或者曲线称为线段，通过转换点工具将直线段变成曲线段或将曲线段变成直线段时会出现如图 5-1 所示的控制柄，用于调整曲线或直线。

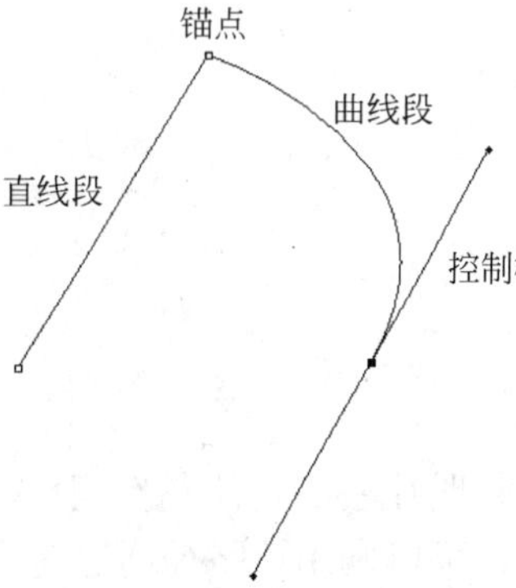

图 5-1 组成路径的元素

5.1.2 创建路径的工具

路径的创建主要是通过工具箱中的路径工具组和选择工具组，路径工具组中包括钢笔工具、自由钢笔工具、添加锚点工具、删除锚点工具和转换点工具；选择工具组中包括路径选择工具和直接选择工具，如图 5-2 所示。

图 5-2　钢笔工具组和选择工具组

1. 钢笔工具的使用

路径是由贝塞尔曲线构成的图形，是矢量的。在 Photoshop 中提供了多种钢笔工具，其中，钢笔工具用于绘制具有较高精度的图形；自由钢笔工具可像铅笔一样在图像中绘制图形；也可以通过形状工具和钢笔工具绘制出复杂的形状。注意，在使用钢笔工具绘制形状时，可以在“路径”面板中新建一个路径图层存储路径，以方便今后使用。关于“路径”面板将在 5.3 节进行介绍，钢笔工具选项栏如图 5-3 所示。

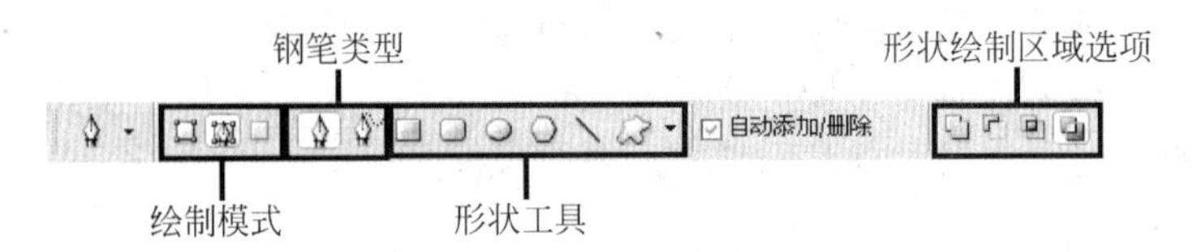

图 5-3　钢笔工具选项栏

在使用钢笔工具时有 3 种不同的绘制模式，可以通过选项栏中的 3 种绘制模式的按钮来选取一种模式，对 3 种模式的说明如下。

形状图层：在单独的图层中创建形状。选择钢笔工具后选择“形状图层”绘制模式，然后在图像窗口中绘制形状，会生成一个形状图层，如图 5-4 所示。形状图层包含定义形状颜色的填充图层以及定义形状轮廓的链接矢量蒙版，形状轮廓是路径，在“路径”面板中可见。

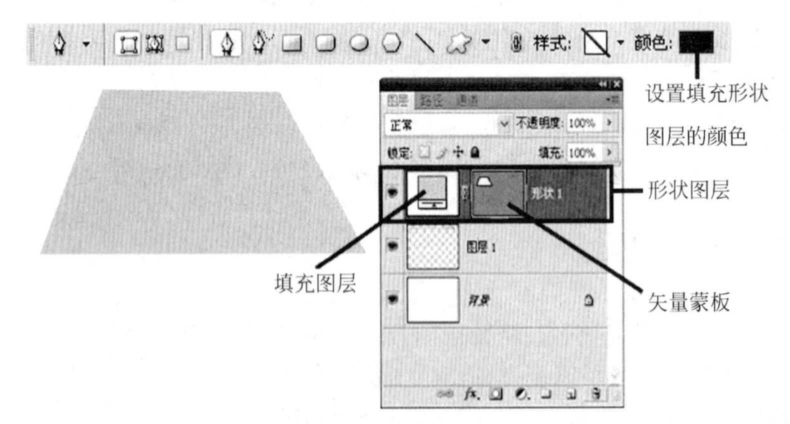

图 5-4　绘制形状图层

路径：在当前图层中绘制一个工作路径，该路径为临时路径，存在于“路径”面板中，可以利用该路径创建选区、矢量蒙版或者为路径进行填充、描边等。

填充像素：填充像素只能在选择形状工具时使用，用于直接绘制形状并填充颜色。

自动添加/删除：在使用钢笔工具时会自动显示增加或删除锚点光标。

形状绘制区域选项包含 4 种，从左到右依次是“添加到路径区域”、“从路径区域减去”、“交叉路径区域”和“重叠路径区域除外”，当要在一个图层上绘制多个形状时，需要用到以上 4 个选项。

添加到路径区域：将新的区域添加到现有形状或路径中。

从路径区域减去：将重叠区域从现有形状或路径中移去。

交叉路径区域：将区域限制为新区域与现有形状或路径的交叉区域。

重叠路径区域除外：从新区域和现有区域的合并区域中排除重叠区域。

1）绘制直线路径的方法

绘制直线是最简单的。选择钢笔工具，在新建的图像窗口中单击，此时在图像中会出现第一个锚点，然后在另外一个位置单击，会出现第二个锚点，并且在两个锚点之间会出现一条直线，如图 5-5 所示，这样一条简单的直线就绘制完成了。如果要绘制多条连续的直线，可依照上面的方法多次单击鼠标左键，如图 5-6 所示，这种没有闭合的路径称为开放式路径。如果将鼠标移动到锚点开始位置，鼠标指针会变成钢笔带着一个圆圈的形状，如图 5-7 所示，单击鼠标，这时候路径会成为闭合路径。另外，按住 Shift 键，可以绘制水平、垂直或倾斜 45°角的直线路径。当锚点位置创建不正确时，按 Delete 键可以将其删除。连续按两次 Delete 键，可以删除整个路径。

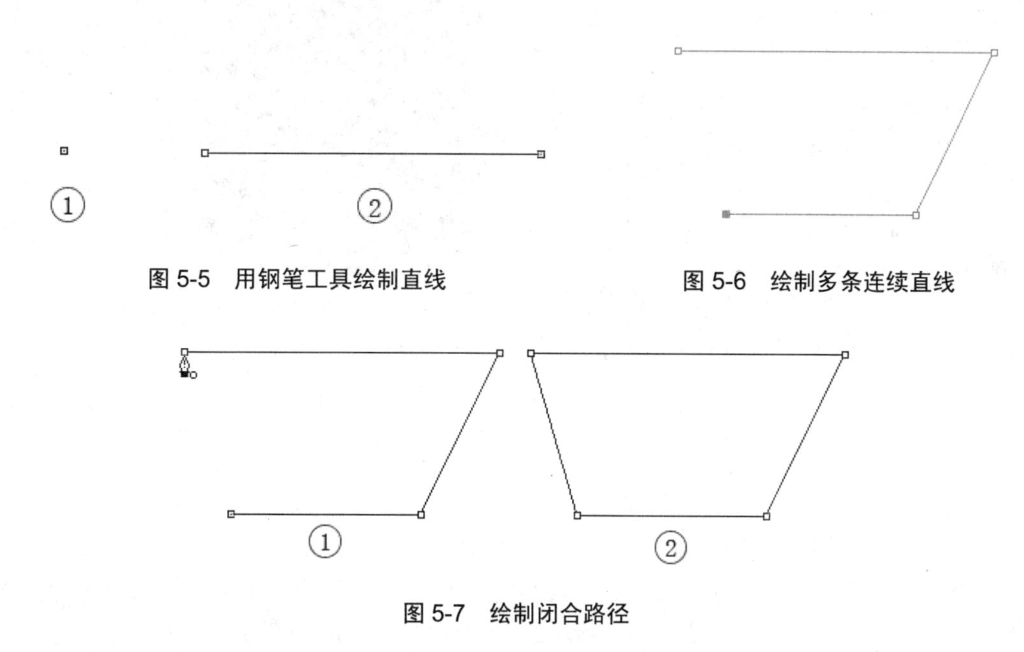

图 5-5　用钢笔工具绘制直线

图 5-6　绘制多条连续直线

图 5-7　绘制闭合路径

2）绘制曲线路径的方法

选择钢笔工具，在图像窗口中绘制一条直线段，然后在第二个锚点处直接拖曳，则在第二个锚点上会出现一个控制柄，并且鼠标指针变成一个黑色的箭头，拖动控制柄，可以调节曲线的弯曲度，如图 5-8 所示。

2. 自由钢笔工具的使用

使用自由钢笔工具可以创建任意路径或者沿着物体的轮廓创建路径。选择自由钢笔工具后，在图像窗口中拖动鼠标，鼠标就会在拖过的位置自动生成路径和锚点，双击或按 Enter 键结束路径的绘制。自由钢笔工具选项栏和钢笔工具选项栏相似，只是多了一个“磁性的”复选框，选中该复选框，自由钢笔工具会向磁性套索工具一样可以自动跟踪图像中物体的边缘形状，如图 5-9 所示。

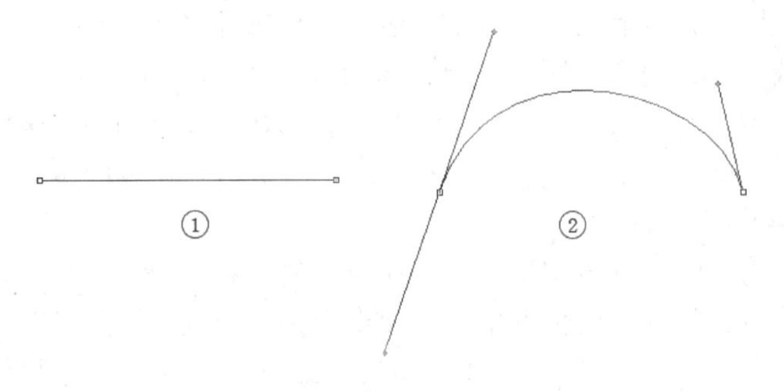

图 5-8　绘制曲线

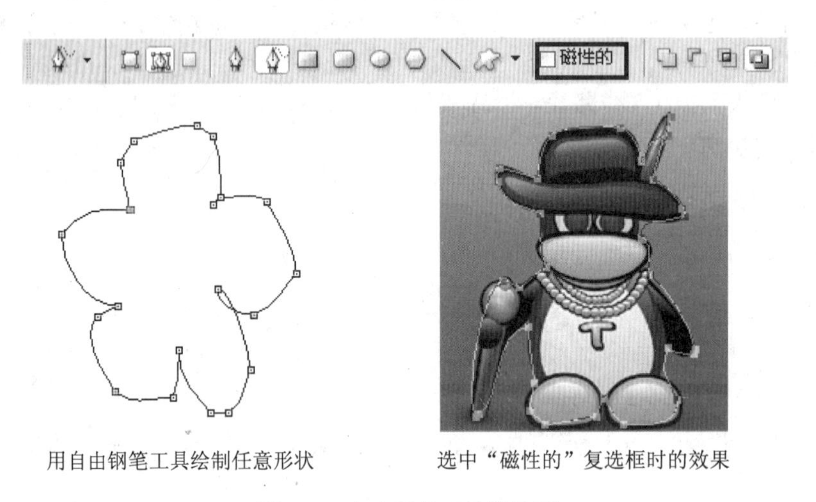

用自由钢笔工具绘制任意形状　　选中“磁性的”复选框时的效果

图 5-9　自由钢笔工具的使用

5.1.3　形状工具的使用

通过学习钢笔工具，大家对于路径有了初步的认识。除了钢笔工具和自由钢笔工具以外，还有一种工具也能够绘制路径，即 Photoshop CS4 提供的形状工具。形状工具包括矩形工具、圆角矩形工具、椭圆工具、多边形工具、直线工具和自定形状工具，如图 5-10 所示。

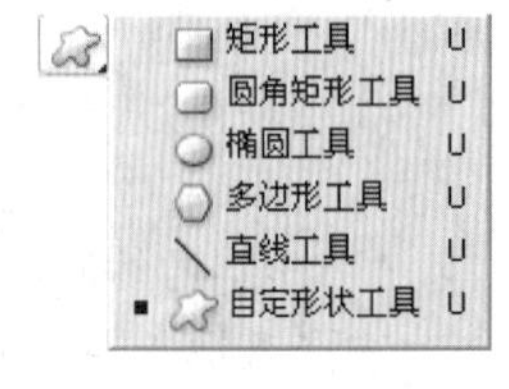

图 5-10　形状工具

选择自定形状工具后，选项栏如图 5-11 所示。形状工具的选项栏和钢笔工具的选项栏相似，在绘制模式中不仅可以使用“形状图层”和“路径”，还可以使用“填充像素”模式。

图 5-11　形状工具选项栏

1. 矩形工具

矩形工具用于绘制矩形，通过选择不同的绘制模式，可以分别绘制出形状图层、路径和填充像素。选择的形状工具不同，选项栏也会有所不同，矩形工具选项栏如图 5-12 所示。

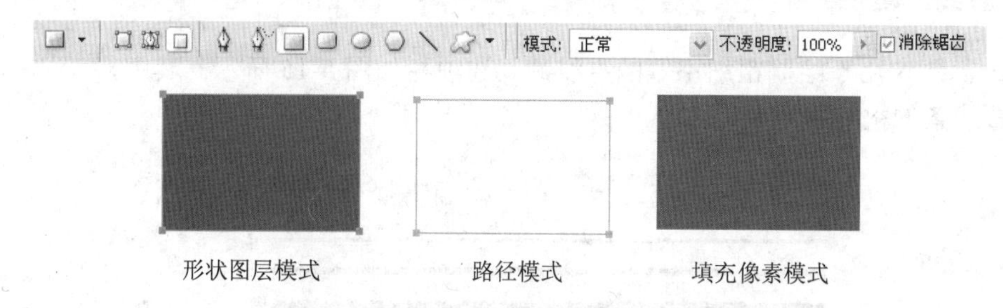

图 5-12　矩形工具选项栏及绘制模式

模式：设置绘制图形后的混合模式。

不透明度：设置绘制图形后的透明度。

2. 圆角矩形工具

使用圆角矩形工具能够绘制出 4 个角为圆角的矩形，在其选项栏中有一个参数“半径”，用来设置圆角的半径，如图 5-13 所示。

图 5-13　使用圆角矩形工具

3. 椭圆工具

椭圆工具用于绘制椭圆形状，其选项栏与矩形工具的选项栏相同。

4. 多边形工具

多边形工具用于绘制 3 条边以上的多边形，最多不超过 100 条边，其选项栏如图 5-14 所示。其中，“边”文本框用于设置边数。

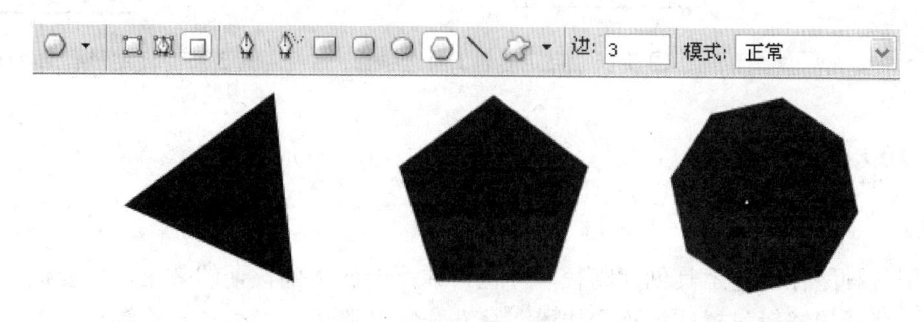

图 5-14　使用多边形工具

5. 直线工具

直线工具用于绘制粗细不等的直线，其选项栏如图 5-15 所示。其中，“粗细”参数用来设置线条的粗细。

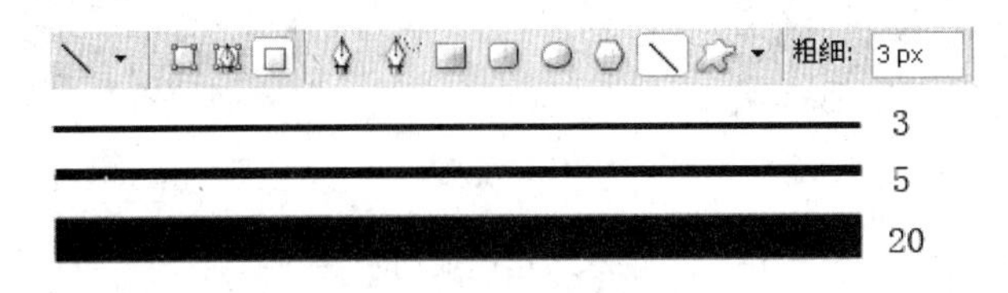

图 5-15 使用直线工具

6. 自定形状工具

自定形状工具可以绘制由系统提供的不同图案或者是用户自定义的图形，其选项栏如图 5-16 所示。

选择自定形状工具后，可以单击选项栏中的“形状”下拉箭头，然后在弹出的形状面板中找到需要的形状，如果没有，可以单击面板中的按钮，打开面板菜单，选择相应的形状类型，如图 5-17 所示。

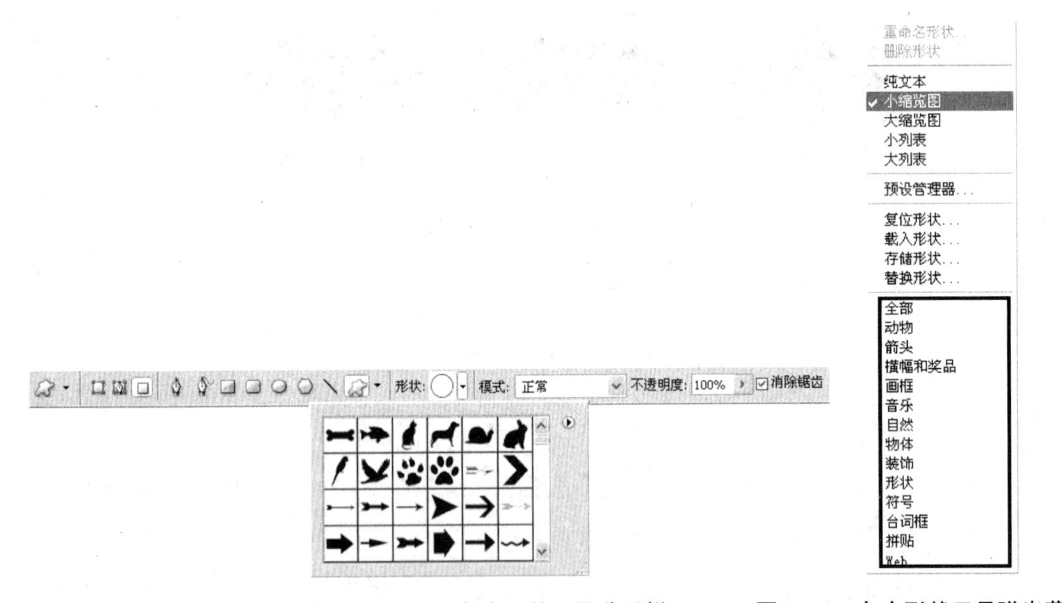

图 5-16 自定形状工具选项栏 图 5-17 自定形状工具弹出菜单

5.2 路径的编辑

利用各种路径创建工具创建路径后，也许并不能够达到预期的效果，需要进一步编辑和调整。路径的编辑包括选择路径线段、移动和复制路径、增加和删除锚点，以及变换路径等。

5.2.1　路径概述

路径由一个或多个直线段或曲线段组成，前面讲解了路径的组成元素，但是对于曲线段的说明较少，在曲线段上，每个选中的锚点显示一条或两条方向线，方向线以方向点结束。曲线段的大小和形状由方向线和方向点的位置来决定，通过移动方向线或方向点来改变曲线的形状，如图 5-18 所示。

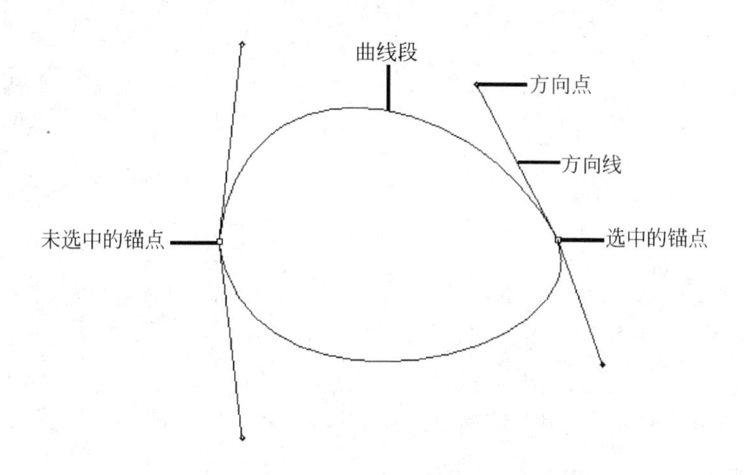

图 5-18　曲线段的组成要素

闭合的路径是没有起点和终点的，开放的路径具有明显的端点。对于曲线段来说，不管是闭合路径还是开放路径，锚点之间的曲线由平滑点连接的就是平滑曲线，由角点连接的称为锐化曲线，如图 5-19 所示。

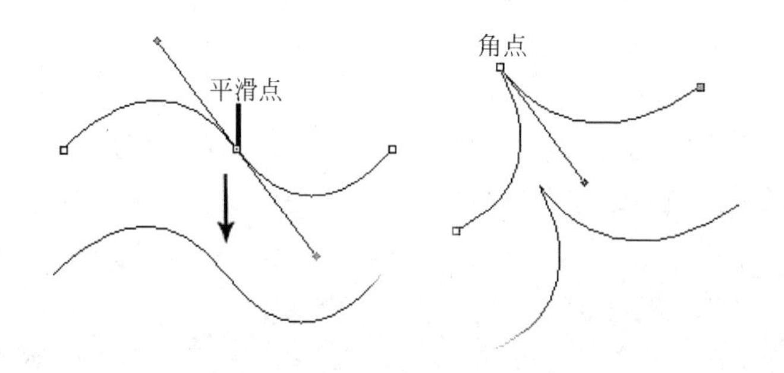

图 5-19　平滑曲线和锐化曲线

在一个路径图层中可以有多条路径线段，每一条路径线段称为一个路径组件，如图 5-20 所示。

5.2.2　路径的选择

要对路径进行移动或者变形，可以选择路径选择工具，如图 5-21 所示，通过移动路径中的方向线或者方向点来达到变形或者移动的目的。方向点为实心方块时表示锚点被选中，为空心方块时表示未被选中。

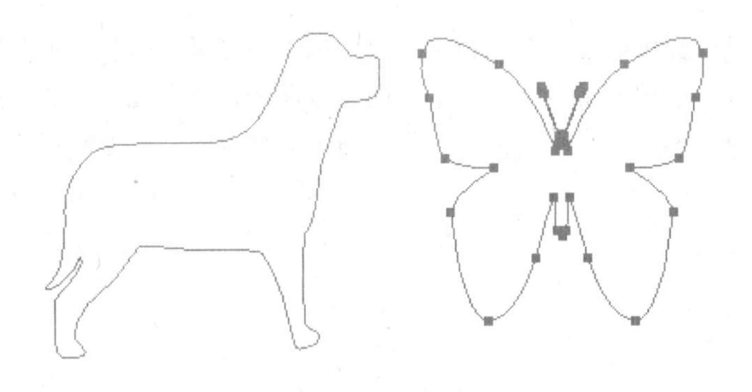

图 5-20　路径组件

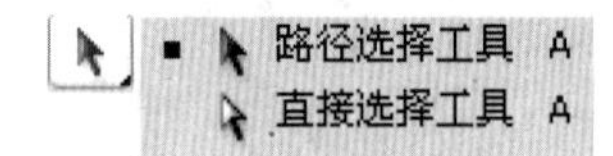

图 5-21　路径选择工具组

1. 路径选择工具

使用路径选择工具 可以选择和移动整个路径，选择该工具后只需要在路径上单击即可选择整个路径。如果要同时选择多条路径，可以在按住 Shift 键的同时选择路径，或者在图像窗口中单击拖动鼠标，划出一个选择范围，如图 5-22 所示。

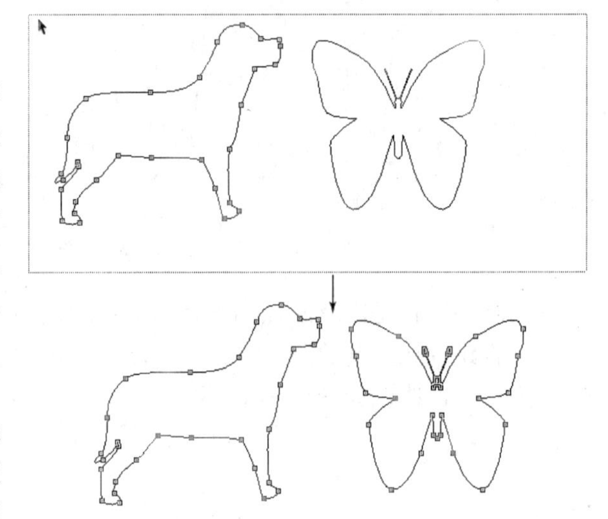

图 5-22　拖动鼠标选择多条路径

2. 直接选择工具

直接选择工具 不仅可以调整路径的位置，还可以对路径中的部分锚点做变形等操作。选择直接选择工具后单击要调整的锚点，锚点即被选中，之后拖曳会出现方向柄，从而调整路径的方向或形状，如图 5-23 所示。

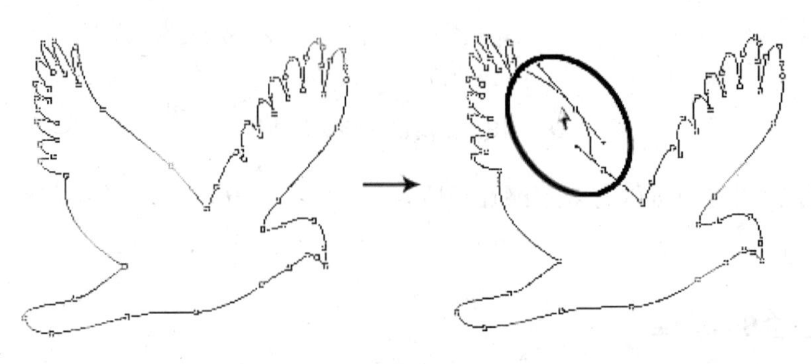

图 5-23　使用直接选择工具

5.2.3　添加和删除锚点

在绘制路径的过程中，为了方便控制路径，可以以添加锚点的方式增加对路径的控制，但是不要添加过多的多余锚点，否则会画蛇添足，也可以通过删除不必要的路径降低路径的复杂度。

可以通过钢笔工具、添加锚点工具和删除锚点工具来添加和删除锚点。

1. 利用钢笔工具添加和删除锚点

绘制路径后，在选中路径的情况下，路径上会出现多个锚点。如果把钢笔工具移动到锚点的位置上，则钢笔工具会变成删除锚点工具；如果把钢笔工具移动到路径线段上，钢笔工具会变成添加锚点工具，如图 5-24 所示。注意，在使用钢笔工具添加和删除锚点的时候，一定要在钢笔工具选项栏中将“自动添加/删除”复选框选中。

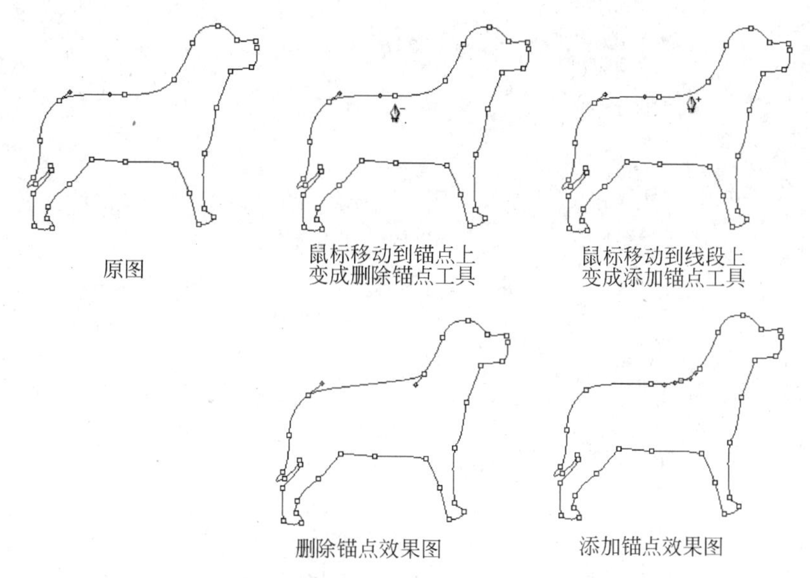

图 5-24　用钢笔工具添加和删除锚点

2. 添加锚点工具和删除锚点工具

选择添加锚点工具后直接在路径上单击即可添加锚点；选择删除锚点工具后直接在锚单上单击即可删除锚点。

5.2.4　平滑点和角点之间的转换

在钢笔工具组中有一个转换点工具，可以对路径中的锚点类型做变换。

选择转换点工具，然后在曲线段的平滑点上单击，则该平滑点会变成角点；反之，在角点上单击，则角点会变成平滑点，如图 5-25 所示。

选择转换点工具，然后按住 Alt 键单击锚点，则锚点会变成复合型锚点，如图 5-26 所示。

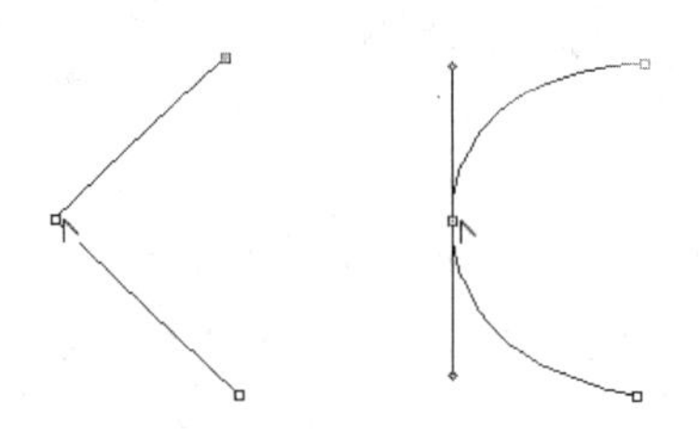

图 5-25　转换点工具的使用

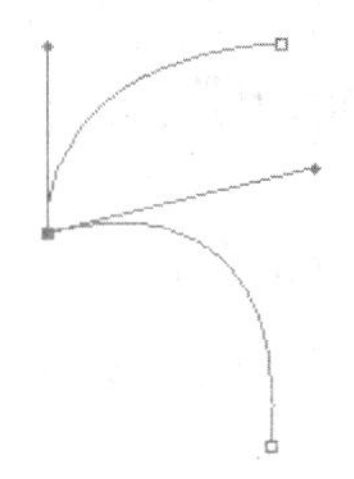

图 5-26　复合型锚点

5.2.5　路径的变形

和变换选区相似，路径的变形也包括缩放、旋转、斜切、透视等。选择“编辑”→“变换路径”命令后，可以选择其子命令进行相应操作，如图 5-27 所示。

编辑(E)　图像(I)　图层(L)　选择(S)
还原自定形状工具(O)　Ctrl+Z
前进一步(W)　Shift+Ctrl+Z
后退一步(K)　Alt+Ctrl+Z
渐隐(D)...　Shift+Ctrl+F
剪切(T)　Ctrl+X
拷贝(C)　Ctrl+C
合并拷贝(Y)　Shift+Ctrl+C
粘贴(P)　Ctrl+V
贴入(I)　Shift+Ctrl+V
清除(E)
拼写检查(H)...
查找和替换文本(X)...
填充(L)...　Shift+F5
描边(S)...
内容识别比例　Alt+Shift+Ctrl+C
自由变换路径(F)　Ctrl+T
变换路径
自动对齐图层...
自动混合图层...
定义画笔预设(B)...
定义图案...
定义自定形状...
清理(R)
Adobe PDF 预设...
预设管理器(M)...
颜色设置(G)...　Shift+Ctrl+K
指定配置文件...
转换为配置文件(V)...

再次(A)　Shift+Ctrl+T
缩放(S)
旋转(R)
斜切(K)
扭曲(D)
透视(P)
变形(W)
旋转 180 度(1)
旋转 90 度(顺时针)(9)
旋转 90 度(逆时针)(0)
水平翻转(H)
垂直翻转(V)

图 5-27　变换路径命令

5.3　“路径”面板的使用

5.3.1　“路径”面板概述

“路径”面板中存储了图像窗口中的所有路径，包括已经存储的和正在绘制的路径的缩览图和名称。选择“窗口”→“路径”命令，可打开“路径”面板，如图 5-28 所示。

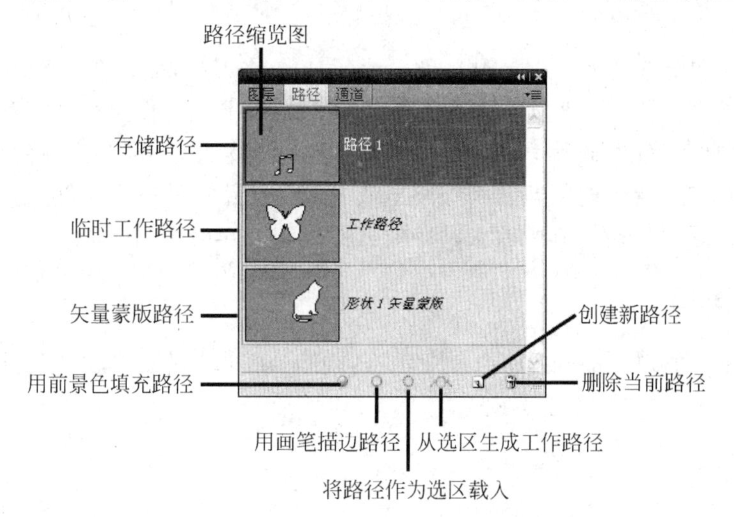

图 5-28 “路径”面板

在“路径”面板中单击路径图层，每次只能选择一条路径，其他路径均不能在图形窗口中显示出来。在“路径”面板空白处单击或按 Esc 键会取消对路径的选择。和“图层”面板一样，用鼠标拖曳相应的路径图层可以改变路径图层在“路径”面板中的先后次序。另外，可以通过“路径”面板中的面板菜单改变路径缩览图的大小。在面板菜单中选择“面板选项”命令，打开“路径面板选项”对话框，可在该对话框中设置路径缩览图的大小，如图 5-29 所示。

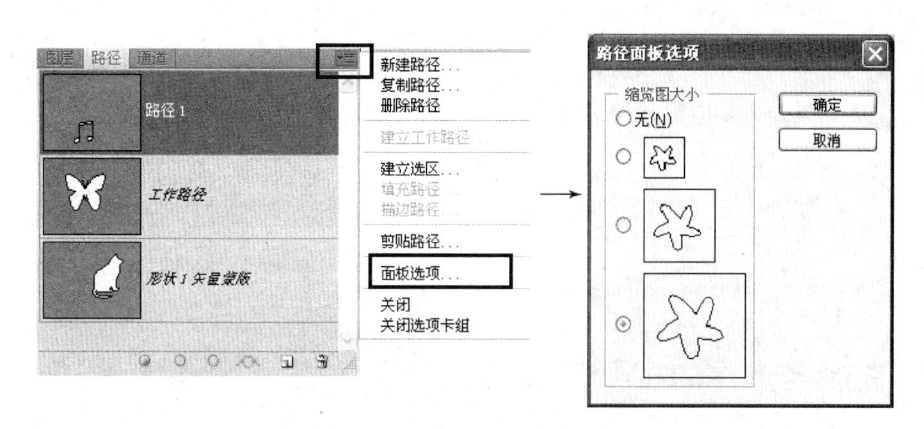

图 5-29 路径缩览图设置

1. 在“路径”面板中创建新路径

单击“路径”面板下面的“创建新路径”按钮 ，或者在“路径”面板菜单中选择“新建路径”命令，打开“新建路径”对话框，在该对话框中给新建的路径命名，如图 5-30 所示。

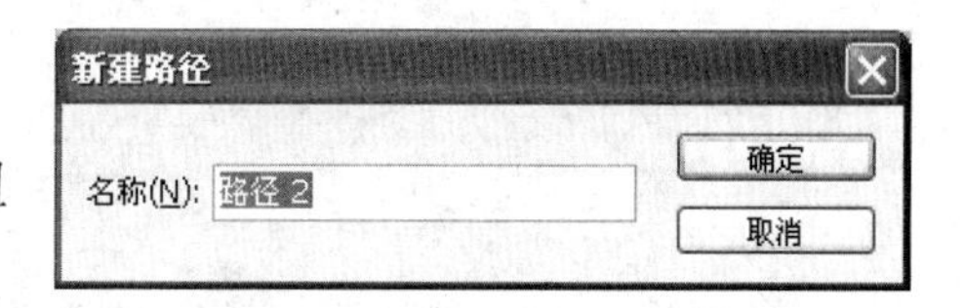

图 5-30 “新建路径”对话框

2. 存储工作路径

利用钢笔工具或者形状工具创建的路径是工作路径，这种路径在“路径”面板中以“工作路径”图层的形式出现。但工作路径是临时的，如果不对工作路径进行存储，那么这种路径在再次绘制路径的时候就会消失，变成新的路径。因此，要将工作路径存储起来。可以将工作路径拖曳到“创建新路径”按钮上或者选择“路径”→“存储路径”命令，然后在打开的“存储路径”对话框中输入路径的名称，如图 5-31 所示。

3. 重命名路径

双击“路径”面板中的路径图层，使路径名称处于编辑状态，然后输入新名称，按 Enter 键即可。

4. 删除路径

选中要删除的路径图层，将其拖曳到“删除当前路径”按钮上，或者选中路径后，单击“删除当前路径”按钮，会打开确认删除对话框，如图 5-32 所示。单击“是”按钮，可确认删除。另外，还可以选择面板菜单中的“删除路径”命令删除。

图 5-31 存储路径

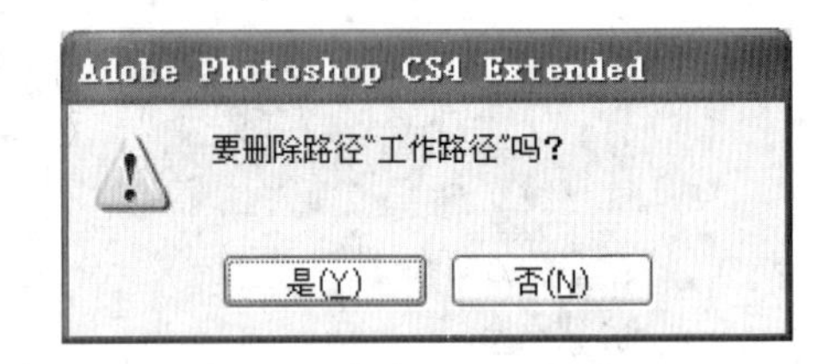

图 5-32 删除路径确认对话框

5.3.2 路径与选区的相互转换

路径和选区之间存在着一些必然的联系，可以将选区作为路径存储起来，也可将路径转换为选区。对于所有的闭合路径都可以转换为选区，也可在当前选区中添加或者减去闭合路径。

1. 将路径转换为选区

在“路径”面板中选中路径图层，然后单击“将路径作为选区载入”按钮或者选择面板菜单中的“建立选区”命令，如图 5-33 所示。

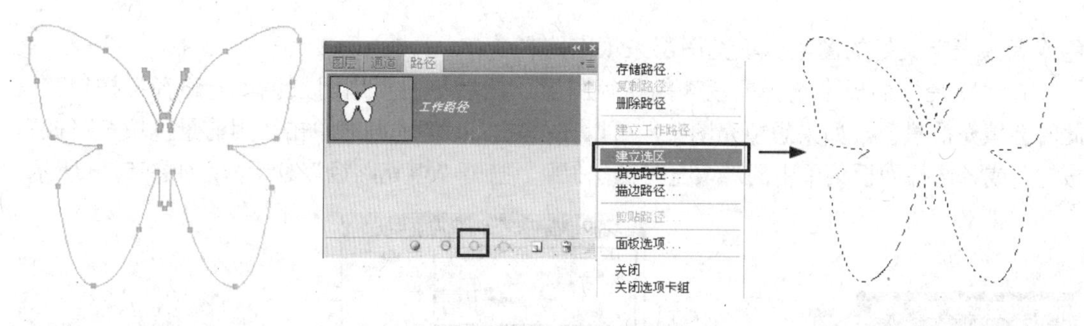

图 5-33　将路径转换为选区

如果想对路径转换的选区做进一步设置，在按住 Alt 键的同时单击“将路径作为选区载入”按钮或者选择面板菜单中的“建立选区”命令，这时会弹出一个“建立选区”对话框，如图 5-34 所示。在该对话框中可以设置转换后选区的羽化值以及选区中像素与周围像素之间创建精细的过渡效果的“消除锯齿”复选框。另外，还可以将该路径转换的选区添加到、减去或交叉到原来图像中的选区，该部分功能在“操作”选区中有“新建选区”、“添加到选区”、“从选区中减去”和“与选区交叉”4 个单选按钮。

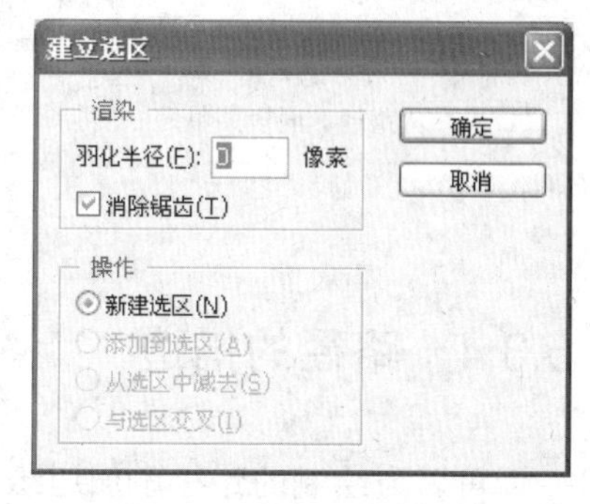

图 5-34　“建立选区”对话框

2. 将选区转化为路径

在图像窗口中建立选区，然后在“路径”面板中单击“从选区生成工作路径”按钮，则在“路径”面板中会生成一个新的路径图层。但要注意，如果创建的选区有羽化设置，那么转换为路径后这种羽化效果会消失，如图 5-35 所示。

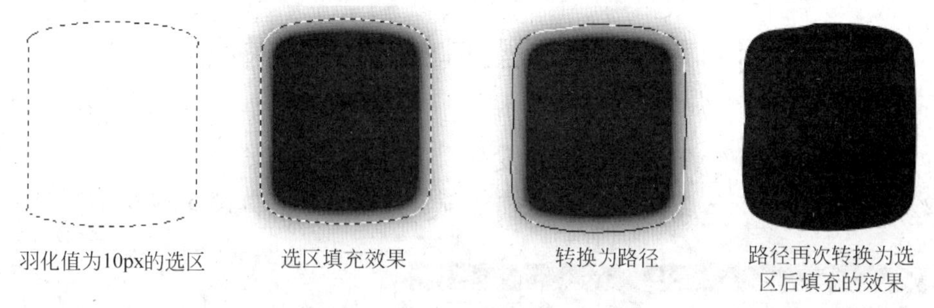

图 5-35　选区转换为路径后的效果

按住 Alt 键，然后执行上面的选区转换为路径的方法，会打开“建立工作路径”对话框，该对话框中的“容差”用于设置选区形状微小变化的敏感程度，范围为 0.5～10 像素。容差越大，绘制路径的鹅毛点越少，路径越平滑。

5.3.3　路径的填充

对于利用钢笔工具绘制的路径，需要填充颜色或者描边才能形成图案。通常利用前景色或者预先定义好的图案、填充图层来填充路径。

在“路径”面板中选择要填充的路径图层，然后单击“用前景色填充路径”按钮，此时会填充前景色。如果想填充图案，可以在按住 Alt 键的同时单击“用前景色填充路径”按钮，或者选择面板菜单中的“填充路径”命令，打开“填充路径”对话框，如图 5-36 所示。

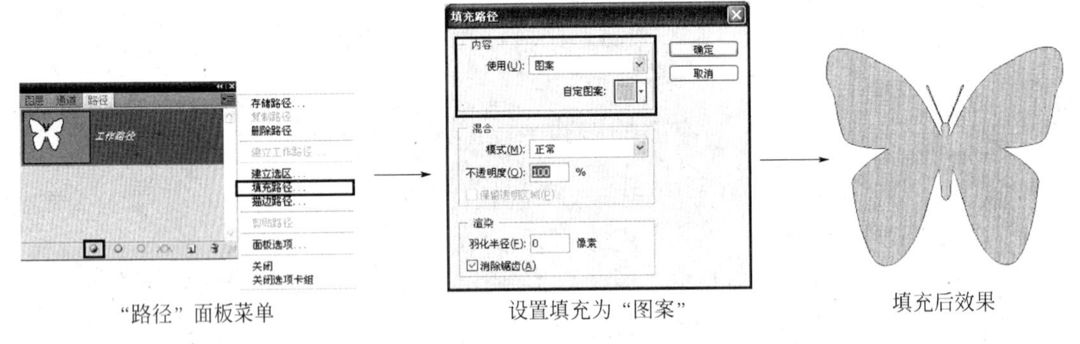

“路径”面板菜单　　设置填充为“图案”　　填充后效果

图 5-36　填充路径

5.3.4　路径的描边

可以为绘制的路径添加边缘，添加的边缘效果和画笔工具有关。在“路径”面板中选择要描边的路径，然后单击面板下方的“用画笔描边路径”按钮，或者选择面板菜单中的“描边路径”命令，即可根据设置的画笔大小在路径的周围添加边缘，如图 5-37 所示。

图 5-37　描边路径

5.4　实训项目：利用钢笔工具绘制太极图形

（1）新建一个 300 像素×300 像素的文件，如图 5-38 所示。

（2）选择“视图”→“显示”→“网格”命令，编辑窗口如图 5-39 所示。

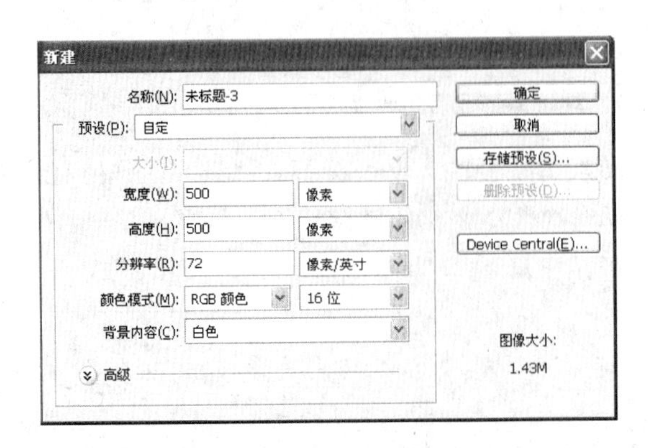

图 5-38　“新建”对话框

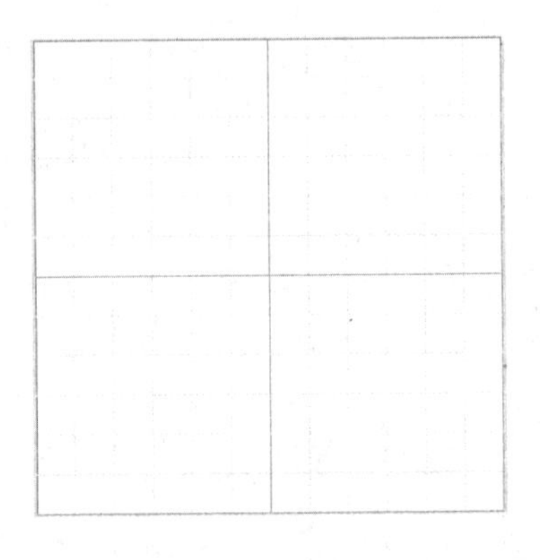

图 5-39　编辑窗口

（3）使用钢笔工具绘制路径，如图 5-40 所示。

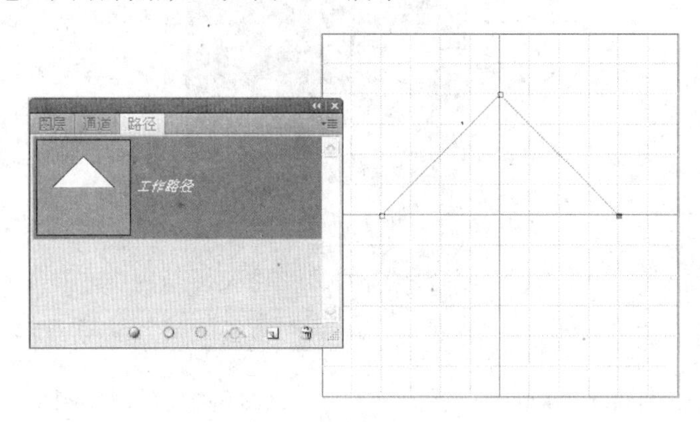

图 5-40　绘制路径

（4）在“路径”面板中新建一个路径图层，绘制如图 5-41 所示的路径。再新建一个路径图层，绘制如图 5-42 所示的路径。

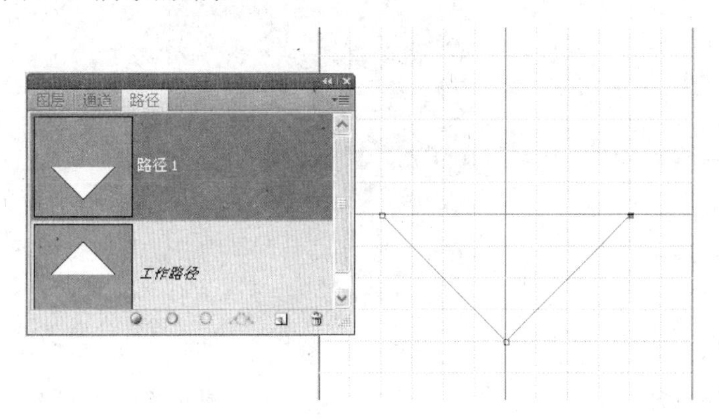

图 5-41　路径 1

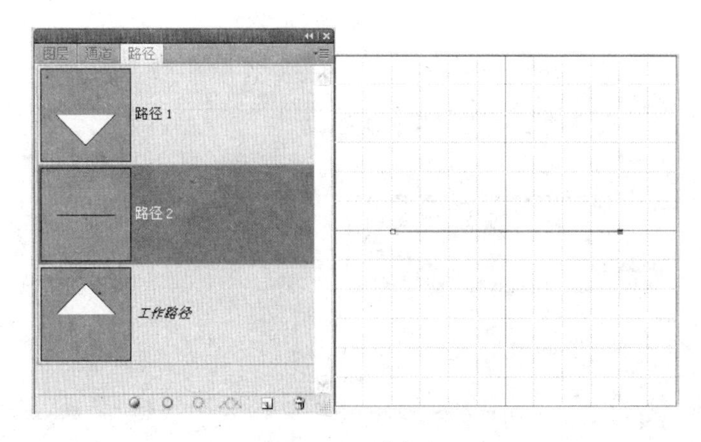

图 5-42　路径 2

（5）选择“工作路径”图层，利用转换点工具将正三角形路径变成半圆形，如图 5-43 所示，然后将“路径 1”图层中的路径也变成半圆形，如图 5-44 所示。

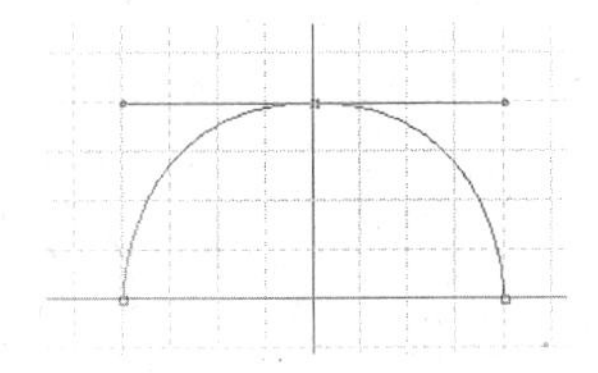

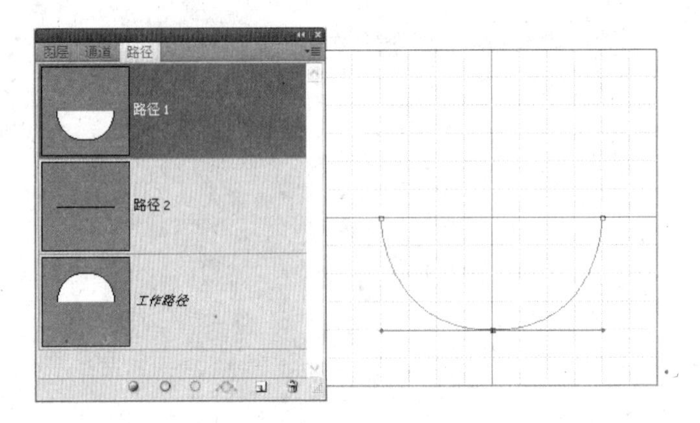

图 5-43　利用转换点工具绘制上半圆

图 5-44　绘制下半圆

（6）选择“路径 2”图层，在直线的中间添加一个锚点，如图 5-45 所示，然后利用刚添加的锚点改变直线为曲线，如图 5-46 所示。

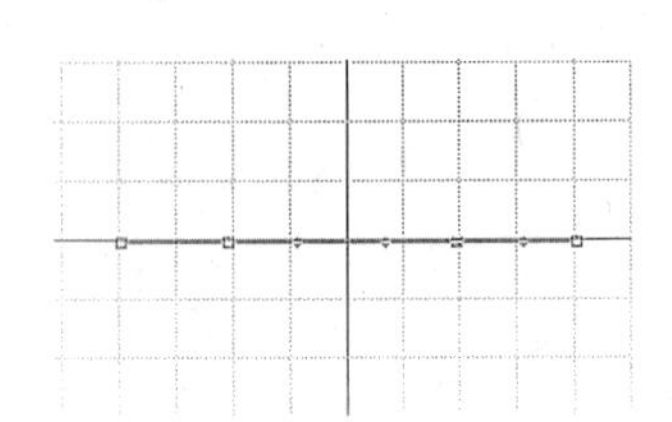

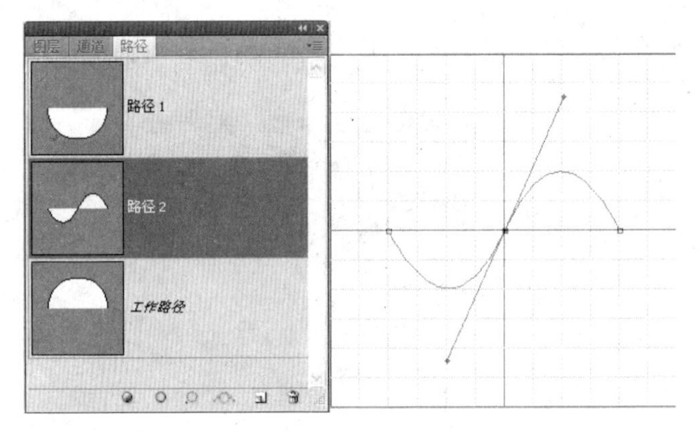

图 5-45　添加锚点

图 5-46　绘制曲线

（7）回到“图层”面板，选择油漆桶工具，设置相关参数，然后填充“背景”图层，如图 5-47 所示。

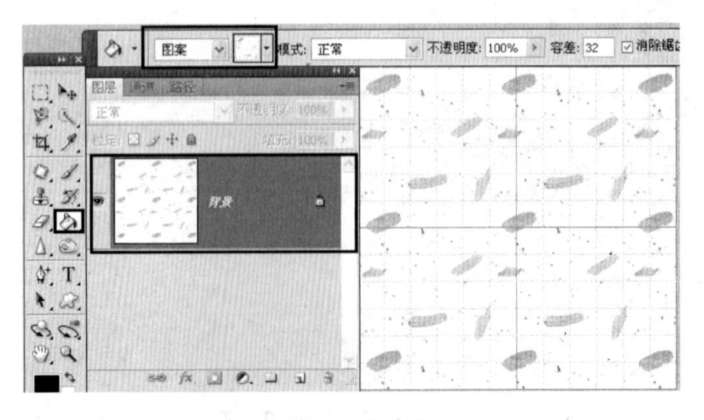

图 5-47　填充“背景”图层

（8）在“图层”面板中新建一个图层，然后回到“路径”面板中，按住 Ctrl 键单击“路径 1”，得到下半圆的选区。回到图层面板中，在“图层 1”中填充白色，如图 5-48 所示。

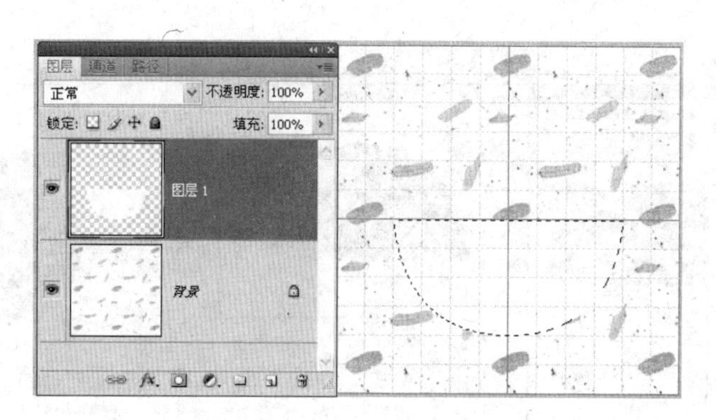

图 5-48　填充下半圆

（9）切换至“路径”面板，按住 Ctrl 键单击“路径 2”，得到选区。然后回到“图层”面板，在“图层 1”中填充白色，如图 5-49 所示。

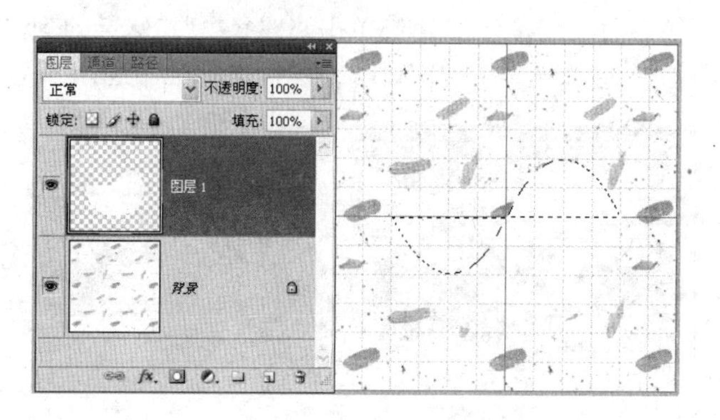

图 5-49　填充白色

（10）在“路径”面板中，按住 Ctrl 键单击“工作路径”图层，得到上半圆选区。然后回到“图层”面板，新建一个图层，命名为“图层 2”，并填充为黑色，如图 5-50 所示。

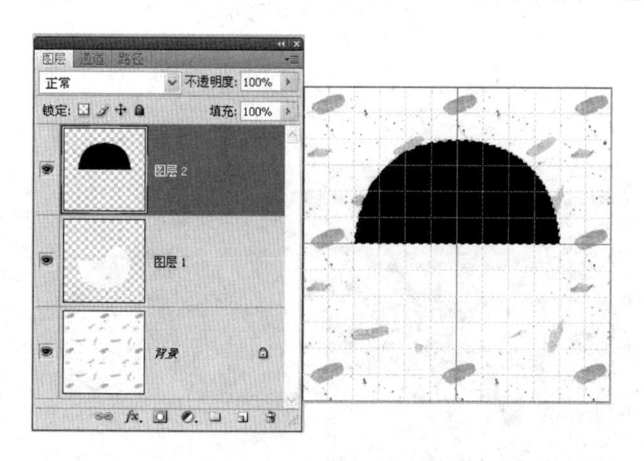

图 5-50　填充上半圆

（11）在“路径”面板中，按住 Ctrl 键单击“路径 2”。然后回到“图层”面板，选择矩形选框工具，设置相关参数，将“路径 2”的右半部分选区减去，并在“图层 2”中填充黑色，如图 5-51 所示。

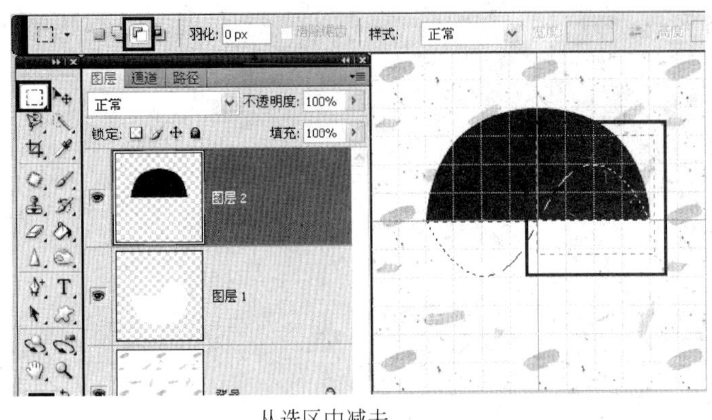

图 5-51　减去选区

（12）回到“路径”面板，按住 Ctrl 键单击“路径 2”。然后回到“图层”面板，单击“图层 2”，利用刚才的方法消除多余选区，并填充白色，效果如图 5-52 所示。

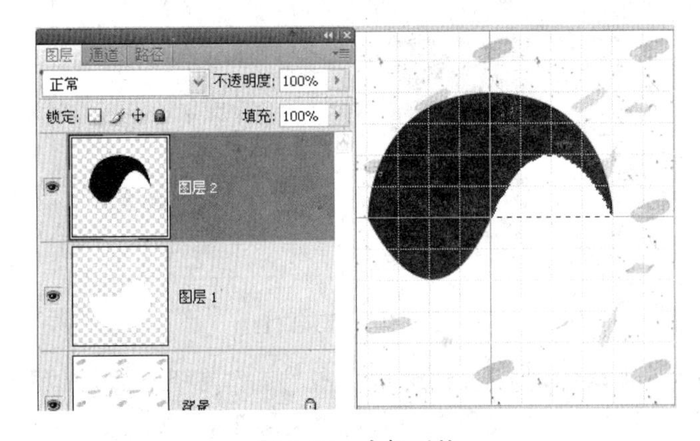

图 5-52　太极形状

（13）新建一个图层，利用形状工具中的椭圆工具绘制一个正圆（前景色为白色），如图 5-53 所示。

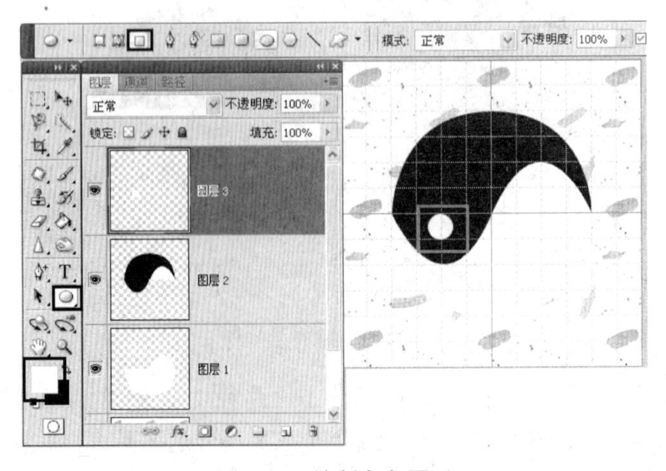

图 5-53　绘制白色圆形

（14）复制“图层 3”，更改新图层的颜色为黑色，并调整位置，最终效果如图 5-54 所示。

图 5-54　最终效果图

习　题　5

一、填空题

1．在 Photoshop 中，形状工具包括__________工具、__________工具、__________工具、__________工具、__________工具、__________工具。

2．在图像文件中创建的路径包括__________和__________。

3．路径工具的主要功能包括填充颜色、__________和__________。

4．如果要同时选择多条路径，可以在选择时按住_____________键。

二、选择题

1．将选区范围转换为路径时，所创建路径的状态是________。

A．工作路径　　B．开放的路径　　C．剪贴路径　　D．填充的子路径

2．选择和移动路径的工具是________。

A．移动工具　　B．抓手工具　　C．路径选择工具　　D．直接选择工具

3．路径是由多个________线条构成的图形。

A．矢量　　B．变量　　C．短　　D．长

4．将路径转换成选区可以单击“路径”面板中的________按钮。

A．　　B．　　C．　　D．

三、上机练习题

利用钢笔工具绘制鸡蛋。

提示：

先利用钢笔工具绘制一个前窄后宽的椭圆形，如图 5-55 所示，然后利用路径填充等方法填充一个渐变。

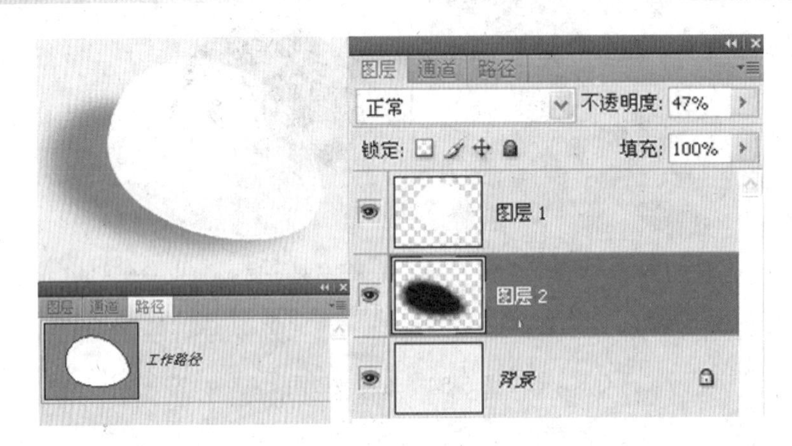

图 5-55　椭圆形

第6章 应用文字工具

【学习目标】本章主要介绍文字工具的使用，包括文字的输入和编辑，要求用户掌握各种文字工具的使用方法，以及点文字和段落文字的区别，并学会使用“字符”面板和“段落”面板，掌握变形文字和路径文字的创建和编辑方法。

【本章重点】

- 创建点文字和段落文字；
- 创建和编辑路径文字；
- 创建变形文字和阴影文字。

6.1 在图像中添加文字

在 Photoshop CS4 中文字由基于矢量的文字轮廓组成，如果需要对文字进行一些特殊的处理，如使用滤镜进行变形等，需要对文字图层进行栅格化处理，此时 Photoshop 会将基于矢量的文字轮廓转换为像素。文字可以给图像的处理带来画龙点睛的作用，能够清楚地让观者知道图像表达的意思。

6.1.1 文字工具的使用

T 横排文字工具 T
T 直排文字工具 T
T 横排文字蒙版工具 T
T 直排文字蒙版工具 T

图 6-1 文字工具

文字工具包括横排文字工具、直排文字工具、横排文字蒙版工具和直排文字蒙版工具 4 种，如图 6-1 所示。

4 种文字工具的选项栏基本相同，选择横排文字工具，其选项栏如图 6-2 所示。

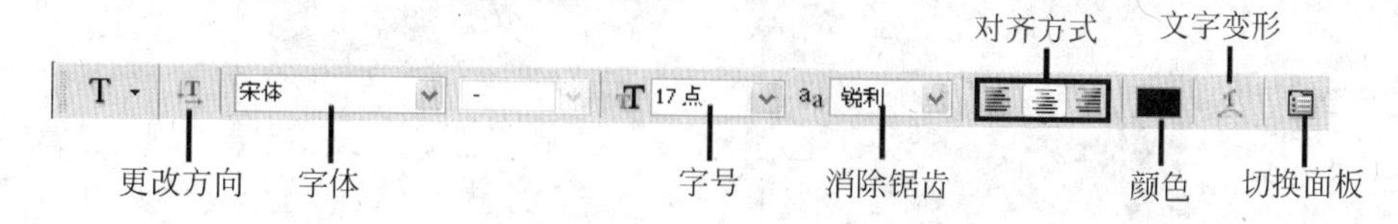

图 6-2 横排文字工具选项栏

更改方向：切换横排文字和直排文字的按钮。

字体：设置输入文字的字体。

字号：设置输入文字的大小。

消除锯齿：设置消除锯齿的方式，包括“无”、“锐利”、“平滑”、“犀利”和“浑厚”5个选项。

对齐方式：设置文字的对齐方式。

颜色：设置所输入文字的颜色，单击该颜色块，可打开拾色器，其使用方法和设置前景色相同。

创建文字变形：设置文字的变形方式。单击该按钮，会打开“变形文字”对话框，如图6-3所示。

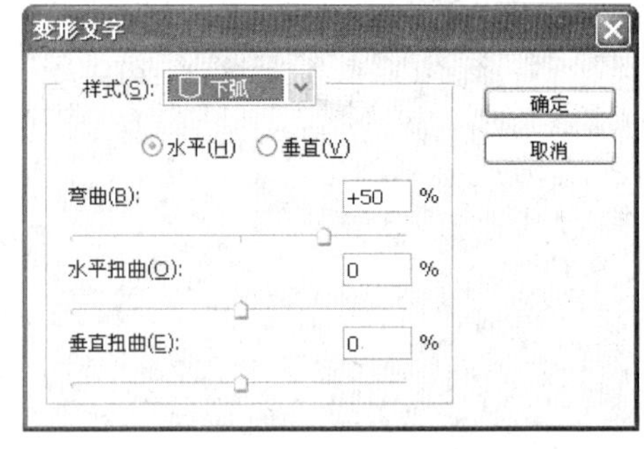

图6-3 “变形文字”对话框

6.1.2 输入点文字

点文字指输入的少量文字，一般情况下是一个字或一行字符，所以称为“点文字”。点文字也可以有多行，与段落文字不同的是，点文字不会自动换行，可通过Enter键使之进入下一行。

1. 横排文字工具和直排文字工具

选择横排文字工具，直接在图像窗口中单击，会出现一个可编辑的光标↓，设置相关参数后，可直接输入文字。输入的文字以行的形式显示出来，不会自动换行，输入完成后，按Ctrl+Enter键确认文字的输入，在“图层”面板中会出现一个新的文字图层，如图6-4所示。直排文字工具的使用和横排文字工具的使用相同，在此不再赘述。

设置文字工具参数

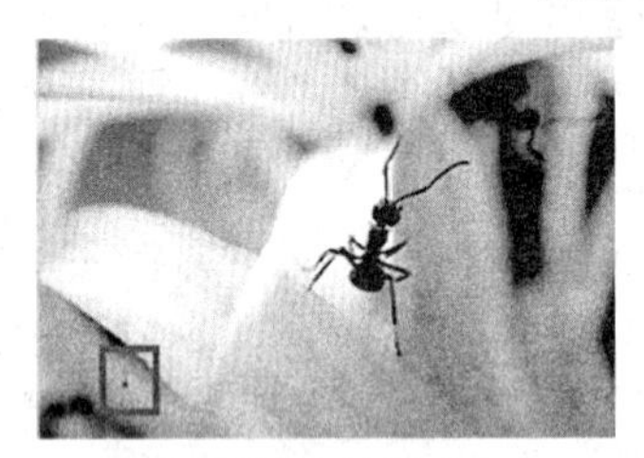

在图像窗口中单击

输入文字完成，按Ctrl+Enter键确认

效果图及文字图层

图6-4 文字工具的使用

除了用Ctrl+Enter键的方法确认文字外，还可以单击选项栏中的“提交所有当前编辑”按钮✓或者按小键盘上的Enter键，或者选择文字工具以外的其他工具。

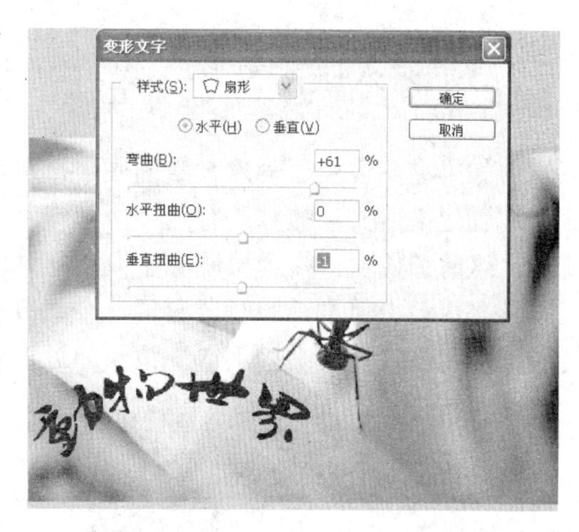

图 6-5　变形文字效果图

还可以对输入的文字变形，选中文字图层后，单击选项栏中的“文字变形”按钮，然后在打开的对话框中设置变形的方式，确认即可，如图 6-5 所示。

2．横排文字蒙版工具和直排文字蒙版工具

选择横排文字蒙版工具或直排文字蒙版工具，然后在图像窗口中单击，会出现一个可编辑的光标，且整个图像窗口覆盖了一层蒙版，输入文字，文字以选区的形式表现出来。可以将图像中的一部分作为文字的图案，按 Ctrl+Enter 键确认输入，如图 6-6 所示。

原图

选择直排文字蒙版工具后，在图像窗口中单击

输入文字

确认输入后的效果

图 6-6　文字蒙版工具的使用

出现文字选区后，对文字选区进行描边、图层样式、转换路径等多种操作，效果如图 6-7 所示。

描边

图层样式

转换为路径后填充

图 6-7　文字蒙版工具设置效果

6.1.3 输入段落文字

如果在图像中要输入大量的文字，可以使用段落文字。段落文字能够自动换行。

创建段落文字的方法有两种：第一种方法是使用文字工具在图像上拖曳，然后释放鼠标，这时图像窗口中会出现一个段落文本定界框；第二种方法是按住 Alt 键，然后用文字工具在窗口中单击，此时会出现一个“段落文字大小”对话框，用于设置段落文本定界框的宽度和高度，单击“确定”按钮即可，两种方法如图 6-8 所示。

选择文字工具后，
直接在窗口中拖曳

按住Alt键，然后用文字工具
单击，设置段落定界框的大小

图 6-8 输入段落文字的方法

在段落定界框中输入文字后，段落定界框上有 8 个控点，可以通过这 8 个控点对段落定界框进行变形。如果输入的文字较多，而段落定界框不能够满足需要，则在文本框的右下角会出现一个溢出图标，可以将鼠标指针移动到控点上，当其变成双向箭头时，拖动鼠标调整文本框大小，如图 6-9 所示。

文字溢出　　　　调整文本框大小

图 6-9 文本框的编辑

也可以旋转文本框，将鼠标指针定位在文本框外，当其变为弯曲的双向箭头时拖动鼠标。如果按住 Shift 键拖动，则可将旋转限制为按 15°增量进行。要更改旋转中心，按住 Ctrl 键并将中心点拖动到新位置即可。在按住 Ctrl 键的同时，把鼠标指针移动到文本框各边框中心的控点上，当其变为一个箭头时，拖曳鼠标可使文本框发生倾斜变形，如图 6-10 所示。

图 6-10 文本框的变形

6.1.4 点文字与段落文字之间的转换

点文字与段落文字之间可以相互转换，将点文字转换为段落文字是为了方便在外框内调整字符排列，将段落文字转换为点文字是为了方便各文本行彼此独立的排列，每个文本行的末尾都会添加一个回车符号。如何来判断图像窗口中的文字是点文字还是段落文字呢？选择文字工具后，在文字上单击，如果出现文本框则是段落文字，否则是点文字。

1. 将点文字转换为段落文字

在“图层”面板中选中要转换的文字图层，然后选择“图层”→“文字”→“转换为段落文本”命令，或者在文字图层上右击，在弹出的快捷菜单中选择“转换为段落文本”命令。

2. 将段落文字转换为点文字

在“图层”面板中选中段落文字的文字图层，然后选择“图层”→“文字”→“转换为点文本”命令，或者在文本图层上右击，在弹出的快捷菜单中选择“转换为点文本”命令。

6.1.5 路径文字的输入与编辑

使用文字工具只能在图像中输入横排或者直排的文字，利用文字变形功能可将文本变成软件预设好的形状，但是这些功能并不能完全满足需求。如果要根据自己的想法输入文字，则需要利用前面学习的路径，然后让文字沿着绘制的路径体现在图像上，这就是路径文字。

在 Photoshop CS4 中添加的路径文字有两种：一种是沿路径排列文字，另一种是路径内部文字。

1. 沿路径排列文字

沿路径排列文字是指，让文字根据绘制的路径依次显示出来。

图 6-11 绘制曲线路径

【例 6.1】 输入沿路径排列文字。

（1）打开素材 sc6-1.jpg，然后使用钢笔工具绘制一个曲线段，如图 6-11 所示。

（2）选择横排文字工具，将鼠标指针移动到路径上，当其形状变成时单击，在路径上会出现一个文字输入点，如图 6-12 所示。

插入点从左到右依次有左端控制点×、中间控制点◇、右端控制点○，如图 6-13 所示。

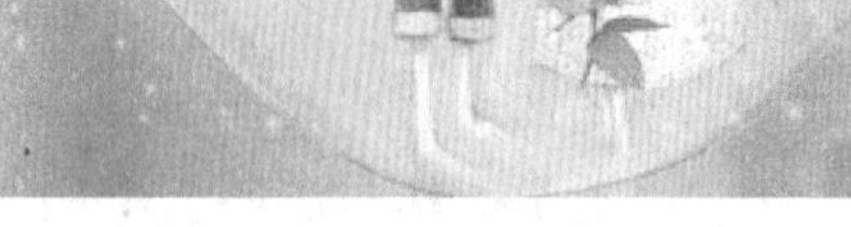

图 6-12　选择文字工具后鼠标指针变形

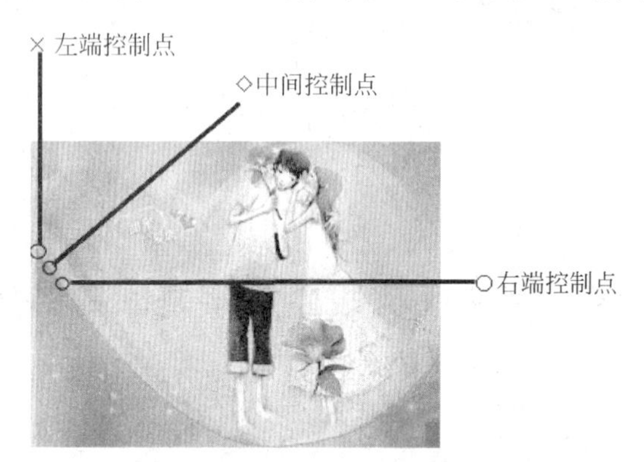

图 6-13　路径文字的 3 个控制点

（3）输入文字后，如果所输入文字的长度超出控制点的范围，输入的文字将被隐藏。这时，可以选择路径选择工具或直接选择工具，将鼠标指针移到文字上或右端控制点○上，当其变成形状时，沿路径拖动鼠标，能扩大输入文字的范围，如图 6-14 所示。

文字长度超出控制点范围

利用路径选择工具拖曳控制点，调整控制点的范围

图 6-14　控制点的使用

利用路径选择工具组中的直接选择工具和路径选择工具，然后移动至路径上的左端控制点×、中间控制点◇和右端控制点○上，鼠标指针分别变成、、形状，当鼠标指针变成这些形状的时候拖动鼠标即可移动路径上的文字。如果想要文字出现翻转效果，可以将鼠标指针移动到中间控制点的位置，然后向路径外侧拖曳进行翻转，如图 6-15 所示。

2. 路径内部文字

路径内部文字是指输入的文字只能在一个闭合路径内。

【例 6.2】 闭合路径文字。

（1）打开素材 sc6-2.jpg，然后选择自定形状工具，选择心形，设置绘制模式为“路径”，在图像窗口中拖出一个心形，如图 6-16 所示。

原图　　　　翻转

图 6-15　翻转文字

（2）按 Ctrl+T 快捷键调整路径的位置和方向，然后设置画笔工具的颜色为 287109，画笔大小为 2px，如图 6-17 所示。

图 6-16　绘制心形路径

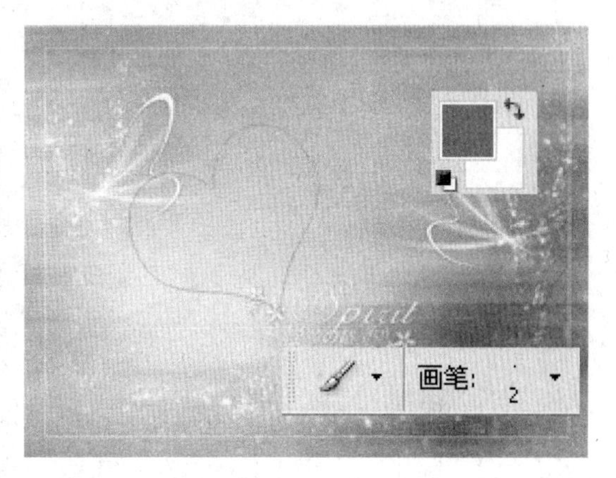

图 6-17　设置路径方向和画笔的大小及颜色

（3）在“图层”面板中新建一个图层，然后在“路径”面板中选择当前工作路径图层，单击“路径”面板下方的“用画笔描边路径”按钮，如图 6-18 所示。

（4）复制“路径 1”图层，并调整新图层的位置及方向，然后在“图层”面板上新建一个图层并描边，如图 6-19 所示。

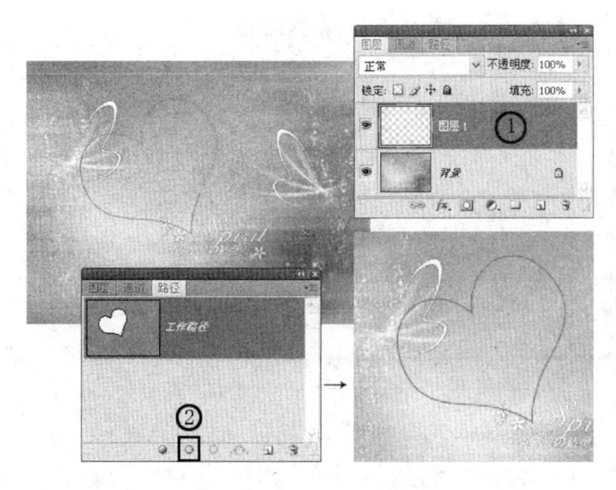

图 6-18　路径描边

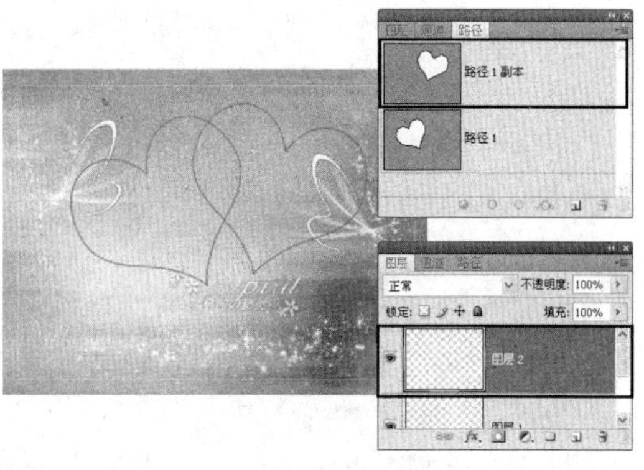

图 6-19　复制路径图层

（5）在“路径”面板中选择“路径 1”图层，然后选择文字工具，设置相关参数，将鼠标指针移动到路径上，当其形状变成 时在图像窗口的路径上单击，输入文字，如图 6-20 所示。

（6）同样使用文字工具，当鼠标指针移动到路径上变成 形状时，输入的文字会在路径的里面，调整其位置如图 6-21 所示。

图 6-20　输入路径文字

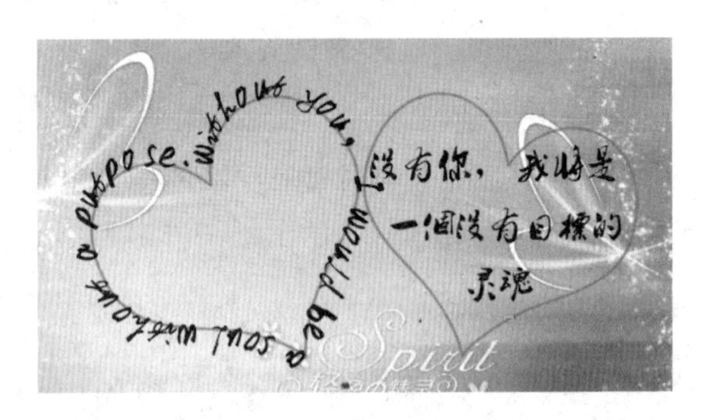

图 6-21　最终效果图

6.2　文本的格式设置

在用文字工具输入文字的时候，可以先设置文字的字体、字号等，也可以在输入完成后再设置。除了在文字工具的选项栏中设置相关参数外，还可以通过“字符”面板设置文字的相关参数。如果要对文字段落或者文字间的格式进行设置，可以使用“段落”面板。

选择文字工具后，单击文字工具选项栏中的“切换字符和段落面板”按钮，或者选择“窗口”菜单中的“字符”或“段落”命令，可打开“字符”或“段落”面板，如图 6-22 所示。

“字符”面板

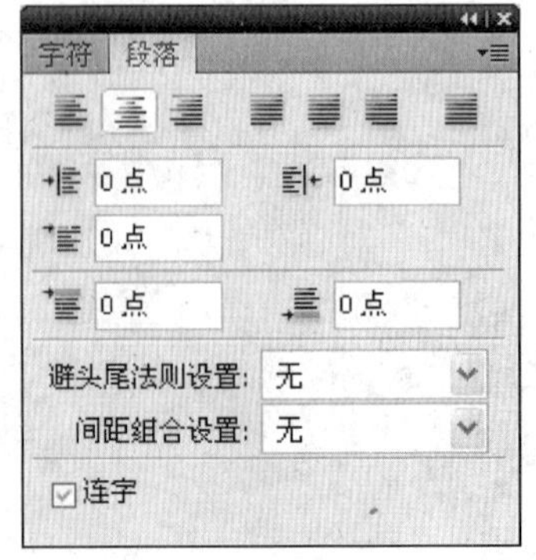

“段落”面板

图 6-22　“字符”和“段落”面板

6.2.1　设置文字字符格式

“字符”面板中的主要选项如下。

字体 叶根友行书繁：设置文本的字体，在其下拉列表框中可以选择合适的字体。

字号 30点：设置文字的大小。

行距 (自动)：调整两行文字之间的距离。

垂直缩放 100%：调整文字垂直方向上的缩放比例。

水平缩放 100%：调整文字水平方向上的缩放比例。

比例间距 0%：按指定的百分比值减少字符周围的空间。

字间距 0：调整相邻的两个字符之间的距离。

字距微调：调整一个字所占的横向空间的大小，调整后文字本身的大小不会发生改变。

基线偏移 0点：调整相对水平线的高低。如果输入一个正数，则表示角标是一个上角标，它将出现在文字的右上角；如果是负数，则代表下角标。

颜色 颜色:：单击该颜色块可打开拾色器。

字符格式：快速更改字符样式。从左到右依次是“仿粗体”、“仿斜体”、“全部大写字母”、“小型大写字母”、“上标”、“下标”、“下划线”、“删除线”。

语言选择 美国英语：选择国家及语言。

消除锯齿 锐利：选择消除锯齿的方式。

6.2.2　设置文字段落格式

“段落”面板的主要选项如下。

对齐方式：从左到右分别为“左对齐文本”按钮、“居中对齐文本”按钮、“右对齐文本”按钮、“最后一行左对齐”按钮、“最后一行居中对齐”按钮、“最后一行右对齐”按钮和“全部对齐”按钮。

左缩进 0点：从段落的左边缩进。

右缩进 0点：从段落的右边缩进。

首行缩进 0点：缩进段落中的首行文字。

段前距 0点：使段落前增加附加空间。

段后距 0点：使段落后增加附加空间。

避头尾法则设置：避头尾法则用于指定亚洲文本的换行方式。不能出现在一行的开头或结尾的字符称为避头尾字符。该选项用于设置相应的规则。

间距组合设置：间距组合为用日语字符、罗马字符、标点、特殊字符、行开头、行结尾和数字的间距指定日语文本编排。可从下拉列表框中选择预定义间距组合集。

连字：用于启用或停用自动连字符连接。

6.3 文字的编辑

使用文字工具在图像窗口中输入文字后，可能会有以下几个问题：文字内容输入错误、文字的形状不符合要求、文字方向错误或者要对文字做图像处理等。接下来看一下如何解决这些问题。

6.3.1 修改文字内容

使用文字工具输入内容后，如果要对文字内容进行修改，首先需要选中要修改的文字图层，然后执行以下操作之一：

（1）双击文字图层缩览图，使文字图层处于编辑状态，然后进行修改。

（2）选择文字工具，然后在图像窗口中单击文本区域，也能使文本处于编辑状态，如图 6-23 所示。

图 6-23 修改文字内容

6.3.2 更改文字方向

文字有水平和垂直两种方向，要更改文字的方向，选中文字图层后，执行以下操作之一。

（1）选中文字工具后，单击工具选项栏中的“更改文本方向”按钮。

（2）选择“窗口”→“字符”命令，打开“字符”面板，在“字符”面板菜单中选择“更改文本方向”命令。

（3）在“图层”菜单中选择“文字”下的“垂直”或“水平”命令，如图 6-24 所示。

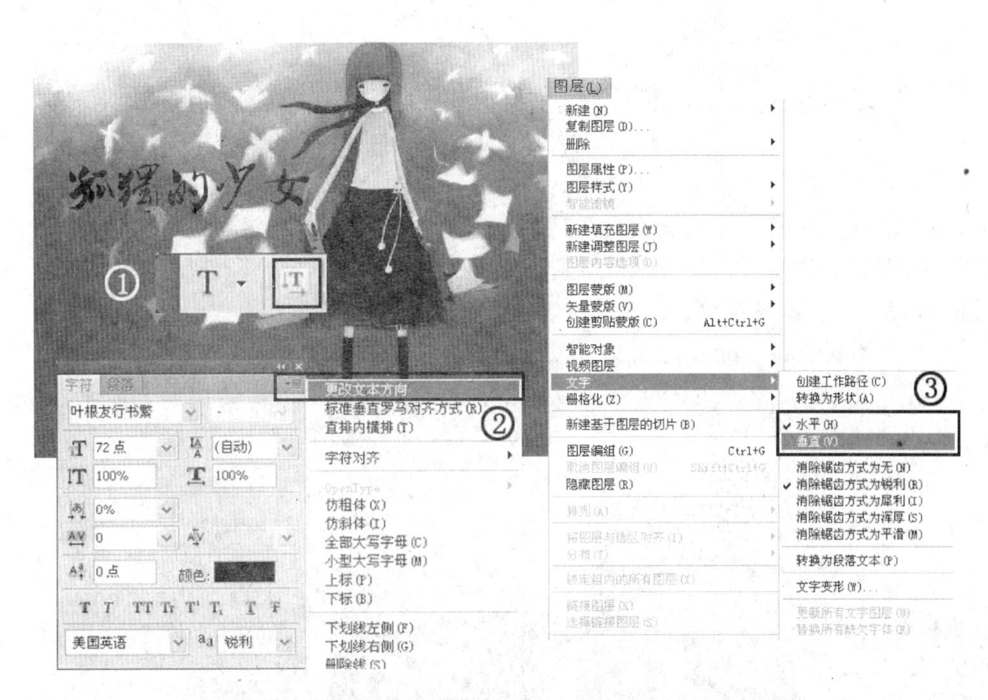

图 6-24　更改文字方向及效果图

6.3.3　变形文字

在“图层”面板中选中文字图层，然后执行以下操作之一：

（1）选择“编辑”→“变换”→“变形”命令。

（2）选择文字工具后，单击工具选项栏中的“创建文字变形”按钮，打开如图 6-25 所示的对话框进行设置。

在“样式”下拉列表框中选择一种变形样式，然后设置变形效果，调整变形的弯曲程度、水平扭曲程度等，文字变形效果如图 6-26 所示。

图 6-25　“变形文字”对话框

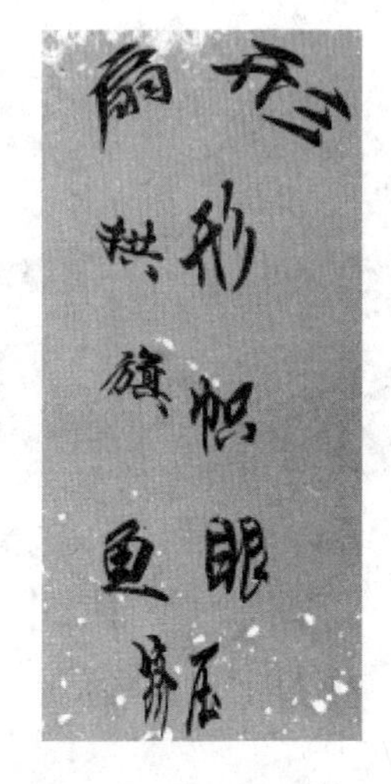

图 6-26　文字变形效果

6.3.4 将文字转换为形状

为了达到更好的艺术效果，Photoshop 提供了将文字转换为形状的方法。转换后，转换为形状的文字图层变成了形状图层，包括图像缩览图和矢量蒙版缩览图两部分，结合前面学习的形状图层、钢笔工具等方法能够对文字变换多种效果。

【例 6.3】 文字转换为形状。

（1）打开素材 sc6-3.jpg，使用文字工具输入文字，如图 6-27 所示。

（2）在“图层”面板上选择文字图层，然后右击，在弹出的快捷菜单中选择“转换为形状”命令，如图 6-28 所示。

图 6-27 输入文字

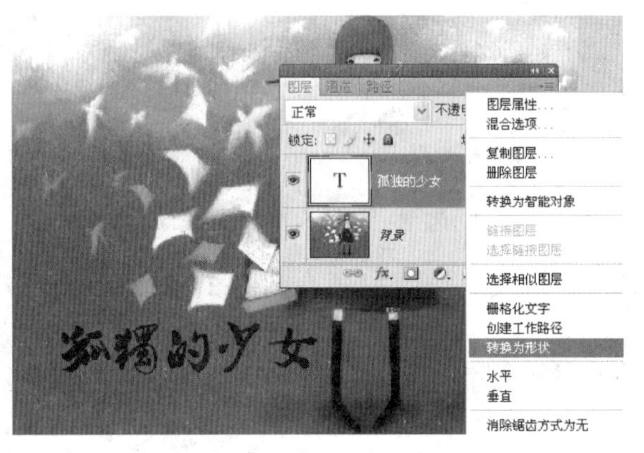

图 6-28 “转换为形状”命令

（3）执行完该命令后，文字图层及图像中的文字变化如图 6-29 所示。然后使用直接选择工具调整文字路径边缘的锚点，如图 6-30 所示。

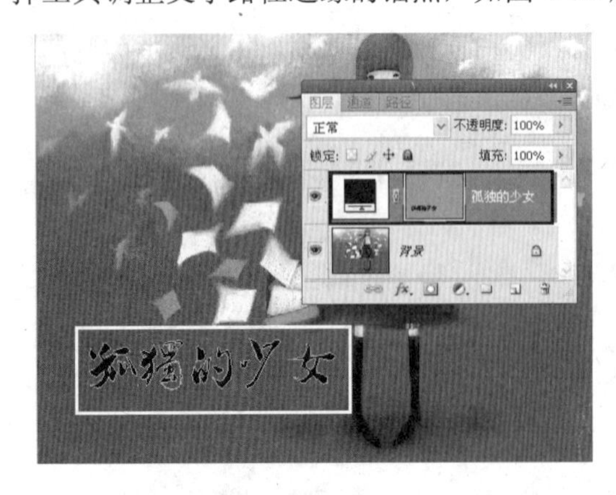

图 6-29 文字图层转换为形状图层

图 6-30 最终效果图

6.3.5 栅格化文字

在 Photoshop 中，对于文字图层不能通过滤镜命令进行变形或变换，要使用这些命令，必须先对文字图层进行栅格化处理，使文字图层转换为普通图层。

选中文字图层，然后执行以下操作之一，即可将文字图层转换为普通图层：

（1）选择“图层”→“栅格化”→“文字”命令。

（2）在文字图层上右击，在弹出的快捷菜单中选择“栅格化文字”命令。

6.4 文字特殊效果的制作

6.4.1 玻璃字的制作

制作玻璃字需要使用文字工具以及前面学习的关于选区的一些基本操作。

（1）打开素材 sc6-4.jpg，选择工具箱中的横排文字工具，并设置文字的字体、字号及颜色，如图 6-31 所示，然后输入文字“蓝色的夜”，系统会自动将文字图层命名为“蓝色的夜”。

图 6-31　输入文字

（2）选择“选择”→“载入选区”命令，打开“载入选区”对话框，在“通道”下拉列表框中选择“蓝色的夜透明”选项，如图 6-32 所示，单击“确定”按钮，则此时在文字的边缘创建了一个选区。

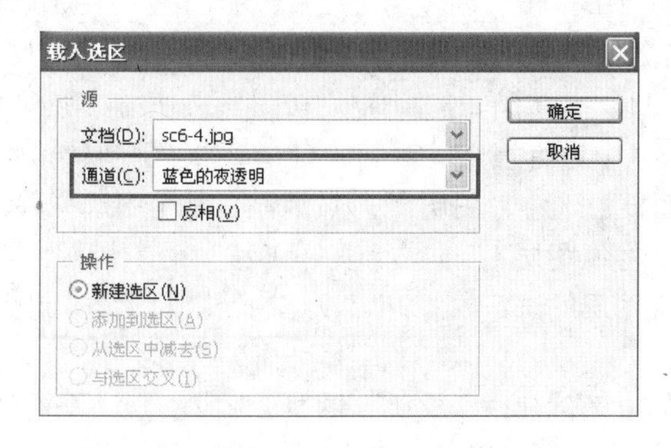

图 6-32　载入选区设置

（3）选择“选择”→“修改”→“收缩”命令，在打开的“收缩选区”对话框中将“收缩量”设置为3，然后单击“确定”按钮，如图6-33所示。

图6-33 收缩选区设置

（4）选择“选择”→“修改”→“羽化”命令，打开“羽化选区”对话框，设置“羽化半径”的值为2，单击“确定”按钮，如图6-34所示。

图6-34 羽化选区设置

（5）在“图层”面板中单击“创建新图层”按钮创建一个新图层，系统会自动将其命名为“图层 1”。单击工具箱中的“设置前景色”颜色块，在打开的拾色器中将前景色的RGB颜色设置为# 003d81，然后单击“确定”按钮。再使用油漆桶工具填充选区，或者按Alt+Delete快捷键在选区中进行填充，最后按Ctrl+D快捷键取消选区。

（6）在“图层”面板中选中“图层 1”，然后在工具箱中选择移动工具，并分别按向右和向下方向键各两次，将“图层 1”向右和向下各移动两个像素，效果如图6-35所示。

（7）再次载入文字图层的选区，打开“收缩选区”对话框，设置“收缩量”为2，单击“确定”按钮。

（8）在文字选区的上面创建一个名为“图层 2”的图层，设置前景色为#0260ca，然后使用油漆桶工具或按Alt+Delete快捷键在选区中填充前景色，接着取消选区，效果如图6-36所示。

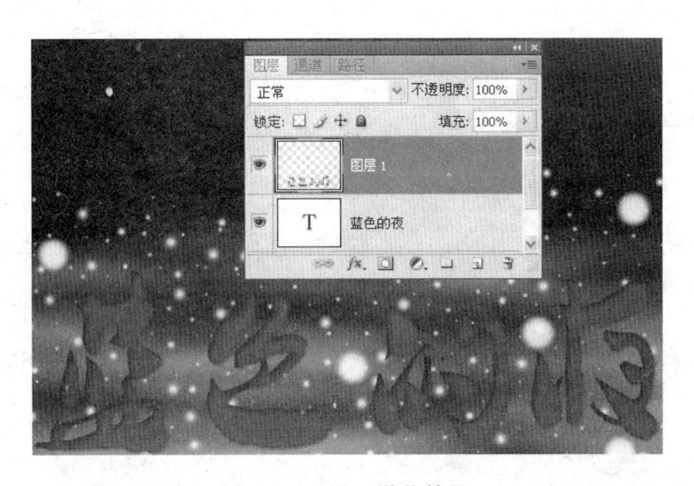

图 6-35　图层微移效果

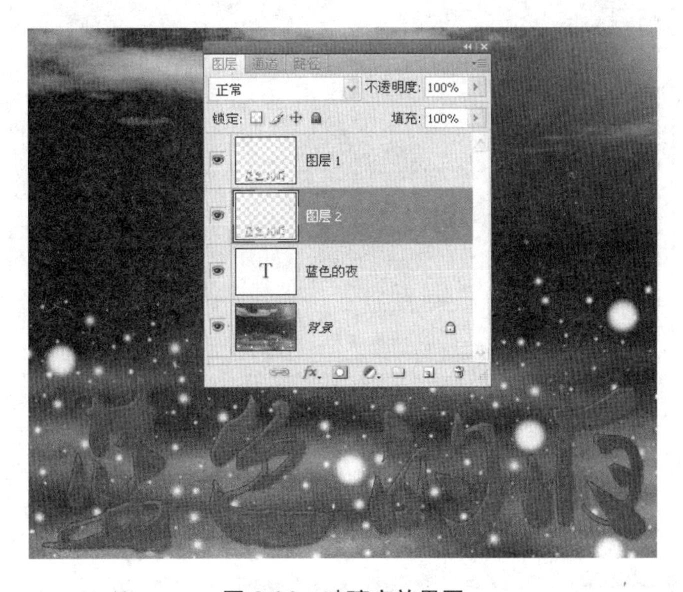

图 6-36　玻璃字效果图

（9）保存文件为“蓝色的夜.psd”，并保存图片。

6.4.2　糖果文字的制作

糖果文字的制作结合了图层样式和滤镜的一些简单操作，可以说艺术文字效果不是靠文字工具单独来完成的。

（1）新建一个 800 像素×240 像素的文件，背景色为白色，分辨率为 72 像素/英寸，如图 6-37 所示。

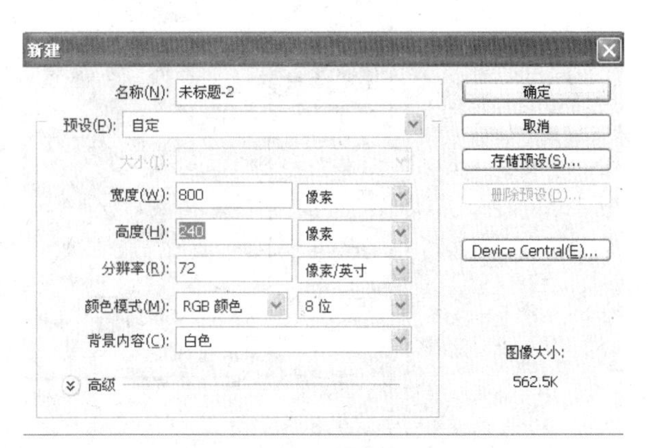

图 6-37　“新建”对话框

（2）选择横排文字工具，设置相关参数如图 6-38 所示，文字的字体可以设置得粗一些，这样效果会更好。

图 6-38　字体参数设置

（3）输入文字，然后双击文字图层，打开“图层样式”对话框。选择该对话框中的“投影”复选框，设置相关参数如图 6-39 所示。注意该对话框暂时不要关闭，还要进行其他设置。

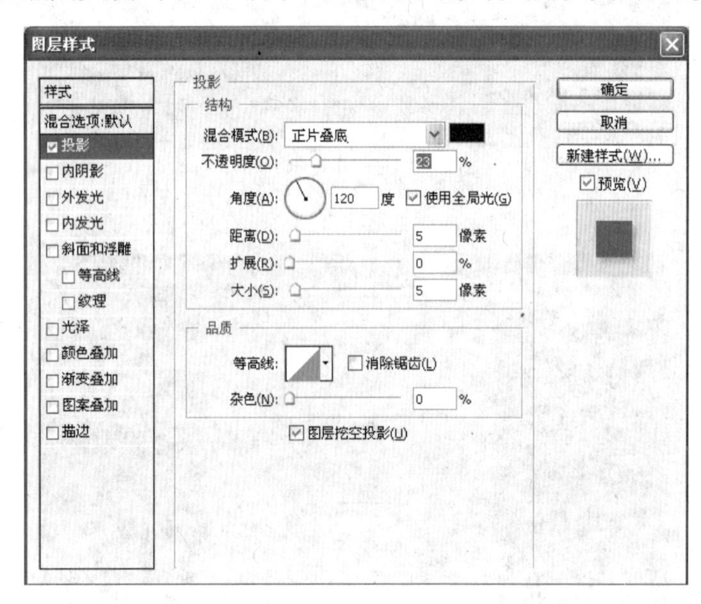

图 6-39　“投影”设置

（4）在“图层样式”对话框中选择“内发光”复选框，设置参数如图 6-40 所示。

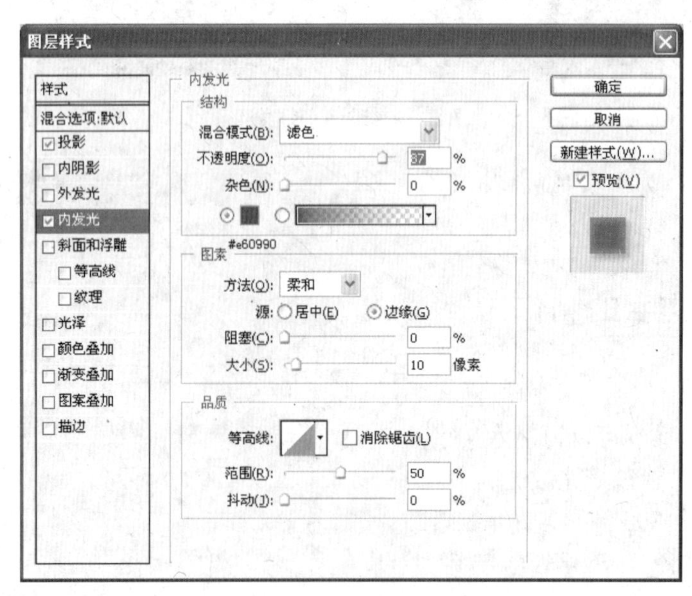

图 6-40　“内发光”设置

（5）在“图层样式”对话框中选择“斜面和浮雕”复选框，设置参数如图 6-41 所示。

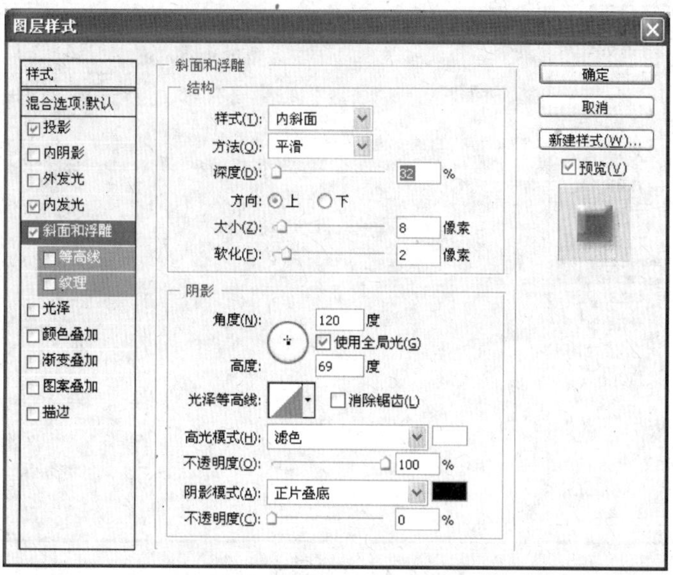

图 6-41　“斜面和浮雕”设置

（6）在“图层样式”对话框中选择“等高线”复选框，设置参数如图 6-42 所示。

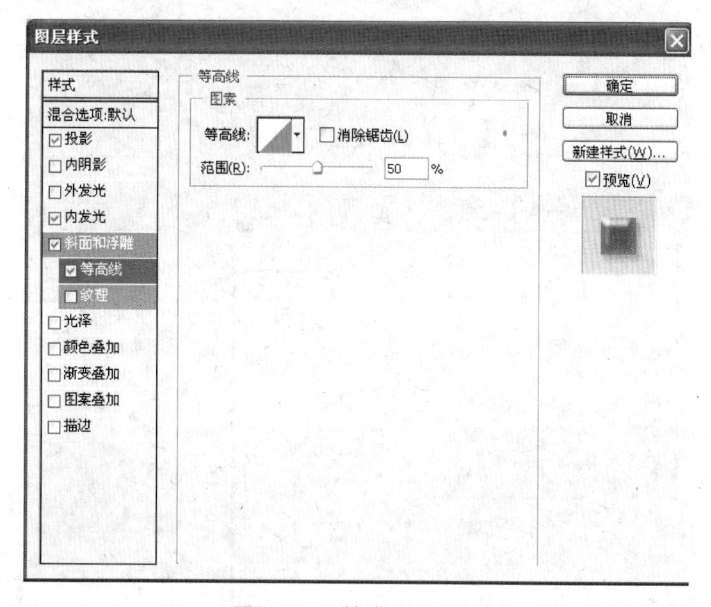

图 6-42　“等高线”设置

（7）在“图层样式”对话框中选择“光泽”复选框，设置参数如图 6-43 所示，效果如图 6-44 所示。

（8）在文字图层上右击，在弹出的快捷菜单中选择“栅格化文字”命令。

（9）选择椭圆选框工具，在栅格化的文字图层上绘制一个选区，然后选择“滤镜/扭曲/旋转扭曲”命令，设置扭曲的相关参数，如图 6-45 所示。然后将文字中的其他位置也做同样的处理，最后扭曲的效果如图 6-46 所示。

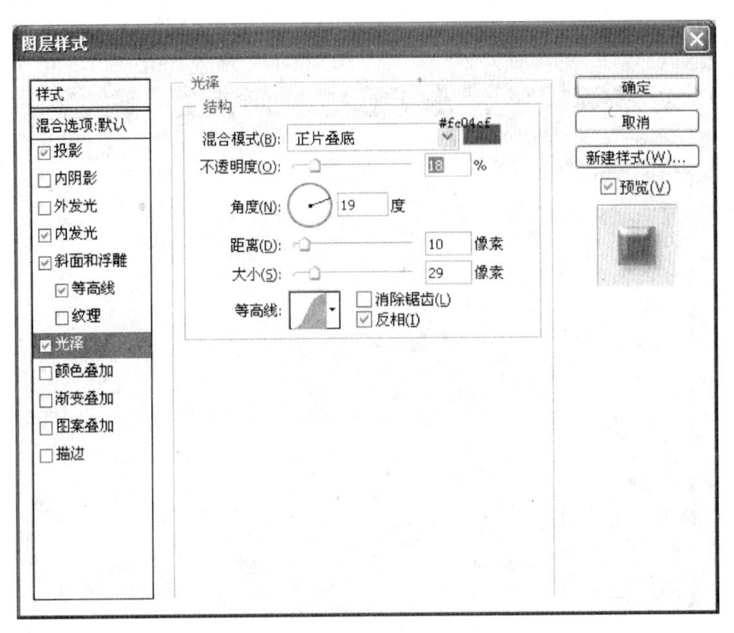

图 6-43 “光泽”设置

图 6-44　设置图层样式效果

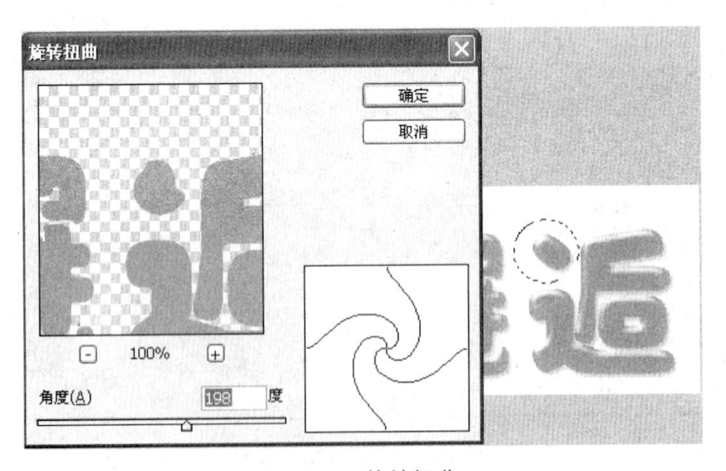

图 6-45　旋转扭曲

图 6-46　扭曲后的效果

（10）选择工具箱中的自定形状工具，设置前景色为#f980c7，其他参数如图 6-47 所示。然后新建一个图层，在图像窗口中拖曳，如图 6-48 所示。

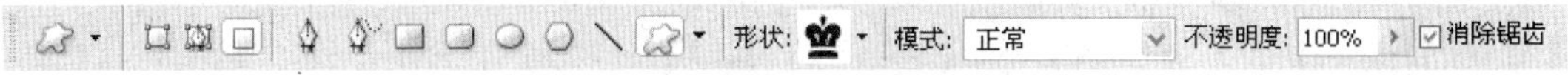

形状：　模式：正常　不透明度：100%　☑消除锯齿

图 6-47　自定形状工具参数设置

图 6-48　自定形状工具的绘制效果

（11）选中文字图层，然后右击，选择“拷贝图层样式”命令。选中“皇冠”图层，然后右击，选择“粘贴图层样式”命令，并将皇冠移动到适当的位置，效果如图 6-49 所示。

图 6-49　绘制皇冠后的效果

（12）使用同样的方法，再次绘制一个自定形状，最终效果如图 6-50 所示。

图 6-50　最终效果图

6.4.3　花朵堆砌文字的制作

花朵堆砌文字的制作方法较为简单，但是在制作过程中需要耐心，在技术上要掌握图层的基本操作以及图层样式的使用。

（1）新建一个 800 像素×300 像素的文件，然后选择横排文字工具，设置文字参数，如图 6-51 所示。相关参数也可自行设置，主要是选择较粗的字体。

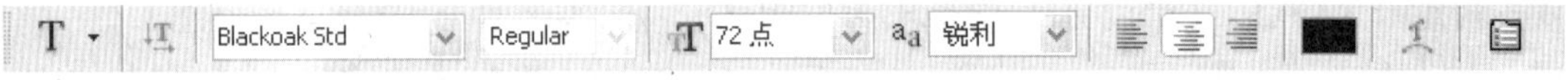

图 6-51　设置文字参数

（2）在图像窗口中输入文字 FLOWER，如果在输入文字后，字体、大小等不合适，可进行调整，如图 6-52 所示。

图 6-52　输入文字

（3）打开素材图片 sc6-8.jpg，用选区工具抠取图片中的花朵，然后将其复制到编辑窗口中，如图 6-53 所示。

图 6-53　选择花朵

（4）利用“自由变换”命令或者按 Ctrl+T 快捷键，变换花朵的大小和方向，然后选取不同的花朵拖放到编辑窗口中，如图 6-54 所示。

图 6-54　添加花朵

（5）复制花朵图层，并调整大小和位置，效果如图 6-55 所示。

图 6-55　摆放花朵

（6）隐藏文字图层，查看花朵摆放出来的字母形状是否清楚，然后做适当的调整，如图 6-56 所示。

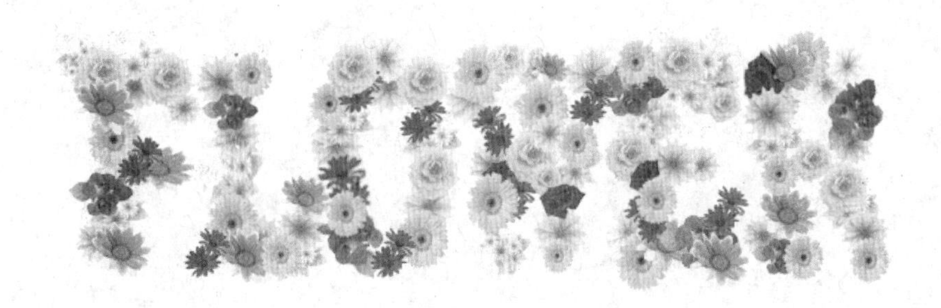

图 6-56　摆放花朵后的效果

（7）新建一个图层，将文字图层和背景图层都取消可见性，然后按 Ctrl+Alt+Shift+E 快捷键盖印图层。双击该图层，打开“图层样式”对话框，设置“阴影”参数，如图 6-57 所示。

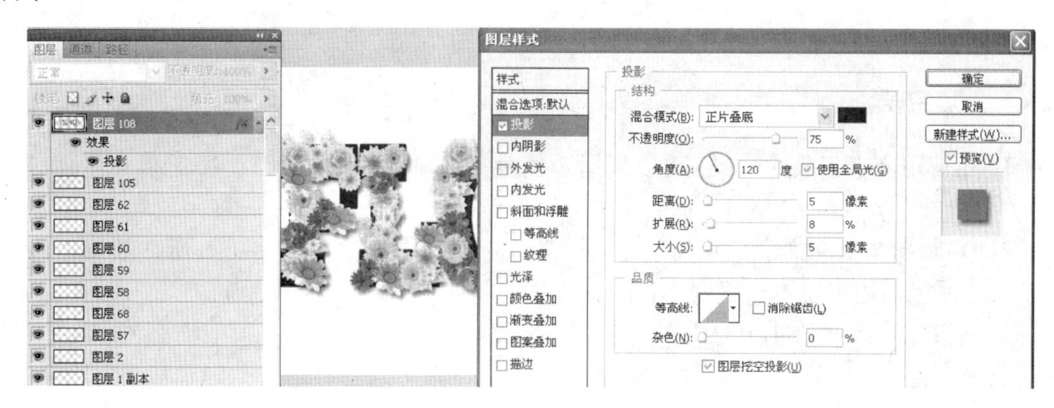

图 6-57　设置“阴影”参数

（8）隐藏文字图层，然后打开素材 sc6-6.jpg，按 Ctrl+A 快捷键全选图像，接着将其粘贴到编辑窗口中，并将该图层移动到“背景”图层的上方，效果如图 6-58 所示。

图 6-58　添加草地

（9）打开素材 sc6-7.jpg，将蝴蝶拖放到草地上，然后调整其大小。也可以添加一些蝴蝶、星光等，最终效果如图 6-59 所示。

图 6-59　最终效果图

习　题　6

一、填空题

1. 在使用文字工具的时候，可以采用 3 种对齐方式，分别是__________、__________和__________。

2. 判断图像中的文字是点文字还是段落文字，可以在选择文字工具后在图像窗口中单击文字区域，如果文本出现文本框，则该文字是__________。

3. 在 Photoshop CS4 中有__________和__________两种路径文字。

二、选择题

1. 将字符文字转换为段落文字的命令是________。
   A. 转换为段落文字　B. 文字　C. 链接图层　D. 所有图层

2. 要对文字图层执行滤镜效果，需要先对文字图层执行的操作是________。
   A. 栅格化文字　B. 直接使用滤镜命令
   C. 使文字处于编辑状态　D. 确认文字图层没有与其他图层链接

3. 激活文字工具的键是________。
   A. T　B. Q　C. B　D. D

4. 工具箱中的文字工具有________种。
   A. 1　B. 3　C. 4　D. 6

5. 如果想通过路径选择工具对输入的文字进行变形，可以通过________命令将文字图层转换成包含矢量蒙版的图层。
   A. 栅格化文字　B. 转换文字为形状　C. 矢量变形　D. 图层蒙版

三、上机练习

1. 制作水墨字体，效果如图 6-60 所示。

图 6-60　水墨字效果

提示：

水墨文字的制作方法非常简单，利用文字工具输入文字后，排列好文字的位置，将文字复制一层，并栅格化文字，然后对栅格化的文字图层执行模糊滤镜，找一张相关的墨迹图片添加到编辑图像中，并将墨迹图层的图层模式改为“变暗”。

2．制作描边可爱文字，效果如图 6-61 所示。

图 6-61　可爱描边文字效果

提示：

利用文字工具输入文字，并设置每个文字的颜色和位置，然后将各个文字合并到一个新的图层中，给该图层描边，并利用向上、向右方向键移动若干个像素。

第7章 调整图像色彩

【学习目标】本章主要介绍“图像”→“调整”菜单命令下的调整图像色彩的相关命令。要求读者掌握使用“图像”→“调整”菜单命令下的“色阶”、“曲线”、“色彩平衡”、“亮度/对比度”、“色相/饱和度”等图像色彩调整命令来调整图像的色阶、色相和饱和度等；学会 Photoshop CS4 软件的新增功能之一——“调整”面板的应用。

【本章重点】

- 使用“色阶”命令；
- 使用“曲线”命令；
- 使用“色彩平衡”命令；
- 使用“亮度/对比度”命令；
- 使用“色相/饱和度”命令；
- 使用“调整”面板。

色彩是最直观的视觉形态，是完美图像画面的主要因素。合理地运用色彩，可以对图像色彩偏差进行调整。Photoshop CS4 中提供了强大的图像色彩调整功能对有缺陷的图片进行调整，在数码照片的处理上尤为重要。本章主要学习“图像”→“调整”菜单命令下的各个图像调整命令的运用，如图 7-1 所示。另外，还要学习 Photoshop CS4 的新增功能之一——“调整”面板的运用。

图 7-1　调整命令子菜单

在新版的 Photoshop CS4 中将所有的调整功能集中到了一起，当打开一个图像文件时，调整将作为一个面板显示在窗口的右侧，如图 7-2 所示。通过对“调整”面板进行操作，可以轻松地完成对图像颜色、色调、明暗等的调整。

图 7-2 “调整”面板

7.1 手动调整图像色彩

Photoshop CS4 的“调整”菜单命令中提供了多个可以手动调整色彩的命令，如“色阶”命令、“曲线”命令、“曝光度”命令、“色相/饱和度”命令、“黑白”命令、“通道混合器”命令、“可选颜色”命令等。通过这些命令，可以精确地控制画面的变化，达到理想的画面效果。

7.1.1 色阶

“色阶”命令用来调整图像的明暗程度。选择“图像”→“调整”→“色阶”菜单命令，会打开“色阶”对话框。

单击“通道”下拉箭头，将出现如图 7-3 所示的“通道”下拉列表框，其中的选项会因图像颜色模式的不同而不同，可根据情况选择某个单色通道或复合通道的色阶进行调整。

在“色阶”对话框中新增了“预设”下拉列表框，分为 3 个部分按照预设的数值对图像进行调整，如图 7-4 所示。

图 7-3 展开“通道”下拉列表框

图 7-4 “预设”下拉列表框

图像的色阶图表明图像中像素色调的分布，它根据图像中每个亮度值（0～255）处的像素点的多少来进行区分。

打开“调整”面板后，单击“创建新的色阶调整图层”按钮，将转入“色阶”子面板，应用此面板对新创建的色阶调整图层进行调整，单击“自动”按钮，可将色阶的输出值重新分配，使其均匀分布，如图 7-5 所示。

图 7-5　在色阶调整图层中应用“自动”的对比效果

“输入色阶”显示的就是图片当前状态下的数值。色阶图下方右侧的白色滑块控制图像的深色部分，左侧的黑色滑块用来控制图像的浅色部分，中间的灰色滑块控制中间色。拖动滑块可以调整图像的色点范围及图像的对比度。拖动色阶图下方左侧的黑色滑块向右移动，图像的颜色会变深，对比度减弱。如图 7-6 所示为向右移动黑色滑块时图像前后的效果对比。

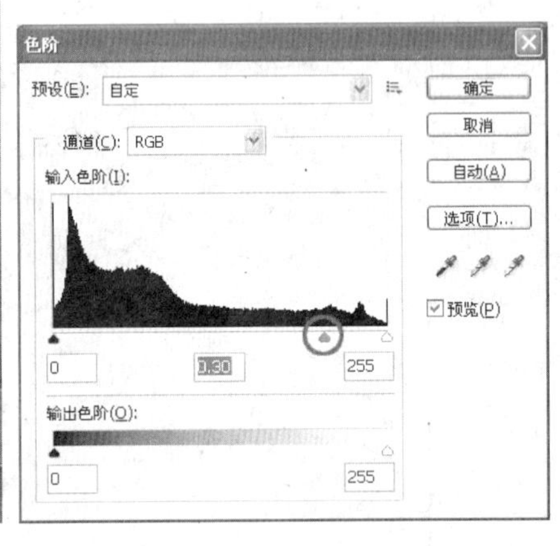

图 7-6　拖动黑色滑块向右移动效果对比图

“输出色阶”的主要作用是调整图像色彩的中间调的参数数值。在其左右两侧分别有一个数值框，与前面的“输入色阶”一样，既可以用鼠标拖动又可以直接输入数值。

向左移动“输出色阶”的白色滑块，会使图像色彩的中间调逐渐变暗；向右移动左边的黑色滑块，会使图像色彩的中间调逐渐变亮。如图 7-7 所示为向左移动黑色滑块时的图像前后效果对比。

在“色阶”对话框中单击“自动”按钮将执行等量的色阶调整，将最亮的像素点定义为白色，将最暗的像素点定义为黑色，并按比例分配中间色的像素数值。

在“色阶”对话框中单击“选项”按钮，会打开“自动颜色校正选项”对话框，如图

7-8 所示，重新设置参数后，单击“确定”按钮即可。

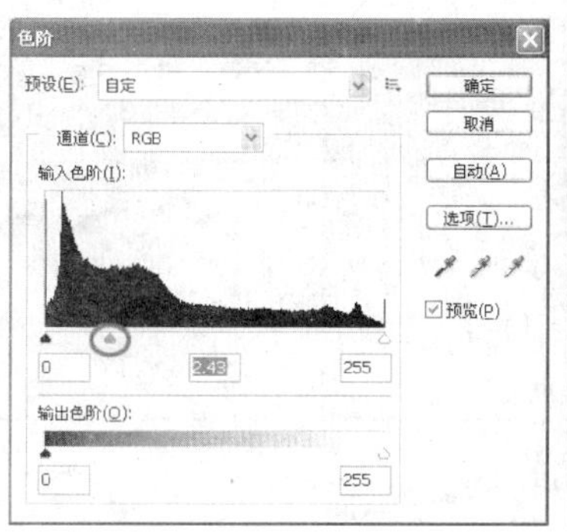

图 7-7　拖动黑色滑块向左移动效果对比图

7.1.2　曲线

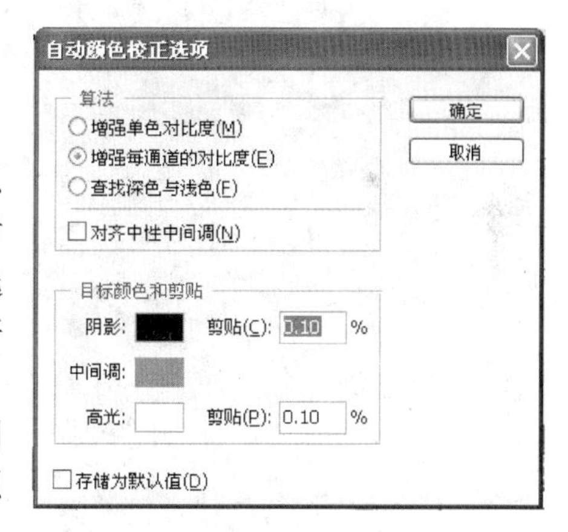

图 7-8 “自动颜色校正选项”对话框

使用“曲线”命令可以调整图像的颜色，也可以调整单个通道或者所有通道的亮度与对比度，可以对图像的任意灰阶进行曲线调整，以达到理想效果。选择“图像”→“调整”→“曲线”菜单命令，会打开“曲线”对话框，如图 7-9 所示。

在“曲线”对话框中，可以用曲线直观地表示图像颜色的色调、色阶数值。图表中的横轴代表图像原有的亮度值，相当于“色阶”对话框中的“输入色阶”；纵轴代表新的亮度值，相当于“色阶”对话框中的“输出色阶”。对角线用来显示“当前”和“输入”数值之间的关系，在未对曲线进行调整时，所有像素都有相同的“输入”和“输出”值。

通过“预设”功能能够快速地对图像进行色彩的调整，“预设”包含 3 个部分，一是默认值；二是固定可调效果预值；三是自定。其中，固定可调效果预值包括彩色负片、反冲、较暗、增加对比度、较亮、线性对比度、中对比度、负片和强对比度，这些都是针对 RGB 模式的预设，如图 7-10 所示。另外，用户也可自己存储预设进行使用。

在“曲线”对话框中可以选择合成的通道进行调整，也可以选择不同的颜色通道来进行个别调整。如果要同时调整多个通道，在按住 Shift 键的同时，在“通道”面板中选择需要调整的通道，然后返回“曲线”对话框进行调整即可。

在“曲线”对话框中有一个铅笔图标，可以用它在图中直接绘制曲线，如果有需要，还可以单击“平滑”按钮来平滑所画的曲线，如图 7-11 所示。

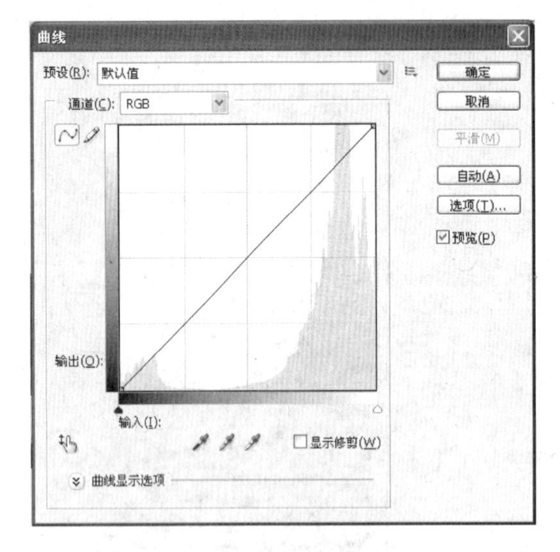

图 7-9 “曲线”对话框

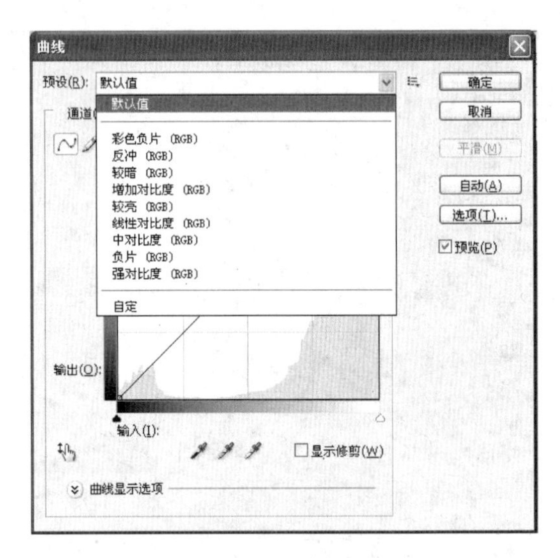

图 7-10 RGB 模式的预设

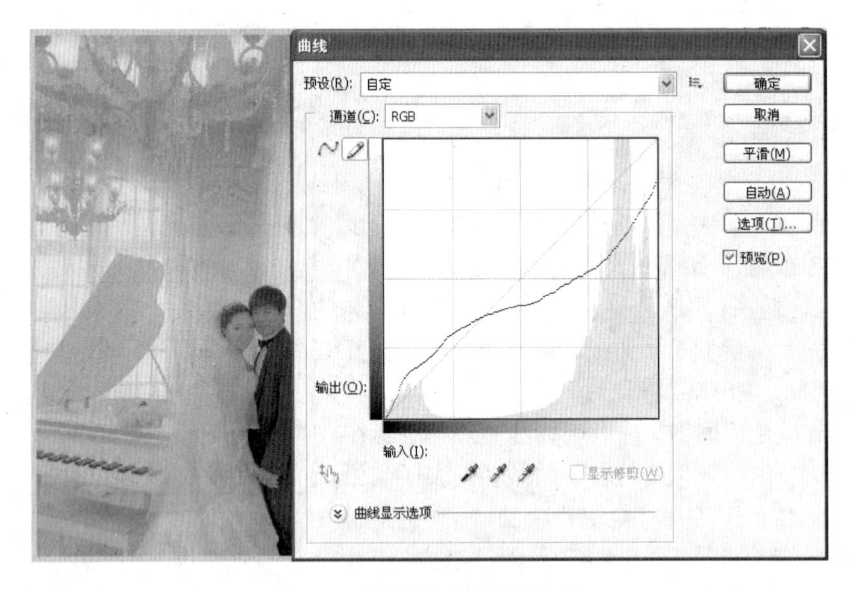

图 7-11 用铅笔直接绘制曲线

同样，打开“调整”面板后，单击“创建新的曲线调整图层”按钮，将转入“曲线”子面板，如图 7-12 所示。应用此面板对新创建的曲线调整图层进行调整，也可达到用“曲线”命令调整的效果。方法是，在“曲线”子面板上按住曲线上的任意点进行拖动并查看图像的效果，直至达到自己满意的效果，如图 7-13 所示。

7.1.3 色彩平衡

对于普通的色彩校正，使用“色彩平衡”命令可以更改图像的整体颜色混合。选择“图像”→“调整”→“色彩平衡”菜单命令，可以打开“色彩平衡”对话框，如图 7-14 所示。

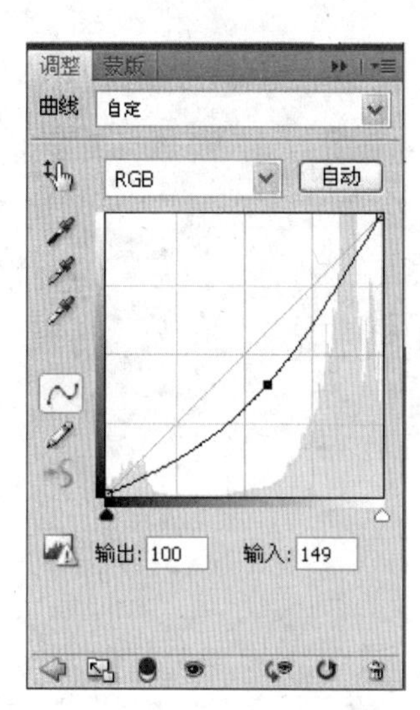

图 7-12 “曲线”子面板

图 7-13 曲线调整对比效果

在“色阶”后面的数值框中输入数值即可调整 RGB 三原色到 CMYK 色彩模式之间对应的色彩变化。其取值范围为–100～+100。在对话框下部的“色调平衡”选区中选择“阴影”、“中间调”或“高光”单选按钮，可调整要着重更改的色调范围。同时选中“保持明度”复选框，可以防止图像的亮度值随颜色的更改而改变，该复选框可以保持图像的色调平衡。将对话框中的滑块拖向要在图像中增加的颜色，或将滑块拖离要在图像中减少的颜色，可以调整数码照片的偏色情况。如图 7-15 所示为偏蓝色的照片，经过“色彩平衡”命令调整后的照片如图 7-16 所示。

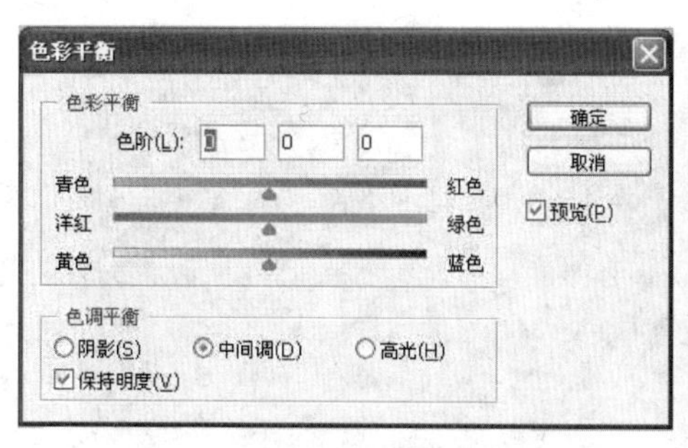

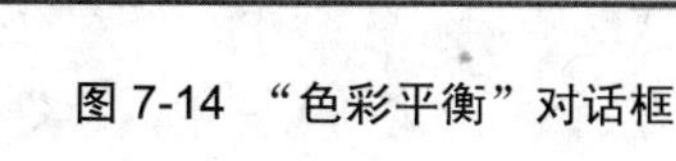
图 7-14 “色彩平衡”对话框

图 7-15 偏蓝色的照片

同样，打开“调整”面板后，单击“创建新的色彩平衡调整图层”按钮，将转入“色彩平衡”子面板。应用此面板对新创建的色彩平衡调整图层进行调整，也可达到“色彩平衡”命令的调整效果。

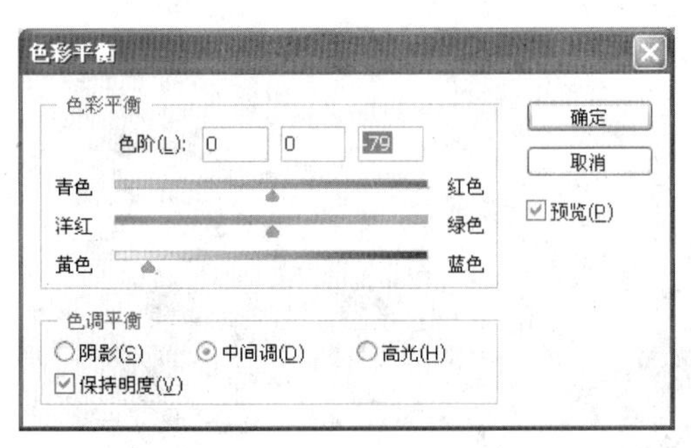

图 7-16　通过色彩平衡调整照片

7.1.4　亮度/对比度

“亮度/对比度”命令是调整图像明暗度、对比度较常用的命令，可以对图像的色调范围进行简单的调整。将亮度滑块向左拖移可降低亮度和对比度，向右拖移可增加亮度和对比度。滑块右边的数值反映了亮度或对比度值。值的“亮度”范围是–150～+150，“对比度”范围是–50～+100，能够加大或减弱图像的对比度。“亮度/对比度”命令与“色阶”命令和“曲线”命令的调整类似，按比例调整图像像素。

选择“图像”→“调整”下的“亮度/对比度”菜单命令，会打开“亮度/对比度”对话框，如图 7-17 所示。在对话框右下角有一个“使用旧版”复选框，当选中该复选框时，“亮度/对比度”在调整亮度时只是简单地增大或减小所有像素值。由于这样往往会导致丢失高光或暗部区域中的图像细节，因此对于高端输出，建议不要选中该复选框。

使用“亮度/对比度”命令，可以对曝光不足的图像进行调整，原图如图 7-18 所示，调整后的效果如图 7-19 所示。如果同时选中了“使用旧版”复选框，调整后图像的效果如图 7-20 所示。

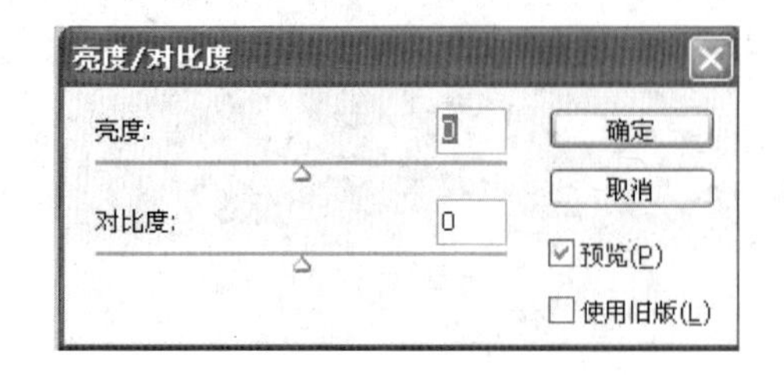

图 7-17　“亮度/对比度”对话框

图 7-18　曝光不足的图像

同样，打开“调整”面板后，单击“创建新的亮度/对比度调整图层”按钮，将跳转至“亮度/对比度”子面板。应用此面板对新创建的亮度/对比度调整图层进行调整，也可达到“亮度/对比度”命令的调整效果。方法是，在“亮度/对比度”子面板上按住亮度和对比度下方的三角滑块进行拖动，如图 7-21 所示，同时查看窗口中图像的效果，直至达到自己满意的效果，如图 7-22 所示。

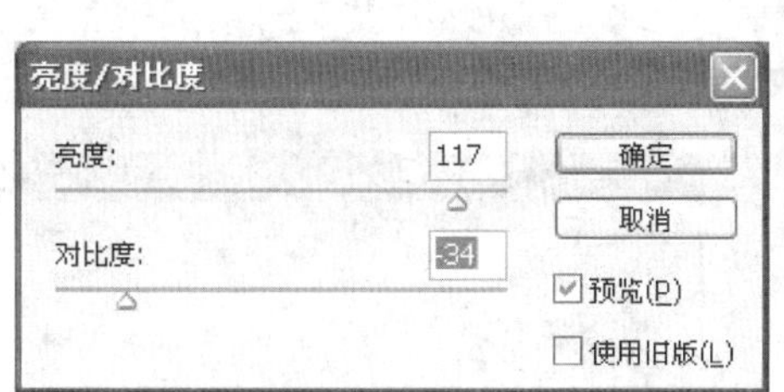

图 7-19　调整后的效果

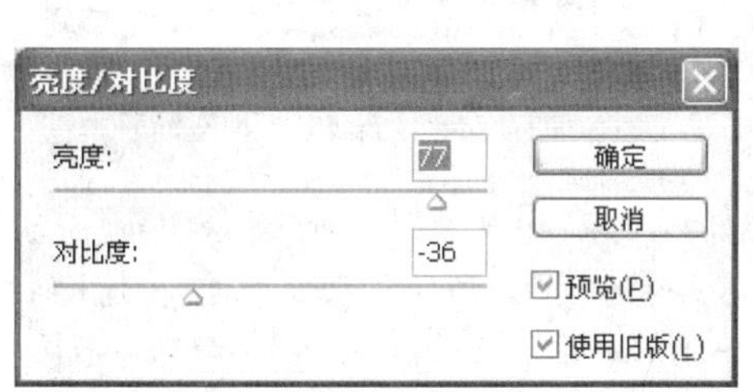

图 7-20　选中“使用旧版”复选框时的调整效果

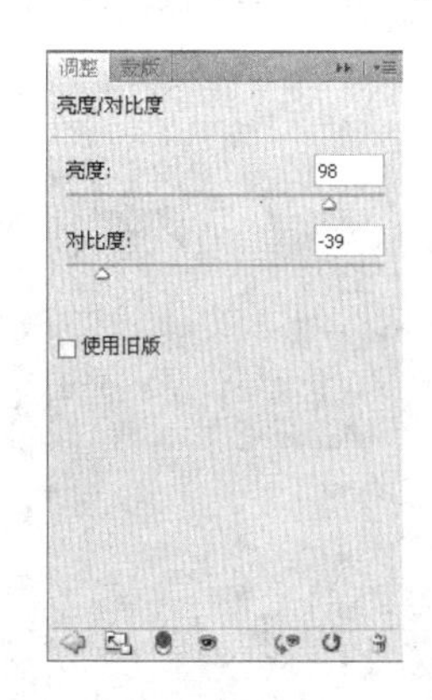

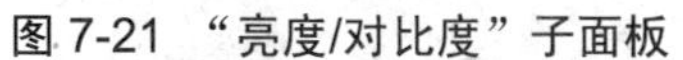

图 7-21　“亮度/对比度”子面板　　图 7-22　亮度/对比度调整对比效果

7.1.5　色相/饱和度

运用“色相/饱和度”命令，可以调整图像中单独颜色成分的色相、饱和度和明度，也可以同时调整图像中的所有颜色。此命令特别适用于微调 CMYK 图像模式中图像的颜色，使它们满足输出设备的色域范围。

选择“图像”→“调整”下的“色相/饱和度”命令，会打开如图 7-23 所示的“色相/饱和度”对话框。在“色相/饱和度”对话框的下部有两条色带，上面的色带显示的是图像未调整前的颜色，下面的色带显示的是色相在饱和状态下调整后的效果。要调整图像的“色相/饱和度”，首先要从如图 7-24 所示的下拉列表框中进行选择，可以对单独颜色成分或全图（所有颜色）进行颜色调整。如图 7-25 所示，在“色相/饱和度”对话框中新增了“预设”下拉列表框，分为 3 个部分按照预设的数值对图形进行颜色调整。

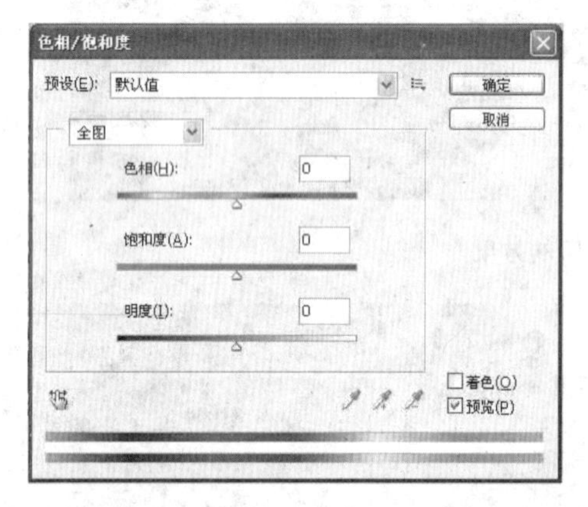

图 7-23 “色相/饱和度”对话框

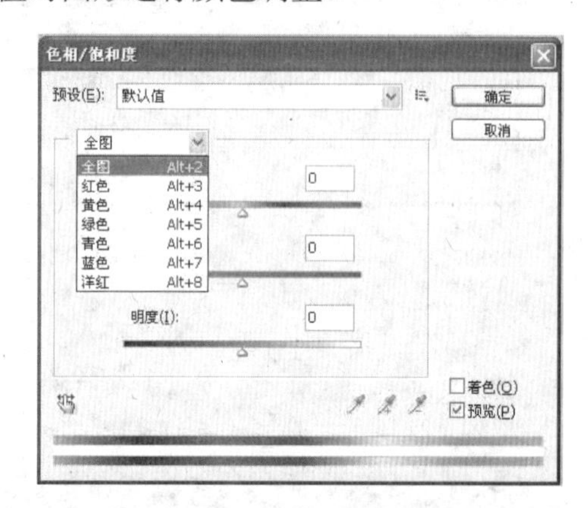

图 7-24 “编辑”下拉列表框

设置颜色调整范围后，通过“色相”、“饱和度”、“明度”滑块对图像做相应的调整，将“色相”滑块向右拖移，颜色按色轮顺时针旋转；向左拖移，颜色按色轮逆时针旋转，在对话框的数值框中体现数值，范围为–180～+180，而“饱和度”、“明度”的范围可以是–100～+100。饱和度值越大，色彩越饱和，反之越弱。明度值越大，图像越亮，反之越暗。

应用“色相/饱和度”命令可以对要求高品质输出的图像进行输出前的调整，例如对图 7-26 所示的图像进行调整，调整后的效果及相应设置如图 7-27 所示。

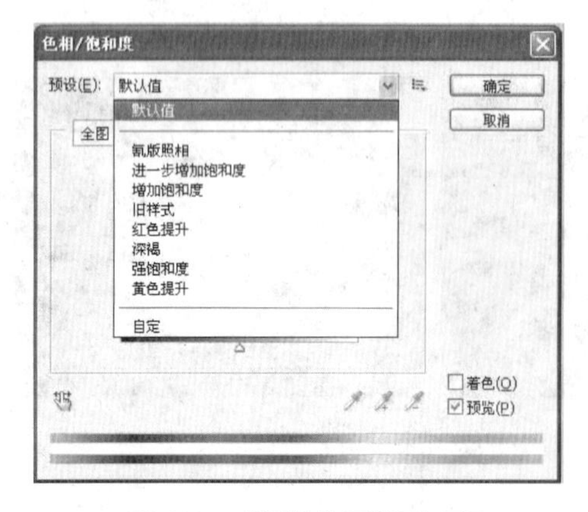

图 7-25 “预设”下拉列表框

图 7-26 原图效果

选中“色相/饱和度”对话框右下角的“着色”复选框时，图像将被转换成与当前“前景色”相同的颜色，但是图像的明度不变，通过调整图像的色相、饱和度和明度，能为图像（RGB）添加丰富的色彩。经过“着色”调整后，图片效果如图 7-28 所示。

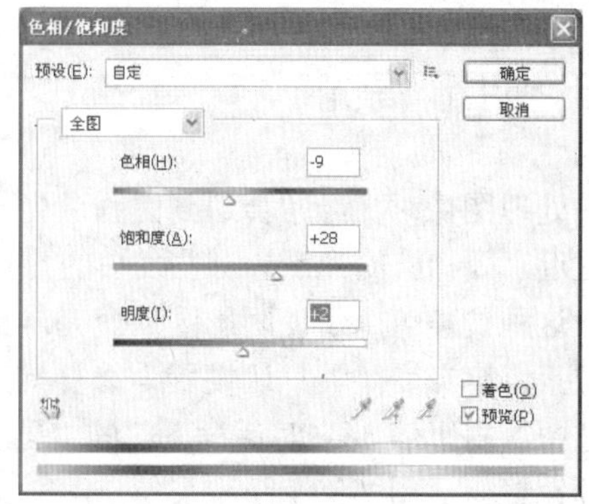

图 7-27　调整后的效果

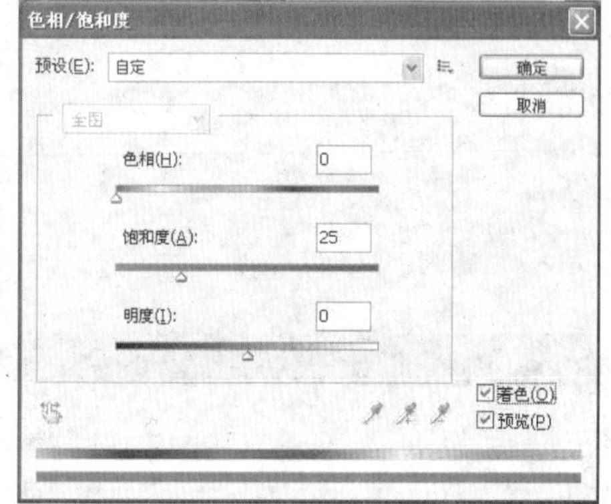

图 7-28　着色效果

同样，打开“调整”面板后，单击“创建新的色相/饱和度调整图层”按钮，将跳转至“色相/饱和度”子面板。应用此面板对创建的新的色相/饱和度调整图层进行调整，也可达到“色相/饱和度”命令的调整效果。方法是，在“色相/饱和度”子面板上按住色相、饱和度和明度下方的滑块进行拖动，如图 7-29 所示，同时查看窗口中图像的效果，直至达到自己满意的效果，如图 7-30 所示。

图 7-29　“色相/饱和度”子面板

图 7-30　色相/饱和度调整对比效果

7.1.6 阴影/高光

在处理图像时，经常会遇到因强逆光而形成剪影的照片，或者由于拍摄者与被拍摄者距离过近，因相机闪光照片有些发白的焦点。应用“阴影/高光”命令可以对此类照片进行调整。这种调整可用于使阴影区域变亮，也可用于使亮部区域变暗，其基于阴影或高光的周围像素增亮或变暗。默认设置为修复具有逆光问题的图像，如图 7-31 所示。

选中“阴影/高光”对话框下部的“显示更多选项”复选框，可以看到此对话框中更多的选项设置，如图 7-32 所示。

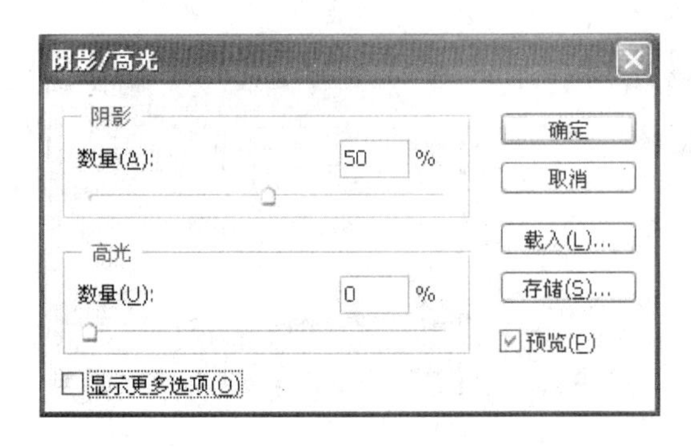

图 7-31 “阴影/高光”对话框

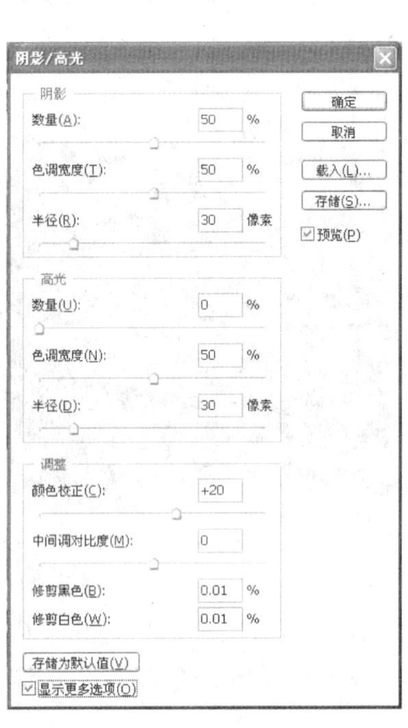

图 7-32 显示更多选项

“阴影/高光”对话框中的“调整”区域，包括“中间调对比度”、“修剪黑色”和“修剪白色”等选项，用于调整图像的整体对比度。例如打开需要调整的照片，如图 7-33 所示，经过阴影/高光调整后，最终效果如图 7-34 所示，相应设置如图 7-35 所示。

图 7-33 逆光照片

图 7-34 处理后的照片

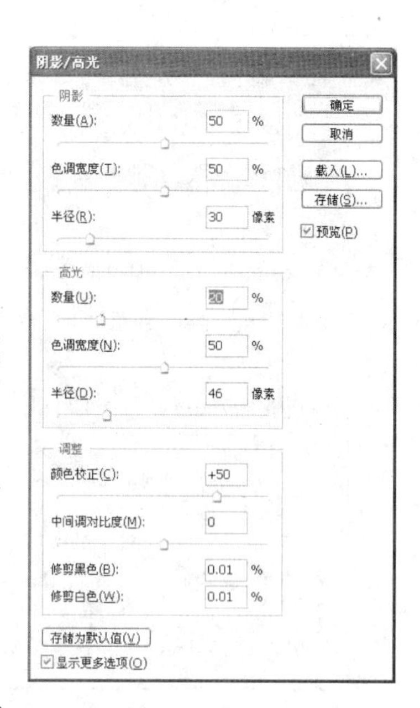

图 7-35　相应设置

7.1.7　匹配颜色和替换颜色

1. “匹配颜色”命令

使用“匹配颜色”命令处理 RGB 模式的图片时，可以将不同的图像或者同一图像的不同图层之间的颜色进行匹配，同时通过更改图片（图层）的亮度和色彩范围来调整、匹配“源图像”与“目标图像”。

下面将通过一个具体实例，详细说明“匹配颜色”命令的使用方法。

（1）打开两张素材图片：“绿辣椒.jpg”如图 7-36 所示，“麦田.jpg”如图 7-37 所示。

（2）选择“图像”→“调整”→“匹配颜色”菜单命令，打开“匹配颜色”对话框，如图 7-38 所示。单击对话框的“源”下拉列表框中的▾按钮，选择“绿辣椒.jpg”，如图 7-39 所示。

图 7-36　源图像“绿辣椒”

图 7-37　目标图像“麦田”

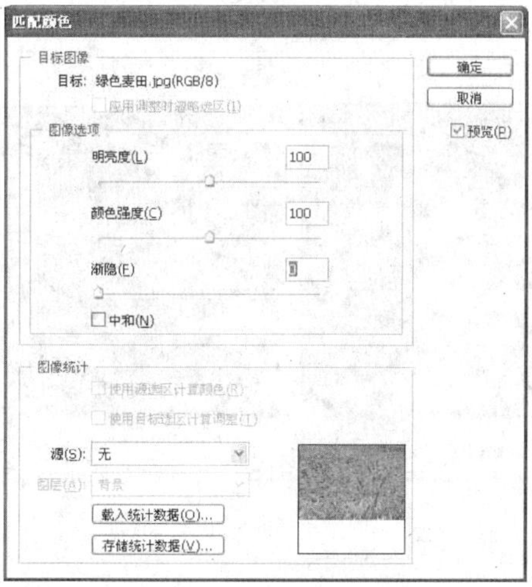

图 7-38　“匹配颜色”对话框

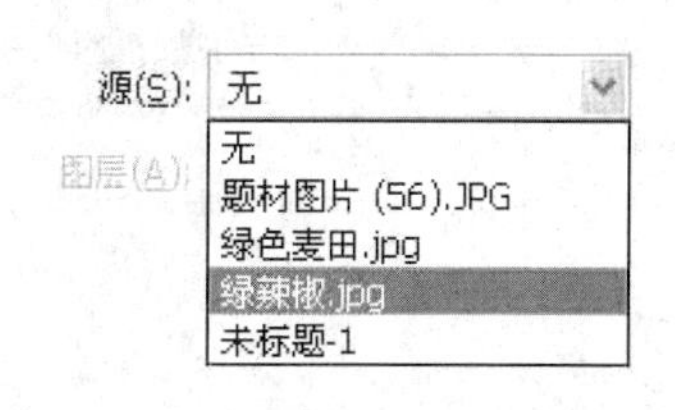

图 7-39　“源”下拉列表框

（3）调整“明亮度”、“颜色强度”和“渐隐”等选项，然后单击“确定”按钮。调整后的效果如图 7-40 所示，即将目标图像的金黄色麦浪效果幻化为调整后的绿色麦田效果。

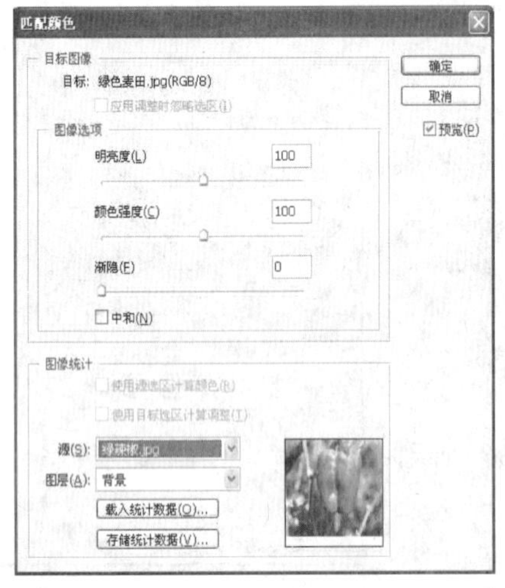

图 7-40　通过“匹配颜色”调整图像

2. “替换颜色”命令

“替换颜色”命令在操作上与“匹配颜色”命令很相近，不同的是，它可以创建临时性蒙版，以选择图像中的特定颜色，然后进行颜色替换。可以通过设置选定区域的颜色容差进行选择，颜色容差越大，可选的范围就越大。在色版或其他图像选取颜色进行替换操作，效果如图 7-41 所示，即用色版中的黄色替代了小红花的红色。

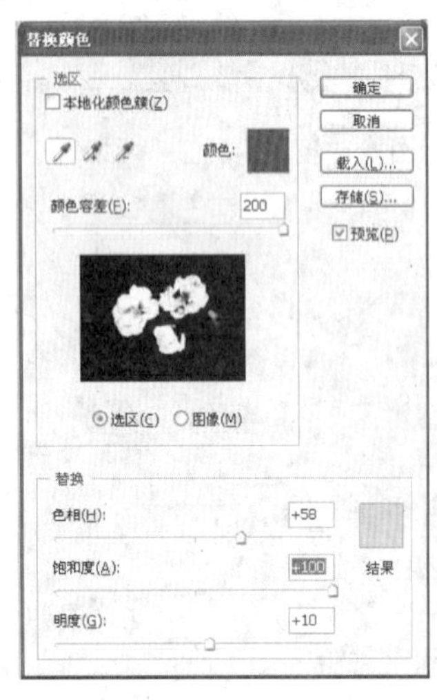

图 7-41　通过“替换颜色”调整图像

7.1.8　变化

使用“变化”命令可以对图像的色彩平衡、对比度和饱和度进行调整，使用此命令的最大优势在于更直观、方便、实用。选择“图像”→“调整”→“变化”菜单命令，可打开“变化”对话框，如图 7-42 所示。

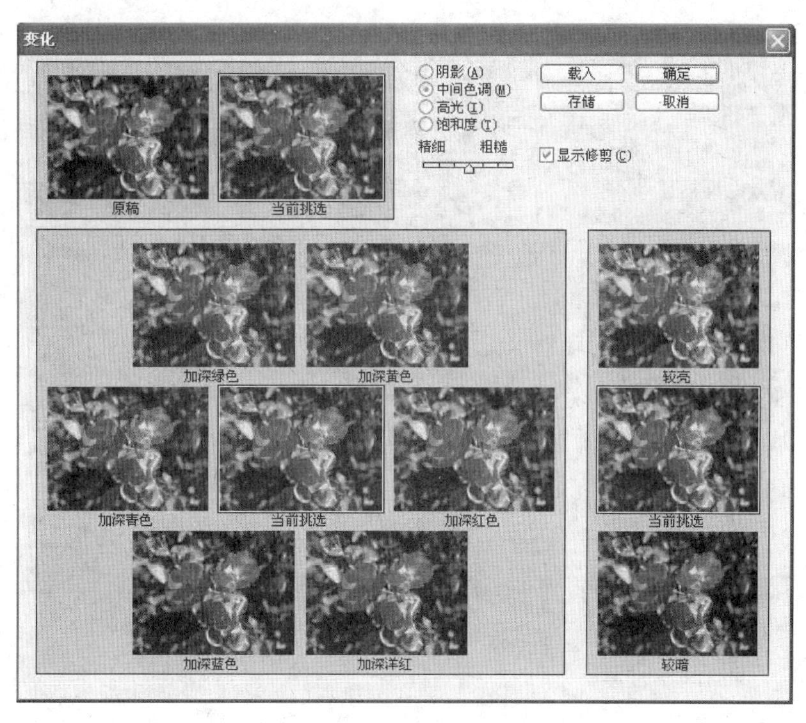

图 7-42 “变化”对话框

在“变化”对话框的左上角是“原稿”，在其右侧是“调整后的图像”，下面的各图分别代表增加某种颜色的效果。对话框右上角的部分如图 7-43 所示。

通过该部分可以对图像的不同色调进行调整，“阴影”单选按钮调整较暗区域，“中间色调”单选按钮用于调整中间区域，“高光”单选按钮用于调整较亮区域。“饱和度”单选按钮用于更改图像中的色相强度。拖移“精细”、“粗糙”滑块可确定每次调整的精细程度。

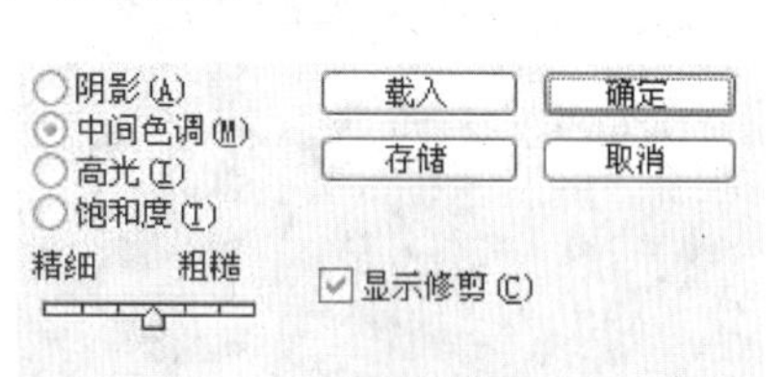

图 7-43 “变化”对话框右上角的部分

7.2 自动调整色彩命令组

Photoshop CS4 在“图像”→“调整”菜单命令中提供了自动调整色彩的命令，包括“去色”和“反相”命令。通过这两个命令，可以便捷地改变图像的效果而不需要对其参数进行设置，从而达到简单的图像处理效果。

7.2.1 去色

使用“去色”命令可以在图像的颜色模式保持不变的前提下将彩色图像转换为灰度图

像，将图像的色彩饱和度和色相全部消除。选择“图像”→“调整”→“去色”命令，图像调整前后的效果对比如图 7-44 所示。

图 7-44　去色调整前后对比

7.2.2　反相

使用“反相”命令可以将图像中的颜色反转。在处理过程中，可以使图像与阴片相互转化。图像调整前后的效果对比如图 7-45 所示。

图 7-45　反相调整前后对比

7.3 特效调整色彩命令组

7.3.1 通道混合器

使用“通道混合器”命令，可以通过将图像当前颜色通道的像素与图像其他颜色通道的像素相混合，调整出颜色更加细腻的高品质图像效果。打开如图 7-46 所示的素材图像，选择“图像”→“调整”→“通道混合器”菜单命令，可打开“通道混合器”对话框，如图 7-47 所示。

图 7-46 素材图像

图 7-47 “通道混合器”对话框

“通道混合器”对话框中的源通道即为当前可调节的颜色通道。调节“源通道”相应的滑块，将滑块向左移动，源通道中相应的颜色在输出通道中所占的比例会相应下降，反之上升。调节“常数”滑块可以对图像的亮度做相应的调整，如图 7-48 所示。

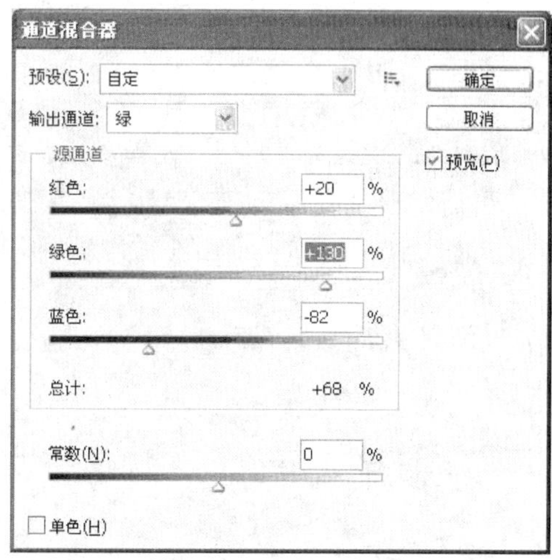

图 7-48 调节“通道混合器”后的效果

通过选中对话框左下角的“单色”复选框，可以将图像在颜色模式不变的前提下转化为灰度图像，从而通过调节各通道来实现灰度色阶的调节，如图 7-49 所示。

图 7-49　调节“通道混合器”中的“单色”效果

同样，打开“调整”面板后，单击“创建新的通道混合器调整图层”按钮，将跳转至“通道混合器”子面板。应用此面板对创建的新的通道混合器调整图层进行调整，也可达到“通道混合器”命令的调整效果。方法是，在“通道混合器”子面板上按住红色、绿色、蓝色、常数下方的滑块进行拖动，如图 7-50 所示，同时查看窗口中图像的效果，直至达到自己满意的效果，如图 7-51 所示。

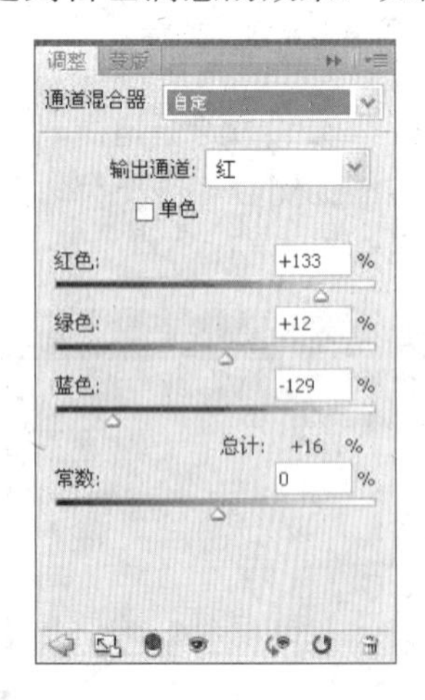

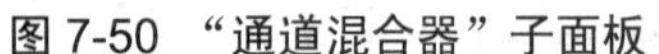

图 7-50　“通道混合器”子面板　　　　图 7-51　通道混合器调整的对比效果

7.3.2　渐变映射

使用“渐变映射”命令可以将相等的图像灰度范围映射（灰度或者多色渐变）到指定的渐变填充色。选择“图像”→“调整”→“渐变映射”菜单命令，可打开“渐变映射”对话框，如图 7-52 所示。

图 7-52 “渐变映射”对话框

使用“渐变映射”命令可以将要调整的图片用双色渐变和多色渐变等填充到相对应的图片中，出现不同的画面效果，如图 7-53～图 7-55 所示。

图 7-53　运用双色“渐变映射”效果

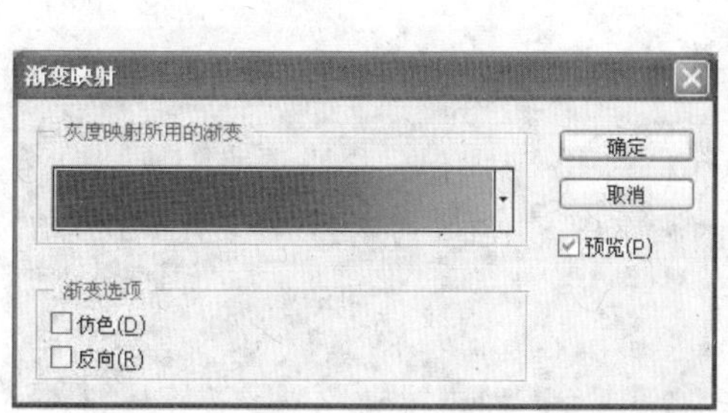

图 7-54　运用双色“渐变映射”时的对话框

图 7-55　运用多色“渐变映射”效果

“渐变映射”对话框中的“仿色”复选框用于在待调整的图像中加入随机颜色平滑“渐变映射”填充效果的外观。“反向”复选框能对渐变填充的效果做反相处理，效果如图 7-56 所示。

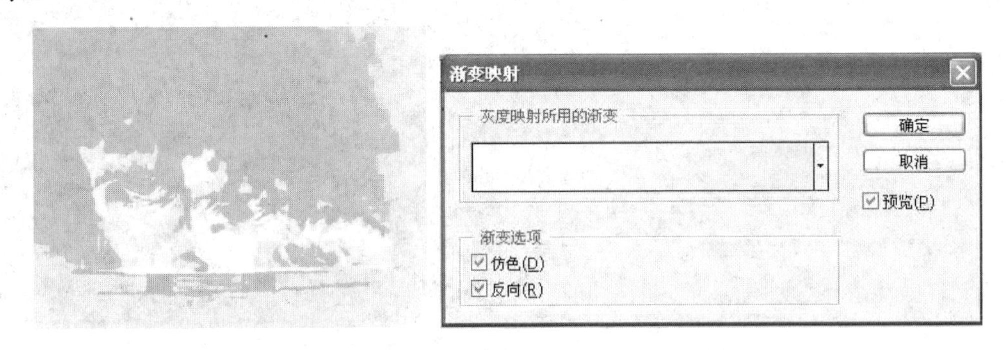

图 7-56　运用“仿色”和“反相”

同样，打开“调整”面板后，单击“创建新的渐变映射调整图层”按钮，将跳转至“渐变映射”子面板。应用此面板对创建的新的渐变映射调整图层进行调整，也可达到“渐变映射”命令的调整效果。方法是，在“渐变映射”子面板上按住渐变色条，在弹出的各种渐变模式上选择双色渐变，如图 7-57 所示，效果如图 7-58 所示。

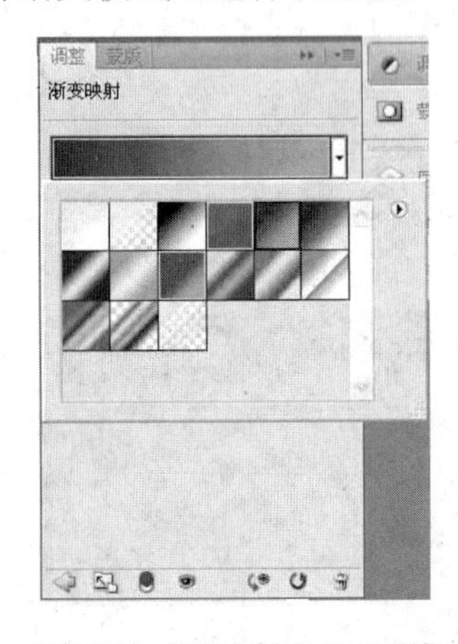

图 7-57　“渐变映射”子面板

图 7-58　渐变映射调整的对比效果

7.3.3 照片滤镜

前面讲过利用“色彩平衡”命令对图片整体的偏色进行调整，除此之外，利用“照片滤镜”命令也可以对因环境光影响而使图像偏色的现象进行调整。“照片滤镜”命令的功能与在照相机镜头上安装彩色滤光镜相近，可以通过改变滤镜的颜色对图像的不同偏色进行调整，如同更换照相机镜头上的滤光镜片一样，不同的是“照片滤镜”命令可以进行精细调整。打开偏色照片，如图 7-59 所示。

选择“图像”→“调整”→“照片滤镜”菜单命令，打开“照片滤镜”对话框，如图 7-60 所示。因原图像在暖色光的照射下明显偏暖色，单击“滤镜”下拉列表框右侧的按钮，选择“冷却滤镜（82）”选项，如图 7-61 所示。然后调整对话框下部的浓度值（浓度值越大，效果越强烈），得到最终效果，如图 7-62 所示。

图 7-59 偏色图像

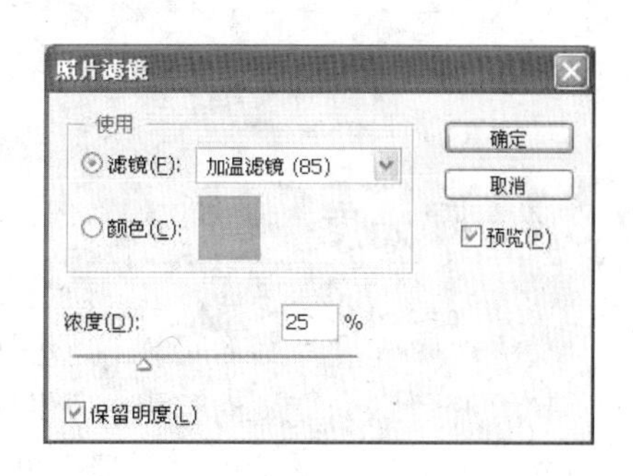

图 7-60 “照片滤镜”对话框

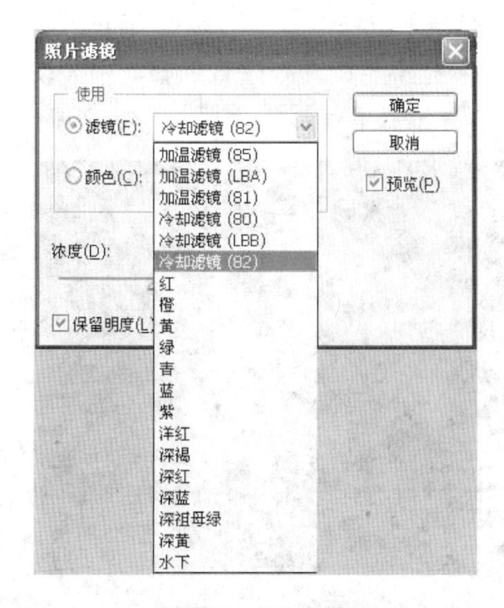

图 7-61 选择滤镜

图 7-62 调整后的效果

同样，打开“调整”面板后，单击“创建新的照片滤镜调整图层”按钮，将跳转至“照片滤镜”子面板。应用此面板对创建的新的照片滤镜调整图层进行调整，也可达到“照片滤镜”命令的调整效果。方法是，在“照片滤镜”子面板上单击滤镜右侧的按钮，选择“冷却滤镜（82）”选项，如图 7-63 所示，效果如图 7-64 所示。

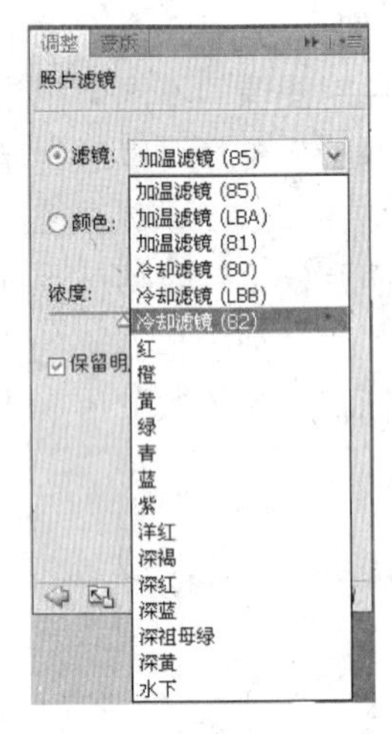

图 7-63 “照片滤镜”子面板

图 7-64 照片滤镜调整的对比效果

7.3.4 曝光度

使用“曝光度”命令可以调整图像的色调。选择“图像”→“调整”→“曝光度”命令，可打开“曝光度”对话框，如图 7-65 所示。

在“曝光度”对话框中，曝光度滑块主要调整亮部，位移滑块主要调整暗部和使中间调变暗，灰度系数校正滑块主要调整中间色。对话框右下角有 3 个吸管，分别为“在图像中取样以设置黑场”、“在图像中取样以设置灰场”、“在图像中取样以设置白场”。通过“图像”→“调整”→“曝光度”命令，对如图 7-66 所示的曝光不足的图片进行调整，相关设置如图 7-67 所示，得到的效果如图 7-68 所示。

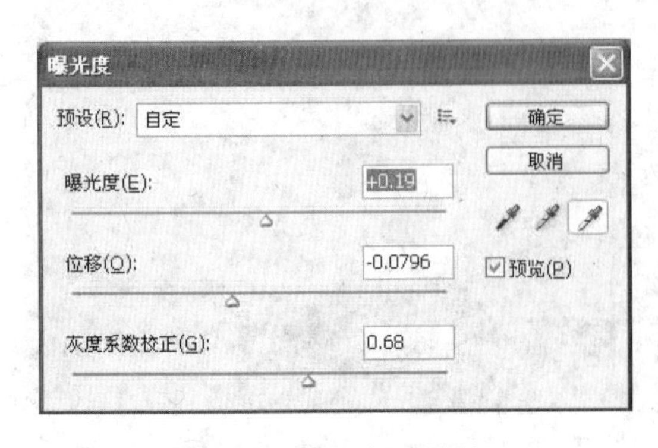

图 7-65 “曝光度”对话框

图 7-66 曝光不足的图片

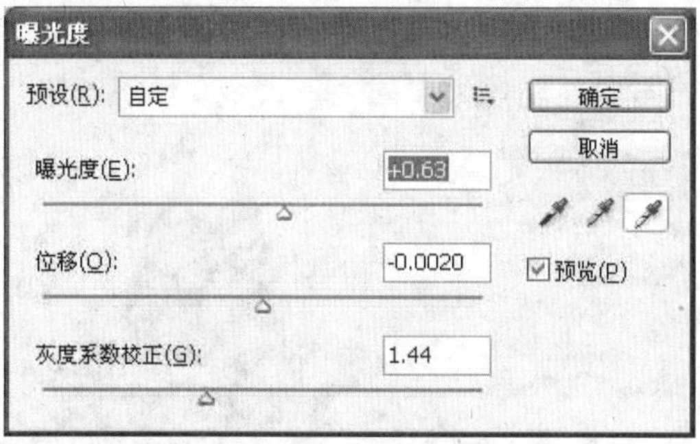

图 7-67　曝光度设置

图 7-68　调整后的效果

在“曝光度”对话框中，通过“预设”功能能够快速地对图像进行色彩的调整。“预设”包含 3 个部分，一是默认值；二是可调效果预值；三是自定。其中，可调效果预值包括减 1.0、减 2.0、加 1.0 和加 2.0，这些都是针对曝光度数值的预设，如图 7-69 所示。

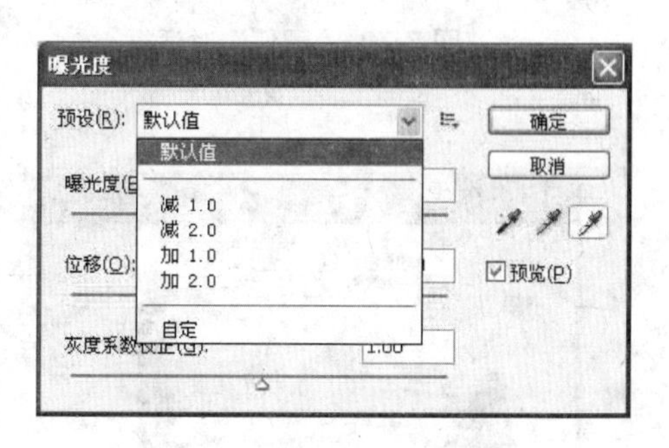

图 7-69　曝光度预设

同样，打开“调整”面板后，单击“创建新的曝光度调整图层”按钮，将跳转至“曝光度”子面板。应用此面板对创建的新的曝光度调整图层进行调整，也可达到“曝光度”命令的调整效果。方法是，在“曝光度”子面板上拖动滑块改变曝光度、位移和灰度系数的数值，如图 7-70 所示，同时查看窗口中图像的效果，直至达到自己满意的效果，如图 7-71 所示。

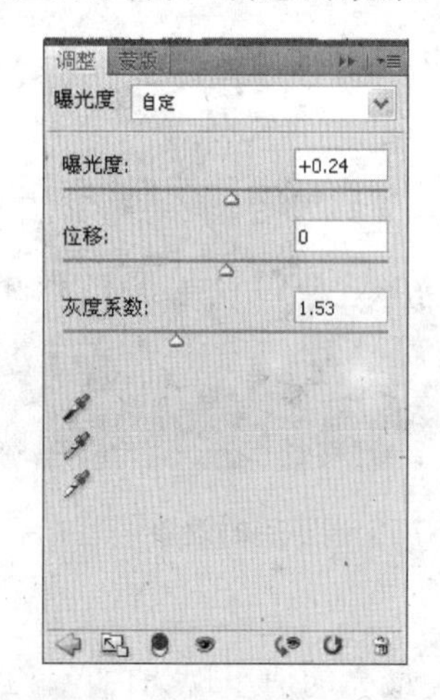

图 7-70　“曝光度”子面板

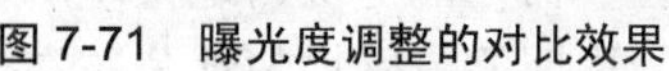

图 7-71　曝光度调整的对比效果

7.3.5　阈值

使用“阈值”命令可以将任意模式的图像转换为强对比度的黑白图像。选择“图像”→

“调整”→“阈值”命令，可打开“阈值”对话框，如图 7-72 所示。通过对如图 7-73 所示的图像进行调整，可以得到强对比效果，如图 7-74 所示。通过拖动“阈值”对话框中的滑块，可以指定将某个色阶作为阈值，得到想要的图像处理效果。

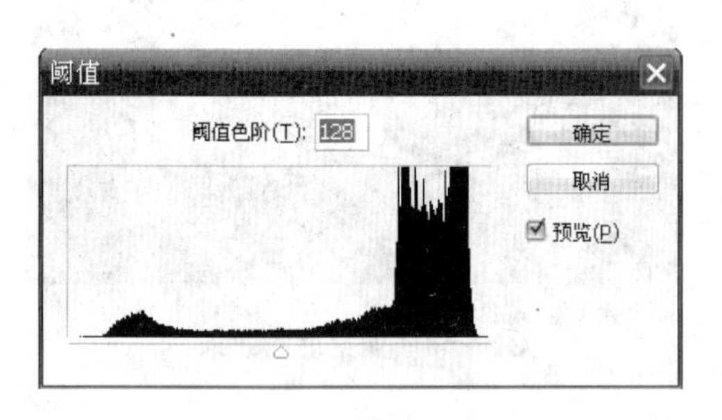

图 7-72 “阈值”对话框

图 7-73 素材

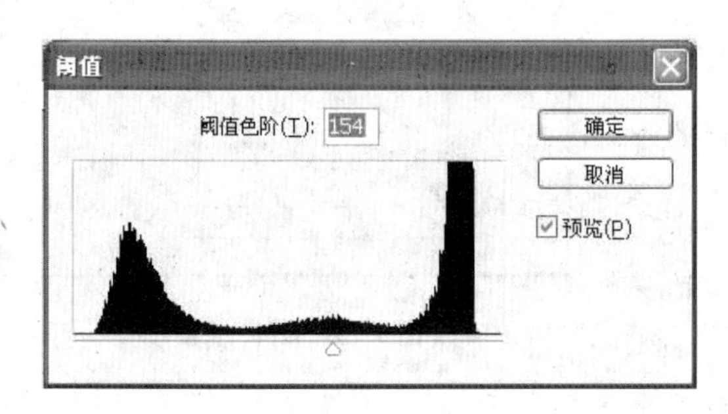

图 7-74 调整阈值

同样，打开“调整”面板后，单击“创建新的阈值调整图层”按钮，将跳转至“阈值”子面板。应用此面板对创建的新的阈值调整图层进行调整，也可达到“阈值”命令的调整效果。

图 7-75 调整后的效果

7.3.6 色调均化

使用“色调均化”命令可以自动地重新分布图像中像素的亮度值。选择“图像”→“调整”→“色调均化”命令，能够将如图 7-73 所示的图像调整为有油画质感的图像，产生厚重的效果，如图 7-75 所示。

通过“色调均化”命令能更均匀地呈现所有范围的明暗，使最亮的值呈现为白色，最暗的值呈现为黑色，中间的值则均匀地分布在整个灰度中。

7.3.7 色调分离

使用“色调分离”命令，可以指定图像中每个通道的色调级的数目，然后将像素映射为最接近的匹配色调。对话框如图 7-76 所示，效果如图 7-77 所示。

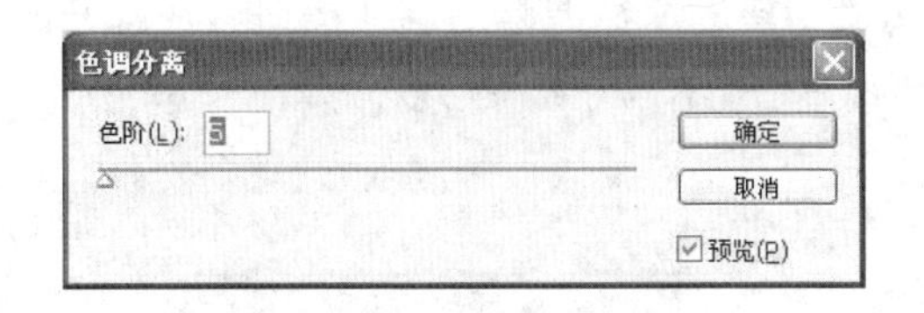

图 7-76　“色调分离”对话框

图 7-77　调整后的效果

同样，打开“调整”面板后，单击“创建新的色调分离调整图层”按钮，将跳转至“色调分离”子面板。应用此面板对创建的新的色调分离调整图层进行调整，也可达到“色调分离”命令的调整效果。

7.4　实训项目：给黑白照片上色

一张照片可以记录一个场景、一个故事，也可以寄托人们很多美好的回忆，以及对故去亲人的追思。然而因时间久远，有些照片难免破损，一张破损严重的老照片还能恢复如初甚至变成彩色照片吗？Photoshop 强大的图像处理功能帮助我们解决了这个难题，弥补了我们心中的缺憾，但如何实现呢？下面通过修复、美化一张老照片来进行介绍。

（1）选择“文件”→“打开”菜单命令，打开图像素材，如图 7-78 所示。

（2）选择工具箱中的裁剪工具，沿老照片的外沿进行裁剪，效果如图 7-79 所示。

图 7-78　图像素材“老照片”

图 7-79　裁剪后的效果

（3）将“图层复制”图层命名为“图层 1”，然后选择“选择”→“全部”菜单命令，再选择“选择”→“变换选区”菜单命令，将鼠标指针放在选区内，右击选择“斜切”命令，对图像的透视关系进行调整，效果如图 7-80 所示。按 Enter 键确定，然后按 Ctrl+D 快捷键取消选择。

（4）选择“图像”→“调整”→“去色”菜单命令，去除照片的多余杂色。用裁剪工具对照片进行剪切，然后单击“调整”面板中的“创建的曲线调整图层”按钮，在打开的“曲线”子面板中对图像进行调整，参数设置如图 7-81 所示，调整后的效果如图 7-82 所示。

图 7-80 调整透视关系

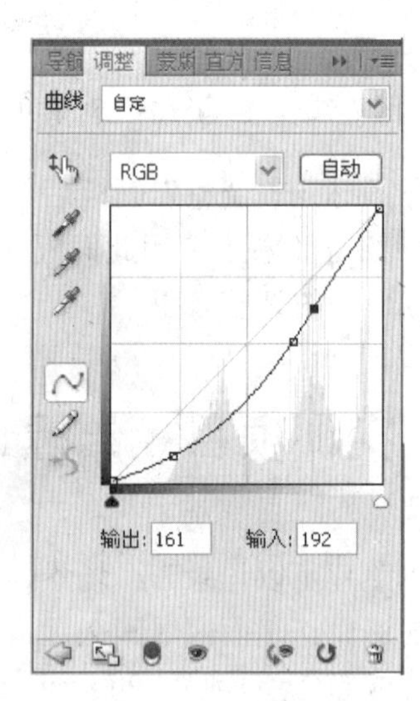

图 7-81 调整曲线

（5）对图像中的破损部位进行修补，并去除图像中的文字。选择工具箱中的仿制图章工具和模糊工具反复对图像的破损部位进行修补，最后得到的效果如图 7-83 所示。

图 7-82 调整色阶后的效果图

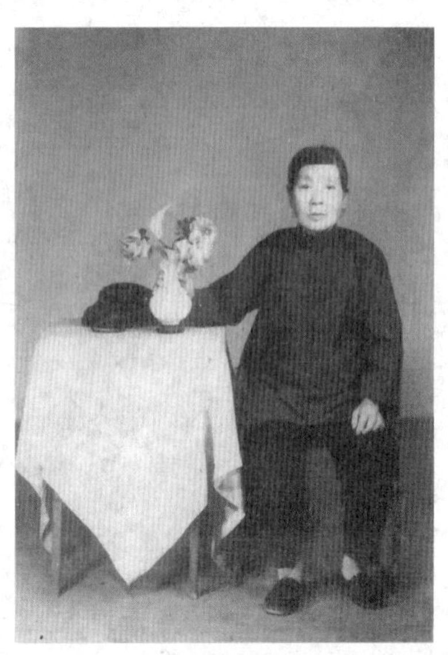

图 7-83 破损部位修补后的效果

（6）给图像上色：首先，选择“图层”→“新建”→“图层”菜单命令，并将新建的图层命名为“图层 1”，在“图层 1”中选取图像中人物的面部和手，如图 7-84 所示。然后，双击工具箱中的“设置前景色”按钮，打开拾色器，选择一种与皮肤相近的颜色，如图 7-85 所示，将选取的颜色填充到选区内。

图 7-84 建立面部和手的选区

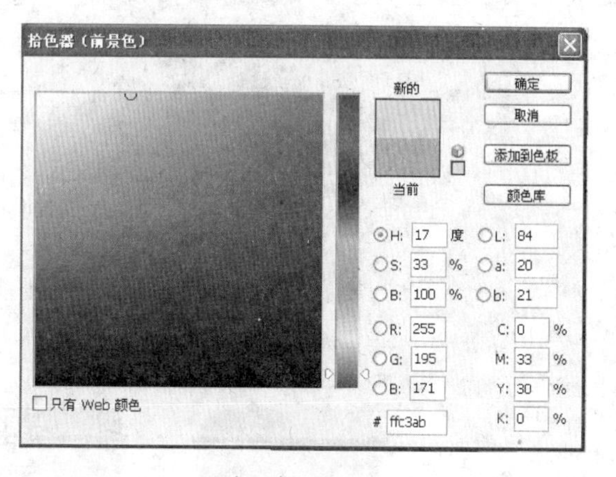

图 7-85 拾色器

接着，将“图层”面板左上角的混合模式更改为“正片叠底”，如图 7-86 所示。然后选择“图像”→“调整”→“色彩平衡”菜单命令，对面部和手部的皮肤颜色做精细地调整，如图 7-87 所示。

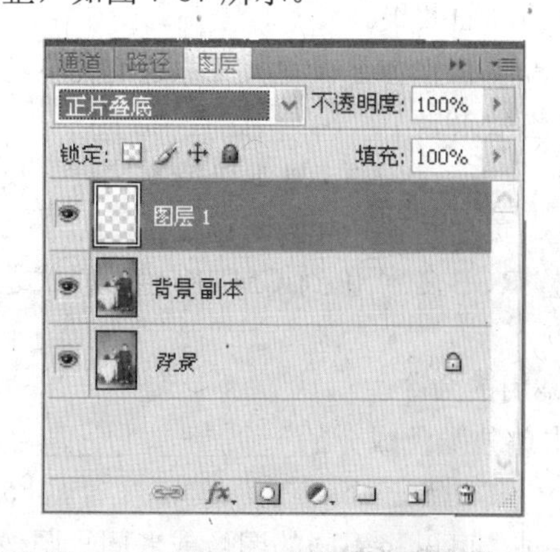

图 7-86 设置“正片叠底”混合模式

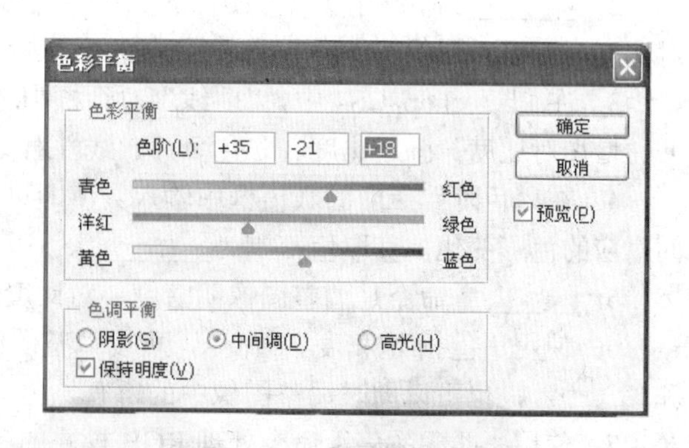

图 7-87 “色彩平衡”对话框

最后，用同样的方法分别选取人物的衣服、鞋子、桌布、地面及花瓶等对象分别上色、调整。对象选取得越细致，调整得越认真，得到的图像越逼真，色彩也越丰富，图像最终效果如图 7-88 所示。

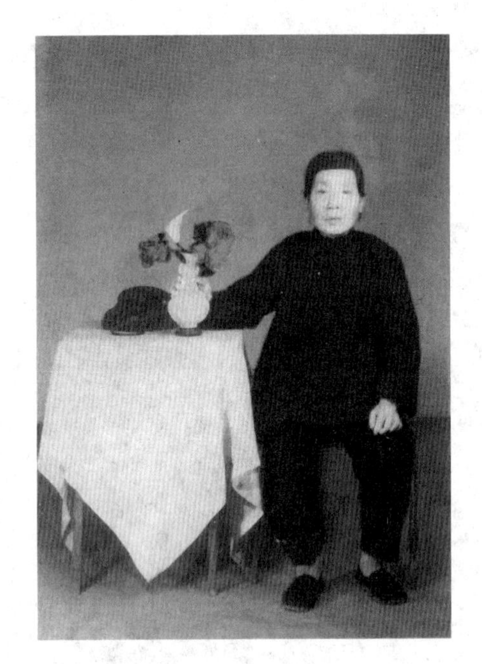

图 7-88　图像调整前后的对比效果

习　题　7

一、填空题

1．Photoshop CS4 在________菜单命令中提供了多个可以手动调整色彩的命令。通过这些命令，可以精确地控制画面的变化，以达到理想的画面效果。

2．________命令可以调整图像的颜色，也可以调整单个通道或者所有通道的亮度与对比度，可以对图像的任意灰阶进行调整，以达到理想效果。

3．在 Photoshop CS4 中，“曲线”对话框中增添了________功能，包含中对比度、反冲、增加对比度、强对比度、彩色负片、线性对比度、负片、较亮和较暗选项。

4．在“色阶”后面的数值框中输入数值即可调整 RGB 三原色到 CMYK 色彩模式之间对应的色彩变化。其取值范围为________。

5．________命令是调整图像明暗度、对比度较常用的命令。

6．使用“色相/饱和度” 命令，可以调整图像中单独颜色成分的________、________和________，也可以同时调整图像中的所有颜色。

7．使用“匹配颜色”命令处理 RGB 模式的图片时，可以将不同的图像或者同一图像的不同图层之间的颜色进行匹配，同时通过更改图片（图层）的亮度和色彩范围来调整、匹配________与________。

8．Photoshop CS4 的“图像/调整”菜单命令中提供了多个自动调整色彩的命令，例如________、________、________、________等。通过这些命令，可以便捷地改变图像的效果而不需要对其参数进行设置，就可以达到简单的图像处理效果。

二、选择题

1．________命令用来调整图像的明暗程度。

A．色相　B．饱和度　C．色阶　D．纯度

2．对于普通的色彩校正，________命令可以更改图像的整体颜色混合。

A．色彩平衡　B．色彩明度　C．色彩饱和度　D．色彩纯度

3．在处理数码照片时经常会遇到因强逆光而形成剪影的照片，或者由于拍摄者与被拍摄者距离过近，因相机闪光而照片有些发白的焦点。应用________命令可以对此类照片进行调整。这种调整可用于使阴影区域变亮，也可用于使亮部区域变暗。

A．色阶　B．亮度/对比度　C．阴影/高光　D．色彩平衡

4．使用________命令可以在保持图像的颜色模式不变的前提下将彩色图像转换为灰度图像，将图像的色彩饱和度和色相全部消除。

A．灰度模式　B．明度/对比度　C．纯度　D．去色

5．使用________命令，可以通过将图像当前颜色通道的像素与图像其他通道颜色像素相混合，调整出颜色更加细腻的高品质图像效果。

A．通道混合器　B．匹配屏幕　C．颜色取样器　D．混合模式

三、上机练习题

打开需要修改的图像素材，如图 7-89 所示，根据本章所学内容将颜色偏蓝的照片进行修饰，最终效果如图 7-90 所示。

图 7-89　图像素材

图 7-90　最终效果

第8章 Photoshop CS4 重要面板的应用

【学习目标】本章主要介绍“图层”面板和“通道”面板等主要面板的使用，并结合实例体现它们强大的功能。要求读者了解“图层”面板的基本功能和基本操作，掌握各种“图层混合模式”的应用，以级通道和图层蒙版的基本操作。

【本章重点】

- “图层混合模式”的应用；
- 添加图层样式；
- 通道的基本操作；
- 图层蒙版的应用。

本章来详细学习 Photoshop CS4 的特色功能——面板，其中，重要的、常用的面板有色板、调整、历史记录、文字编辑、蒙版、图层、通道、路径等面板。

在面板中设置了一些选项，以方便操作者对图像进行修整、查看。为使用方便，Photoshop CS4 根据功能、使用的频率以及操作的简便将多个面板整合在一起，通常称之为面板组。面板之间的切换可以通过单击面板名进行，也可以选择“窗口”下的命令进行切换。

为了编辑图像，还可以将 Photoshop CS4 面板组通过右上角的“折叠为图标”按钮进行折叠，如图 8-1 所示，将部分或全部面板组最小化，放置在窗口的右上方，如图 8-2 所示。

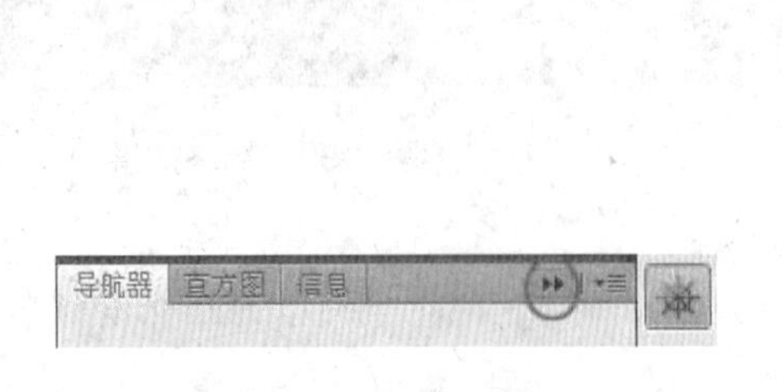

图 8-1　折叠面板组

图 8-2　最小化面板组

Photoshop CS4 面板共有 20 余个，其功能和特点各有不同，前面学习了“调整”面板，下面主要通过学习 Photoshop CS4 中的“图层”面板和“通道”面板来了解、掌握 Photoshop CS4 面板的功用。

8.1　“图层”面板的使用

图层是 Photoshop 最基本、最重要的概念之一。实际上，在 Photoshop 中图像处理就是在图层上对图像进行调整。运用 Photoshop 软件制作的图像，一般是由若干个图层组成的，每个图层就像是透明的玻璃薄片一样，如图 8-3 所示。在这些透明的“玻璃薄片”上绘制图像，再层层叠加在一起，从而形成图像复杂、绚丽的效果。如果制作的作品有瑕疵，需要改动，必须回到瑕疵所在的图层进行处理，这样不会影响其他图层或者整个画面的效果。

8.1.1　“图层”面板的基本功能

图层的各种操作主要是在“图层”面板中进行的，因此需要系统地学习“图层”面板的相关知识，掌握“图层”面板的主要功能。如图 8-4 所示为一个 PSD 格式的图像，图 8-5 所示为构成该图像的“图层”面板，下面通过它来学习“图层”面板的各项功能。

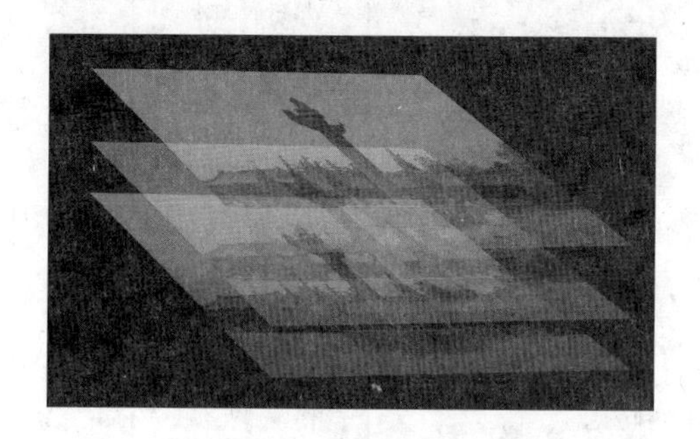

图 8-3　图层模式示意图

图 8-4　分层图像文件

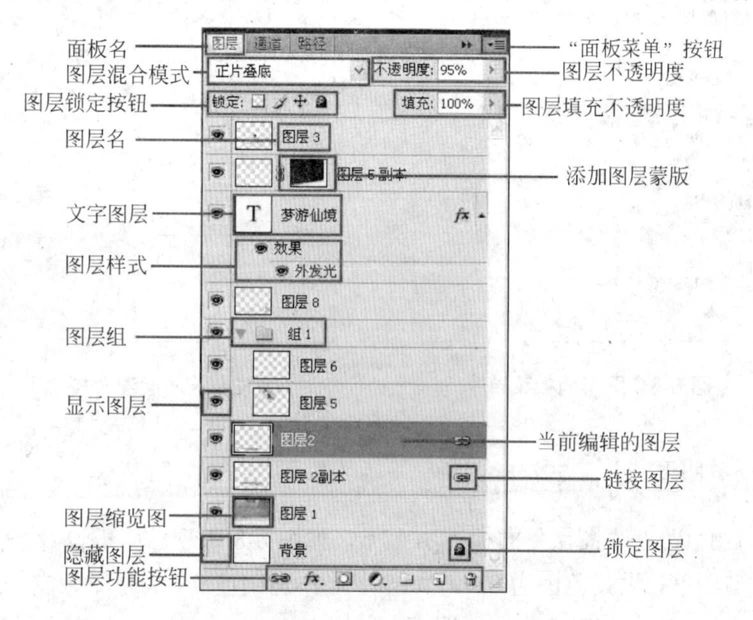

图 8-5　“图层”面板的各项功能示意图

1. 面板名

面板名位于面板组的左上方，主要用于面板之间的相互切换。

2. “面板菜单”按钮

单击“面板菜单”按钮，会弹出如图 8-6 所示的面板菜单，用于对图层进行设置操作，如新建图层、删除图层、合并可见图层等。

3. 图层混合模式

图层混合模式设置区域位于面板名的正下方。单击“图层混合模式”按钮，可弹出如图 8-7 所示的下拉列表框，其中显示了当前图层与下一图层的混合模式，通过选择不同的图层混合模式，图像会呈现出不同的图像效果，默认模式为“正常”。

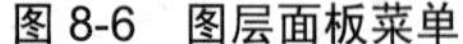
图 8-6 图层面板菜单

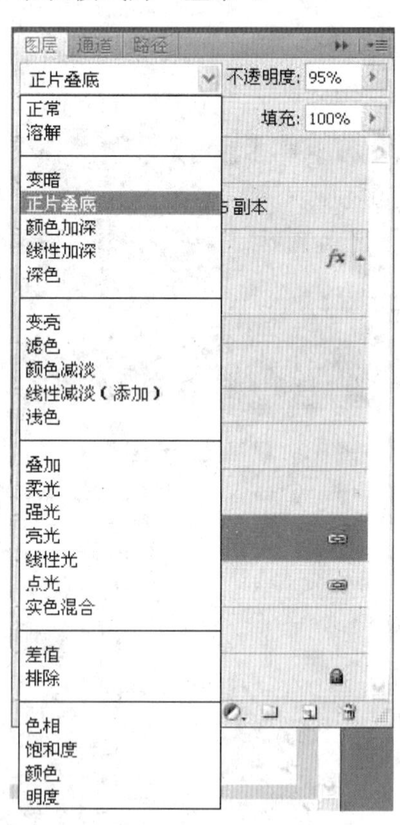

图 8-7 图层混合模式

4. 图层不透明度

“图层不透明度”在“图层”面板的右上方，如图 8-8 所示。用于设置当前图层与下一图层之间的不透明度，设置范围为 0%～100%。当不透明度为 0%时图像完全透明，当不透明度为 100%时图像将完全遮盖住下一图层。

5．图层锁定按钮

图层锁定按钮位于“图层”面板的左上方，由 4 个按钮组成，如图 8-9 所示。分别是“锁定透明像素”按钮、“锁定图像像素”按钮、“锁定位置”按钮和“锁定全部”按钮。

6．图层填充不透明度

“图层填充不透明度”位于“图层”面板的右上方，如图 8-10 所示，用于为图层进行特定的不透明度填充，不影响已经应用于图层的任何图层样式的不透明度。

7．文字图层

图层的缩览图如果是形状，表示此图层为“文字图层”，该图层的名称为图层文本的内容或前面几个字。

8．图层组

如果在“图层”面板中出现了如图 8-11 所示的形式，表明这些图层是具有相同属性的一组，可以共同管理。

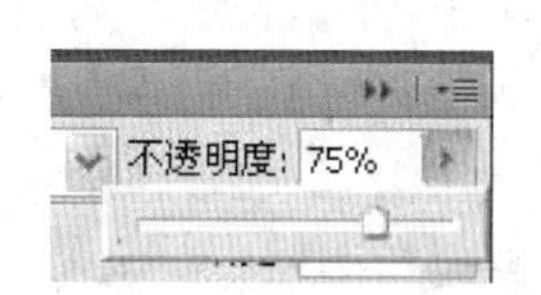

锁定:

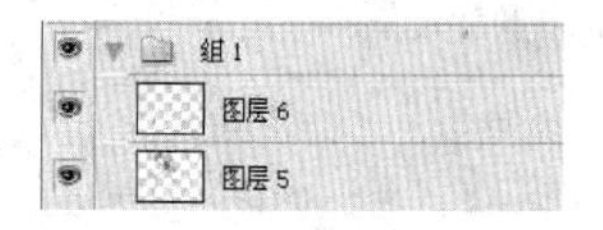

图 8-8　图层不透明度　图 8-9　图层锁定按钮　图 8-10　图层填充不透明度　图 8-11　图层组

9．显示和隐藏图层

在“图层”面板中，用于显示、隐藏图层。在作品中要显示或隐藏某个图层，只需在缩览图前的方框中单击即可，如果显示为表示显示该图层，如果显示为表示隐藏该图层。

10．链接图层

在“图层”面板中的图层名称后，如果出现了，则表明此图层已被链接，与之相链接的图层名称后也会出现同样的标志。对该图层进行编辑，被链接的图层也将被同时编辑。

11．当前图层

在“图层”面板中只有一个以浅蓝色为底色显示的图层，即为“当前图层”。在对图像作品进行编辑时，只对当前图层有效。如果想切换到其他图层，只需单击要选择的图层即可。

12. 图层缩览图

图层缩览图主要用于区别不同图层的内容，是将图层内的图像微缩形成的小图标，即缩览图。右击缩览图，可以调整缩览图的大小，如图 8-12 所示，以便于图像的编辑。

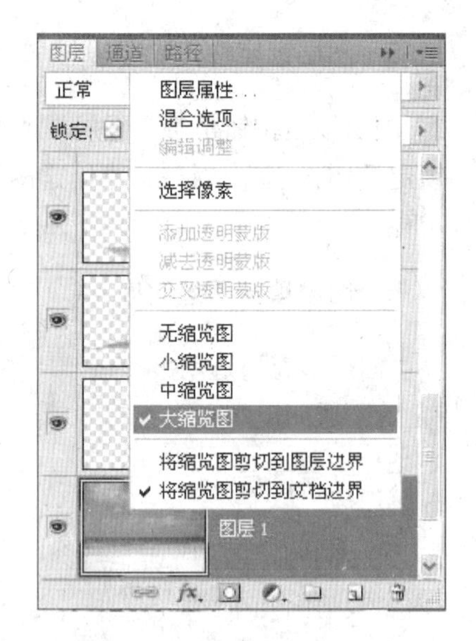

图 8-12　更改图层缩览图的大小

13. 锁定图层

在"图层"面板中的图层名称后，如果出现标志，表示该图层已经被锁定。在被锁定的图层中进行编辑，绝大多数是无效的。

14. 图层功能按钮

图层功能按钮在"图层"面板的最下部，由 7 个按钮组成，即，主要负责对图层进行编辑操作。按钮表示"链接图层"，在"图层"面板中选中两个或多个图层，单击此按钮即可实现被选中图层的链接；按钮表示"添加图层样式"，单击此按钮会弹出如图 8-13 所示的菜单，通过对菜单中选项的应用，可以快速实现对图层的各种特殊效果编辑；按钮表示"添加图层蒙版"，可以快速在当前编辑的图层中添加图层蒙版；按钮表示"创建新的填充或调整图层"，单击此按钮，可以弹出如图 8-14 所示的菜单，通过对该菜单中选项的选择，可以实现对图层的色彩和色调的控制；按钮表示"创建新组"，通过该按钮可以方便地对图层组内的图层进行统一编辑、调整；按钮表示"创建新图层"，单击此按钮可在当前图层之上新建一个透明的"空图层"；按钮表示"删除图层"，单击此按钮，可以删除当前图层，也可以通过鼠标拖动图层至此按钮中删除图层。

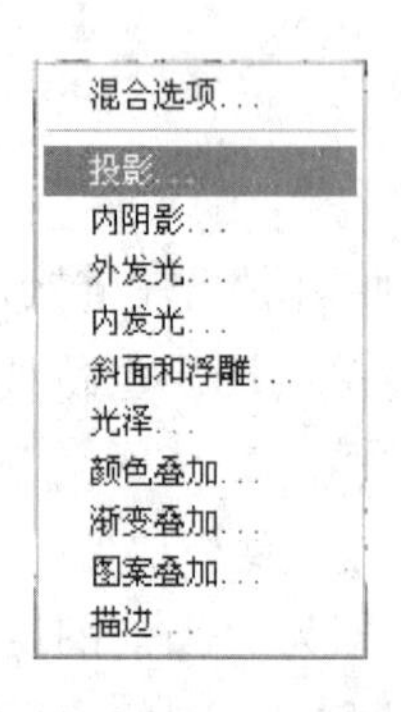

图 8-13　图层样式

图 8-14　创建新的填充或调整图层

8.1.2　图层的基本操作

用 Photoshop CS4 制作的 PSD 格式的图像作品，往往具有多个图层。图层之间通过透叠、覆盖及映衬等各种效果拼合成一种画面效果，但是每个图层又是一个相对独立的文件个体，因此可以通过“图层”面板上的按钮对图层进行创建、编辑和管理操作。

1. 新建图层

在 Photoshop 软件中，新建图层的方式有很多，新建一个可编辑的图层是处理图像的前提和基础。新建图层一般包含 4 种含义，即新建一个空白图层、通过选区创建图层、创建文字图层和创建填充图层。

1）新建一个空白图层

选择“图层”→“新建”→“图层”菜单命令，会打开“新建图层”对话框，如图 8-15 所示。

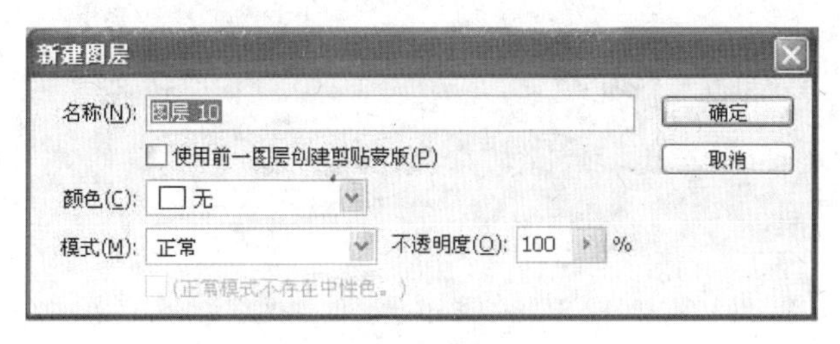

图 8-15 “新建图层”对话框

此时，在当前图层之上就会创建一个新的图层，并随之切换为当前图层，新建图层的名称默认为“图层 1”，是无色的透明图层，如图 8-16 所示，也可以单击“图层”面板下部的 按钮新建图层 1。通过单击“面板菜单”按钮，也可以新建图层，如图 8-17 所示。

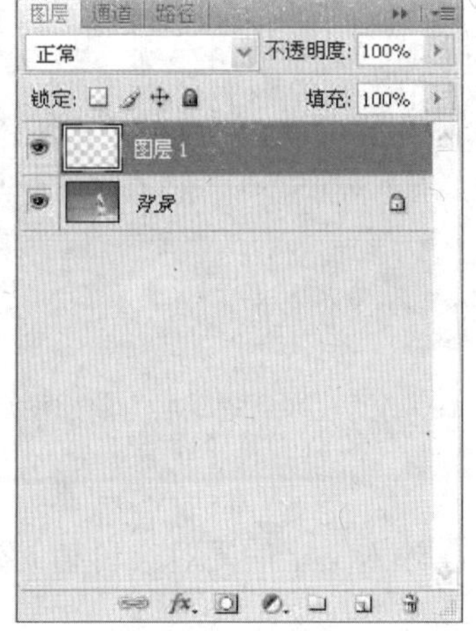

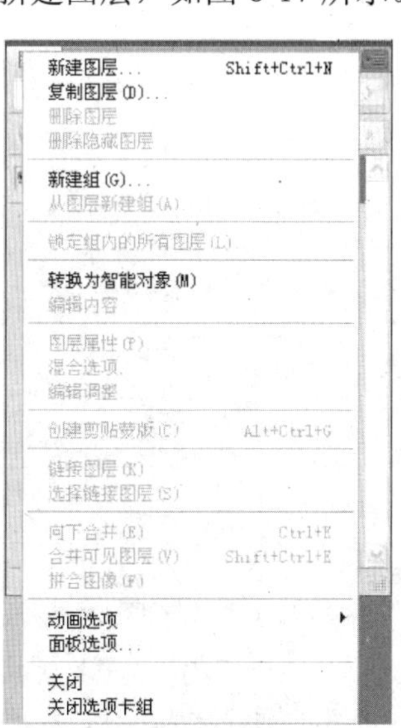

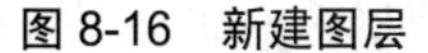
图 8-16　新建图层

图 8-17　通过面板菜单新建图层

2）通过选区创建图层

在“背景”图层建立选区，并将选区复制。然后选择“编辑”→“粘贴”命令，在原图像图层上会自动建立以选区为内容的新图层，如图 8-18 所示。也可以在当前图层建立选区，然后选择“图层”→“新建”→“通过拷贝的图层”或者选择“图层”→“新建”→“通过剪切的图层”新建一个图层（该层位于建立选区图层之上），通过移动工具移动新建的图层，可以看到两者的不同，如图 8-19 和图 8-20 所示。

图 8-18　通过选区创建图层

图 8-19　“通过拷贝的图层”创建图层

3）创建文学图层

在工具箱中选择文字工具，在输入文字的同时会自动创建文字图层，如图 8-21 所示。

4）创建填充图层

填充图层是一种带蒙版的图层，其内容可以为纯色、渐变、图案。

图 8-20　“通过剪切的图层”创建图层

图 8-21　新建文字图层

下面举例介绍创建纯色填充图层的方法：

（1）打开一个素材图像，如图 8-22 所示。

（2）选择“图层”→“新建填充图层”→“渐变”命令，打开“新建图层”对话框。

（3）单击“确定”按钮，会打开“渐变填充”对话框，如图 8-23 所示。

图 8-22　素材图像

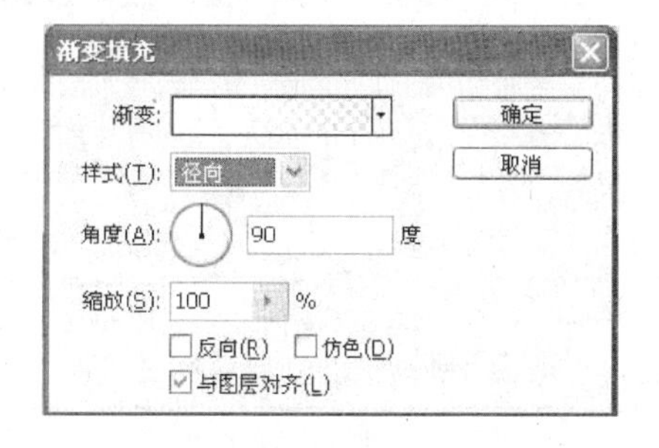

图 8-23　“渐变填充”对话框

（4）在“渐变填充”对话框中双击渐变颜色条，对打开的“渐变编辑器”对话框进行设置，如图 8-24 所示。双击“渐变编辑器”对话框中的渐变工作条下方的按钮，可打开“选择色标颜色”对话框，如图 8-25 所示，进行设置后，单击“确定”按钮，将设置应用到“渐变填充”对话框中，如图 8-26 所示。

图 8-24 “渐变编辑器”对话框

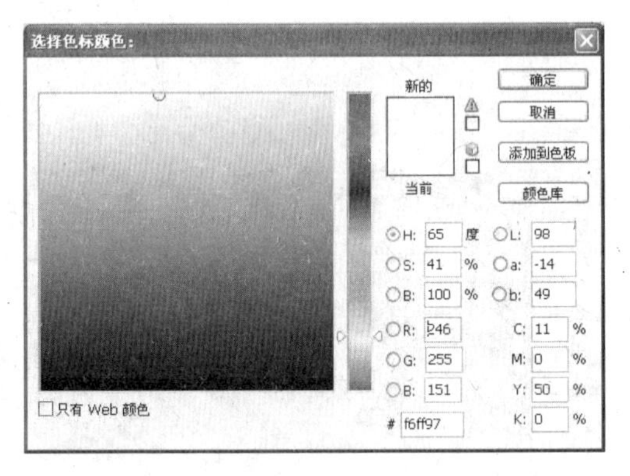

图 8-25 “选择色标颜色”对话框

（5）对原始图像进行调整，图像的“图层”面板发生变化，如图 8-27 所示。原图像经过“渐变填充”得到的效果如图 8-28 所示。

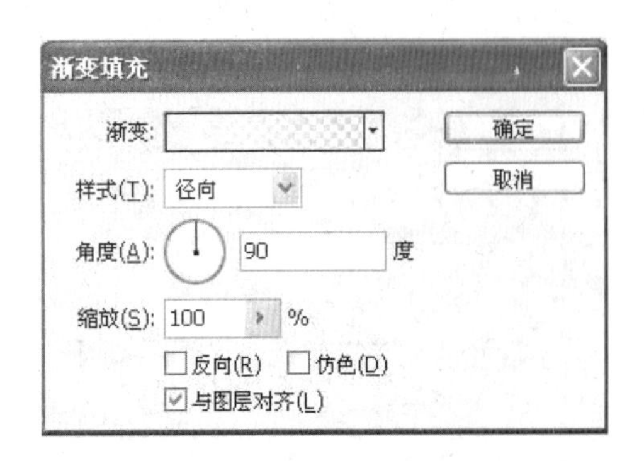

图 8-26 “渐变填充”对话框

图 8-27 添加渐变后的“图层”面板

2．对图层文件的编辑和管理

图 8-28 “渐变填充”调整效果

在 PSD 格式的图像作品中，为了达到丰富的内容和良好的图像效果经常需要多个图层，这就要求读者学会对图层进行编辑，以高效率地完成作品。主要包括移动图层、更改图层名称、运用剪贴蒙版、隐藏图层、复制图层、删除图层、调整图层的顺序、链接图层、分组管理图层、栅格化图层、合并图层，以及调整图层和填充图层等。

1）图层的移动

在“图层”面板中选中需要移动的图层（如果需要多个图层一起移动，可按住 Shift 键，在“图层”面板中选择需要一起移动的图层，再按照下面的方法操作），切换为当前图层，之后在工具箱中选择移动工具，在图像窗口中拖动鼠标或者按方向键实现图层的移动，如图 8-29 和图 8-30 所示。

图 8-29　单个图层的移动

图 8-30　多个图层的移动

2）更改图层名称

在“图层”面板中的图层名称处双击，当图层名称反白显示时，即可输入新的名称，实现图层名称的更改，如图 8-31 所示。

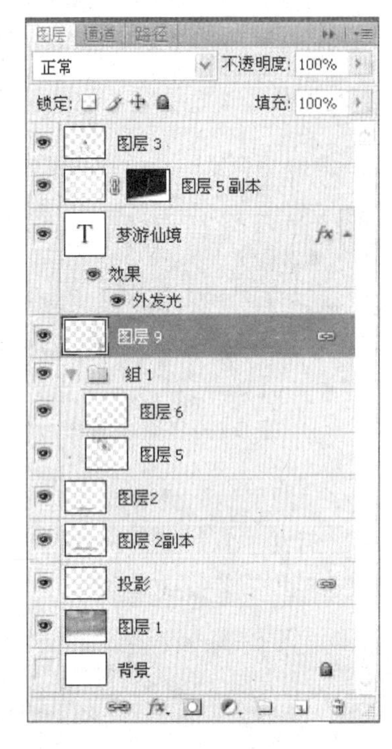

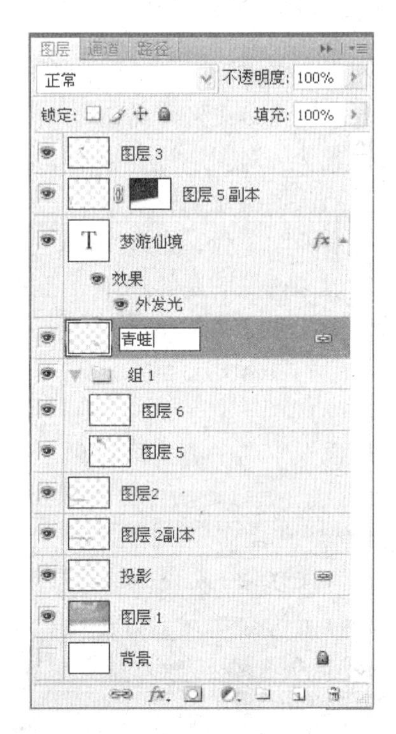

图 8-31　更改图层名称

3）运用剪贴蒙版

在图像的处理中，蒙版用来保护被遮蔽的区域，能和选区进行相互转换。可以对蒙版进行编辑处理，然后将其转换为选区，应用到图像中。图层的剪贴蒙版能使用某个图层的内容来遮盖其上方的图层，遮盖效果由底部图层或基底图层决定。基底图层上的图像信息将在剪贴蒙版中显示其上方图层的图像，剪贴图层中的所有其他内容将被遮盖掉。可以在剪贴蒙版中使用多个图层，但它们必须是连续的。剪贴蒙版中的“基底图层”名称带有下划线，上层图层的缩览图是缩进的。叠加图层将显示一个剪贴蒙版图标↓。

首先，创建剪贴蒙版，打开一个具有 4 个图层的 PSD 格式图像，如图 8-32 所示。

图 8-32　素材图像

“图层 1”为含有一个心形形状的形状图层——形状 1，按住 Alt 键将鼠标指针移到“图层”面板中“形状 1”图层和“图层 2”之间的分界线上，当鼠标指针变成形状时单击，即可将“形状 1”图层与“图层 2”编为一个剪贴蒙版，下面的一层形状 1 图层作为基底图层。也可以通过选择“图层”→“创建剪贴蒙版”命令，将当前图层与其下一层图层编为一个剪贴蒙版。如果想再次向已经编组的剪贴蒙版中添加图层，可以重复上述操作，按住 Alt 键将鼠标指针移到“图层”面板中“图层 3”和“图层 2”之间的分界线上，当鼠标指针变成形状时单击，即可将“图层 3”也编辑到剪贴蒙版中的。剪贴蒙版中的“基底图层”名称带有下划线，“形状 1”图层即为基底图层，上层图层的缩览图是缩进的。叠加图层将显示一个剪贴蒙版图标，如图 8-33 所示。如果将剪贴蒙版中的图层退出剪贴蒙版组，可以按住 Alt 键将鼠标指针移到“图层”面板中“图层 3”和“图层 2”之间的分界线上，当鼠标指针变成形状时单击将“图层 3”分离出来。如果想取消剪贴蒙版组，可以按住 Alt 键将鼠标指针移到“图层”面板中“形状 1”图层和“图层 2”之间的分界线上，当鼠标指针变成形状时单击退出剪贴蒙版组。通过上面“剪贴蒙版”命令的调整，原图像被编辑为新图像，如图 8-34 所示。

图 8-33 创建剪贴蒙版

图 8-34 经“剪贴蒙版”命令调整的图像

4）隐藏、复制和删除图层

在“图层”面板中，如果缩览图前方有一个按钮，表示该图层处于显示状态。如果想隐藏该层，可以直接单击按钮。

在图像中可以复制任何图层（包括“背景”图层），也可以从一个图像到另一个图像复制任何图层（包括“背景”图层）。将“图层”面板中的图层名称拖到面板底部的按钮上，新图层将根据其创建图层被命名为该图层的副本。运用菜单命令也可以实现图层的复制。首先在“图层”面板中选中要复制的图层，然后选择“图层”→“复制图层”命令，或在“图层”面板的面板菜单中选择“复制图层”命令，如图 8-35 所示。

要删除图层，可以先选中要删除的图层，然后选择“图层”→“删除”→“图层”命令或在“图层”面板的面板菜单中选择“删除图层”命令，或者将“图层”面板中的图层名称拖到面板底部的按钮上。

5）栅格化图层

在包含矢量数据（如文字图层、形状图层、矢量蒙版或智能对象）和生成数据的图层（如图 8-32 中的“形状 1”图层）上，不能使用绘画工具或滤镜进行编辑。通过右击选择“栅格化图层”命令，可以将其转换为平面的光栅图像，如图 8-36 所示。调整后的“图层”面板如图 8-37 所示。

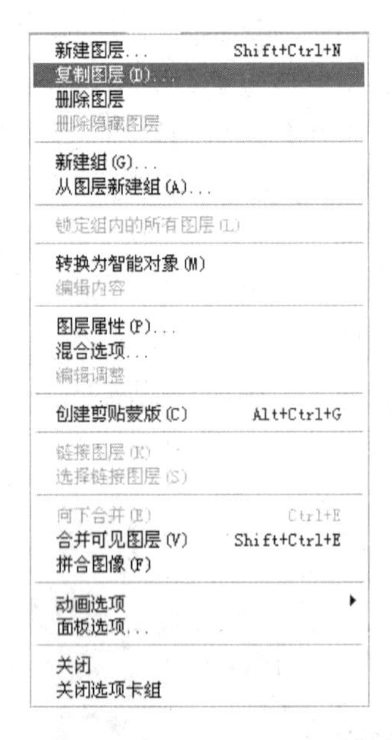

图 8-35 “图层”面板的面板菜单

图 8-36 栅格化图层

图 8-37 栅格化后的“图层”面板

6）调整图层的顺序

在“图层”面板中图层按产生的先后顺序自动排列。可以通过选择“图层”→“排列”下的命令来调整图层的顺序，也可以直接拖动图层到两个图层之间，当出现一条粗直线时即可实现图层顺序的调整。通过调整图层顺序可实现不同的图像效果，如图 8-38 和图 8-39 所示。

图 8-38　图层顺序未调整时的图像效果

图 8-39　将“图层 3”调至“图层 2”之下的图像效果

7）链接图层

在“图层”面板中，将图层链接到一起，则对其中任何一层操作也会对链接图层有相同的效果。如何链接图层呢？先选中当前图层，按住 Shift 键，在“图层”面板中单击另一个图层，即可实现两个图层的链接，如图 8-40 所示。再次单击链接标志，则链接会取消。

图 8-40　选中的两个图层被链接在一起

如果图层已经链接，则选中被链接的图层时，在被链接的图层和当前图层的名称后面会同时出现链接标志，表明该图层已与当前图层链接在一起了。如果没有标志，则表示该图层没有链接。

8）分组管理图层

图层组是非常有效的图层管理功能，在涉及多个图层时，可以运用图层组对图层进行分类编制，这样更有利于图层编辑，从而大大提高了工作效率。选择“图层”→“新建”→“组”命令或者单击“图层”面板中的“面板菜单”按钮，选择“新建组”命令，然后将要编辑的图层逐一拖曳至新建的组中。如果要取消图层编组，选择要取消编组的组，选择“图层”→“取消图层编组”命令即可，或者选中要取消编组的组，右击选择“取消图层编组”命令。在此将图 8-41 中的“文字图层”和“图层 4”，编为“组 1”，将“图层 2”和“图层 3”编为“组 2”。单击“组 2”前的按钮，包含在“组 2”中的“图层 2”和“图层 3”将不可见，如图 8-42 所示。

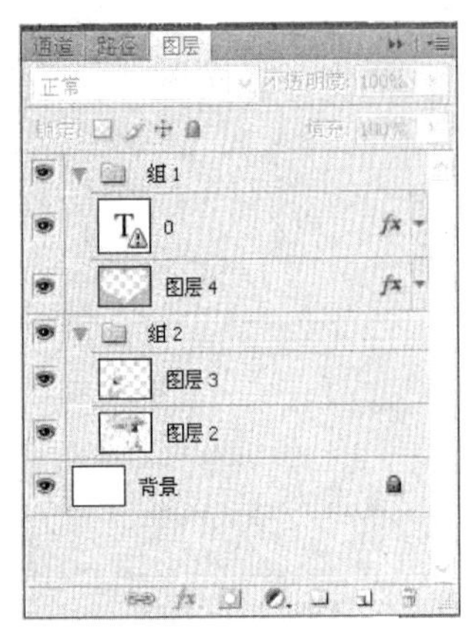

图 8-41 图层编组及相应效果

图 8-42 隐藏“组 2”的图像效果

9）合并图层

合并图层就是把多个图层合并在一起形成一个新的图层，合并之后，未合并的图层仍然存在。选择“图层”→“合并可见图层”，或者单击“图层”面板中的“面板菜单”按钮，在弹出的菜单中选择“合并可见图层”命令。合并图层有以下几种情况：合并所有可见图层（合并所有当前可见状态下的图层，被隐藏的图层将不被合并）、合并链接图层（将所有链接起来的图层进行合并）、合并编组的图层（将图层组包含的所有图层合并成一个图层）、合并上下两层、拼合图层（将所有可见图层合并到“背景”图层）。合并后，所有合并的图层将不存在，被合并到“背景”图层或当前图层。如果想在合并后仍保留原来的图层，可以先建立一个新图层，并使之成为当前图层，链接要合并的图层，再合并链接图层，这样，图层被合并到新的图层，且原来的图层被保留下来。

8.1.3 设置图层的混合模式

图层的混合模式，是指在多层图像文件中，当前图层的图像信息数据与位于其下面图层的图像信息数据经过各种混合，会形成不同的图像合成效果。因为相重叠图像的颜色、饱和度、亮度等多种元素不同，混合模式的结果很难预测。设置混合模式合成图像进行显示的最大优点就是，对原图层图像没有任何损伤，恰当地使用混合模式，可以表现出一些意想不到的精彩图像效果。

在图层混合模式菜单中共有 20 余种混合模式，如图 8-43 所示，在处理图像中起着非常重要的作用。

正常：正常模式是图层混合模式默认的模式，是将图像当前图层上的颜色数据直接叠加在下一图层的颜色数据上，如图 8-44 所示。

图 8-43　图层混合模式菜单

图 8-44　正常模式

溶解：当前图层的颜色数据溶解到下一图层的颜色数据中的一种模式，产生的效果受图层的羽化程度和不透明度影响，如图 8-45 所示。

变暗：当前图层的颜色数据与下一图层的颜色数据的颜色值进行比较，将两个图层中的暗色进行混合，混合后整体颜色会降低，如图 8-46 所示。

图 8-45　溶解模式

图 8-46　变暗模式

正片叠底：当前图层的颜色数据和下一图层的颜色数据中的灰度级进行乘法计算，得到灰度级更低的颜色，产生类似正片叠加的效果，如图 8-47 所示。

颜色加深：当前图层的颜色数据和下一图层的颜色数据混合时，加深图像的颜色值，当前图层越亮，效果越细致，如图 8-48 所示。

线性加深：根据当前图层和下一图层的颜色数据信息，在图像通道中通过减少亮度产生变暗的混合效果，与白色混合不会产生效果，如图 8-49 所示。

图 8-47　正片叠底模式

图 8-48　颜色加深模式

图 8-49　线性加深模式

深色：当前图层的颜色数据和下一图层的颜色数据混合时，呈现出相对暗一级的图像数据产生的效果，如图 8-50 所示。

变亮：当前图层的颜色数据和下一图层的颜色数据混合时，呈现出相对亮一级的图像数据产生的效果，如图 8-51 所示。

滤色：当前图层的颜色数据和下一图层的颜色数据混合时，体现在图像的每个通道的颜色信息，将混合色的互补色与基色正片叠底，得到的总是较亮的颜色，用黑色过滤时不产生变化，如图 8-52 所示。

图 8-50　深色模式

图 8-51　变亮模式

图 8-52　滤色模式

颜色减淡：当前图层的颜色数据和下一图层的颜色数据混合时，加亮图层的颜色值，当前图层明度越高，效果越好，如图 8-53 所示。

线性减淡（添加）：当前图层的颜色数据和下一图层的颜色数据混合时，查看每个通道中的颜色信息，增加亮度使基色变亮，与黑色混合时不产生变化，如图 8-54 所示。

浅色：当前图层的颜色数据和下一图层的颜色数据混合时，比较通道中的颜色值，显示出颜色值较大的颜色，如图 8-55 所示。

图 8-53　颜色减淡模式

图 8-54　线性减淡（添加）模式

图 8-55　浅色模式

叠加：当前图层的颜色数据和下一图层的颜色数据混合时，显示两个图层中较高的灰阶，有类似漂白的效果，如图 8-56 所示。

柔光：当前图层的颜色数据以柔光的方式对下一图层的颜色数据混合时，使颜色变暗或变亮，取决于混合色，如图 8-57 所示。

强光：当前图层的颜色数据和下一图层的颜色数据混合时，复合或过滤颜色，具体取决于混合色，如图 8-58 所示。

图 8-56　叠加模式

图 8-57　柔光模式

图 8-58　强光模式

亮光：当前图层的颜色数据和下一图层的颜色数据混合时，通过增加和减小对比度来加深或减淡颜色，如图 8-59 所示。

线性光：当前图层的颜色数据和下一图层的颜色数据混合时，通过增加和减小亮度来加深或减淡颜色，如图 8-60 所示。

点光：当前图层的颜色数据和下一图层的颜色数据混合时，根据混合色来替换颜色，如图 8-61 所示。

图 8-59　亮光模式

图 8-60　线性光模式

图 8-61　点光模式

实色混合：当前图层的颜色数据和下一图层的颜色数据混合时，以混合色覆盖基色，如图 8-62 所示。

差值：当前图层的颜色数据和下一图层的颜色数据混合时，将两个图层的每个颜色值进行比较，用高值减去低值作为合成后的颜色，如图 8-63 所示。

排除：产生一种与“差值”相似的效果，但是对比度更低，如图 8-64 所示。

图 8-62　实色混合模式

图 8-63　差值模式

图 8-64　排除模式

色相：用当前图层的颜色数据和下一图层的颜色数据的色相和饱和度进行替换，亮度保持不变，如图 8-65 所示。

饱和度：用当前图层的颜色数据的饱和度与下一图层的颜色数据的饱和度进行替换，色相和亮度不变，如图 8-66 所示。

图 8-65　色相模式

图 8-66　饱和度模式

颜色：用当前图层的颜色数据的色相值和饱和度值与下一图层的颜色数据的色相值和饱和度值进行替换，亮度不变，如图 8-67 所示。

明度：用当前图层的颜色数据的亮度值与下一图层的颜色数据的亮度值进行替换，色相与饱和度不变，如图 8-68 所示。

图 8-67　颜色模式

图 8-68　明度模式

8.1.4 各种图层效果和样式的运用

在处理图像时，为了达到特定的图像画面效果，经常会“添加图层样式”和“使用预设样式”。由于应用图层样式并不修改原图像，随时都可以隐藏、修改，操作方便，也很实用，即使删除了图层样式，原图层图像也不会发生什么变化。

1. 添加图层样式

图层效果是专为图层设置的图层样式。有了图层样式，图像、文字特殊效果的处理将变得更加得心应手。那么如何对图层在添加了样式后进行复制、隐藏、清除，以及如何将其转化为普通图层呢？

1）图层样式的编辑

（1）复制图层样式，把一个图层上的样式复制到另外的图层上。具体操作是：在素材图像中选中有图层样式的“图层 1”作为当前图层，然后选择“图层”→“图层样式”→“拷贝图层样式”命令，把图层样式复制到剪贴板上，然后选择目标图层文字图层为当前图层，选择“图层”→“图层样式”→“粘贴图层样式”命令，把图层样式粘贴到目标图层中，如图 8-69 和图 8-70 所示。

图 8-69 素材图像

图 8-70 文字图层被粘贴图层样式后的效果

要把图层样式粘贴到多个图层，则需要先把这些目标图层链接起来，然后选择“图层”→“图层样式”→“粘贴图层样式”命令。

（2）隐藏图层样式。先选中有图层样式的图层“图层 1”作为当前图层，然后选择“图层”→“图层样式”→“隐藏所有效果”命令，隐藏前后效果如图 8-71 所示。隐藏以后，“隐藏所有效果”命令变成“显示所有效果”，选择它又可以重新显示原有图层样式。

（3）清除图层样式。在图像处理过程中，要想清除图层样式，选择“图层”→“图层样式”→“清除图层样式”命令，或者在“图层”面板中的该图层样式上右击，在弹出的快捷菜单中选择“清除图层样式”命令，如图 8-72 所示。

（4）将图层样式转化为普通图层。将图层样式转化为普通图层后，图像中应用图层样式后产生的效果不变，但不可再修改图层样式。选定有图层样式的图层作为当前图层，然后选择“图层”→“图层样式”→“创建图层”命令，打开如图 8-73 所示的对话框，单击“确定”按钮。图 8-74 所示为转化为普通图层后的效果，复杂的图层效果将转化为多个图层，这些图层可归为一组。

图 8-71　隐藏图层样式前后的图像效果

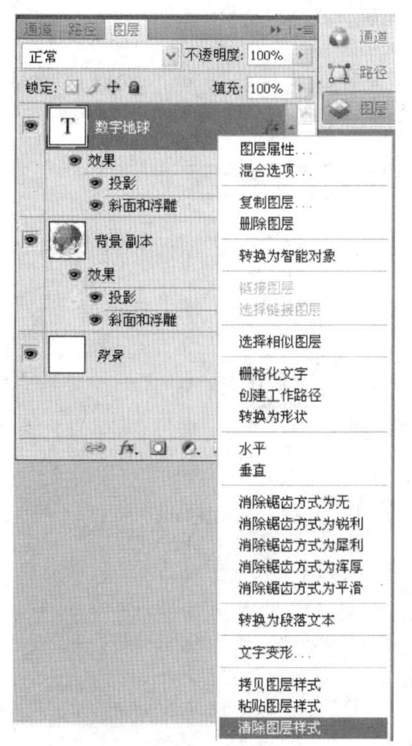

图 8-72　清除图层样式

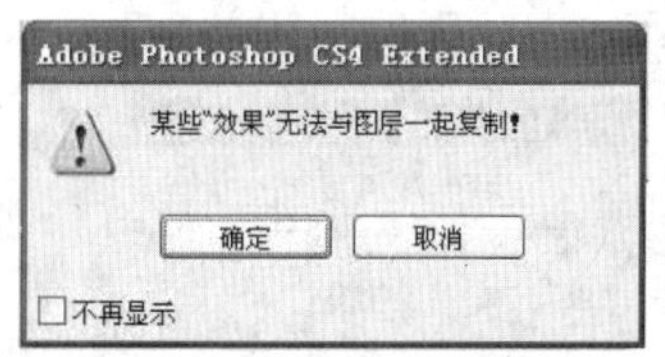

图 8-73　提示对话框

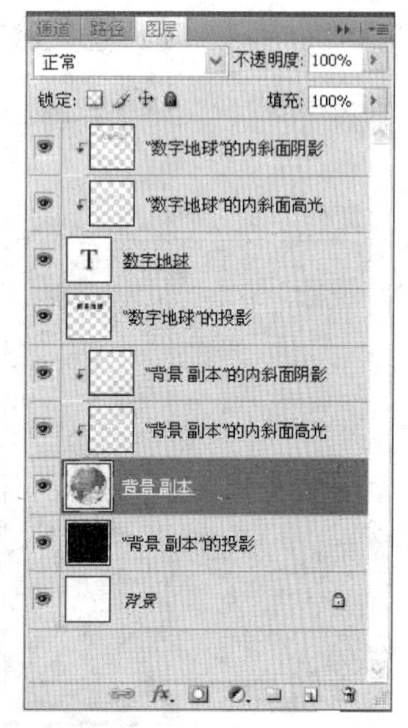

图 8-74　转化为普通图层

2）图层样式的应用

在制作、调整图像时，如何恰当地运用“图层样式”，以及每种图层样式会产生什么样的效果呢？单击“图层”面板下方的 fx. 按钮，或选择“图层”→“图层样式”命令，都会弹出图层样式列表，如图 8-75 所示。单击其中的任何选项（双击“图层”面板上的图层名字，或右击，在弹出的快捷菜单中选择“图层样式”命令），都会弹出“图层样式”对话框，如图 8-76 所示。

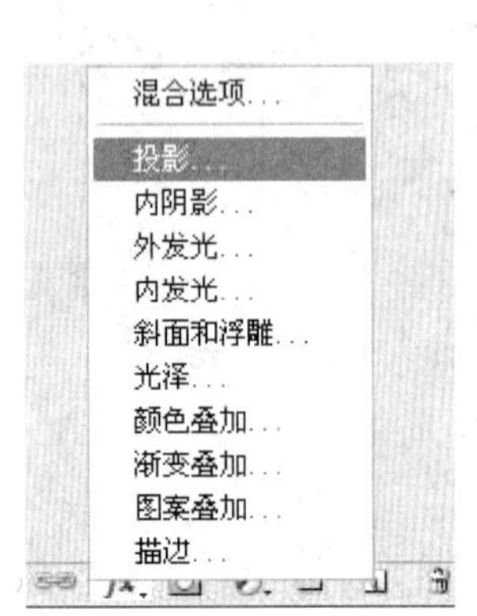

图 8-75　图层样式列表

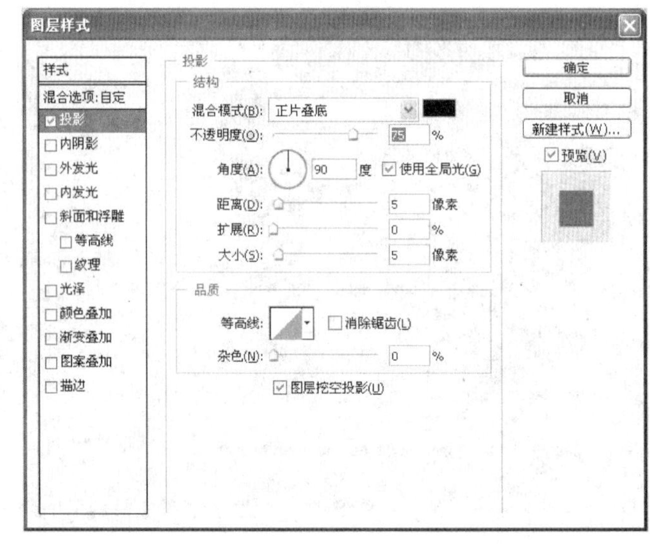

图 8-76　“图层样式”对话框

混合选项：在“图层样式”对话框中选择左侧的“混合选项”时，右侧的参数选项是用来设置当前图层内容与下一图层是如何混合的，如图 8-77 所示。

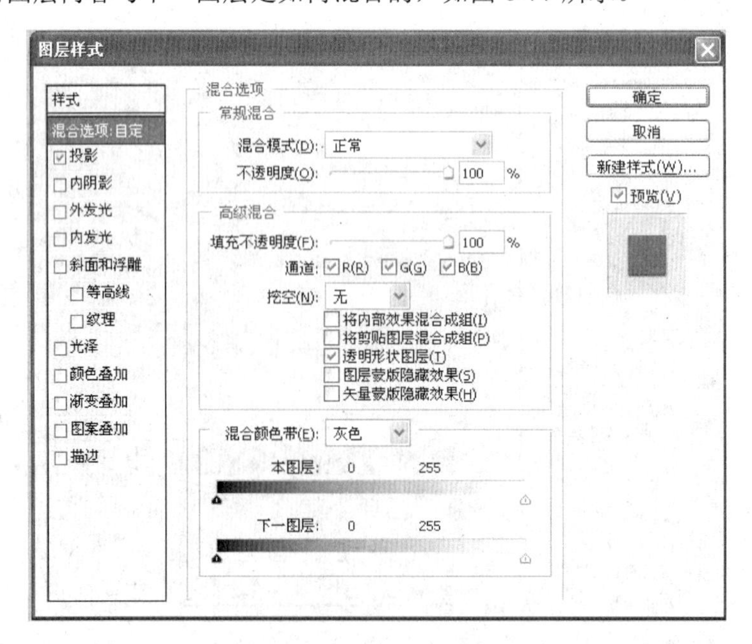

图 8-77　混合选项

“混合选项”也是图层样式之一，可以通过以下 5 个方法实现。

（1）选择“图层”→“图层样式”→“混合选项”菜单命令。

（2）双击“图层”面板中的图层空白区域，在打开的“图层样式”对话框中选择“混合选项”。

（3）单击“图层”面板下方的 fx 按钮，在弹出的下拉菜单中选择“混合选项”命令。

（4）单击“图层”面板右上方的“面板菜单”按钮，在弹出的面板菜单中选择“混合选项”命令。

（5）在“图层”面板上右击图层，在弹出的快捷菜单中选择“混合选项”命令。

在“图层样式”对话框中下部的“混合颜色带”，默认值是灰色，是根据当前图层的灰度对当前图层与下一图层在混合模式为“正常”的前提下进行叠加的模式。通过在“本图层”颜色带中调整颜色带两侧的△滑块，可以对上一图层的颜色值的范围进行取舍，将右侧滑块向左拖动，颜色值深的图像范围得以保留；将左侧滑块向右拖动，颜色值浅的图像范围得以保留。打开具有 3 个图层的素材图像，通过调整将最上面一层“图层 3”中的云保留，如图 8-78 所示。

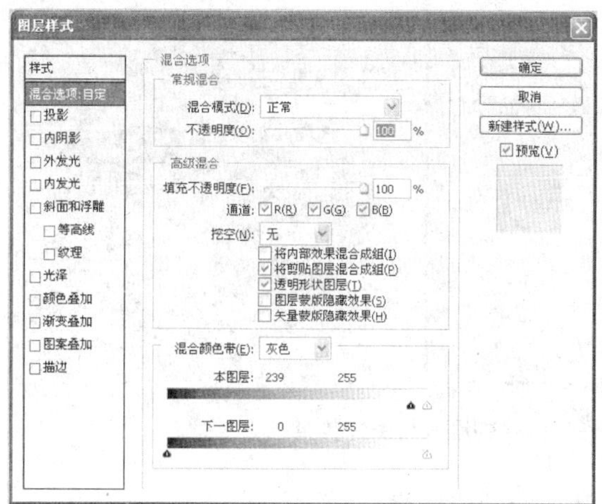

图 8-78　调整混合颜色带的滑块得到的图像效果

虽然得到了要提取的云层，但云层的边缘过渡过于生硬，可以通过调整混合颜色带的“本图层”颜色带中的▲滑块对其边缘进行柔化。具体操作是：按住 Alt 键拖动颜色带中▲的右半部分向右拖动，拖动颜色带中▲的左半部分向左拖动，并对其进行调整，用橡皮擦工具擦掉遮挡住身体部分的云彩，得到如图 8-79 所示的图像效果。通过改变“混合选项”中各项的值，可以改变图层的混合样式的效果。

投影：投影是模拟太阳光和灯光照在物体上所产生的光影效果，在图像的图层中添加投影，以使图像具有立体效果。如图 8-80 所示，图像中的“文字图层”应用了“投影”特效，通过对“图层样式”对话框中“投影”选项的调整得到投影效果。“混合模式”用于选择当前图层产生的投影与下一图层混合的样式；“不透明度”用来设置投影的不透明度；“角度”用来设置阴影产生的角度；“使用全局光”是指所有图层应用同一光源；“距离”用来设置投影产生的偏移值；“扩展”用来设置投影的扩散程度；“大小”用来设置阴影的模糊程度；“品质”用来对图层产生投影效果进行更加细腻的控制。

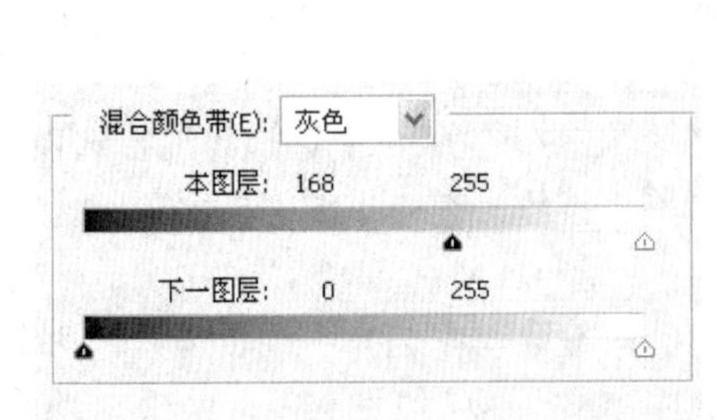

图 8-79　调整混合颜色带得到的最终效果

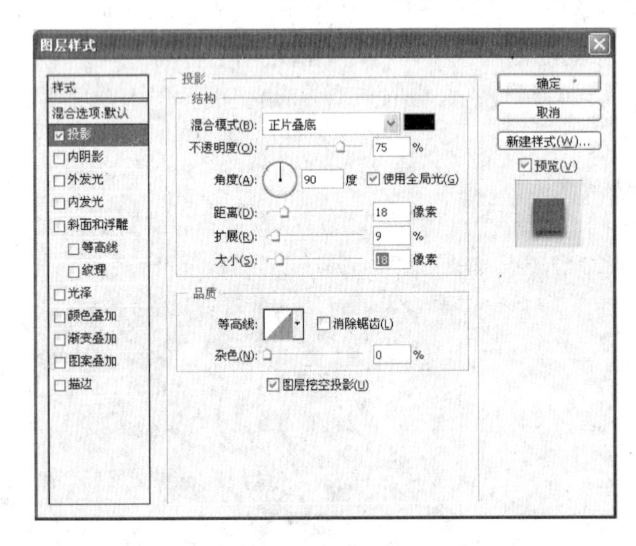

图 8-80　应用“投影”样式的设置与图像效果

内阴影：在图像边缘的内部增加投影，内阴影使图像产生凹陷的效果，如图 8-81 所示。
外发光：在图像边缘加入光晕的特殊效果，如图 8-82 所示。
内发光：使图像边缘向内增加发光效果，如图 8-83 所示。

图 8-81　内阴影效果

图 8-82　外发光效果

图 8-83　内发光效果

斜面和浮雕：是图层样式中最复杂的效果，也是图像处理中应用最广泛的效果。为图像添加不同组合方式的高光和阴影，以产生突出或凹陷的斜面或浮雕效果，兼“内阴影”和“内发光”效果于一身，但又比它们复杂得多。使用该样式可以编辑图像的立体浮雕效果，如图 8-84 所示。

在“样式”下拉列表框中，“内斜面”表示沿图像的边缘向内创建斜面；“外斜面”表示沿图像的边缘向外创建斜面；“浮雕效果”用于产生一种突出的效果；“枕状浮雕”用于创建图像的边缘陷入下一层图层的效果；“描边浮雕”用于对文字产生一种描边的浮雕效果。另外，“方法”下拉列表框用于选择斜面或浮雕的硬度；“深度”数值框用于控制斜面或浮雕的深度；“角度”数值框用于设置光源的高度与角度。

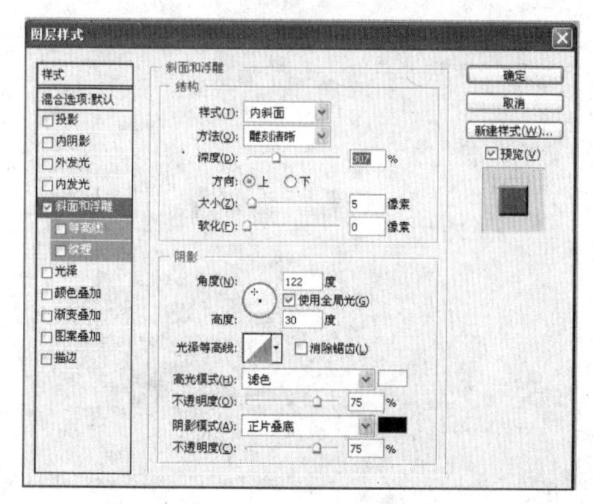

图 8-84　斜面和浮雕效果

光泽：在图像表面附一层颜色，通过对其选项进行设置，使图像表面出现滑润的绸缎效果，如图 8-85 所示。

颜色叠加：用所选定的图层颜色填充图层内容，如图 8-86 所示。

渐变叠加：用渐变色填充图层内容，如图 8-87 所示。

图案叠加：用某种图案覆盖图层中的内容，如图 8-88 所示。

描边：使用单色、渐变色或图案为图像描边，如图 8-89 所示。

图 8-85　光泽效果

图 8-86　颜色叠加效果

图 8-87　渐变叠加效果

2. 使用预设样式

在 Photoshop CS4 中，还可以通过“样式”面板对目标图像图层或文字图层应用预设样式。选择需要添加样式的目标图层，打开“样式”面板，然后选择需要的样式单击即可，如图 8-90 所示。

图 8-88　图案叠加效果

图 8-89　描边效果

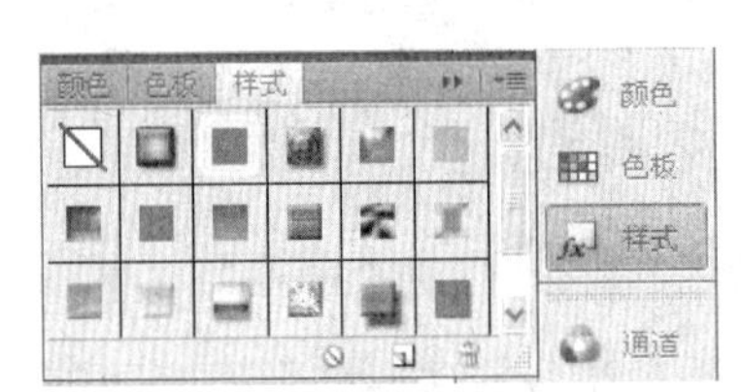

图 8-90　使用预设样式改变图像效果

“样式”面板中自带了很多预设样式，可以通过单击“样式”面板右上角的“面板菜单”按钮，在打开的菜单中选择需要的预设样式库，然后在打开的对话框中单击“确定”或者“追加”按钮，添加选中的样式库，如图 8-91 所示。

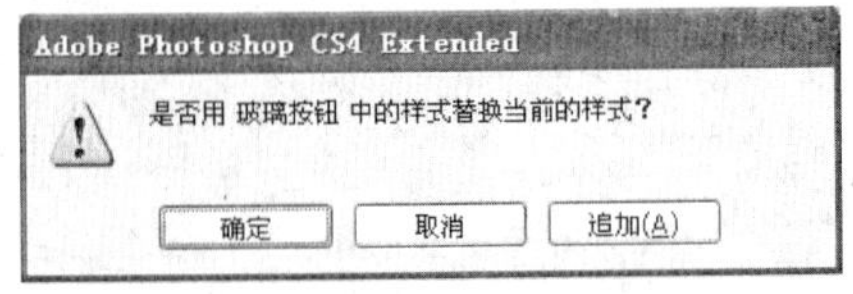

图 8-91　添加样式库

8.2 “通道”面板和蒙版的使用

8.2.1 认识通道

通道是 Photoshop 最强大的特点之一，是图像处理中不可缺少的重要工具，主要用来存储图像的颜色信息，将存储色彩信息的多个通道叠加就可以组成一幅色彩丰富的图像。利用通道能创建一些特殊的图像效果，通道的操作具有独立性，可以分别针对单个通道进行颜色、图像的加工。此外，通道还可以用来保存蒙版，建立临时性通道。通道可以分为两类：一类是用来存储图像色彩信息的，属于内建通道，即颜色通道，无论是哪种色彩模式的文件，在“通道”面板上都会有相应的色彩信息；一类可以用来固化选区和蒙版、创建新选区等，也就是 Alpha 通道。在 Photoshop 软件中，不同模式的图像格式有不同的通道数目和类型，主要涉及的有灰度、RGB 颜色、CMYK 颜色的通道，在此通过同一图像的不同色彩模式进行对比（注意观察图像缩览图上的图像及直方图），如图 8-92～图 8-94 所示。

图 8-92　灰度模式的图像及其“通道”面板

图 8-93　RGB 颜色模式的图像及其“通道”面板

首先，来认识一下“通道”面板，如图 8-95 所示。

“面板菜单”按钮：单击位于“通道”面板右上角的“面板菜单”按钮，将弹出面板菜单，用于对通道进行快捷操作，如新建通道、删除通道、复制通道等，如图 8-96 所示。

图 8-94　CMYK 颜色模式的图像及其“通道”面板

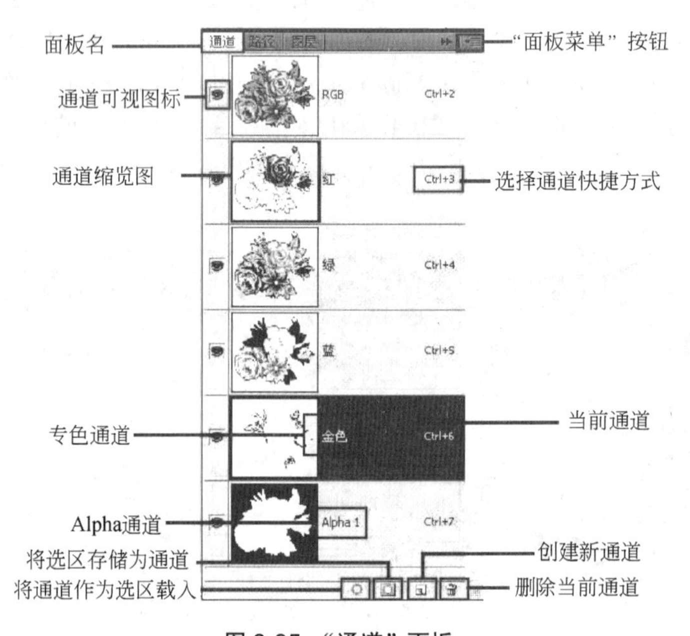

图 8-95　“通道”面板

通道可视图标：在“通道”面板中用于显示、隐藏通道。在作品中要显示或隐藏某个通道，只需在缩览图前的方框中单击即可，如果显示为表示显示该通道，如果显示为表示隐藏该通道。

通道缩览图：主要用于区别不同通道的颜色信息，是将通道内的图像微缩形成的灰度小图标（全色通道除外）。单击“面板菜单”按钮，选择“面板选项”命令，在打开的对话框中可以，调整缩览图的大小，如图 8-97 所示，以便于通道的编辑。

专色通道、Alpha 通道：这两种通道是在对图像印刷和调整时创建的通道，主要用于印刷和建立选区。

“删除当前通道”按钮：单击该按钮，可以将当前选择的通道删除。

“创建新通道”按钮：单击该按钮，可以创建一个新通道，系统默认其名称为 Alpha+数字序号。

“将选区存储为通道”按钮：单击该按钮，可以将当前选区以图像的方式存储在新创建的通道中。

图 8-96　通道面板菜单

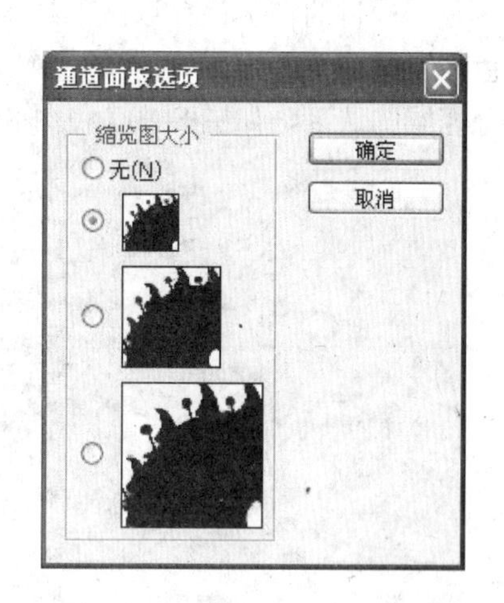

图 8-97　“通道面板选项”对话框

“将通道作为选区载入”按钮：单击该按钮，可以将通道中的图像转化为选区。

8.2.2　通道的基本操作

通道的基本操作包括创建新通道、复制通道、删除通道，以及分离与合并通道，通过“通道”面板可以完成所有与通道有关的操作。

1．创建新通道

在 Photoshop 中创建新通道有两种方法：一种方法是选择通道面板菜单中的“新建通道”命令，如图 8-98 所示，此时会打开“新建通道”对话框，如图 8-99 所示，单击“确定”按钮即可；另一种方法是单击“通道”面板下面的“创建新通道”按钮，此时会自动建立一个以 Alpha1 命名的通道。

图 8-98　通道面板菜单

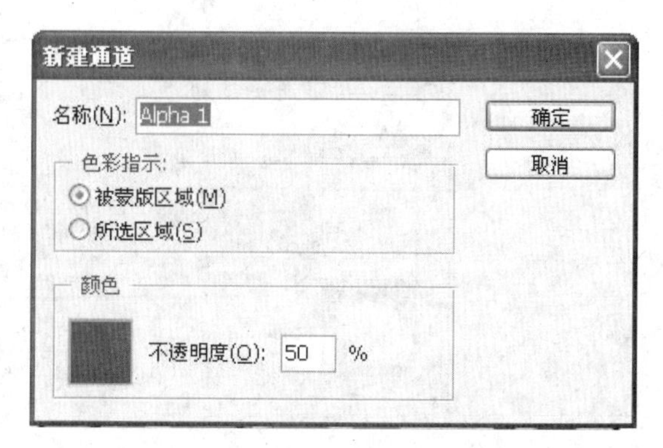

图 8-99　“新建通道”对话框

Alpha 通道是不会对构成整体图像的颜色产生直接影响的，以 8 位灰度图像存储选择区域，是一种目的在于保存选区的通道。通过 Alpha 通道可以看到图像部分是白色，背景是黑色。在按住 Ctrl 键的同时单击 Alpha 1 通道，会发现，此时在图像上建立了形状和白色部分相同的选区，如图 8-100 和图 8-101 所示。

图 8-100　建立选区的图像效果

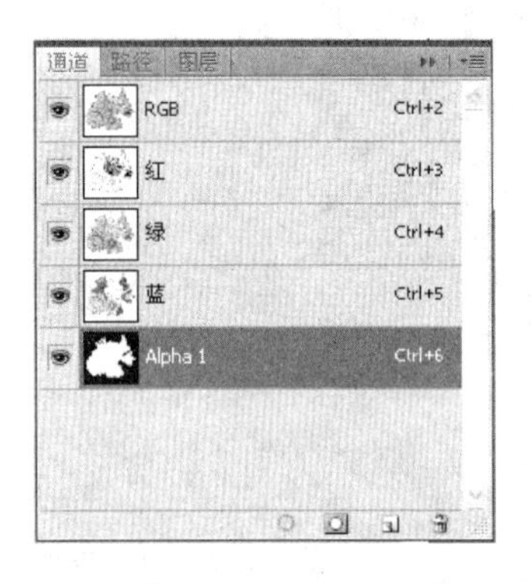

图 8-101　含 Alpha 1 的“通道”面板

“通道”面板上显示的 Alpha 通道，在制作过程中可随时通过选区打开使用。利用“通道”面板，可以生成最多 21 个 Alpha 通道，但通道数量越多，图像的文件越大。还可以通过类似的方法创建专色通道。所谓专色通道，是为了印刷的需要，在 CMYK 四色通道以外根据需要创建的新的通道。如果想对图 8-100 中花朵内部的不规则亮部在印刷时施以金色，但是 CMYK 四色无法印出想要的效果，这样就得通过建立一个“金色”专色通道来完成，如图 8-102 所示，最终效果如图 8-103 所示。

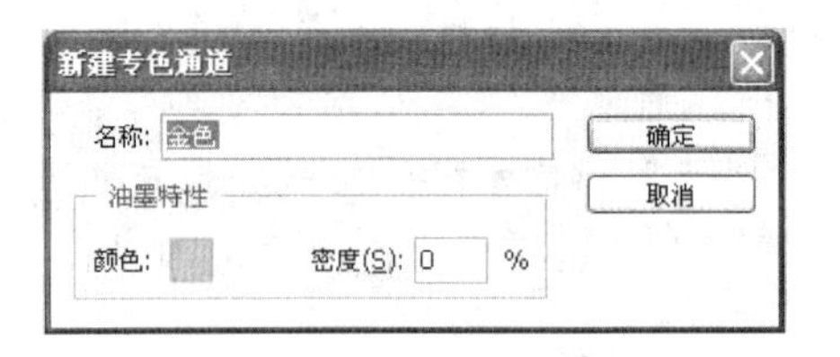

图 8-102　建立“金色”专色通道

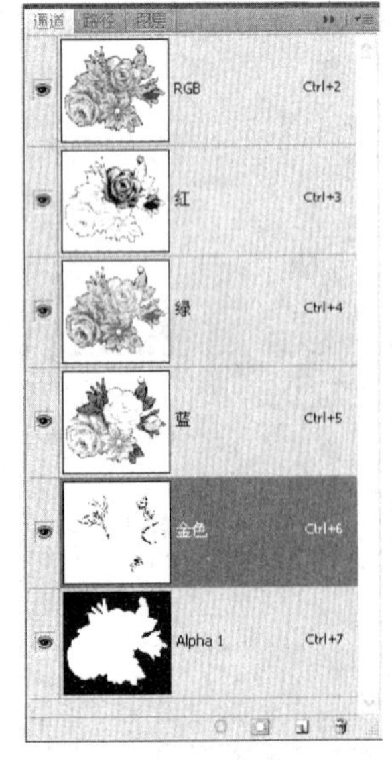

图 8-103　建立“金色”专色通道的最终效果

2．通道的复制与删除

1）复制通道

直接将需要复制的通道拖到“创建新通道”按钮 上，即可将该通道复制到同一图像中。另外，还可以先选中要复制的通道，然后在通道面板菜单中选择“复制通道”命令，如图 8-104 所示，或在按下 A1t 键的同时将选中的通道拖到“通道”面板底部的“创建新通道”按钮上释放鼠标，均可打开“复制通道”对话框，如图 8-105 所示。

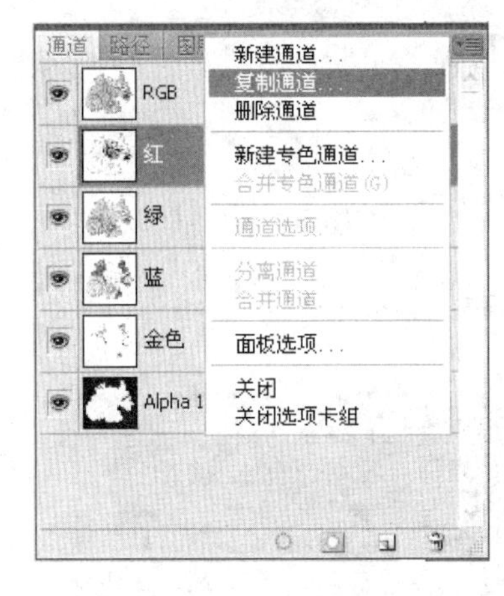

图 8-104　复制通道

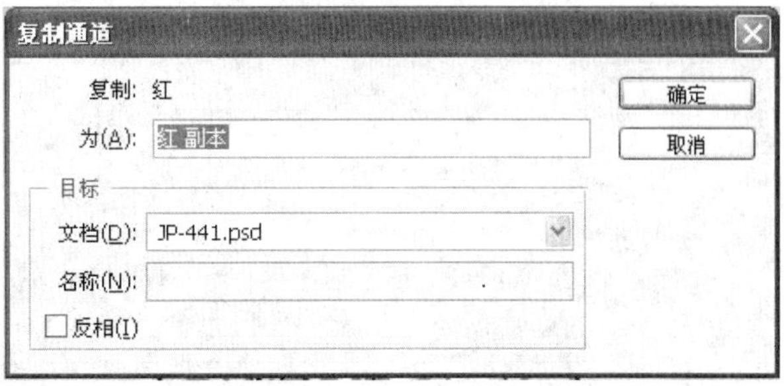

图 8-105　“复制通道”对话框

“复制通道”对话框中的“为”文本框用于设置新复制的通道名称“文档”下拉列表框用于选择复制通道的目标文档。

2）删除通道

要删除通道，首先要选中要删除的通道，然后将其拖到“通道”面板底部的“删除通道”按钮 上，再释放鼠标。还可以在选中要删除的通道后，直接单击“删除通道”按钮，或单击“面板菜单”按钮，在弹出的菜单中选择“删除通道”命令，如图 8-106 所示。

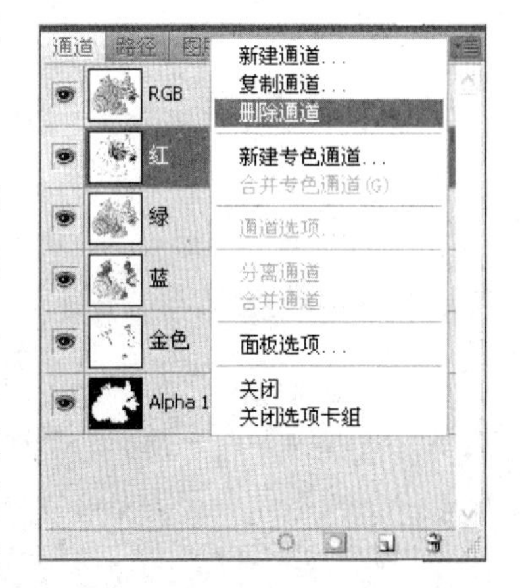

图 8-106　删除通道

在图像通道中将其中一种颜色的通道删除，RGB 色彩信息通道也会随之消失一部分，而图像将由删除颜色和相邻颜色的混合色组成，如图 8-107 和图 8-108 删除通道以及“通道”面板和图像效果的变化。对于 CMYK 模式的图像，删除的颜色通道会使一种颜色消失，同时 CMYK 颜色通道也将消失，这种颜色通道形成的模式称为多通道模式。删除通道蒙版时会打开一个对话框，提示在删除通道蒙版时是否对图形应用蒙版。如果应用蒙版，则单击“应用”按钮；如果不应用蒙版，则单击“放弃”按钮。

在 Photoshop CS4 中，能保存通道信息的文件格式有 PSD、PDF、RAW、TGA 等，因此在保存通道信息时，一定要选择这些文件格式中的一种。

图 8-107　删除通道前的图像效果及“通道”面板

图 8-108　删除通道后的图像效果及“通道”面板

3．通道的分离与合并

在 Photoshop CS4 中，可以将一张图像的各个通道分离成单个文件进行存储，也可以将不同灰度的文件合并成一个图像文件，使之具有丰富多彩的颜色信息。“分离通道”命令可以用来将图像的每个通道分离成各自独立的 8 位灰度图像，然后分别存储这些灰度图像。当然，被拆分的通道可以使用“合并通道”命令进行合并，从而生成一个多通道的图像。需要注意的是，Photoshop 只能对单图层的图像进行通道拆分，因此在拆分通道前一定要使用“合并图层”命令将所有图层合并为一个图层。

1）分离通道

单击“通道”面板的“面板菜单”按钮，选择“分离通道”命令即可分离通道，此时，在窗口中会分别显示 3 张灰度照片，如图 8-109 所示。

图 8-109　分离通道

2）合并通道

选择通道面板菜单中的“合并通道”命令，可根据图像模式，将各个颜色通道合并显示。通过“合并通道”命令不仅能把分离的通道合并成一个，如图 8-110 和图 8-111 所示，还可以改变图像模式，使之变成另外感觉的图像。

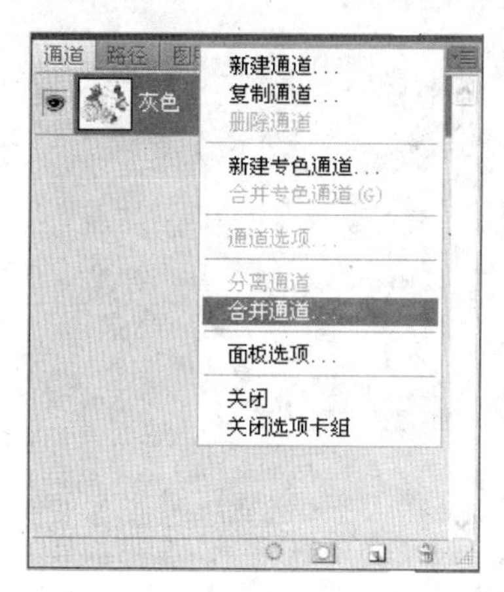

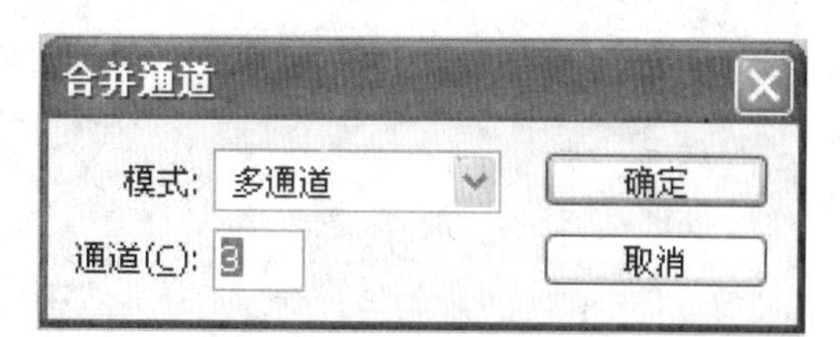

图 8-110　合并通道

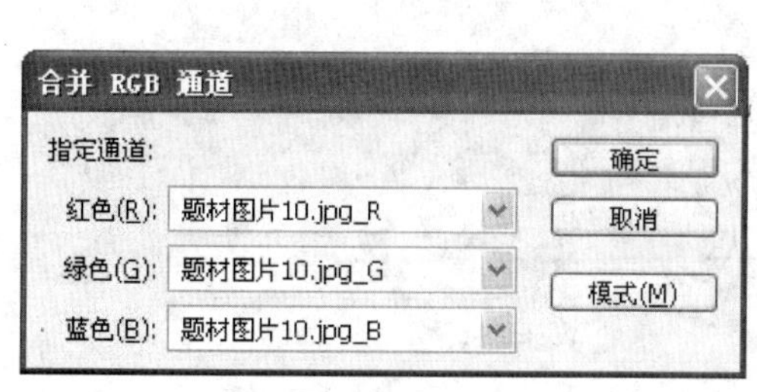

图 8-111　合并 RGB 通道设置及相应效果

8.2.3 认识图层蒙版

图层蒙版是在当前图层上创建的（一个图层只能有一个蒙版），覆盖在图像上保护某一特定的区域，用来控制图层的显示范围，把图像分成两个区域：一个是可以编辑处理的区域；另一个是被蒙版“保护”的区域，在该区域中所有的操作都是无效的，就像是被蒙住了一样。但是选区与蒙版又有一定的区别，选区是暂时的，而蒙版可以在图像的编辑过程中一直存在。蒙版用来保护被遮蔽的区域，在不改变原图层的前提下实现多种编辑。

如图 8-112 所示，图层蒙版中的白色区域就是图层中的显示区域，图层蒙版中的黑色区域就是图层中的隐藏区域，图层蒙版中的灰色渐变区域就是图层中不同程度显示的区域。在建立了图层蒙版的图像上进行编辑，被蒙版“保护”的区域中的图像不受任何破坏。图层蒙版与选区之间也可以相互转化，使用编辑或绘图工具在图层蒙版上涂抹以扩大或缩小选区，再应用到图像中，如图 8-113 所示。用白色在图层蒙版上进行描绘，蒙版的范围就会相应减少。事实上，将选区保存之后，它就变成了一个临时通道，打开“通道”面板，就可以发现它。相反，也可以把蒙版通道载入为选区。

图 8-112 建立图层蒙版

图 8-113 编辑图层蒙版

矢量蒙版可以混合图层蒙版使用，但不能用画笔工具进行修改，如果要进行修改，需要使用钢笔工具或矩形工具。

8.2.4　图层蒙版的基本操作

1. 创建图层蒙版

（1）创建一个显示整个图层的蒙版：单击“添加图层蒙版”按钮，或选择“图层”→“图层蒙版”→“显示全部”菜单命令。

（2）建立一个图层隐藏图层蒙版：按住 Alt 键，单击“添加图层蒙版”按钮；或选择“图层”→“添加图层蒙版”→“隐藏全部”菜单命令。

（3）创建一个显示所选选区并隐藏图层其余部分的蒙版：创建选区，然后单击按钮，或选择“图层”→“图层蒙版”→“显示选区”菜单命令。

（4）创建一个隐藏所选选区并显示图层其余部分的蒙版：创建选区，然后按住 Alt 键单击按钮，或选择“图层”→“图层蒙版”→“隐藏选区”菜单命令。

2. 显示图层蒙版

按住 Alt 键，并单击图层蒙版缩览图，查看灰度蒙版，这时所有图层被隐藏，显示的就是建立的图层蒙版。按住 Alt 键，再次单击缩览图或直接单击虚化的眼睛按钮，将恢复原来的状态。另外，也可以按住 Alt+Shift 快捷键，单击图层蒙版缩览图，以红色蒙版显示图层蒙版。按住 Alt+Shif 快捷键，再次单击缩览图，将恢复原来的状态。

3. 隐藏图层蒙版

在显示图层蒙版的基础上，双击图层蒙版缩览图，将打开“图层蒙版显示选项”对话框，如图 8-114 所示，在此对话框中可以选择覆盖膜的颜色和透明度。

在“图层”面板的图层蒙版缩览图上右击，在弹出的快捷菜单中选择“停用图层蒙版”命令，或选择“图层”→“停用图层蒙版”命令，或按住 Shift 键单击图层蒙版缩览图，都可以暂时停用（隐藏）图层蒙版，此时，图层蒙版缩览图上有一个红色的×，如图 8-115 所示。如果想重新显示图层蒙版，选择“图层”→“启用图层蒙版”命令即可。

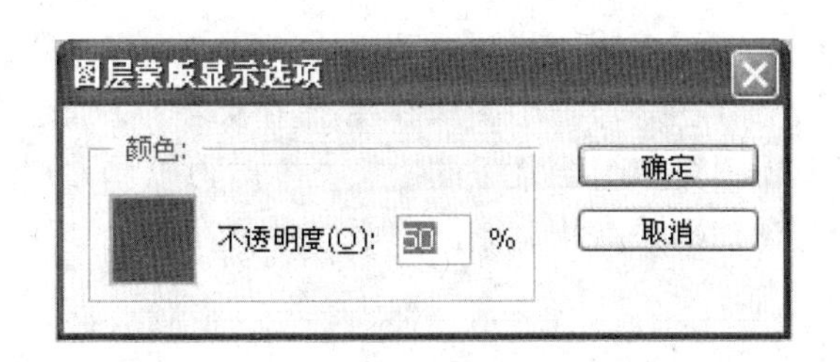

图 8-114　“图层蒙版显示选项”对话框

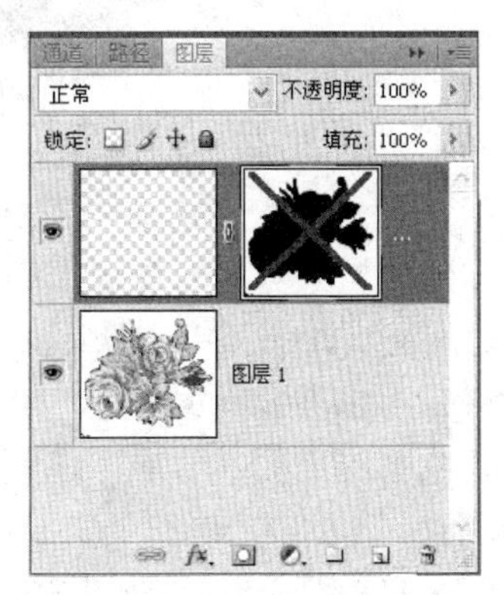

图 8-115　停用（隐藏）图层蒙版

4．编辑图层蒙版

1）编辑选区

图层蒙版在创建后，可以根据黑色遮盖图像、白色显示图像的原理，使用绘图工具对其进行随意编辑。用黑色涂抹图层上蒙版以外的区域时，涂抹的地方会变成蒙版区域，从而扩大图像的透明区域；用白色涂抹被蒙住的区域时，蒙住的区域会显示出来，蒙版区域就会缩小；用灰色涂抹将使被涂抹的区域变得半透明，如图 8-116 和图 8-117 所示。

图 8-116　对图层蒙版编辑前

图 8-117　对图层蒙版编辑后

2）图层蒙版的链接与取消

创建图层蒙版后，在“图层”面板中的图层缩览图和图层蒙版缩览图之间有一个链接符号，位置如图 8-118 所示。当链接符号存在时，图层图像和图层蒙版链接在一起，可同时移动。单击链接符号，可以取消图层图像和图层蒙版的链接，此时可以单独移动图层图像或图层蒙版，如果不取消链接符号，则只能移动图层蒙版，并且在移动到新图层之后，立刻与之链接在一起。

图 8-119 所示为运用如图 8-120 所示的图层蒙版制作的图像效果。

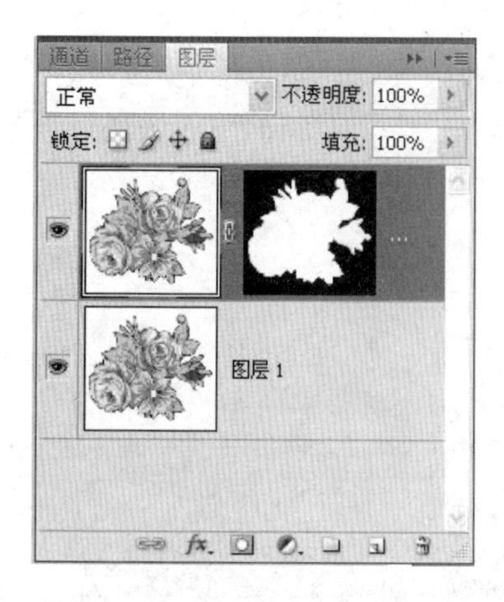

图 8-118　创建图层蒙版后的“图层”面板

图 8-119　运用图层蒙版制作的图像效果

首先将两个素材文件导入，使有花环图像的图层作为“背景”图层，将有女孩头像的白色空白区域用魔棒工具选中，并将选中的区域清除。将花环图层复制出一个图层副本，然后将花环内部的空白区域用魔棒工具选中，并将选中的区域删除，在得到的图层上建立一个显示全部的图层蒙版。最后根据画面的需要运用黑白渐变在图层蒙版上进行编辑，再稍做调整，就完成了作品。

3）建立快速蒙版

建立好选区之后，单击工具箱下方的“以快速蒙版模式编辑”按钮，就会产生一个暂时性的蒙版和一个暂时性的通道。如果希望改变快速蒙版的颜色或范围，可以双击按钮，或者在“通道”面板中双击快速蒙版通道，或直接选择通道面板菜单中的“快速蒙版选项”命令，此时会打开“快速蒙版选项”对话框，在其中调整快速蒙版的设置，如图 8-121 所示。当图形的编辑模式转化为蒙版编辑模式时，快速蒙版可以通过一个红色的、半透明的覆盖层观察图像。图像上被覆盖的部分是被保护起来不能改动的，其余部分则不受保护。将快速蒙版保存在通道中，可以用绘图工具或编辑工具，甚至可以用滤镜来编辑蒙版。在快速蒙版编辑模式下，要注意对前景色的选择。黑色会使蒙版增大，使选择区域减少；白色则使蒙版减小，增大选择区域。快速蒙版适用于建立临时性的蒙版，一旦使用完就会自动消失，当退出快速蒙版模式时，非保护区域将转化为一个选区。

图 8-120　“图层”面板

5. 停用和删除图层蒙版

在“图层”面板中的图层蒙版处右击，会弹出图层蒙版编辑的快捷菜单，如图 8-122 所示，可以根据需要选择是停用图层蒙版还是删除蒙版。如果要删除图层蒙版，将要删除的图层蒙版拖曳到“删除图层”按钮上，会打开如图 8-123 所示的对话框。单击“删除”通道按钮可删除图层蒙

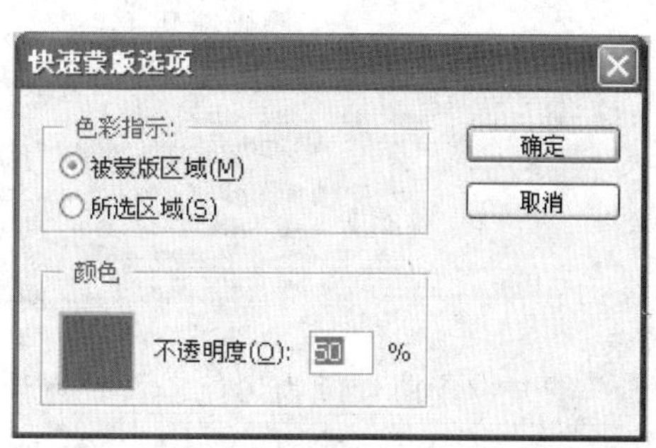

图 8-121　“快速蒙版选项”对话框

版，如果单击“应用”按钮，图像会根据图层蒙版的作用而改变。也可以通过“通道”面板按钮进行删除，在应用图层蒙版后，会在“通道”面板上生成一个新的蒙版通道，直接将其拖动到“删除通道”按钮上也可以删除图层蒙版。

图 8-122 图层蒙版编辑的快捷菜单

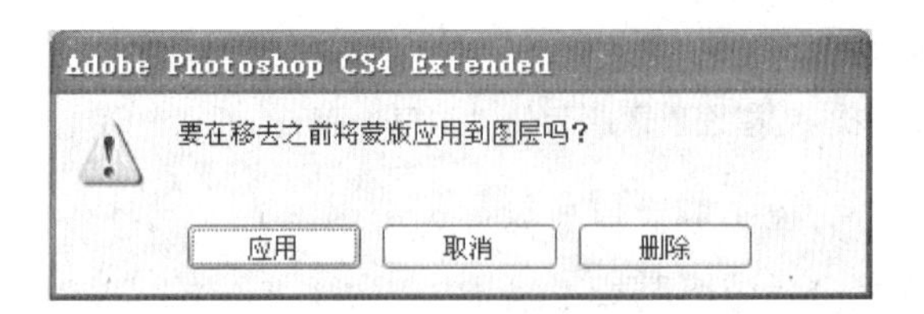

图 8-123 提示对话框

8.3 实训项目：制作矿泉水宣传海报

本节应用本章所学的知识点制作一幅“矿泉水宣传海报”，以了解和掌握通道、图层和蒙版的强大功能。

（1）选择“文件”→“新建”命令新建文件，参数设置如图 8-124 所示。

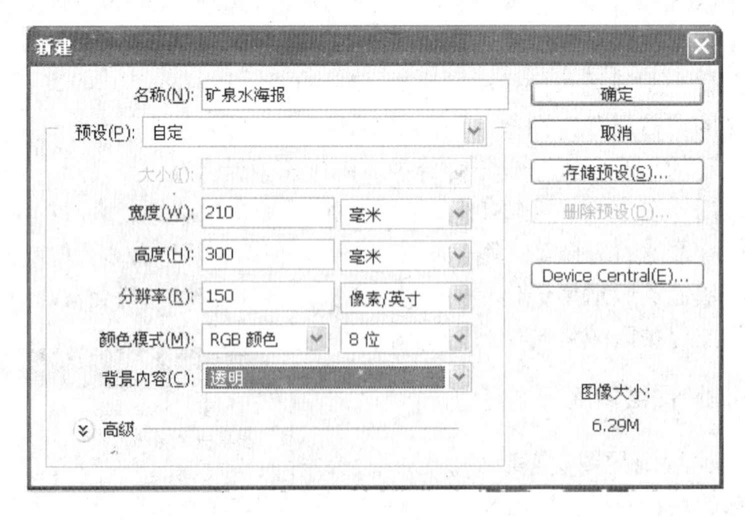

图 8-124 新建文件

（2）设置前景色为黑色、背景色为白色，然后选择“滤镜”→“渲染”→“纤维”菜单命令，采用默认参数，如图 8-125 所示，效果如图 8-126 所示。

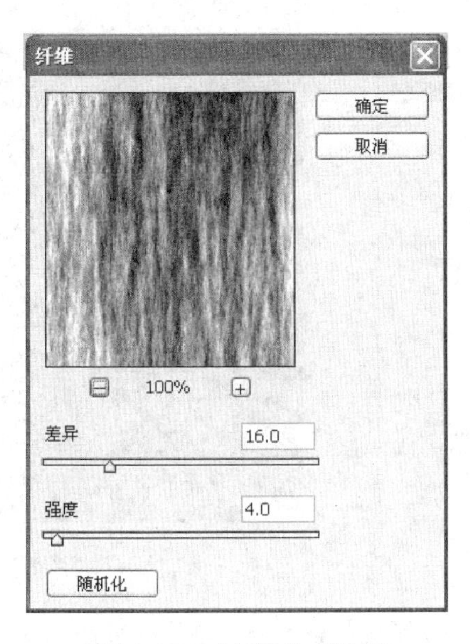

图 8-125 “纤维”对话框

图 8-126 纤维效果

（3）选择“滤镜”→“纹理”→“染色玻璃”菜单命令，在打开的对话框中设置参数如图 8-127 所示，效果如图 8-128 所示。

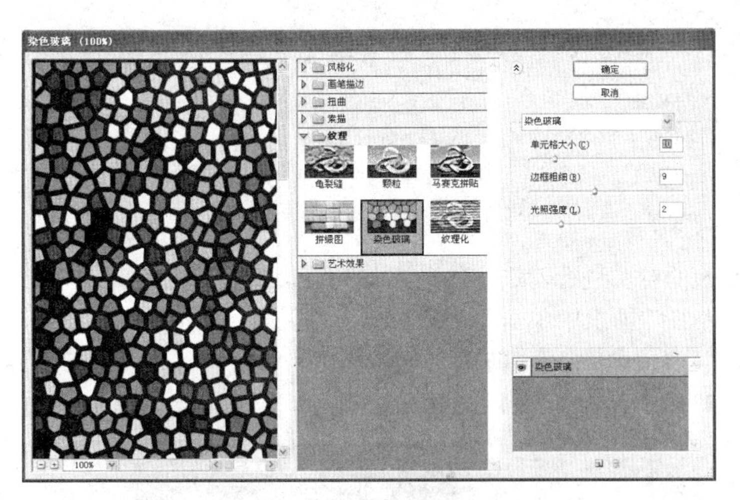

图 8-127 “染色玻璃”对话框

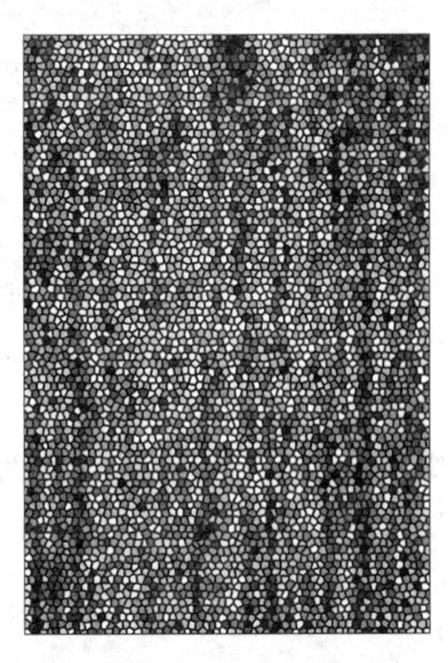

图 8-128 染色玻璃效果

（4）选择“滤镜”→“素描”→“塑料效果”菜单命令，在打开的对话框中设置参数如图 8-129 所示，效果如图 8-130 所示。

（5）双击“背景”图层，将其命名为“水滴”。然后选择魔棒工具，设置容差值为 32，并选中“连续的”复选框，选择图 8-130 中的黑色部分，按 Delete 键删除，接着选择“选择”→“取消选择”命令，效果如图 8-131 所示。

（6）选择“文件”→“打开”菜单命令，打开素材图片“矿泉水.jpg”。观察通道中的矿泉水瓶透明区域，发现红色通道比较清晰，选择红色通道并复制，如图 8-132 所示。

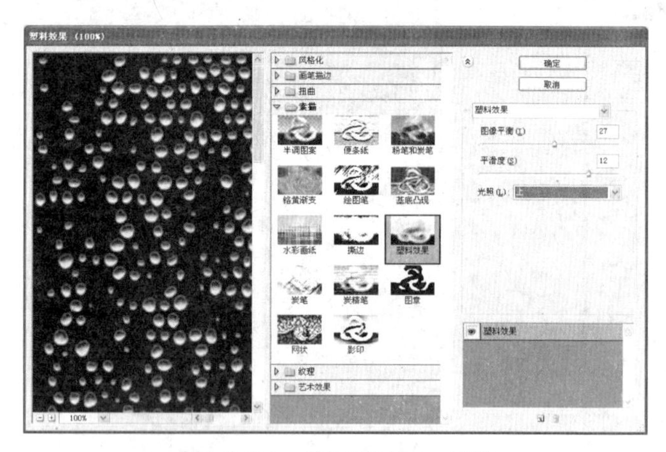

图 8-129 “塑料效果”对话框

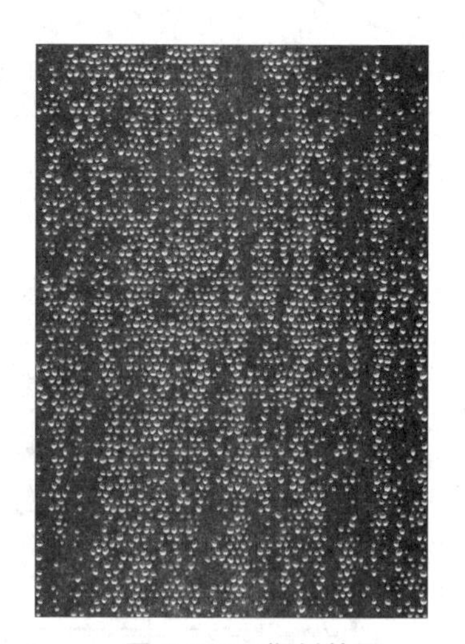

图 8-130 塑料效果

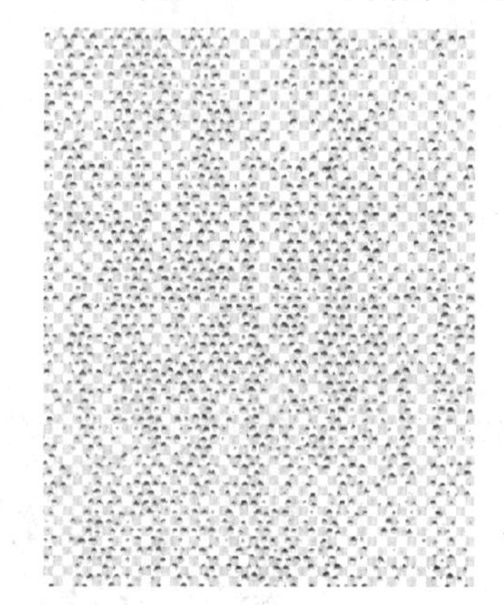

图 8-131 删除黑色部分效果

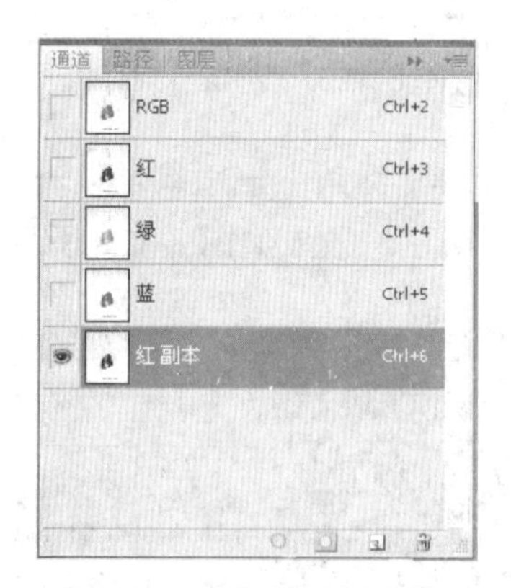

图 8-132 复制红色通道

（7）用钢笔工具沿矿泉水瓶的轮廓进行勾选，如图 8-133 所示。

（8）完成闭合路径，在“路径”面板中单击“将路径作为选区载入”按钮，将路径转换成选区。然后选择“选择”→“反向”命令将选区反选，利用工具箱中的油漆桶工具将其填充为黑色，效果如图 8-134 所示。

图 8-133 沿矿泉水瓶轮廓勾选

图 8-134 填充黑色效果

（9）选择“选择”→“反向”菜单命令，将选区反选，然后利用工具箱中的油漆桶工具填充白色，对于透明部位用“曲线”命令调整明暗，效果如图 8-135 所示。

（10）按住 Ctrl 键同时单击“红副本”通道，载入通道，并选择“编辑”→“拷贝”命令进行复制。回到“图层”面板，激活“背景”图层，然后选择“图层”→“新建”→“通过拷贝的图层”命令，如图 8-136 所示。

图 8-135 填充白色效果

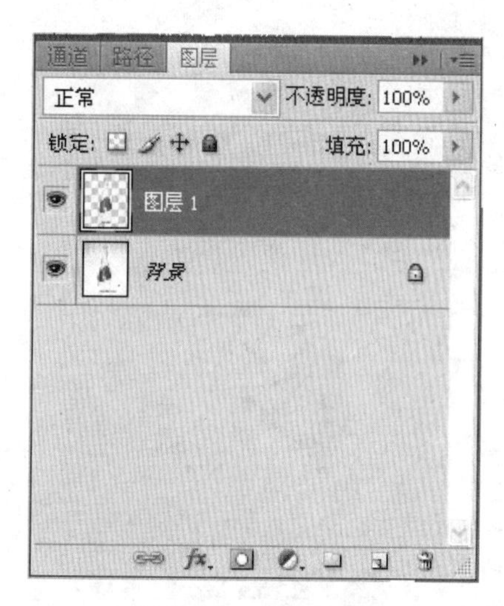

图 8-136 “图层”面板

（11）用移动工具把“图层 1”拖动到海报中并置于底层，如图 8-137 所示。

（12）设置“水滴”图层的混合模式为“叠加”，按住 Ctrl 键同时单击“图层 1”，选择矿泉水瓶区域，添加图层蒙版，如图 8-138 所示。然后选择笔刷工具，在蒙版中调整多余的水珠部分，效果如图 8-139 所示。

图 8-137 拖入“图层 1”

图 8-138 添加图层蒙版

（13）选择“图层”→“新建图层”菜单命令，生成“图层 2”并将“图层 2”置于底层。然后选择渐变工具，设置径向渐变，如图 8-140 所示，并旋转矿泉水瓶，完成后的效果如图 8-141 所示。

（14）拖曳“图层 1”至面板下方的“创建新图层”按钮上复制“图层 1”，得到“图层 1 副本”，并添加图层蒙版，如图 8-142 所示。调整矿泉水瓶倒影，效果如图 8-143 所示。

图 8-139　调整图层蒙版效果

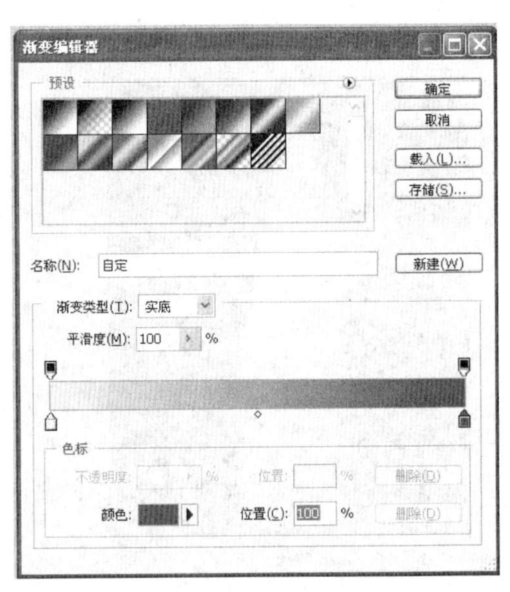

图 8-140　“渐变编辑器”对话框

图 8-141　径向渐变及旋转效果

图 8-142　添加图层蒙版

（15）选择“文件”→“打开”菜单命令，在打开的“打开”对话框中选择“水纹.jpg”素材图片，并用移动工具将其拖入矿泉水海报中，置于“图层 2”上方，图像效果如图 8-144 所示。

图 8-143　添加图层蒙版效果图

图 8-144　在矿泉水海报中打开水纹图片

（16）在“图层”面板上调整图层混合模式为“正片叠底”，在工具箱中选择橡皮擦工具擦除、整理边缘痕迹，并用“曲线”命令调节明暗程度。然后为矿泉水瓶添加瓶盖，加重矿泉水侧面图像，效果如图 8-145 所示。

（17）打开素材图片“标志.jpg”，将其拖入到矿泉水海报中，并调整大小。然后用文字工具添加文字，并双击文字图层，添加外发光图层样式，如图 8-146 所示。

图 8-145　图片效果

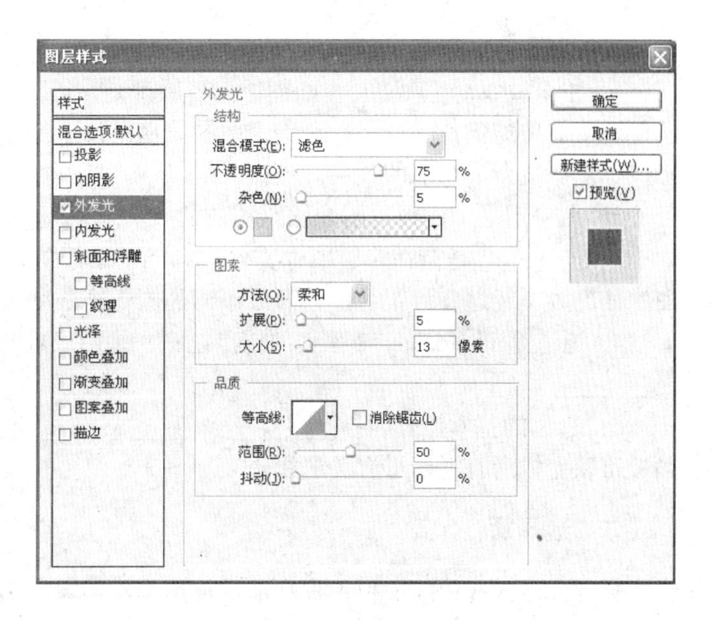

图 8-146　设置图层样式

（18）调整各元素的位置，最终效果如图 8-147 所示。

图 8-147 最终效果

习 题 8

一、填空题

1．用 Photoshop 软件制作的图像，一般都是由若干个________组成的，每个________就像透明的玻璃薄片一样。在这些透明的玻璃薄片上绘制图像，然后层层叠加在一起，就形成了图像复杂、绚丽的效果。

2．在“图层”面板的图像缩览图前的👁为________标志。

3．________是指在多层图像文件中，当前图层的图像信息数据与位于其下面图层的图像信息数据经过各种混合，会形成不同的图像合成效果。

4．通道是 Photoshop 最强大的特点之一，是图像处理中不可缺少的重要工具。它主要是________。

5．通道的基本操作包括________、________、________和________，通过“通道”面板可以完成所有与通道有关的操作。

二、选择题

1．Photoshop CS4 面板根据功能、使用的频率以及操作的简便性将多个面板整合在一起，称之为________。

A．菜单栏　　　　B．面板组

C．状态栏　　　　D．工具栏

2．在 Photoshop 软件中选择________菜单命令，会打开“新建图层”对话框。

A．“图层”→“新建”→“图层”　　B．“图层”→“插入”→“图层”

C．“选择”→“新建”→“图层”　　D．“图层”→“编辑”→“图层”

3．在包含矢量数据和生成的数据（如填充图层）的图层上，不能使用绘画工具或滤镜对这些图层进行编辑。通过右击，选择________可以将其转换为平面的光栅图像。

A．“新建”→“图层”　　B．“创建新通道”

C．“栅格化图层”　　D．“栅格化通道”

4．________模拟了太阳光和灯光照在物体上所产生的光影效果，在图像中添加投影，以使图像更具有立体效果。

A．内发光　　B．投影

C．浮雕　　D．斜面和浮雕

5．________可以混合图层蒙版使用，但不能用画笔工具进行修改。如果要进行修改需要使用钢笔工具或矩形工具。

A．图层蒙版　　B．混合选项

C．智能蒙版　　D．矢量蒙版

三、上机练习题

打开需要的 4 副图像素材，如图 8-148 所示，根据本章所学知识制作如图 8-149 所示的效果。

图 8-148　素材图像

图 8-149　最终效果

第9章 Photoshop的滤镜特效

【学习目标】滤镜被称为Photoshop图像处理软件的"灵魂",是Photoshop中制作图像特效较常用的方式。本章主要介绍Photoshop CS4中各种滤镜的效果和功能,要求读者了解滤镜的各种效果和功能,并掌握运用滤镜的技巧。

【本章重点】

- 了解滤镜的各种效果;
- 滤镜在图像编辑和修饰中的应用;
- 常用滤镜的功能和应用。

滤镜在Photoshop CS4中有着十分强大的作用,其功能丰富、效果神奇,并且使用比较简单,在图像处理过程中是应用最为广泛的工具之一。通过滤镜可以对当前可见图层或图像选区的像素数据进行各种特效的处理,因此滤镜也是为图像增加特定效果的有效工具。除了软件自身提供的内置滤镜效果外,还有许多第三方软件开发商生产的外挂滤镜效果,这些外挂滤镜的应用也很简单,直接将第三方滤镜放在"增效工具"文件夹中,再次启动Photoshop软件后就可以使用这些滤镜效果了。本章主要介绍滤镜的基础知识,以及主要内置滤镜的使用和功能。

9.1 初识滤镜

所谓滤镜是指以特定的方式处理图像文件的像素特性的工具,它如同摄影时使用的过滤镜头,能使图像产生特殊的艺术效果。通过运用滤镜,可以处理、修饰照片,制作出特殊的、丰富多彩的图像画面艺术效果。Photoshop CS4提供了多种滤镜,根据效果的不同,将它们分组、归类,存放在菜单栏的"滤镜"菜单中,如图9-1所示。

9.2 滤镜的使用

Photoshop CS4本身提供了很多滤镜,其使用效果各有不同,读者只有通过不断实践,在实践中积累经验,认识它们的特性,才能掌握好各种滤镜的使用,制作出绚丽多彩的特殊效果。

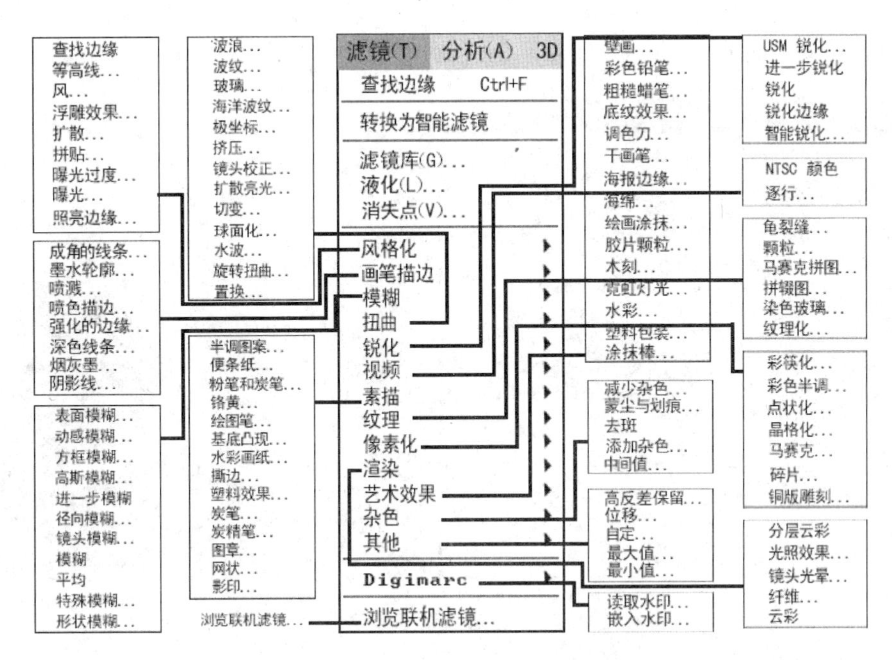

图 9-1 “滤镜”菜单及扩展命令

各种滤镜的应用方法很相似，只需在菜单栏中单击“滤镜”，在弹出的“滤镜”菜单中选择所需要的滤镜命令，然后在打开的对话框中设置相应的参数，最后按“确定”按钮即可。例如要对图 9-2 所示的素材图像执行“波浪”命令，可以选择“滤镜”→“扭曲”→“波浪”命令，在打开的“波浪”对话框中进行参数设置，在一侧的预览图中观察图像，达到想要的效果即可，其设置和效果如图 9-3 所示。

图 9-2 素材图像

应该注意的是，滤镜命令在处理图像的过程中需要进行大量的数据运算，越是复杂的滤镜效果，相应的处理过程也越复杂，尤其是处理较大图像文件时处理的时间会很长。为了提高工作效率，在滤镜设置对话框中提供了一个和原图一样，但尺寸缩小的图像，通过它可以预览处理后的效果。

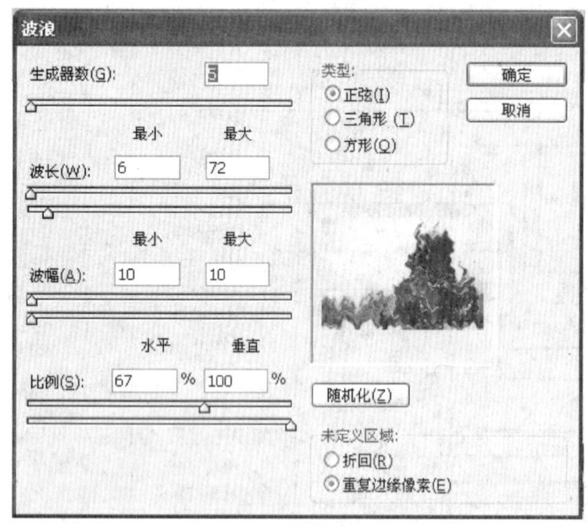

图 9-3 “波浪”设置和效果图

有些滤镜命令在缩小预览框内的图像时，可以通过调整对话框中的预览图下方的“–”、“+”按钮放大或缩小预览图，如图 9-4 所示。

图 9-4 缩放预览图

9.2.1 直接运用滤镜效果

在 Photoshop 软件中，有些滤镜命令在执行时不会显示参数选项或者打开对话框，不需要对这些命令进行设置，直接执行滤镜命令即可，如“滤镜”→“风格化”→“曝光过度”命令、“滤镜”→“模糊”→“平均”命令等。它们都有一个共同的特点，就是在该命令后没有…符号。在 Photoshop 内置滤镜中，共有 10 余个这样的命令。

9.2.2 通过滤镜对话框设置滤镜效果

在 Photoshop 软件中大部分命令都是这种形式，在执行时会显示参数选项或者打开对话框，用户可以根据需要对这些命令进行设置。在这些命令后有…符号，如“滤镜”→“风格化”→“浮雕效果”菜单命令，需要在相应对话框中设置“角度”、“高度”和“数量”等才能调整出更加细腻、丰富的图像效果，如图 9-5 所示。

9.2.3 运用滤镜库

在 Photoshop CS4 中，“滤镜库”是所有滤镜命令中功能最为强大的命令，为了使用户操作方便，它将比较常用的滤镜集中在一起，其对话框如图 9-6 所示。

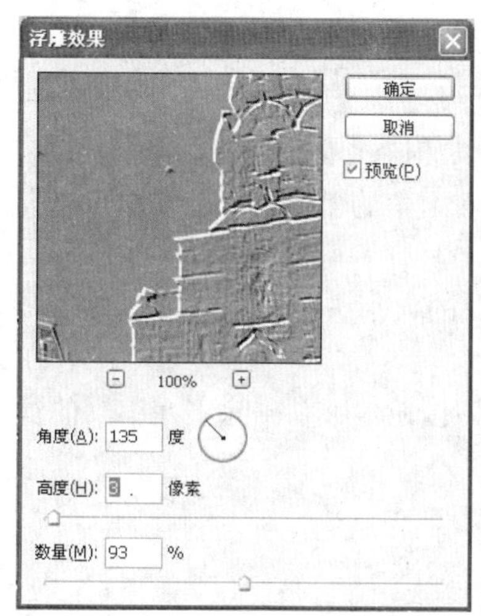

图 9-5 “浮雕效果”对话框及产生的浮雕效果

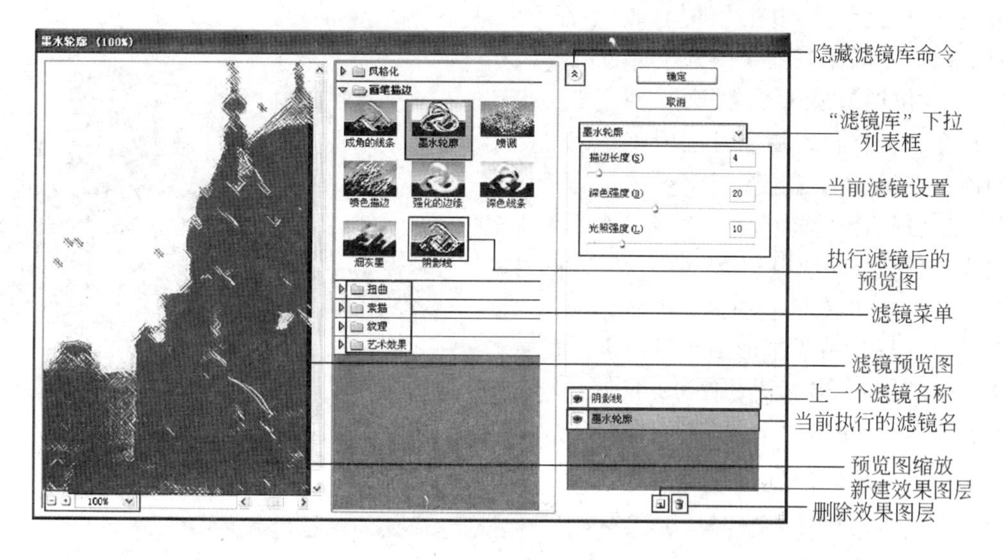

图 9-6 “滤镜库”对话框

选择“滤镜”→“滤镜库”菜单命令后，可打开“滤镜库”对话框，该对话框中的主要选项如下所述。

“隐藏滤镜库命令”按钮⌃：位于滤镜库对话框的右上角，单击它可以将所有滤镜库内的命令列表隐藏，以便于放大查看“滤镜预览图”。

“滤镜库”下拉列表框：位于滤镜库对话框的右上角，单击▼按钮会弹出滤镜库内的所有滤镜命令，通过选择也可以达到执行滤镜命令的效果。在正常状态下，显示的是正在执行的滤镜名称。

“当前滤镜设置”选项：位于“滤镜库”下拉列表框下，是对当前执行的滤镜命令的调整。

滤镜预览图：同一图像在滤镜命令执行后效果的缩小显示。

执行滤镜后的预览图：对图像在执行滤镜命令之后的预览显示，可显示执行多次滤镜命令之后的效果。

上一个滤镜名称：当被处理的图像需要执行多个滤镜命令时，滤镜的效果都是建立在前一个滤镜效果之上的。如果单击该命令前的 按钮，可以使该滤镜命令效果隐藏。

“新建效果图层”按钮：单击位于“滤镜库对话框”右下角的按钮，可以在滤镜列表中通过该命令添加一个新的滤镜效果。

“预览图缩放”按钮：对被执行滤镜的图像预览图的大小进行调整。通过单击，可以实现对预览图显示范围的调整。

“删除效果图层”按钮：位于对话框的右下角，单击该按钮，可以删除正在编辑的滤镜层。

9.2.4 滤镜运用的技巧

需要注意的是，“滤镜库”非常灵活，通常是应用滤镜的最佳选择，但是并非“滤镜”菜单中列出的所有滤镜在“滤镜库”中都可用。另外，该命令对某些图像模式，如位图、索引模式和 16 位通道模式不能应用，对于“文字图层”只有在栅格化之后才可应用。滤镜只能用于当前正在编辑的可见图层或被选定的区域，该命令也可配合“编辑”→“渐隐”命令和“混合模式”命令共同使用，会出现一些特殊效果。例如，对于图 9-7 所示的素材图像，选择“滤镜”→“素描”→“半调图案”命令，设置参数如图 9-8 所示，其效果如图 9-9 所示。然后选择“编辑”→“渐隐”命令，在打开的“渐隐”对话框中进行设置，如图 9-10 所示，最终形成的图像效果如图 9-11 所示。

图 9-7　素材图像

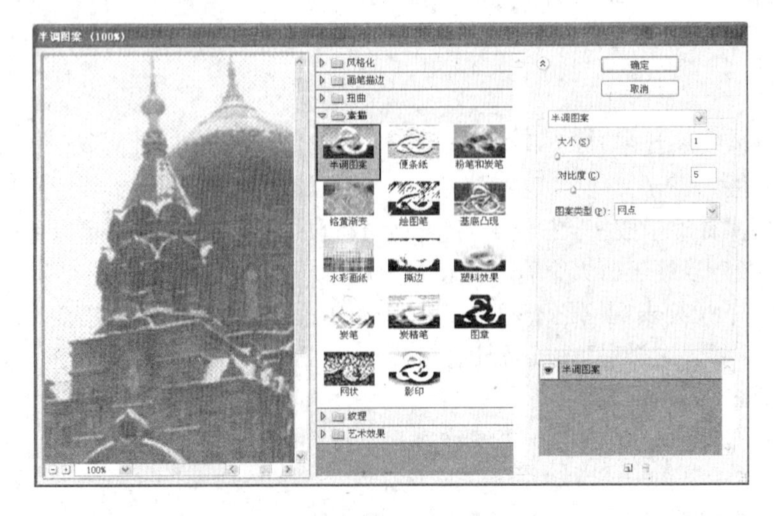

图 9-8 “半调图案”滤镜设置

图 9-9　应用了“半调图案”滤镜

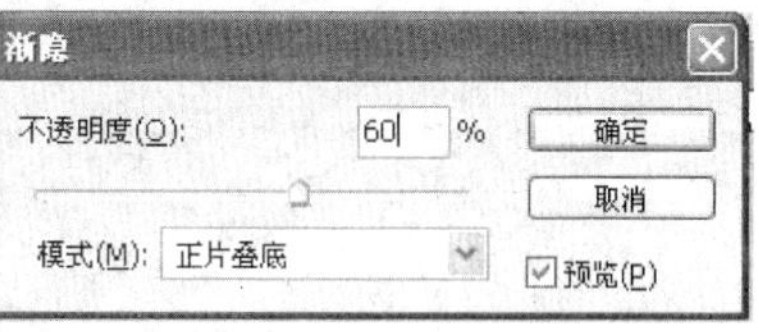

图 9-10　设置“渐隐”对话框

图 9-11　最终效果

9.3　滤镜在图像编辑和修饰中的应用

9.3.1　液化滤镜

使用“液化”命令可以对图像制作液体仿真的变形效果，可以运用画笔工具制作各种变形效果，实现对图像区域进行位移、旋转、挤压、膨胀、镜像等处理。“液化”命令类似“编辑”→“变形”命令，但具有更大的自由度。

选择“滤镜”→“液化”菜单命令会打开“液化”对话框，如图 9-12 所示。在对话框的左侧有一竖排工具选项，通过选择这些工具选项，如向前变形工具、顺时针旋转扭曲工具、褶皱工具等，然后设置“液化”对话框右侧的“工具选项”、“重建选项”、“蒙版选项”和“视图选项”等，调整画笔，可以实现不同的“液化”图像效果。

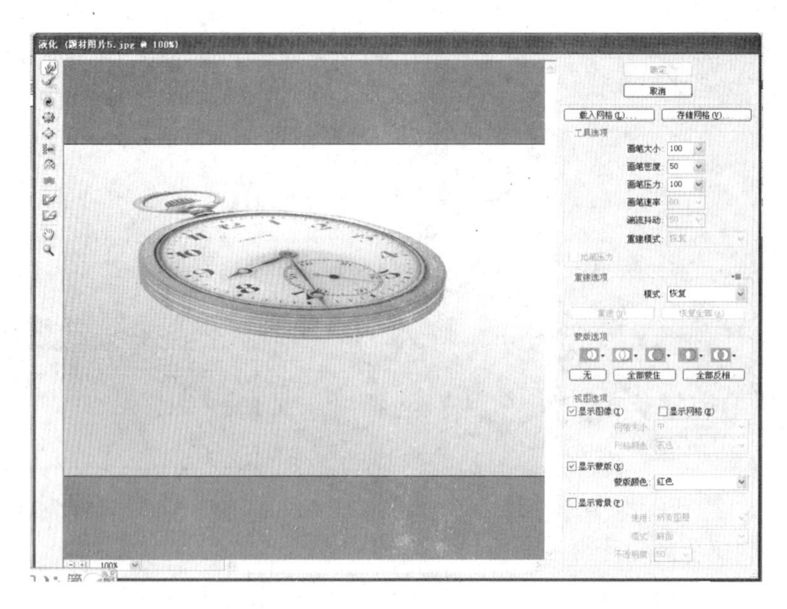

图 9-12 “液化”对话框

对图像素材的右半部分进行“液化”设置：选择“滤镜”→“液化”命令，打开“液化”对话框，选择向前变形工具和褶皱工具分别对其进行设置，然后调整至合适的笔刷，在素材图像的预览图上进行拖曳得到如图 9-13 所示的图像效果。

 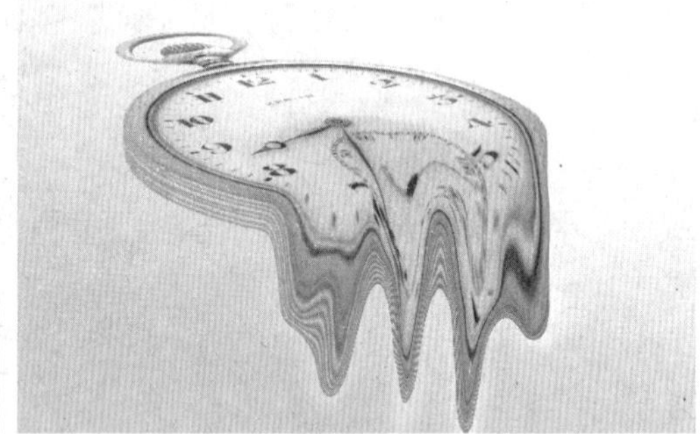

图 9-13 执行“液化”命令的图像前后对比图

9.3.2 消失点滤镜

“消失点”命令，可以在编辑图像时，根据图像的透视对图像进行编辑。在“消失点”命令执行的过程中，可以对图像特定的平面进行仿制、复制和自由变换等，也可以用该命令修改和添加图片内容，其效果符合透视规律，使图像效果更加逼真。

下面通过一个实例来学习“消失点”命令的用法。

【例 9.1】 在一幅图像素材的建筑物上添加一个名称。

（1）分别打开需要修改的两张图像素材，如图 9-14 和图 9-15 所示，在图 9-15 中使用魔棒工具将文字选中，进行复制后关闭该图像。

图 9-14　素材图像 1

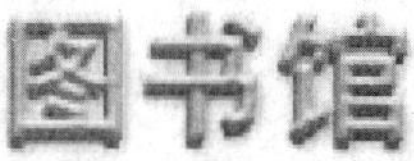

图书馆

图 9-15　素材图像 2

（2）返回图 9-14 所示图像的窗口，对该图层进行复制，然后选择“滤镜”→“消失点”命令，打开“消失点”对话框，如图 9-16 所示。其默认工具为创建平面工具，位于“消失点”对话框的左上角。用此工具在图像上建立一个平面选区，如图 9-17 所示。

图 9-16　“消失点”对话框

图 9-17　创建平面选区

（3）调整“消失点”对话框上部的“网格大小”滑块，拖曳网格上部的白色控制点，将网格拉高，效果如图 9-18 所示。

（4）按 Ctrl+V 快捷键将建筑名称粘贴到图像上，如图 9-19 所示。然后将文字拖入建立好的网格中，如图 9-20 所示。单击对话框左侧的“变换工具”按钮，调整文字的大小和位置，最后单击“确定”按钮，即可得到最终效果，如图 9-21 所示。

图 9-18　调整“网格大小”滑块

图 9-19　粘贴建筑名称的图像效果

图 9-20　调整建筑名称的图像效果

图 9-21　应用消失点滤镜的效果

9.4　常用滤镜的功能及应用

9.4.1　校正性滤镜

在应用 Photoshop 软件过程中，用户经常会碰到图像模糊、杂点过多或需要做变焦处理的情况，这时可以用校正性滤镜进行处理。使用这些滤镜往往能达到非常精致的处理效果，校正性滤镜包含“模糊”、“杂色”、“锐化”和“其他”滤镜组。

1．“模糊”滤镜组

应用该命令组中的命令可以柔和、淡化图像中不同色彩、明度的边界，创造出各种特殊的模糊效果，可以多次使用该组滤镜观察处理的效果。“模糊”滤镜组的应用非常广泛，是设计师最常用的滤镜组之一。模糊滤镜组中包含表面模糊、动感模糊、方框模糊、高斯模糊、进一步模糊、径向模糊、镜头模糊、模糊、平均、特殊模糊和形状模糊滤镜，如图 9-22 所示。

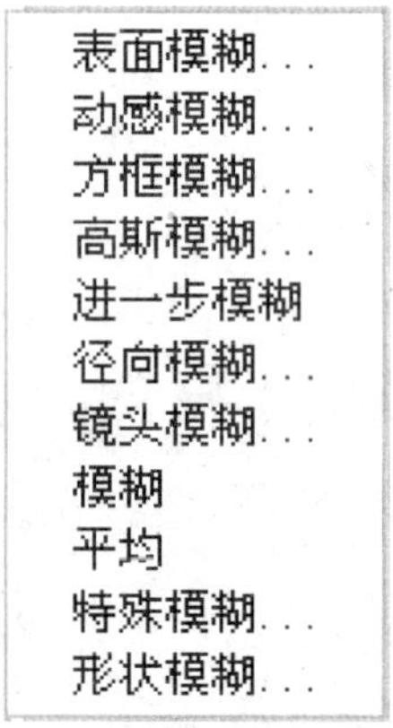

表面模糊...
动感模糊...
方框模糊...
高斯模糊...
进一步模糊
径向模糊...
镜头模糊...
模糊
平均
特殊模糊...
形状模糊...

图 9-22　“模糊”滤镜组

1）表面模糊滤镜

表面模糊滤镜多用来处理粗糙的人物面部皮肤，可以在保留图像边缘的同时模糊图像消除杂色或粒度。

打开需要修改的图像素材，如图 9-23 所示，然后选择“滤镜”→“模糊”→“表面模糊”菜单命令，打开“表面模糊”对话框，在该对话框中调整“半径”、“阈值”，同时在图像预览框中查看图像效果，单击“确定”按钮后，面部粗糙的皮肤会变得相当光滑，效果如图 9-24 所示，对话框设置如图 9-25 所示。

图 9-23　素材图像

图 9-24　表面模糊滤镜效果

该对话框中的“半径”用于，指定模糊取样区域的大小，数值越小，模糊的范围越大；“阈值”用于控制相邻像素色调值与中心像素值模糊的程度。

2）动感模糊滤镜

动感模糊滤镜是模仿对高速运动的物体进行拍照的图像效果，类似于以固定的曝光时间给一个移动的对象拍照。

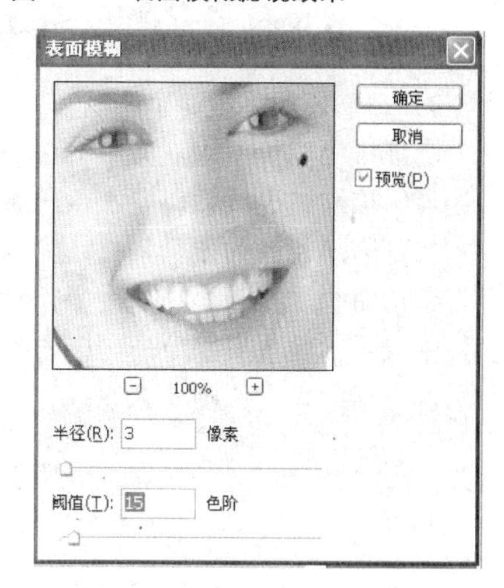

图 9-25　“表面模糊”对话框

打开需要修改的图像素材，如图 9-26 所示，然后选择“滤镜”→“模糊”→“动感模糊”菜单命令，打开“动感模糊”对话框，在该对话框中调整“角度”、“距离”，同时在图像预览框中查看图像效果，单击“确定”按钮后，慢跑的运动员会变得速度感十足，效果如图 9-27 所示，对话框设置如图 9-28 所示。在“动感模糊”对话框的预览框下方有 按钮，单击它们可调整预览图像的范围，如图 9-29 所示。

图 9-26　图像素材

图 9-27　动感模糊滤镜效果

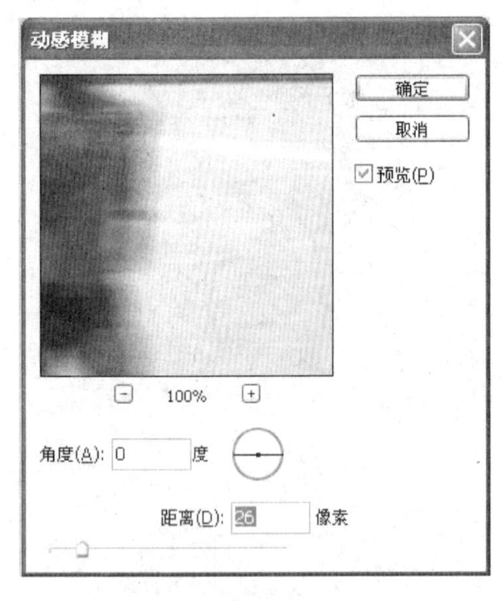

图 9-28 “动感模糊”对话框

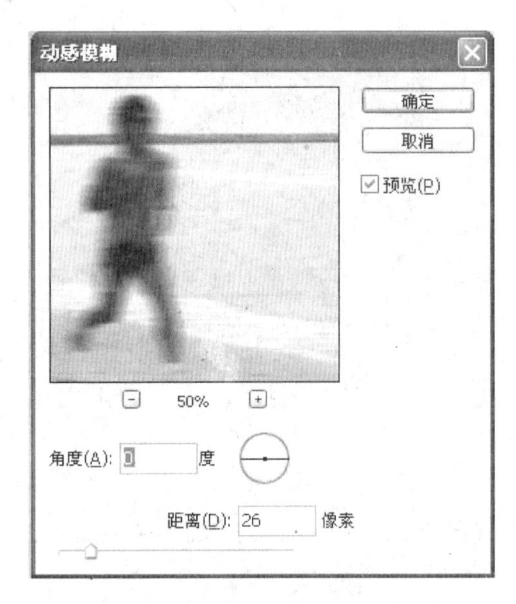

图 9-29 调整预览图像的范围

3）高斯模糊滤镜

高斯模糊滤镜添加低频细节以快速模糊选区，用于制作阴影、消除边缘锯齿、去除明显边界。该滤镜通过调整能产生一种朦胧效果，可以掩盖图像的某些不足。

打开需要修改的图像素材，如图 9-30 所示，然后选择“滤镜”→“模糊”→“高斯模糊”菜单命令，打开“高斯模糊”对话框。在对话框中调整“半径”数值，同时在图像预览框中查看图像效果，单击“确定”按钮后，原本清晰的图像变得很模糊，效果如图 9-31 所示，对话框设置如图 9-32 所示。

图 9-30 素材图像

图 9-31 高斯模糊滤镜效果

4）径向模糊滤镜

径向模糊滤镜，会产生向四周散射或旋转的模糊效果，用来突出中心点图像。当在“径向模糊”对话框中选中“旋转”单选按钮时，图像沿同心圆环线模糊；当选中“缩放”单选按钮时，沿径向线模糊，产生冲出画面的效果。

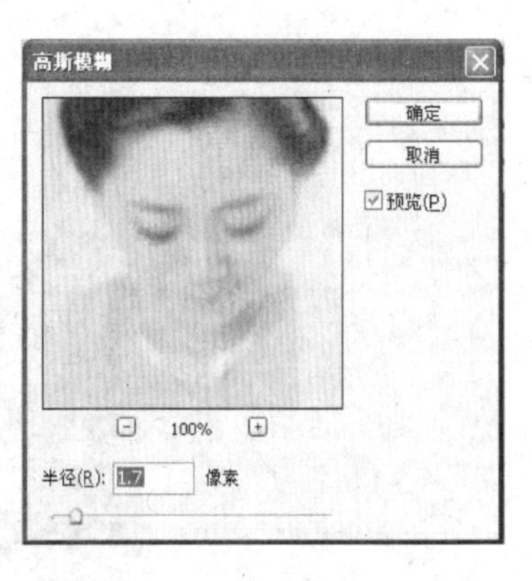

图 9-32　“高斯模糊”对话框

打开需要修改的图像素材，如图 9-33 所示，然后选择“滤镜”→“模糊”→“径向模糊”菜单命令，打开“径向模糊”对话框，在该对话框中选中“缩放”和“好”单选按钮，然后调整“半径”数值，同时在图像预览框中查看图像效果，单击“确定”按钮得到的效果如图 9-34 所示，对话框设置如图 9-35 所示。

图 9-33　图像素材

图 9-34　径向模糊滤镜效果

5）镜头模糊滤镜

镜头模糊滤镜用来模拟各种镜头景深产生的模糊效果。

打开需要修改的图像素材，如图 9-36 所示，然后选择“滤镜”→“模糊”→“镜头模糊”菜单命令，打开“镜头模糊”对话框，在该对话框中调整“深度映射”、“光圈”、“镜面高光”及“杂色”数值，同时在图像预览框中查看图像效果，单击“确定”按钮后，得到的效果如图 9-37 所示，对话框设置如图 9-38 所示。

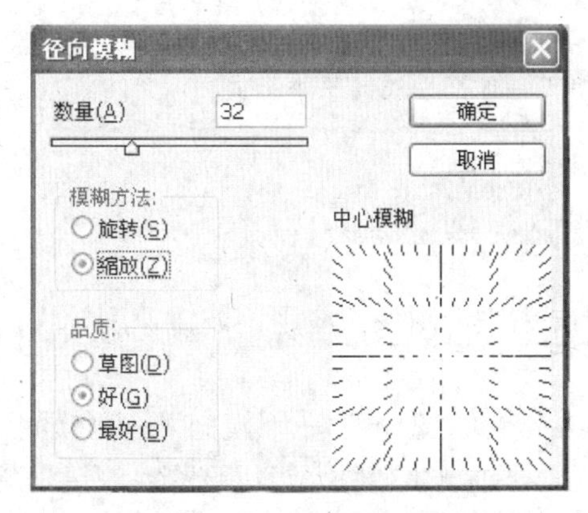

图 9-35　“径向模糊”对话框

图 9-36　图像素材

图 9-37　镜头模糊滤镜效果

图 9-38　“镜头模糊”对话框

6）模糊滤镜

模糊滤镜可以通过减少相邻像素之间的颜色差异来平滑图像，应用该滤镜速度较快，效果较柔。

打开需要修改的图像素材，如图 9-39 所示，然后选择“滤镜”→“模糊”→“模糊”菜单命令，得到如图 9-40 所示的效果。如果感觉还需要进一步模糊，可以选择“滤镜”菜单的第一项，重复执行刚才的滤镜命令，效果如图 9-41 所示。

图 9-39　图像素材

图 9-40　模糊滤镜效果

2. “杂色”滤镜组

该滤镜组中的命令主要用来为所处理的图像添加带有随机分布色阶的像素点或去除图像中的杂点，从而达到丰富画面的效果。杂色滤镜组中包含减少杂色、蒙尘与划痕、去斑、添加杂色和中间值 5 个滤镜，在处理图像的过程中经常应用以下几个。

图 9-41　再次执行“模糊”命令效果

1）减少杂色滤镜

减少杂色滤镜多用来消除图像因各种原因产生的杂点，可以在保留图像边缘的同时减少杂色。

打开需要修改的图像素材，如图 9-42 所示，然后选择“滤镜”→“杂色”→“减少杂色”菜单命令，打开“减少杂色”对话框。在该对话框中有两个单选按钮，分别是“基本”和“高级”，选择“高级”单选按钮后，可以在下面对图像的每个通道进行细致的调整，这样处理的图像效果更加细腻，成片质量更高。而选择“基本”单选按钮后，只能对图像进行一般的调整。在调整的同时可以在图像预览框中查看图像的处理效果，单击“确定”按钮后，照片的质量得到提升，效果如图 9-43 所示，对话框设置如图 9-44 所示。

图 9-42　图像素材

图 9-43　减少杂色滤镜效果

图 9-44 “减少杂色”对话框

2）蒙尘与划痕滤镜

蒙尘与划痕滤镜多用来查找图像中细小的瑕疵，通过调整将其融入到周围的图像中，在锐化图像和隐藏瑕疵之间取得平衡。

打开需要修改的图像素材，如图 9-45 所示，然后选择“滤镜”→“杂色”→“蒙尘与划痕”菜单命令，打开“蒙尘与划痕”对话框，在该对话框中调整“半径”、“阈值”，同时在图像预览框中查看图像效果，单击“确定”按钮后，划痕消失了，效果如图 9-46 所示，对话框设置如图 9-47 所示。

图 9-45 图像素材　　图 9-46 蒙尘与划痕滤镜效果

3）添加杂色滤镜

添加杂色滤镜多用来模拟在高速胶片上拍照的效果，或者在人工合成的图像上进行修饰，使图像看起来更真实。

打开需要修改的素材图像，如图 9-48 所示，然后选择“滤镜”→“杂色”→“添加杂色”菜单命令，打开“添加杂色”对话框。在该对话框中调整“数量”、“分布”等选项，在图像预览框中查看图像的效果，单击“确定”按钮后，效果如图 9-49 所示，对话框设置如图 9-50 所示。

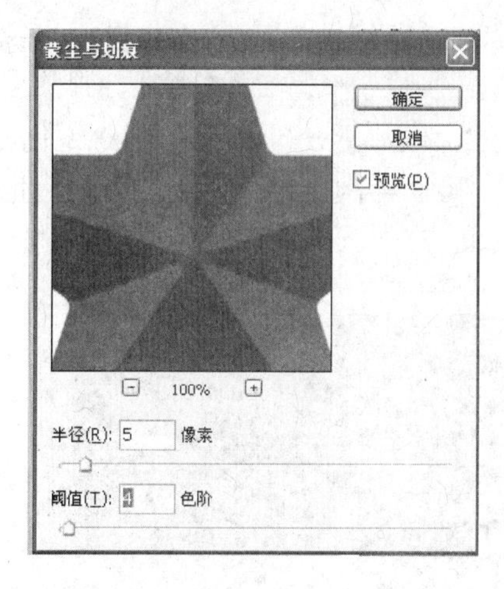

图 9-47 “蒙尘与划痕”对话框

图 9-48 图像素材

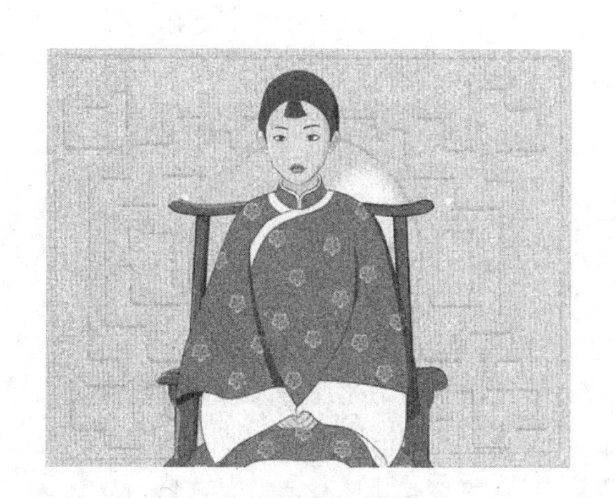

图 9-49 添加杂色滤镜效果

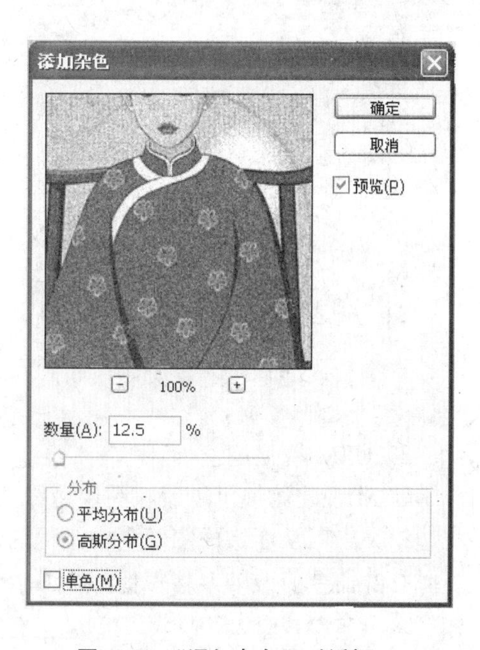

图 9-50 “添加杂色”对话框

需要注意的是，若选中“单色”复选框，此滤镜只应用于图像中的色调元素，而不改变颜色。

3. “锐化”滤镜组

该滤镜组中的命令多用来处理表面模糊的图像，可以达到增强图像中相邻像素之间的对比度，使图像轮廓分明、减弱图像模糊程度的作用。锐化滤镜组包括“USM 锐化”、“进一步锐化”、“锐化”、“锐化边缘”和“智能锐化”5 个滤镜，在处理图像的过程中经常使用以下滤镜。

1）锐化滤镜

应用锐化滤镜，可以聚焦选区增强其对比度，提高图像的清晰度。其效果与进一步锐化滤镜相似，但进一步锐化滤镜比锐化滤镜的锐化效果强。

打开需要修改的素材图像，如图 9-51 所示，然后选择“滤镜”→“锐化”→“锐化”菜单命令，得到锐化效果。如果锐化程度没有达到要求，可以再次执行“锐化”命令，也可以执行“进一步锐化”命令，得到如图 9-52 所示的效果。

图 9-51　图像素材

图 9-52　多次执行“锐化”命令效果

2）USM 锐化滤镜

USM 锐化滤镜可以调整图像边缘的对比度，并在图像边缘生成一条亮线和一条暗线，将边缘突出，从而造成图像更加锐化的错觉。该滤镜用来处理虚化的图像时效果很好。

打开需要修改的素材图像，如图 9-51 所示，然后选择“滤镜”→“锐化”→“USM 锐化”菜单命令，打开“USM 锐化”对话框，如图 9-53 所示。在该对话框中调整“数量”、“半径”和“阈值”等选项，同时在图像预览框中查看图像效果，单击“确定”按钮后，对比效果如图 9-54 所示。

锐化边缘滤镜，可以将图像中颜色发生显著变化的区域锐化，注意，它只锐化图像的边缘，并保留总体的平滑度。

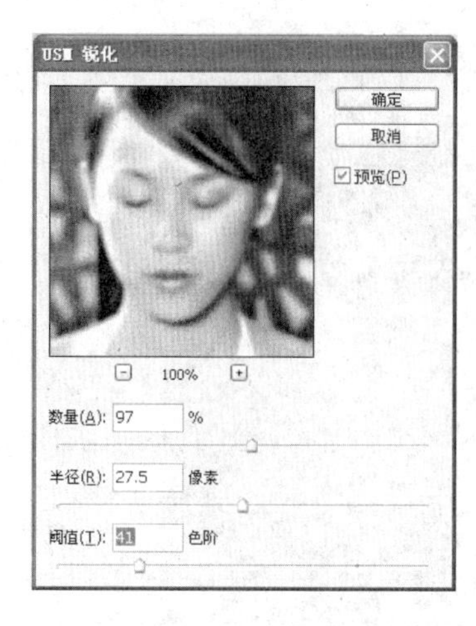

图 9-53 “USM 锐化”对话框

图 9-54 执行“USM 锐化”命令后的效果对比

3）智能锐化滤镜

智能锐化滤镜可以通过更多的选项对图像进行多角度的调整，通过设置锐化算法或控制阴影和高光中的锐化量来锐化图像。在其对话框中有两个单选按钮，分别是“基本”和“高级”，选择“高级”单选按钮后，可以在下面的复选框中对图像的锐化程度、高光和阴影进行细致的调整，这样处理的图像效果更加细腻，图片质量更好，能达到更接近实物的图像效果。

打开需要修改的素材图像，如图 9-51 所示，然后选择“滤镜”→“锐化”→“智能锐化”菜单命令，打开“智能锐化”对话框，如图 9-55 所示。在该对话框中调整“数量”、“半径”和“阈值”等选项，同时在图像预览框中查看图像效果，单击“确定”按钮后，对比效果如图 9-56 所示。

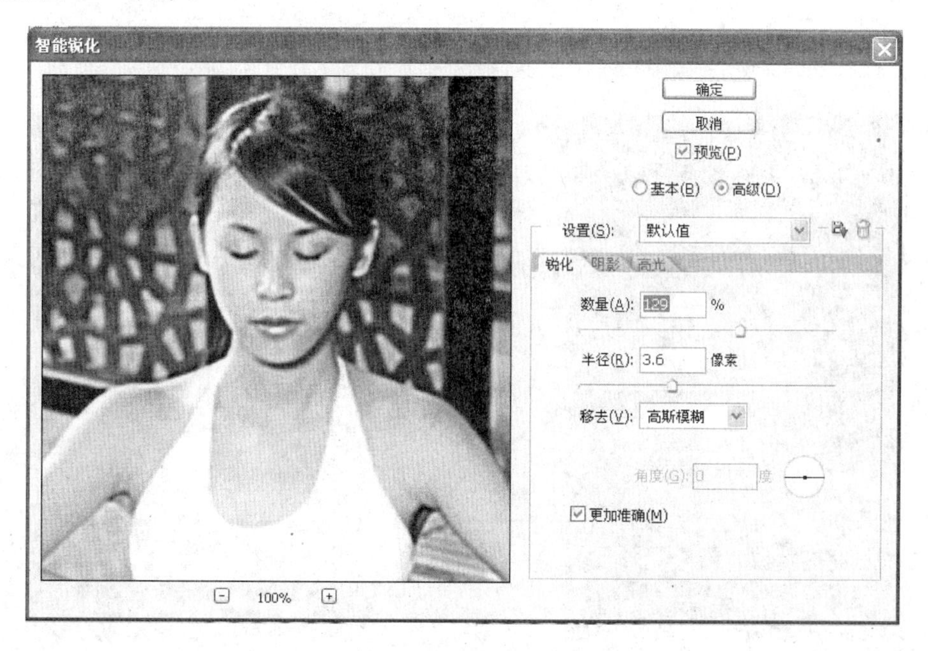

图 9-55 “智能锐化”对话框

(a) 处理前

(b) 处理后

图 9-56 执行“智能锐化”命令后的效果对比

4.“其他”滤镜组

该滤镜组也属于校正型滤镜，其中包括“高反差保留”、“位移”、“自定”、“最大值”、“最小值”5 个滤镜。

1）高反差保留滤镜

应用高反差保留滤镜可以对所处理的图像在有强烈颜色或明度转变的位置保留边缘细节，并且不显示图像的其余部分，多用来处理虚化的图像。

打开需要修改的素材图像，如图 9-57 所示，然后复制图像的“背景”图层，得到“背景副本”图层，对其执行“图像”→“调整”→“去色”菜单命令，得到黑白图像，如图 9-58 所示。

图 9-57 图像素材

图 9-58 图像去色效果

接着选择“滤镜”→“其他”→“高反差保留”菜单命令，打开“高反差保留”对话框，在该对话框中调整“阈值”数值，如图 9-59 所示，单击“确定”按钮后，得到如图 9-60 所示的效果。

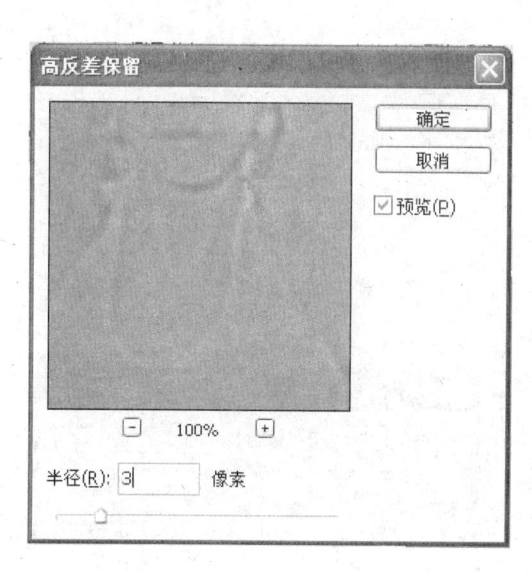

图 9-59 “高反差保留”对话框

图 9-60 执行“高反差保留”命令效果

最后，回到“图层”面板，调整图像的混合模式为“叠加”，如图 9-61 所示，得到最终效果，如图 9-62 所示。

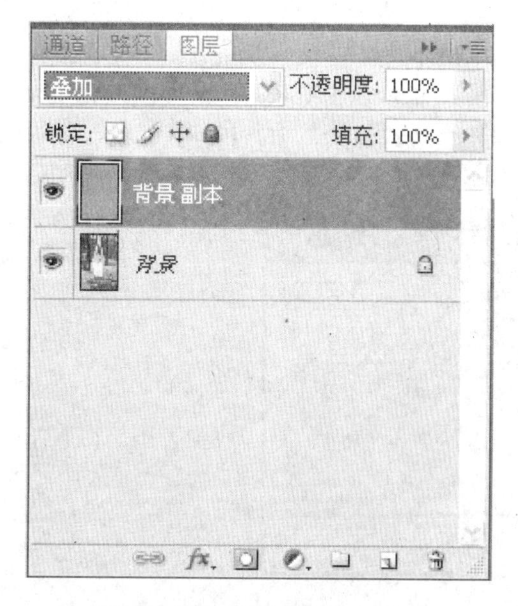

图 9-61 “图层”面板设置

图 9-62 最终效果

2）位移滤镜

应用位移滤镜可以将图像在水平方向或垂直方向上移动。图像移动时，在图像的原有位置可以分别用当前的背景色填充，也可以用图像的另一部分填充，还可以用图像的边缘颜色进行填充。

打开需要修改的素材图像，如图 9-63 所示，然后选择“滤镜”→“其他”→“位移”菜单命令，打开“位移”对话框，如图 9-64 所示。

图 9-63　图像素材

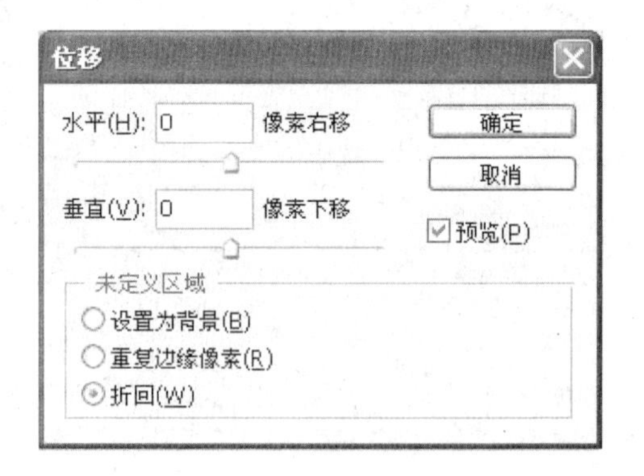

图 9-64 “位移”对话框

在该对话框中调整“水平”、“垂直”的数值，如图 9-65 所示，同时在图像预览框中查看图像效果，然后分别选择“设置为背景”、“重复边缘像素”和“折回”单选按钮，得到如图 9-66～图 9-68 所示的效果。

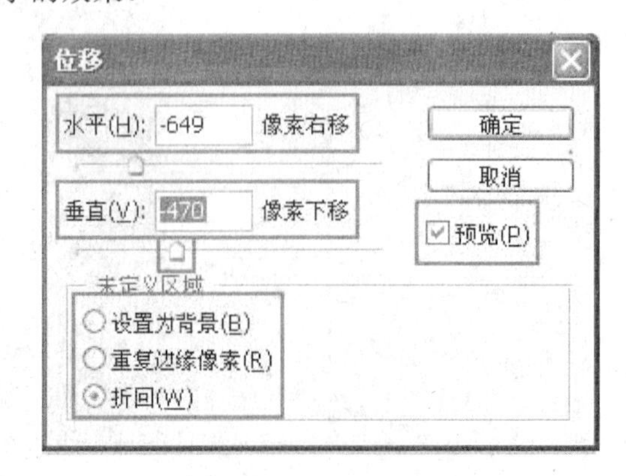

图 9-65 “位移”对话框

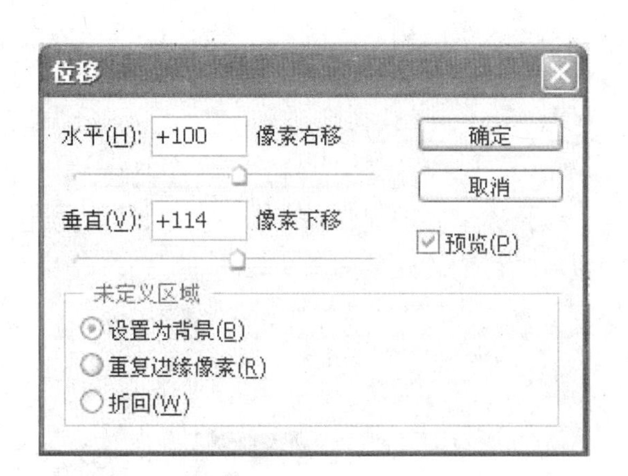

图 9-66　设置为背景

位移
水平(H): -100 像素右移
确定
取消
垂直(V): +114 像素下移
预览(P)
未定义区域
设置为背景(B)
重复边缘像素(R)
折回(W)

图 9-67　重复边缘像素

位移
水平(H): -247 像素右移
确定
取消
垂直(V): -600 像素下移
预览(P)
未定义区域
设置为背景(B)
重复边缘像素(R)
折回(W)

图 9-68　折回

3）自定滤镜

可以通过自定滤镜来自己动手制作一个与众不同的滤镜效果，并可以将制作的滤镜效果存储和应用。但是该滤镜是根据预定义的数学运算来更改图像中像素的值，根据周围的像素值为像素重新设定值，进而设置滤镜的，在操作上较难控制。

打开需要修改的素材图像，如图 9-63 所示，然后选择“滤镜”→“其他”→“自定”菜单命令，打开“自定”对话框，如图 9-69 所示。在该对话框中调整数值，同时在图像预览框中查看图像效果，单击“确定”按钮后，得到的效果如图 9-70 所示。

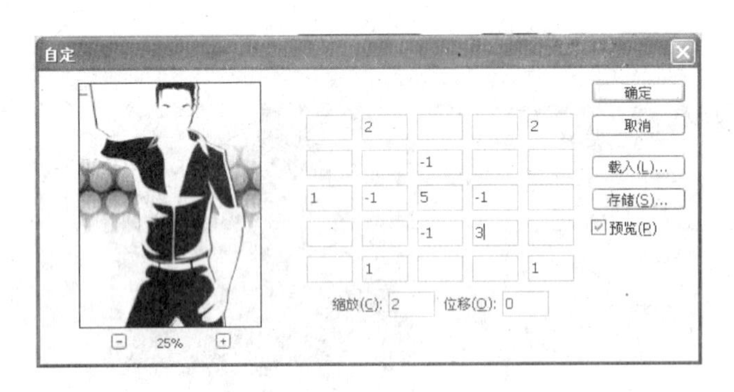

图 9-69　设置“自定”对话框

图 9-70　执行“自定”滤镜命令效果

4）最大值滤镜

运用最大值滤镜可以起到阻塞的效果，能展开白色区域和阻塞的黑色区域，常用来调整、修改图层蒙版，效果很好。下面以一个具体的实例，来介绍最大值滤镜的使用方法。

打开有两个图层的 PSD 格式的素材图像，如图 9-71 所示。

图 9-71　素材图像

首先在“图层”面板上选择“图层 1”，然后选择“图层”→“图层蒙版”→“显示全部”菜单命令。选择工具箱中的渐变工具，在其选项栏中设置黑白线性渐变，然后移动鼠标指针到图像窗口上，当其变成“+”形状时水平拖动鼠标，对图层蒙版进行线性填充，填充完毕后，其“图层”面板如图 9-72 所示，图像效果如图 9-73 所示。

图 9-72 “图层”面板

图 9-73 添加图层蒙版效果

然后选择“滤镜”→“其他”→“最大值”菜单命令，打开“最大值”对话框，如图 9-74 所示。在该对话框中调整“半径”数值，同时在图像预览框中查看图像效果，单击“确定”按钮后，得到的效果如图 9-75 所示。

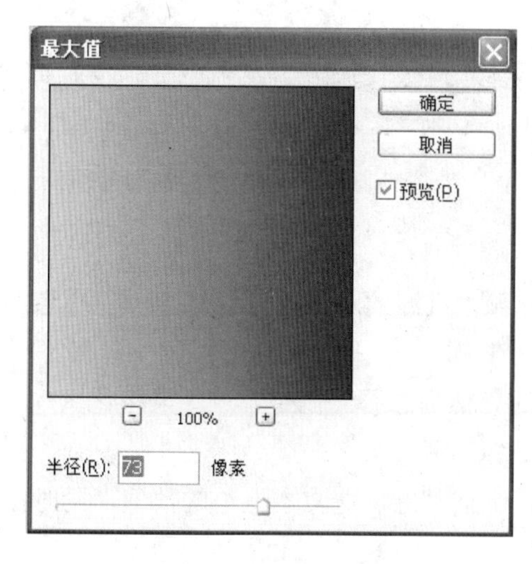

图 9-74 “最大值”对话框

图 9-75 最大值滤镜效果

运用最小值滤镜可以展开黑色区域和收缩白色区域，效果与最大值滤境相反。

9.4.2　破坏性滤镜

破坏性滤镜在图像处理过程中经常使用，该类滤镜的效果非常强烈，对图像的调整幅度很大，经常会破坏原有的图像效果，所以如果使用不当，会导致图像被彻底损坏，所以称其为破坏性滤镜。破坏性滤镜包括“风格化”、“扭曲”、“像素化”和“渲染”4 个滤镜组中的滤镜。

1. 风格化滤镜组

风格化滤镜组主要是通过置换像素、查找并增加图像的对比度，在选区中生成类似绘画或印象派艺术风格的图像效果，主要包括查找边缘滤镜、等高线滤镜、风滤镜、浮雕效果滤镜、扩散滤镜、拼贴滤镜、曝光过度滤镜、凸出滤镜和照亮边缘滤镜，下面对这 9 种滤境逐一进行介绍。

1）查找边缘滤镜

应用查找边缘滤镜，可以利用图像色彩的变化强化图像的过渡效果，并突出图像中各区域的边缘，产生类似描边的效果。

打开需要修改的素材图像，如图 9-76 所示，然后选择“滤镜”→“风格化”→“查找边缘”命令，得到如图 9-77 所示的效果。

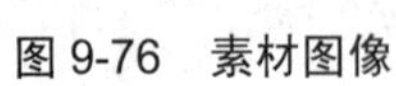

图 9-76　素材图像

图 9-77　查找边缘滤镜效果

2）等高线滤镜

应用等高线滤镜会自动在选区内查找图像颜色过渡的边缘，并为每个颜色通道勾绘出颜色较浅的细线条。

打开需要修改的图像素材，如图 9-76 所示，然后选择“滤镜”→“风格化”→“等高线”菜单命令，打开“等高线”对话框，如图 9-78 所示。

在该对话框中选中“较高”单选按钮，并调整“色阶”文本框中的数值，同时在图像预览框中查看图像效果，单击“确定”按钮后，得到的效果如图 9-79 所示。

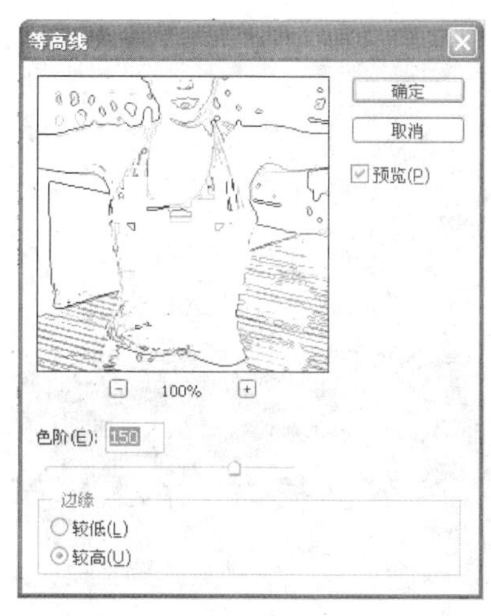

图 9-78 “等高线”对话框

图 9-79 等高线滤镜效果

3）风滤镜

应用风滤镜，可以在当前选区图像中模拟风的效果，创建细小的水平线条。

打开需要修改的图像素材，如图 9-80 所示。逆时针旋转画布，然后选择“滤镜”→“风格化”→“风”菜单命令，打开“风”对话框。

在该对话框中调整“方法”和“方向”，同时在图像预览框中查看图像效果，单击“确定”按钮，顺时针旋转画布后，得到的效果如图 9-81 所示，其对话框设置如图 9-82 所示。

图 9-80 素材图像

图 9-81 风滤镜效果

4）浮雕效果滤镜

应用浮雕效果滤镜可以通过将选区图像转换为灰色，用原图像填充色描绘图像的边缘，从而使图像产生凹凸不平的仿浮雕效果。

打开需要修改的图像素材，如图 9-83 所示，然后选择“滤镜”→“风格化”→“浮雕效果”命令，打开“浮雕效果”对话框，在该对话框中调整“角度”、“高度”和“数量”的数值，同时在图像预览框中查看图像效果，单击“确定”按钮后，效果如图 9-84 所示，其对话框设置如图 9-85 所示。

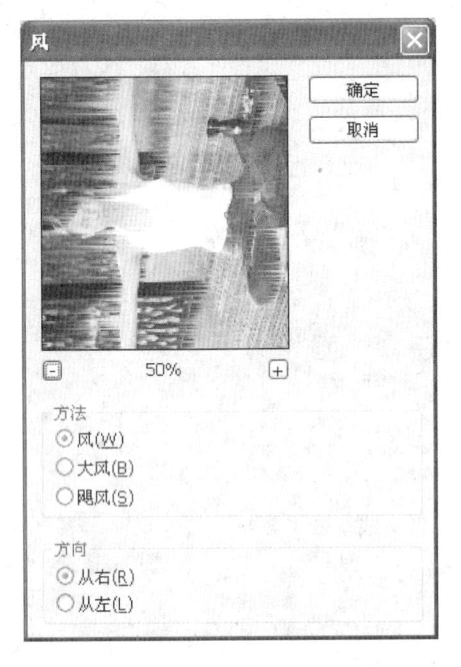

图 9-82 “风”对话框

图 9-83 素材图像

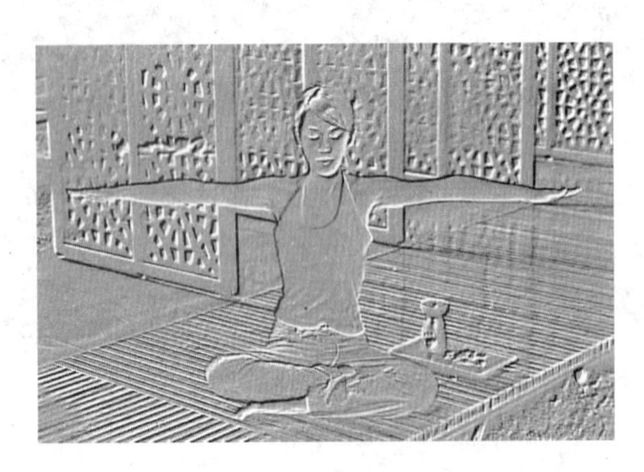

图 9-84 浮雕效果滤镜效果

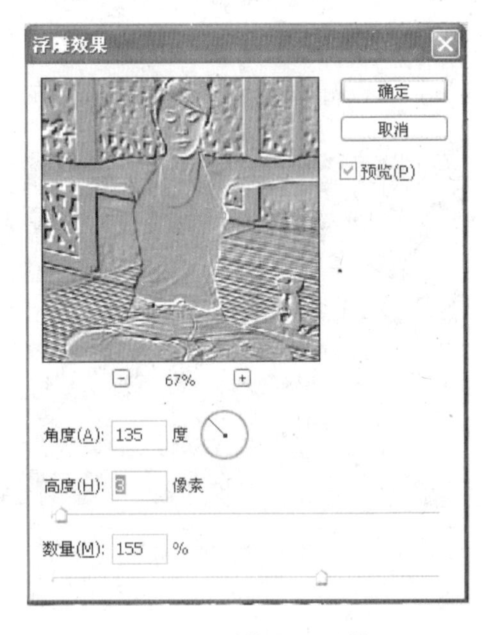

图 9-85 “浮雕效果”对话框

5）扩散滤镜

应用扩散滤镜可以打乱图像中的像素，产生类似磨砂玻璃的模糊效果。

打开需要修改的图像素材，如图 9-86 所示，然后选择“滤镜”→“风格化”→“扩散”菜单命令，打开“扩散”对话框。

在该对话框中有“正常”、“变暗优先”、“变亮优先”和“各向异性”4 个单选按钮，根据需要选择一种模式，同时在图像预览框中查看图像效果，单击“确定”按钮后，效果如图 9-87 所示，其对话框设置如图 9-88 所示。

图 9-86　素材图像

图 9-87　扩散滤镜效果

6）拼贴滤镜

应用拼贴滤镜可以将图像分解为若干个方形小图形，并且小图形都偏移原来的位置，产生类似于拼贴不严密的马赛克效果。

打开需要修改的图像素材，如图 9-86 所示，然后选择“滤镜”→“风格化”→“拼贴”菜单命令，打开“拼贴”对话框。在该对话框中调整“拼贴数”和“最大位移”的数值，同时在图像预览框中查看图像效果，单击“确定”按钮后，得到的效果如图 9-89 所示，其对话框设置如图 9-90 所示。

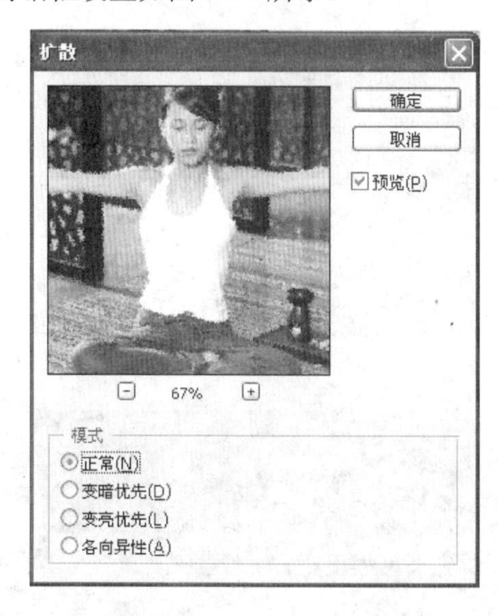

图 9-88　“扩散”对话框

图 9-89　拼贴滤镜效果

7）曝光过度滤镜

应用曝光过度滤镜可以产生选区的负片和正片相混合的图像效果。

打开需要修改的图像素材，如图 9-91 所示，然后选择“滤镜”→“风格化”→“曝光过度”菜单命令，得到如图 9-92 所示的效果。

拼贴
拼贴数: 10 确定
最大位移: 10 % 取消
填充空白区域用:
背景色(B) 反向图像(I)
前景颜色(F) 未改变的图像(U)

图 9-90 “拼贴”对话框

图 9-91 素材图像

图 9-92 曝光过度滤镜效果

8）凸出滤镜

应用凸出滤镜可以将选区图像分成大小相同且凸出的三维立方体或椎体，产生三维立体效果。

打开需要修改的图像素材，如图 9-93 所示，然后选择“滤镜”→“风格化”→“凸出”菜单命令，打开“凸出”对话框。在该对话框中调整“大小”和“深度”的数值，在“类型”选区中选择“块”或“金字塔”单选按钮，并选中“立方体正面”或“蒙版不完整块”复选框，同时在图像预览框中查看图像效果，单击“确定”按钮后，得到的效果如图 9-94 所示，其对话框设置如图 9-95 所示。

图 9-93 素材图像

图 9-94 凸出滤镜效果

凸出
类型:　◉块(B)　○金字塔(P)　确定
大小(S): 30 像素　取消
深度(D): 60　◉随机(R)　○基于色阶(L)
□立方体正面(F)
□蒙版不完整块(M)

图 9-95　“凸出”对话框

9）照亮边缘滤镜

应用照亮边缘滤镜可以查找选取图像的色彩边缘，并使其边缘发光，使图像颜色变暗。

打开需要修改的图像素材，如图 9-96 所示，然后选择“滤镜”→“风格化”→“照亮边缘”菜单命令，打开“照亮边缘”对话框。在该对话框中调整“边缘宽度”、“边缘亮度”和“平滑度”的数值，同时在图像预览框中查看图像效果，单击“确定”按钮后，得到的效果如图 9-97 所示，其对话框设置如图 9-98 所示。

图 9-96　素材图像

图 9-97　照亮边缘滤镜效果

图 9-98　“照亮边缘”对话框

2. 扭曲滤镜组

扭曲滤镜组也是应用较多的一组破坏性滤镜，主要用来对选区图像进行扭曲、变形处理，其中包括波浪滤镜、波纹滤镜、玻璃滤镜、海洋波纹滤镜、极坐标滤镜、挤压滤镜、镜头校正滤镜、扩散亮光滤镜、切变滤镜、球面化滤镜、水波滤镜、旋转扭曲滤镜和置换滤镜 13 种滤镜效果。

1）波浪滤镜

应用波浪滤镜可以在选区图像上产生波浪效果。

打开需要修改的图像素材，如图 9-99 所示，然后选择“滤镜”→“扭曲”→“波浪”菜单命令，打开“波浪”对话框。在该对话框中调整“生成器数”、“波长”、“波幅”和“比例”数值，并选择“类型”和“未定义区域”选区中的单选按钮，同时在图像预览框中查看图像效果，单击“确定”按钮后，得到的效果如图 9-100 所示，其对话框设置如图 9-101 所示。

图 9-99　素材图像

图 9-100　波浪滤镜效果

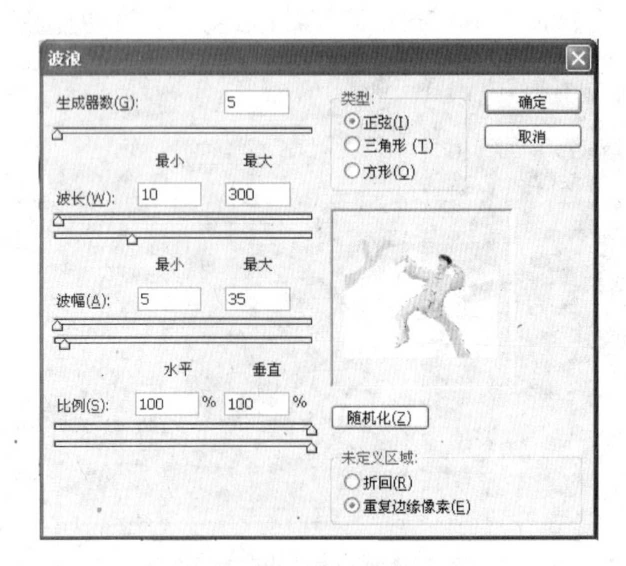

图 9-101　“波浪”对话框

2）波纹滤镜

应用波纹滤镜可以使图像的像素产生位移，从而产生波纹效果。

打开需要修改的图像素材，如图 9-102 所示，然后选择“滤镜”→“扭曲”→“波纹”命令，打开“波纹”对话框。在该对话框中调整“数量”的数值，并在“大小”下拉列表框中选择“大”、“中”或“小”选项，同时在图像预览框中查看图像效果，单击“确定”按钮后，得到效果如图 9-103 所示，其对话框设置如图 9-104 所示。

图 9-102 素材图像　　图 9-103 波纹滤镜效果

图 9-104 “波纹”对话框

3）玻璃滤镜

应用玻璃滤镜可以使图像产生一种类似于透过毛玻璃观看的图像效果。

打开需要修改的图像素材，如图 9-105 所示，然后选择“滤镜”→“扭曲”→“玻璃”命令，打开“玻璃”对话框。在该对话框中调整“扭曲度”、“平滑度”和“缩放”的数值，同时在图像预览框中查看图像效果，单击“确定”按钮后，得到的效果如图 9-106 所示，其对话框设置如图 9-107 所示。

图 9-105　素材图像　　　　图 9-106　玻璃滤镜效果

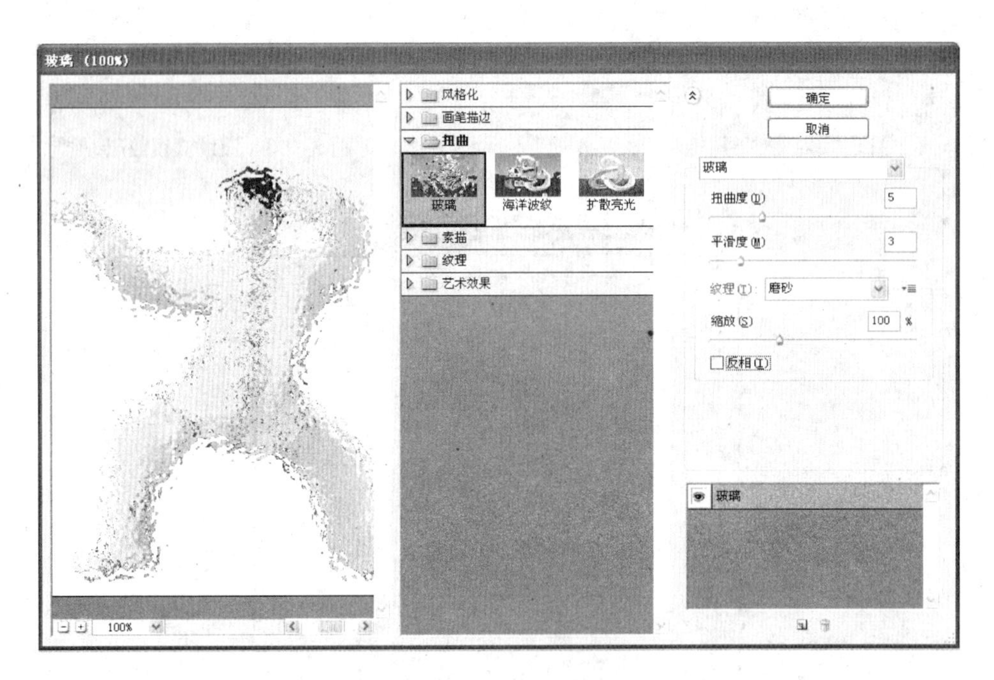

图 9-107 “玻璃”对话框

4）海洋波纹滤镜

应用海洋波纹滤镜可以使图像产生一种类似于平静水面泛起涟漪的图像效果。

打开需要修改的图像素材，如图 9-108 所示，然后选择“滤镜”→“扭曲”→“海洋波纹”命令，打开“海洋波纹”对话框。在该对话框中调整“波纹大小”和“波纹幅度”的数值，同时在图像预览框中查看图像效果，单击“确定”按钮后，得到的效果如图 9-109 所示，其对话框设置如图 9-110 所示。

5）极坐标滤镜

应用极坐标滤镜可以使图像在“平面坐标”和“极坐标”之间相互转换，从而产生旋转发射的效果。

打开需要修改的图像素材，如图 9-111 所示，然后选择“滤镜”→“扭曲”→“极坐标”命令，打开“极坐标”对话框，如图 9-112 所示。在该对话框中选择“平面坐标到极坐标”或“极坐标到平面坐标”单选按钮，同时在图像预览框中查看图像效果，单击“确定”按钮后，得到的效果如图 9-113 和图 9-114 所示。

图 9-108 素材图像　　　　图 9-109 海洋波纹滤镜效果

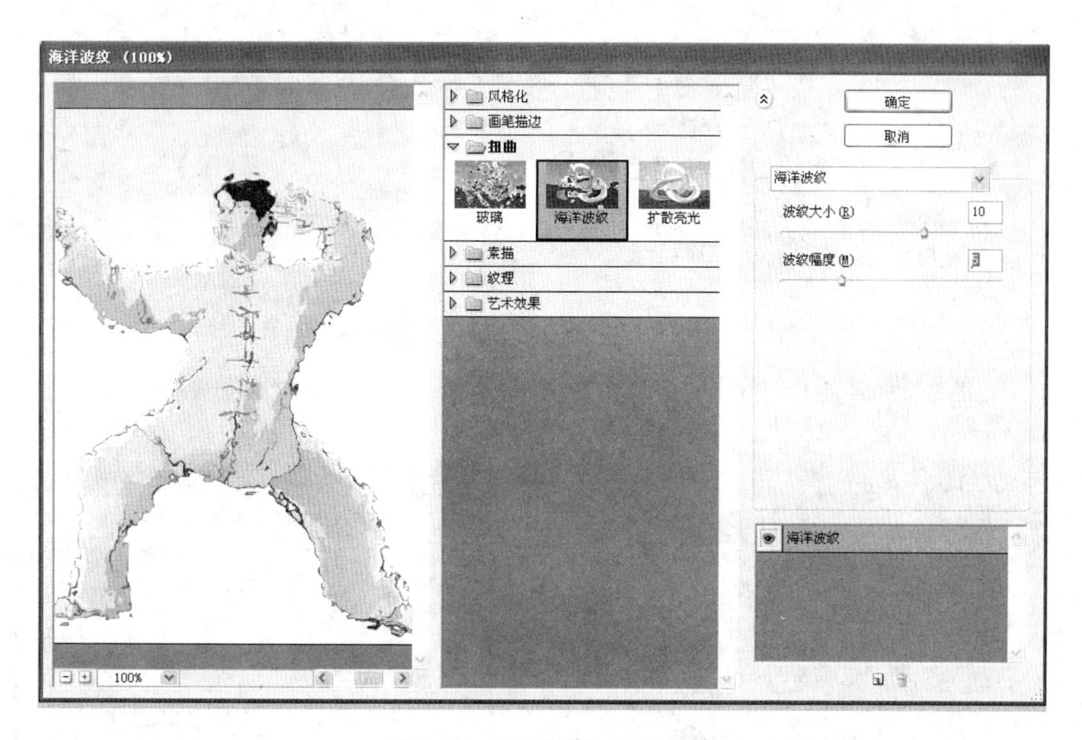

图 9-110 “海洋波纹”对话框

6）挤压滤镜

应用挤压滤镜可以使图像产生一种被挤压或膨胀的效果，实际上，是压缩图像中间部位的像素，使图像产生向外凸起或向内凹陷的效果。

打开需要修改的图像素材，如图 9-115 所示，然后选择“滤镜”→“扭曲”→“挤压”命令，打开“挤压”对话框，如图 9-116 所示。

图 9-111　素材图像

图 9-112　“极坐标”对话框

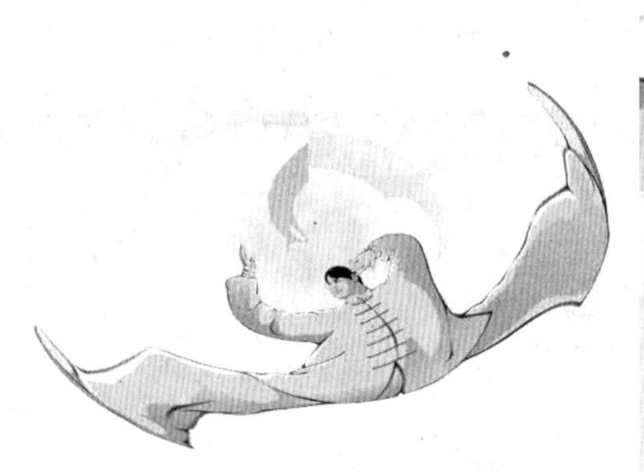

图 9-113　平面坐标到极坐标效果

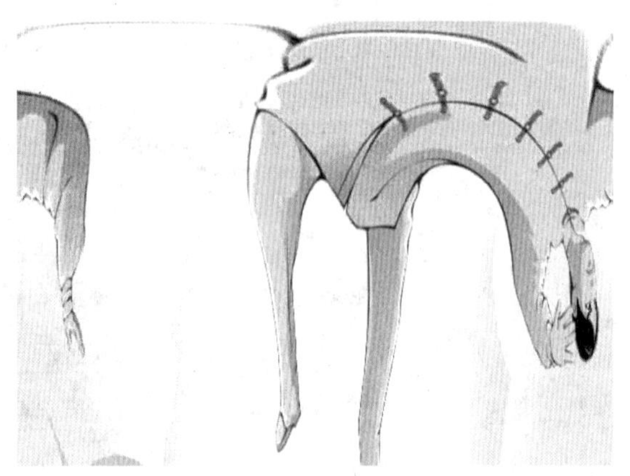

图 9-114　极坐标到平面坐标效果

图 9-115　素材图像

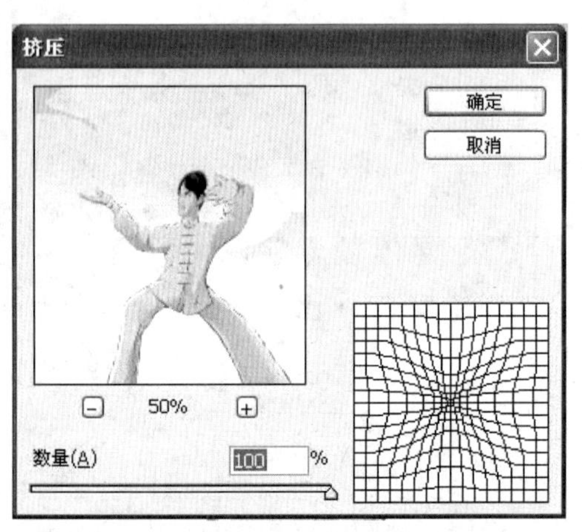

图 9-116　“挤压”对话框

在该对话框中调整“数量”的数值，数值大，图像向内挤压，数值小，图像则向外凸起。单击“确定”按钮后，得到凹陷和凸起效果，如图 9-117 所示。

（a）图像凹陷　　（b）图像凸起

图 9-117　挤压滤镜效果

7）镜头校正滤镜

应用镜头校正滤镜可以使图像的变形得以修复。我们在照相时经常会碰到这种情况，尤其是照人数多的集体照时，为了画面的完整经常要用到广角镜头，拍出的照片往往会出现两侧人物被压扁变形的现象，应用此滤镜可以调整类似照片。

打开需要修改的图像素材，如图 9-118 所示，然后选择“滤镜”→“扭曲”→“镜头校正”命令，打开“镜头校正”对话框。在该对话框中调整“设置”和“变换”的数值，也可运用对话框左侧的 4 种工具对预览图进行调整，还可以利用鼠标拖曳调整，同时在图像预览框中查看图像效果，单击“确定”按钮后，得到的效果如图 9-119 所示，其对话框设置如图 9-120 所示。

图 9-118　素材图像

图 9-119　镜头校正滤镜效果

8）扩散亮光滤镜

应用扩散亮光滤镜可以使图像中的亮部产生白色光芒效果。

打开需要修改的图像素材，如图 9-121 所示，然后选择“滤镜”→“扭曲”→“扩散亮光”命令，打开“扩散亮光”对话框。在该对话框中调整“粒度”、“发光量”和“清除数量”的数值，同时在图像预览框中查看图像效果，单击“确定”按钮后，得到的效果如图 9-122 所示，其对话框设置如图 9-123 所示。

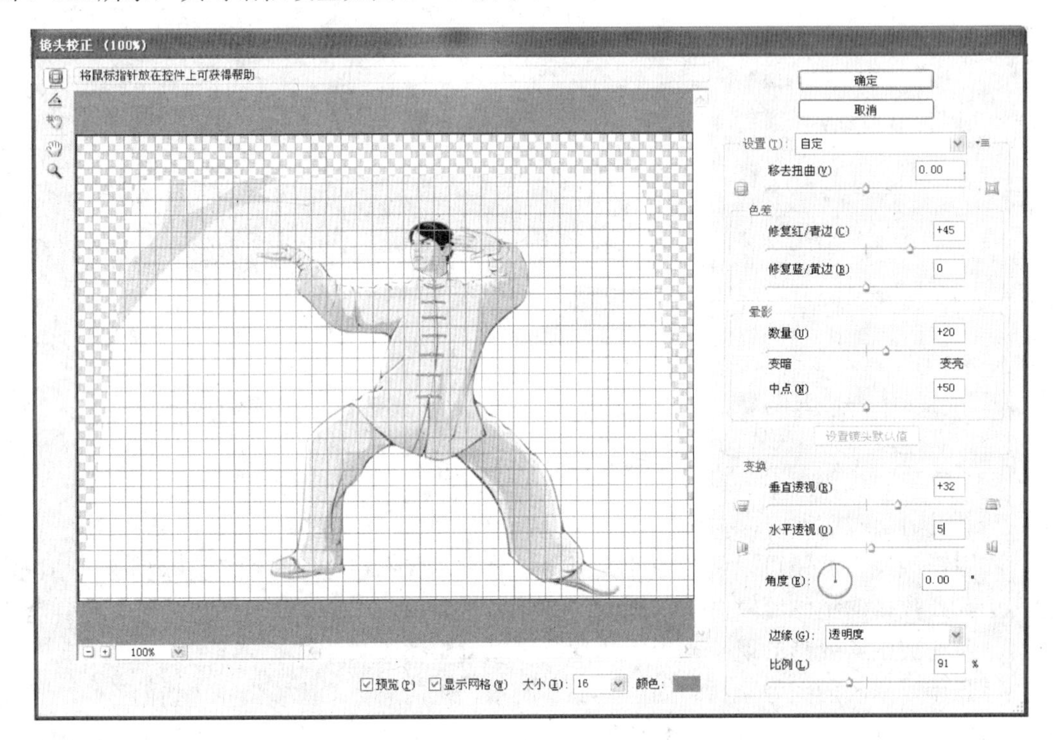

图 9-120　“镜头校正”对话框

图 9-121　素材图像

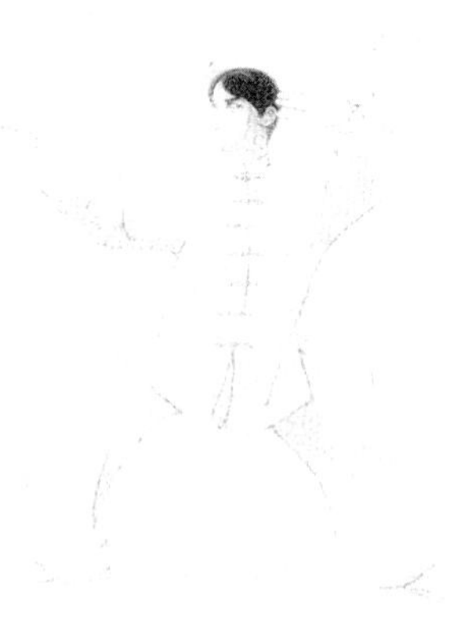

图 9-122　扩散亮光滤镜效果

9）切变滤镜

应用切变滤镜可以使图像像素根据曲线形状产生偏移效果。

打开需要修改的图像素材，如图 9-124 所示，然后选择“滤镜”→“扭曲”→“切变”命令，打开“切变”对话框，对线条进行拖曳，并根据要求选择单选按钮，同时在图像预览框中查看图像效果，单击“确定”按钮后，得到的效果如图 9-125 所示，其对话框设置如图 9-126 所示。

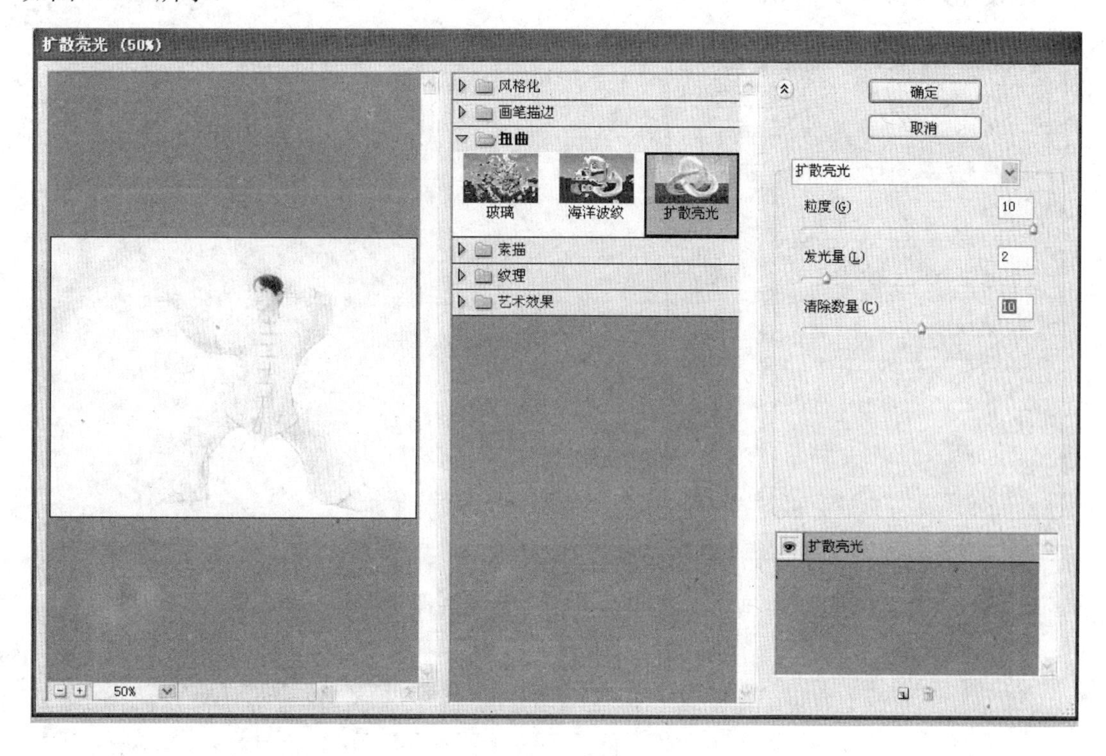

图 9-123 “扩散亮光”对话框

图 9-124 素材图像

图 9-125 切变滤镜效果

10）球面化滤镜

应用球面化滤镜可以使图像产生由内向外或由外向内的球面变形效果。

打开需要修改的图像素材，如图 9-127 所示，然后选择“滤镜”→“扭曲”→“球面化”命令，打开“球面化”对话框。在该对话框中调整“数量”的数值，并选择模式，同时在图像预览框中查看图像效果，单击“确定”按钮后，得到的效果如图 9-128 所示，其对话框设置如图 9-129 所示。

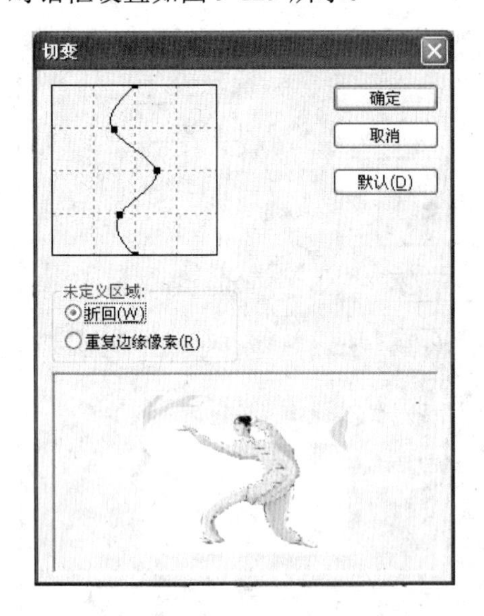

图 9-126 “切变”对话框

图 9-127 素材图像

图 9-128 球面化滤镜效果

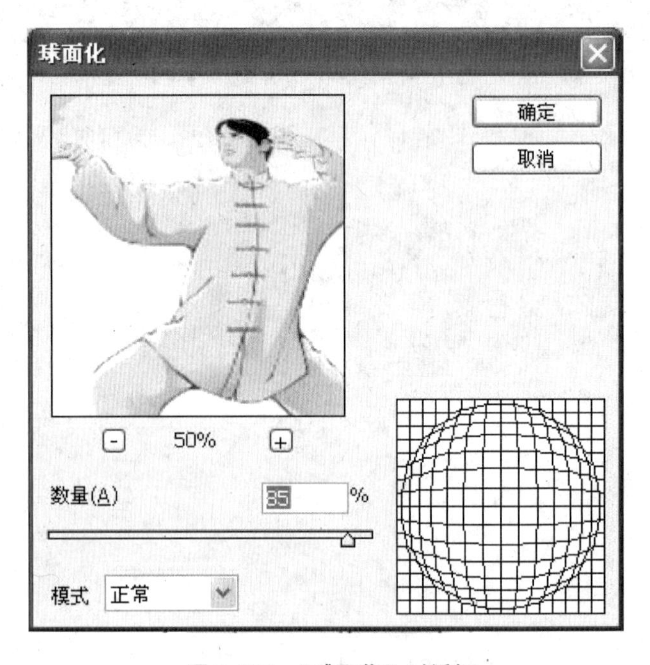

图 9-129 “球面化”对话框

11）水波滤镜

应用水波滤镜可以使图像产生类似同心圆形状的波纹效果。

打开需要修改的图像素材，如图 9-130 所示，然后选择“滤镜”→“扭曲”→“水波”命令，打开“水波”对话框。在该对话框中调整“数量”和“起伏”的数值，并根据要求选择“围绕中心”、“从中心向外”或“水池波纹”选项，同时在图像预览框中查看图像效果，单击“确定”按钮后，得到的效果如图 9-131 所示，其对话框设置如图 9-132 所示。

图 9-130　素材图像

图 9-131　水波滤镜效果

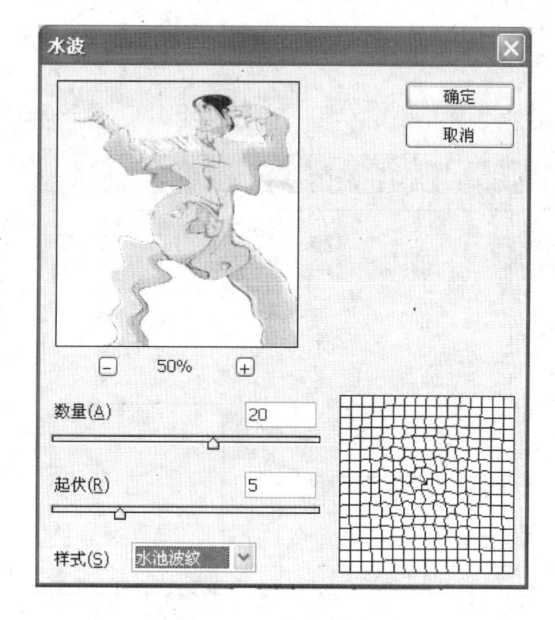

图 9-132　“水波”对话框

12）旋转扭曲滤镜

应用旋转扭曲滤镜可以使图像产生一种旋转扭曲的旋涡状效果。

打开需要修改的图像素材，如图 9-133 所示，然后选择“滤镜”→“扭曲”→“旋转扭曲”命令，打开“旋转扭曲”对话框。在该对话框中调整“角度”的数值，同时在图像预览框中查看图像效果，单击“确定”按钮后，得到的效果如图 9-134 所示，其对话框设置如图 9-135 所示。

13）置换滤镜

应用置换滤镜可以用另一张图像（PSD 格式）的像素置换当前图像的像素。

打开需要修改的图像素材，如图 9-136 所示，然后选择“滤镜”→“扭曲”→“置换”命令，打开“置换”对话框，如图 9-137 所示。在该对话框中调整“水平比例”数值，设置水平方向上的移动比例；调整“垂直比例”数值，设置垂直方向上的移动比例，并在“置换图”和“未定义区域”中根据要求选择单选按钮。设置完成后单击“确定”按钮，会打开“选择一个置换图”对话框，如图 9-138 所示，选择置换素材，如图 9-139 所示，单击“确定”按钮后，得到的效果如图 9-140 所示。

图 9-133　素材图像　　　　图 9-134　旋转扭曲滤镜效果

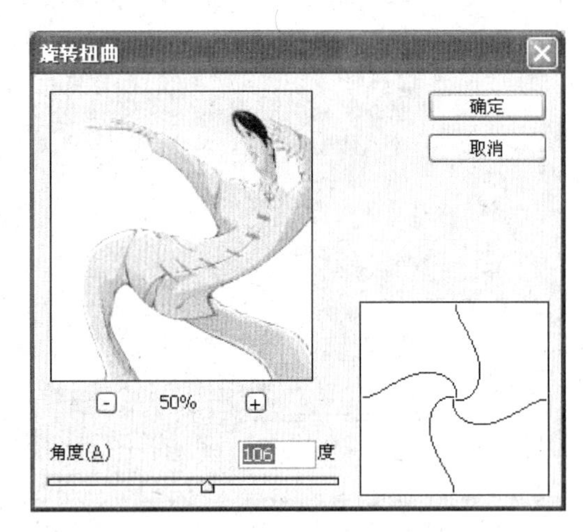

图 9-135　“旋转扭曲”对话框

图 9-136　素材图像

置换
水平比例(H) 10
垂直比例(V) 10
确定
取消
置换图:
伸展以适合(S)
拼贴(T)
未定义区域:
折回(W)
重复边缘像素(R)

图 9-137　“置换”对话框

选择一个置换图
查找范围(I): 第九章素材文件
对话框
效果图
未标题-2
题材图片22
置换文件
文件名(N):
打开(O)
文件类型(T): 置换图 (*.PSD)
取消

图 9-138 “选择一个置换图”对话框

图 9-139　PSD 格式素材

图 9-140　置换滤镜效果

3. 像素化滤镜组

应用像素化滤镜组中的滤镜可以使图像的像素分成若干个单元格成为色块或将像素平面化，其中包括彩块化滤镜、彩色半调滤镜、点状化滤镜、晶格化滤镜、马赛克滤镜、碎片滤镜和铜版雕刻滤镜 7 种滤镜。

1）彩块化滤镜

应用彩块化滤镜可以使图像中数值相邻的像素彩块化，从而将使原图像中的相似像素得以整合。

打开需要修改的图像素材，如图 9-141 所示。选择“滤镜”→“像素化→“彩块化”命令，得到如图 9-142 所示的效果。

图 9-141　素材图像

图 9-142　彩块化滤镜效果

2）彩色半调滤镜

应用彩色半调滤镜可以模拟在图像的每一个通道上应用扩大的彩色半调网屏效果。

打开需要修改的图像素材，如图 9-143 所示，然后选择“滤镜”→“像素化”→“彩色半调”命令，打开“彩色半调”对话框。在该对话框中调整“最大半径”的数值，以调整产生网点的大小，同时在图像预览框中查看图像效果，单击“确定”按钮后，得到的效果如图 9-144 所示，其对话框设置如图 9-145 所示。

图 9-143　素材图像

图 9-144　彩色半调滤镜效果

3）点状化滤镜

应用点状化滤镜可以使图像的像素随机地聚在一起形成点状图形，有点彩画效果。

打开需要修改的图像素材，如图 9-146 所示，然后选择“滤镜”→“像素化”→“点状化”命令，打开“点状化”对话框。在该对话框中调整“单元格大小”的数值，调整成点的大小，同时在图像预览框中查看图像效果，单击“确定”按钮后，得到的效果如图 9-147 所示，其对话框设置如图 9-148 所示。

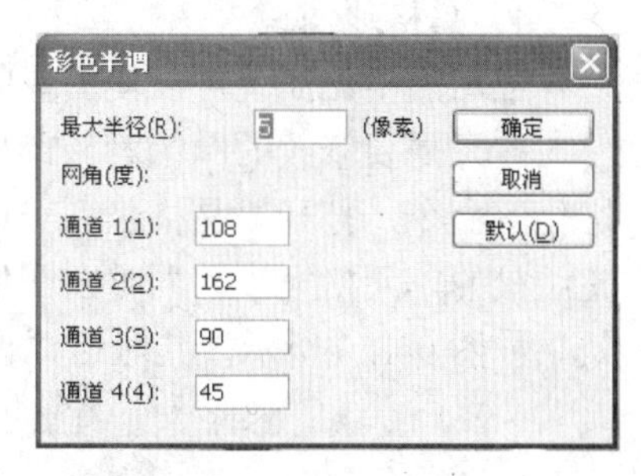

图 9-145　“彩色半调”对话框

图 9-146　素材图像

图 9-147　点状化滤镜效果

图 9-148　“点状化”对话框

4）晶格化滤镜

应用晶格化滤镜可以使图像的像素结晶为多边形晶格块，使图像形成晶格化效果。

打开需要修改的图像素材，如图 9-149 所示，然后选择“滤镜”→“像素化”→“晶格化”命令，打开“晶格化”对话框。在该对话框中调整“单元格大小”的数值，从而调整结晶的单元格大小，同时在图像预览框中查看图像效果，单击“确定”按钮后，得到的效果如图 9-150 所示，其对话框设置如图 9-151 所示。

图 9-149　素材图像

图 9-150　晶格化滤镜效果

图 9-151　“晶格化”对话框

5）马赛克滤镜

应用马赛克滤镜可以将图像分解成许多规则排列的小方块，产生马赛克效果。

打开需要修改的图像素材，如图 9-152 所示，然后选择“滤镜”→“像素化”→“马赛克”命令，打开“马赛克”对话框。在该对话框中调整“单元格大小”的数值，从而调整单元格的大小，同时在图像预览框中查看图像效果，单击“确定”按钮后，得到的效果如图 9-153 所示，其对话框设置如图 9-154 所示。

图 9-152 素材图像

图 9-153 “马赛克”滤镜效果图

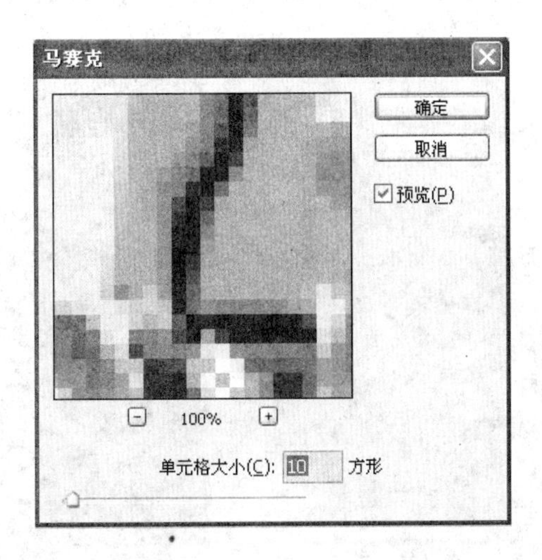

图 9-154 “马赛克”对话框

6）碎片滤镜

应用碎片滤镜可以将图像的像素进行重复复制、平移，以虚化图像。

打开需要修改的图像素材，如图 9-155 所示。选择“滤镜”→“像素化”→“碎片”命令，得到如图 9-156 所示的效果。

图 9-155　素材图像

图 9-156　碎片滤镜效果

7）铜版雕刻滤镜

应用铜版雕刻滤镜可以使图像像素的饱和度提高，同时像素成线状或点状排列构成图像。

打开需要修改的图像素材，如图 9-157 所示，然后选择“滤镜”→“像素化”→“铜版雕刻”命令，打开“铜版雕刻”对话框。在该对话框的“类型”下拉列表框中选择“精细点”、“中等点”、“粒状点”、“粗网点”、“短线”、“中长直线”、“长线”、“短描边”、“中长描边”或“长边”选项，同时在图像预览框中查看图像效果，单击“确定”按钮后，得到的效果如图 9-158 所示，其对话框设置如图 9-159 所示。

图 9-157　素材图像

图 9-158　铜版雕刻滤镜效果

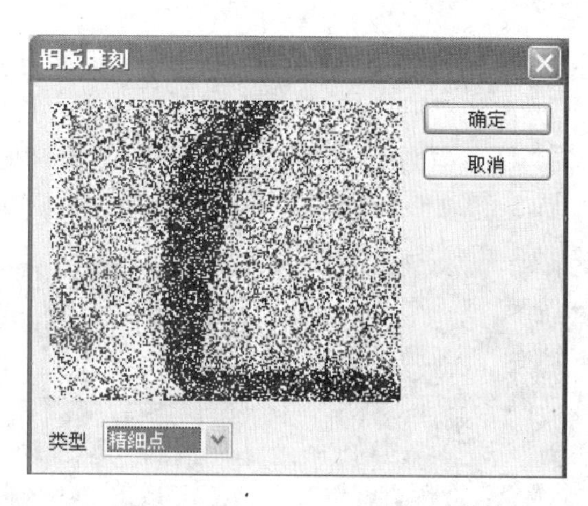

图 9-159 “铜版雕刻”对话框

4．渲染滤镜组

渲染滤镜组中的滤镜主要用来模拟多种光源照明、云彩及特殊的纹理效果，包括分层云彩、光照效果、镜头光晕、纤维和云彩 5 种滤镜。

1）分层云彩滤镜

应用分层云彩滤镜可以在图像上叠加一层以当前前景色和背景色随机产生的云雾效果。

打开需要修改的图像素材，如图 9-160 所示。将前景色设置为黑色，背景色设置为白色，选择“滤镜”→“渲染”→“分层云彩”命令，得到如图 9-161 所示的效果。

图 9-160　素材图像

图 9-161　分层云彩滤镜效果

2）光照效果滤镜

应用光照效果滤镜可以为图像添加光照效果。

打开需要修改的图像素材，如图 9-162 所示，然后选择“滤镜”→“渲染”→“光照效果”命令，打开“光照效果”对话框。在该对话框中对光照的范围和方向进行调整，预览图中的圆形区域越大，光照的范围越大，圆形内部的短线表示光照的方向。然后设置样式，并对“光照类型”、“属性”和“纹理通道”进行设置，同时在图像预览框中查看图像效果，单击“确定”按钮后，得到的效果如图 9-163 所示，其对话框设置如图 9-164 所示。

图 9-162 素材图像

图 9-163 光照效果滤镜产生的效果

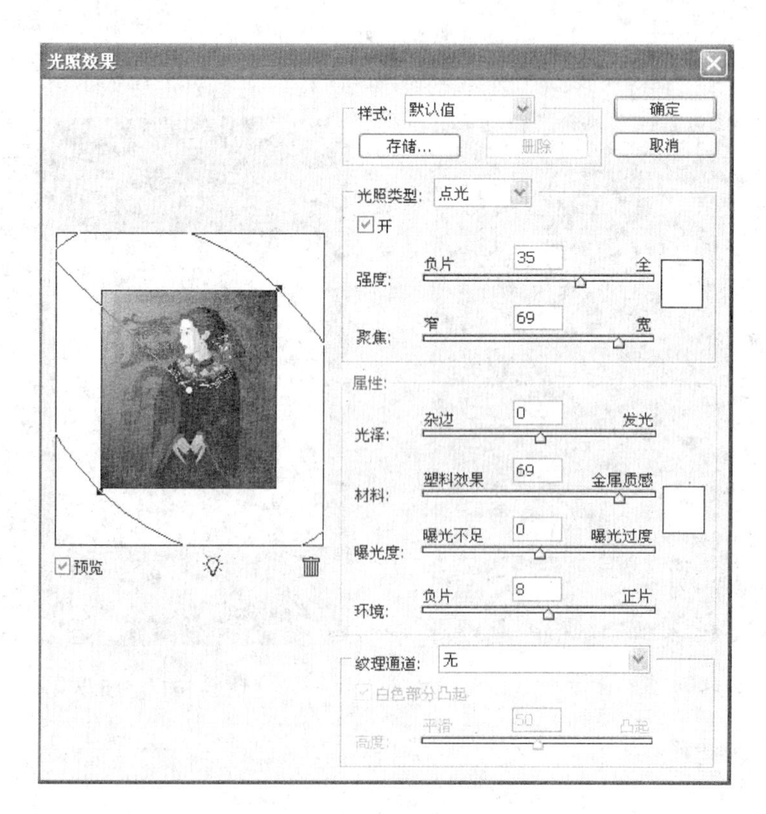

图 9-164 “光照效果”对话框

3）镜头光晕滤镜

应用镜头光晕滤镜可以模拟亮光照在照相机镜头上产生的光晕效果。

打开需要修改的图像素材，如图 9-165 所示，然后选择“滤镜”→“渲染”→“镜头光晕”命令，打开“镜头光晕”对话框。在该对话框中拖曳光晕中心，调整“亮度”数值，并在“镜头类型”选区中选择合适的单选按钮，同时在图像预览框中查看图像效果，单击“确定”按钮后，得到的效果如图 9-166 所示，其对话框设置如图 9-167 所示。

图 9-165　素材图像

图 9-166　镜头光晕滤镜效果

图 9-167　镜头光晕对话框

4）纤维滤镜

应用纤维滤镜可以将纤维纹理图像叠加到需要处理的图像通道中，使纤维纹理凸现出来。

打开需要修改的图像素材，如图 9-168 所示，然后选择素材图像的一个通道，选择“滤镜”→“渲染”→“纤维”命令，打开“纤维”对话框。在该对话框中调整“差异”和“强度”的数值，同时在图像预览框中查看图像效果，单击“确定”按钮后，得到的效果如图 9-169 所示，其对话框设置如图 9-170 所示。

图 9-168　素材图像

图 9-169　纤维滤镜效果

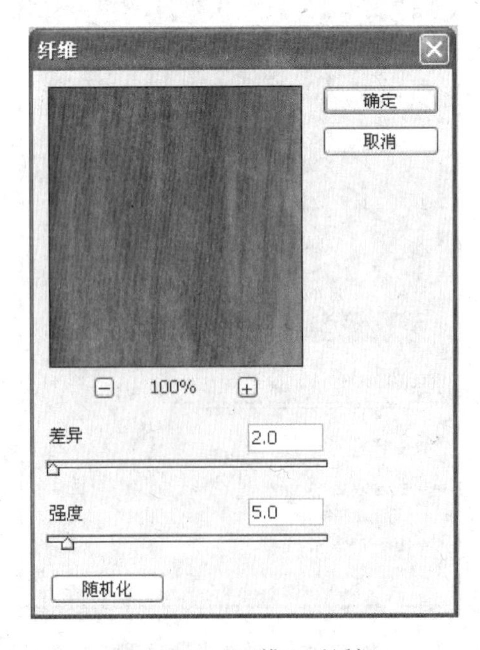

图 9-170　“纤维”对话框

5）云彩滤镜

应用云彩滤镜可以使用前景色和背景色之间的随机像素值在图像上产生云彩烟雾状的效果，也可以对图像的通道进行单独操作。

打开需要修改的图像素材，如图 9-171 所示。将前景色设置为黑色，背景色设置为白色，然后选择“滤镜”→“渲染”→“云彩”命令，得到的效果如图 9-172 所示。

图 9-171　素材图像

图 9-172　云彩滤镜效果

9.4.3　效果性滤镜

Photoshop CS4 还提供了多组效果性滤镜组，运用这些滤镜组中的滤镜可以为图像添加丰富多变的效果。这些滤镜组包括画笔描边、素描、纹理和艺术效果滤镜组，其中滤镜在实际操作中经常运用。

1．画笔描边滤镜组

画笔描边滤镜组中的滤镜主要用于将图像用不同的画笔笔触或油墨效果来进行绘制，有类似手绘的图像效果，其中包括成角的线条滤镜、墨水轮廓滤镜、喷溅滤镜、喷色描边滤镜、强化的边缘滤镜、深色线条滤镜、烟灰墨滤镜和阴影线滤镜 8 种滤镜。

1）成角的线条滤镜

应用成角的线条滤镜可以产生用对角方向笔画对图像进行描绘的效果。

打开需要修改的图像素材，如图 9-173 所示，然后选择“滤镜”→“画笔描边”→“成角的线条”命令，打开“成角的线条”对话框。在该对话框中调整“方向平衡”、“描边长度”和“锐化程度”的数值，从而调整笔画的方向、线条的长度和线条之间的清晰程度，同时在图像预览框中查看图像效果，单击“确定”按钮后，得到的效果如图 9-174 所示，其对话框设置如图 9-175 所示。

图 9-173　素材图像

图 9-174　成角的线条滤镜效果

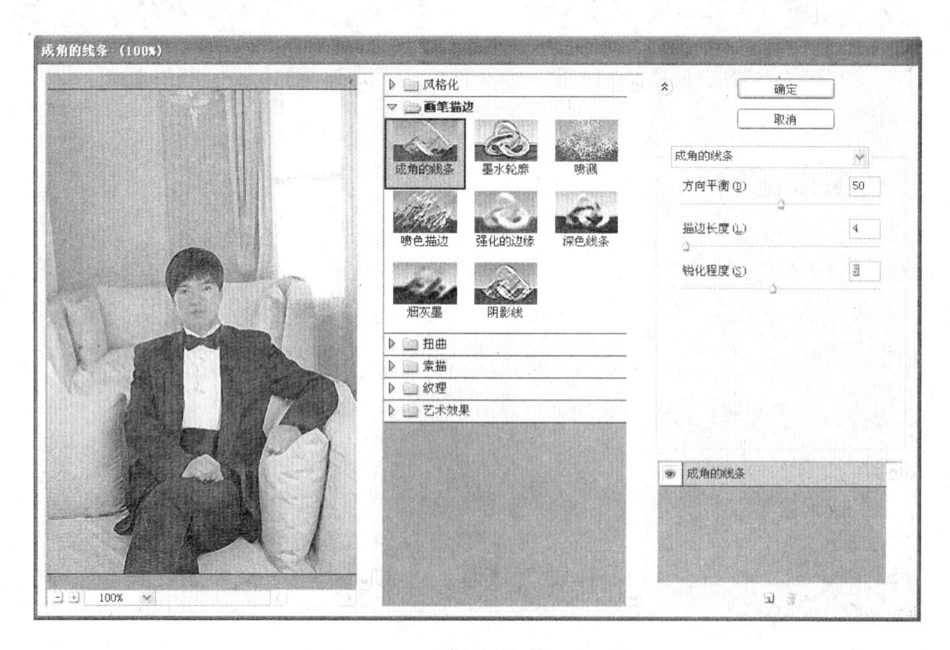

图 9-175　“成角的线条”对话框

2）墨水轮廓滤镜

应用墨水轮廓滤镜可以使图像在边界部分模拟钢笔勾画轮廓，产生钢笔绘画的效果。

打开需要修改的图像素材，如图 9-176 所示，然后选择“滤镜”→“画笔描边”→“墨水轮廓”命令，打开“墨水轮廓”对话框。在该对话框中调整“描边长度”、“深色强度”和“光照强度”的数值，同时在图像预览框中查看图像效果，单击“确定”按钮后，得到的效果如图 9-177 所示，其对话框设置如图 9-178 所示。

图 9-176 素材图像

图 9-177 墨水轮廓滤镜效果

图 9-178 “墨水轮廓”对话框

3）喷溅滤镜

应用喷溅滤镜可以使图像产生用彩色颜料喷溅的画面效果。

打开需要修改的图像素材，如图 9-179 所示，然后选择“滤镜”→“画笔描边”→“喷溅”命令，打开“喷溅”对话框。在该对话框中调整“喷色半径”和“平滑度”的数值，从而调整色点的大小和平滑程度，同时在图像预览框中查看图像效果，单击“确定”按钮后，得到的效果如图 9-180 所示，其对话框设置如图 9-181 所示。

图 9-179　素材图像

图 9-180　喷溅滤镜效果

图 9-181　“喷溅”对话框

4）喷色描边滤镜

应用喷色描边滤镜可以使图像产生倾斜的喷射纹理，其效果与喷溅滤镜相似。

打开需要修改的图像素材，如图 9-182 所示，然后选择“滤镜”→“画笔描边”→“喷色描边”命令，打开“喷色描边”对话框。在该对话框中调整“描边长度”和“喷色半径”的数值，并在“描边方向”下拉列表框中选择对角方向，同时在图像预览框中查看图像效果，单击“确定”按钮后，得到的效果如图 9-183 所示，其对话框设置如图 9-184 所示。

图 9-182　素材图像

图 9-183　喷色描边滤镜效果

图 9-184　“喷色描边”对话框

5）强化的边缘滤镜

应用强化的边缘滤镜可以使图像的边缘明显化，同时减少图像细节。

打开需要修改的图像素材，如图 9-185 所示，然后选择“滤镜”→“画笔描边”→“强化的边缘”命令，打开“强化的边缘”对话框。在该对话框中调整“边缘宽度”、“边缘亮度”和“平滑度”的数值，同时在图像预览框中查看图像效果，单击“确定”按钮后，得到的效果如图 9-186 所示，其对话框设置如图 9-187 所示。

图 9-185　素材图像

图 9-186　强化的边缘滤镜效果

图 9-187　“强化的边缘”对话框

6）深色线条滤镜

应用深色线条滤镜可以在图像的暗部用深色线条描绘，在亮部用浅色线条描绘，使画面突出强烈的黑白对比效果。

打开需要修改的图像素材，如图 9-188 所示，然后选择“滤镜”→“画笔描边”→“深色线条”命令，打开“深色线条”对话框。在该对话框中调整“平衡”、“黑色强度”和“白色强度”的数值，同时在图像预览框中查看图像效果，单击“确定”按钮后，得到的效果如图 9-189 所示，其对话框设置如图 9-190 所示。

图 9-188　素材图像

图 9-189　深色线条滤镜效果

图 9-190　“深色线条”对话框

7）烟灰墨滤镜

应用烟灰墨滤镜可以根据特定的角度以喷绘的方式重新绘制图像，使图像产生重色喷绘效果。

打开需要修改的图像素材，如图 9-191 所示，然后选择“滤镜”→“画笔描边”→“烟灰墨”命令，打开“烟灰墨”对话框。在该对话框中调整“描边宽度”、“描边压力”和“对比度”的数值，以设置画笔宽度、强度和对比度，同时在图像预览框中查看图像效果，单击“确定”按钮后，得到的效果如图 9-192 所示，其对话框设置如图 9-193 所示。

图 9-191　素材图像

图 9-192　烟灰墨滤镜效果

图 9-193　“烟灰墨”对话框

8）阴影线滤镜

应用阴影线滤镜可以使图像产生相互交叉的网状图像效果，即使图像的色彩边缘变得粗糙，有阴影。

打开需要修改的图像素材，如图 9-194 所示，然后选择“滤镜”→“画笔描边”→“阴影线”命令，打开“阴影线”对话框。在该对话框中调整“描边长度”、“锐化程度”和“强度”的数值，同时在图像预览框中查看图像效果，单击“确定”按钮后，得到的效果如图 9-195 所示，其对话框设置如图 9-196 所示。

图 9-194　素材图像

图 9-195　阴影线滤镜效果

图 9-196　“阴影线”对话框

2. 素描滤镜组

素描滤镜组中的滤镜主要用于为图像添加各种纹理效果，该滤镜组中的大多数滤镜需要配合工具箱中的前景色和背景色使用，所以前景色和背景色的设置对此类滤镜的效果影响很大。其中包括半调图案滤镜、便条纸滤镜、粉笔和炭笔滤镜、铬黄滤镜、绘图笔滤镜、基底凸现滤镜、水彩画纸滤镜、撕边滤镜、塑料效果滤镜、炭笔滤镜、炭精笔滤镜、图章滤镜、网状滤镜和影印滤镜 14 种滤镜。

1）半调图案滤镜

应用半调图案滤镜可以使图像用前景色和背景色产生网格的效果。

打开需要修改的图像素材，如图 9-197 所示。在工具箱中设置前景色和背景色分别为黑色和白色，然后选择“滤镜”→“素描”→“半调图案”命令，打开“半调图案”对话框。在该对话框中调整“大小”和“对比度”的数值，在“图案类型”下拉列表框中选择“网点”选项，同时在图像预览框中查看图像效果，单击“确定”按钮后，得到滑块效果如图 9-198 所示，其对话框设置如图 9-199 所示。

图 9-197　素材图像

图 9-198　半调图案滤镜效果

图 9-199　“半调图案”对话框

2）便条纸滤镜

应用便条纸滤镜可以创建好像是用两种颜色的手工制作的纸张粘贴构成的图像效果。

打开需要修改的图像素材，如图 9-200 所示。在工具箱中设置前景色和背景色分别为黑色和白色，然后选择“滤镜”→“素描”→“便条纸”命令，打开“便条纸”对话框。在该对话框中调整“图像平衡”、“粒度”和“凸现”的数值，同时在图像预览框中查看图像效果，单击“确定”按钮后，得到的效果如图 9-201 所示，其对话框设置如图 9-202 所示。

图 9-200　素材图像

图 9-201　便条纸滤镜效果

图 9-202　“便条纸”对话框

3）粉笔和炭笔滤镜

应用粉笔和炭笔滤镜可以重新绘制图像的高光和中间调，其背景为粗糙粉笔绘制的中间色调，阴影区域用黑色对角炭笔线条绘制。

打开需要修改的图像素材，如图 9-203 所示。在工具箱中设置前景色和背景色分别为黑色和白色，然后选择“滤镜”→“素描”→“粉笔和炭笔”命令，打开“粉笔和炭笔”对话框。在该对话框中调整“炭笔区”、“粉笔区”和“描边压力”的数值，从而调整各区域的绘画范围和描边压力，同时在图像预览框中查看图像效果，单击“确定”按钮后，得到的效果如图 9-204 所示，其对话框设置如图 9-205 所示。

图 9-203　素材图像

图 9-204　粉笔和炭笔滤镜效果

图 9-205　“粉笔和炭笔”对话框

4）铬黄滤镜

应用铬黄滤镜可以将图像处理成类似液态金属的效果，其明度与原图像基本一致。

打开需要修改的图像素材，如图 9-206 所示，然后选择“滤镜”→“素描”→“铬黄”命令，打开“铬黄”对话框。在该对话框中调整“细节”和“平滑度”的数值，从而调整图像显示的细节范围和平滑程度，同时在图像预览框中查看图像效果，单击“确定”按钮后，得到的效果如图 9-207 所示，其对话框设置如图 9-208 所示。

图 9-206 素材图像

图 9-207 铬黄滤镜效果

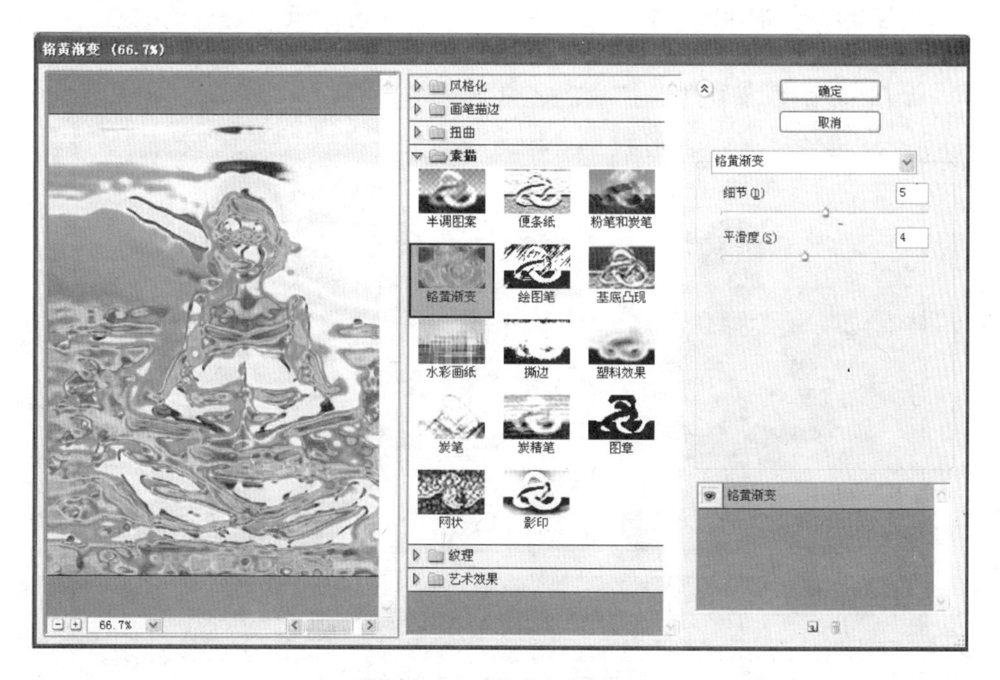

图 9-208 “铬黄”对话框

5）绘图笔滤镜

应用绘图笔滤镜可以使用细线状油墨对原画进行重新绘制。

打开需要修改的图像素材，如图 9-209 所示。在工具箱中设置前景色和背景色分别为黑色和白色，然后选择“滤镜”→“素描”→“绘图笔”命令，打开“绘图笔”对话框。在该对话框中调整“描边长度”和“明/暗平衡”的数值，在“描边方向”下拉列表框中选择线条的绘画角度，同时在图像预览框中查看图像效果，单击“确定”按钮后，得到的效果如图 9-210 所示，其对话框设置如图 9-211 所示。

图 9-209　素材图像

图 9-210　绘图笔滤镜效果

图 9-211　“绘图笔”对话框

6）基底凸现滤镜

应用基底凸现滤镜可以用前景色填充较亮的区域，用背景色填充较暗的区域，使图像呈现浮雕效果。

打开需要修改的图像素材，如图 9-212 所示。在工具箱中设置前景色和背景色分别为黑色和白色，然后选择“滤镜”→“素描”→“基底凸现”命令，打开“基底凸现”对话框。在该对话框中调整“细节”和“平滑度”的数值，在“光照”下拉列表框中选择光照方向，同时在图像预览框中查看图像效果，单击“确定”按钮后，得到的效果如图 9-213 所示，其对话框设置如图 9-214 所示。

图 9-212　素材图像

图 9-213　基底凸现滤镜效果

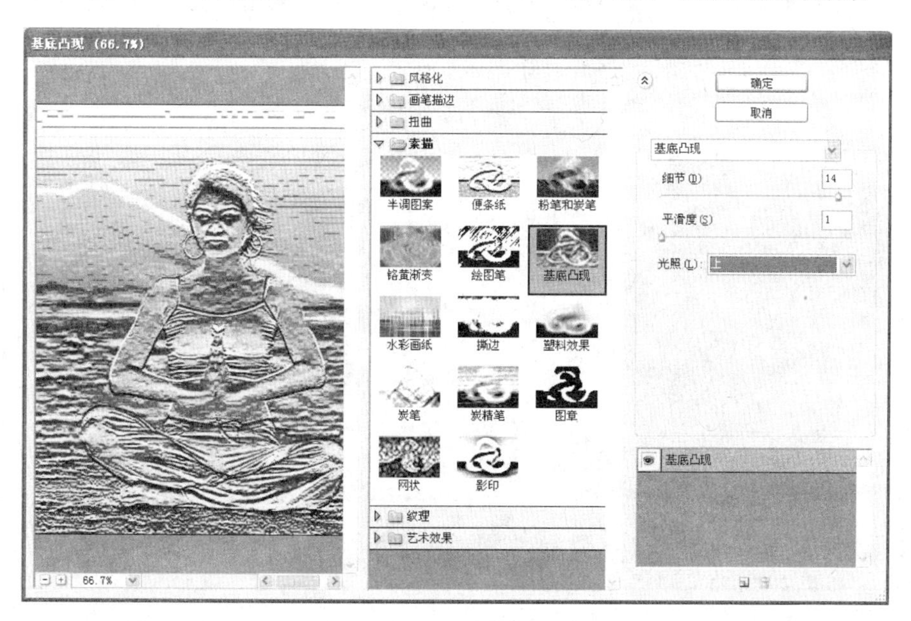

图 9-214　“基底凸现”对话框

7）水彩画纸滤镜

应用水彩画纸滤镜可以简化图像细节，模仿在潮湿的纤维纸上进行绘画，从而产生画面浸润、扩散的水彩画效果。

打开需要修改的图像素材，如图 9-215 所示，然后选择“滤镜”→“素描”→“水彩画纸”命令，打开“水彩画纸”对话框。在该对话框中调整“纤维长度”、“亮度”和“对比度”的数值，同时在图像预览框中查看图像效果，单击“确定”按钮后，得到的效果如图 9-216 所示，其对话框设置如图 9-217 所示。

图 9-215　素材图像

图 9-216　水彩画纸滤镜效果

图 9-217　“水彩画纸”对话框

8）撕边滤镜

应用撕边滤镜可以使图像在边缘部分用粗糙的颜色进行填充，模拟撕碎纸片的效果。

打开需要修改的图像素材，如图 9-218 所示。在工具箱中设置前景色和背景色分别为黑色和白色，然后选择“滤镜”→“素描”→“撕边”命令，打开“撕边”对话框。在该对话框中调整“图像平衡”、“平滑度”和“对比度”的数值，同时在图像预览框中查看图像效果，单击“确定”按钮后，得到的效果如图 9-219 所示，其对话框设置如图 9-220 所示。

图 9-218　素材图像

图 9-219　撕边滤镜效果

图 9-220　“撕边”对话框

9）塑料效果滤镜

应用塑料效果滤镜可以使图像的亮部上升、暗部下沉，产生类似塑料质感的效果。

打开需要修改的图像素材，如图 9-221 所示。在工具箱中设置前景色和背景色分别为黑色和白色，然后选择“滤镜”→“素描”→“塑料效果”命令，打开“塑料效果”对话框。在该对话框中调整“图像平衡”和“平滑度”的数值，在“光照”下拉列表框中选择光照方向，同时在图像预览框中查看图像效果，单击“确定”按钮后，得到的效果如图 9-222 所示，其对话框设置如图 9-223 所示。

图 9-221　素材图像

图 9-222　塑料效果滤镜效果

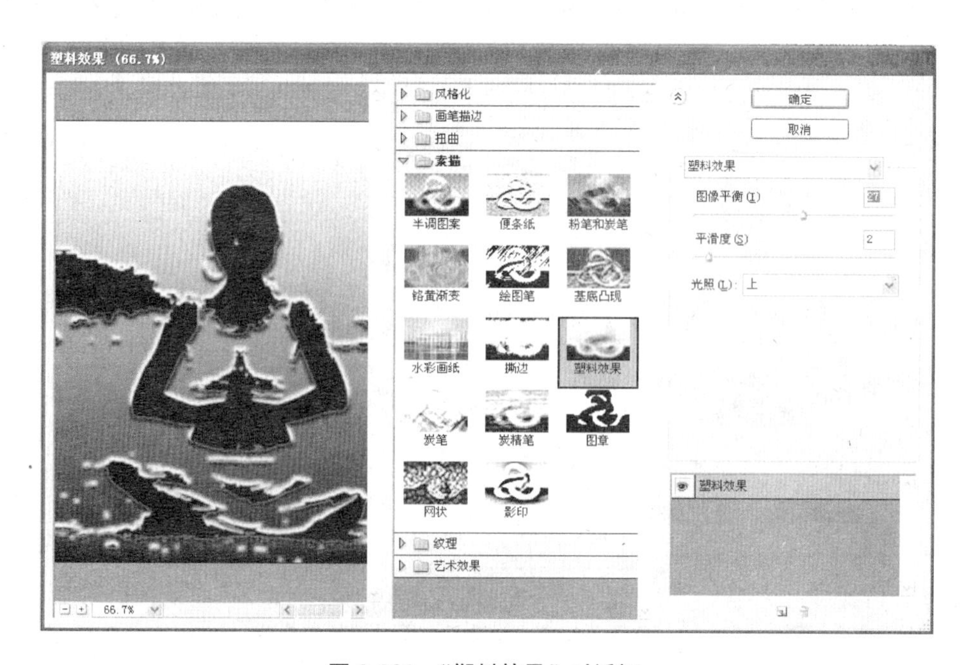

图 9-223　“塑料效果”对话框

10）炭笔滤镜

应用炭笔滤镜可以对图像重新绘制，主边缘线用粗线绘制，中间色调用细线绘制，以产生色调分离的涂抹效果。

打开需要修改的图像素材，如图 9-224 所示。在工具箱中设置前景色和背景色分别为黑色和白色，然后选择“滤镜”→“素描”→“炭笔”命令，打开“炭笔”对话框。在该对话框中调整“炭笔粗细”、“细节”和“明/暗平衡”的数值，同时在图像预览框中查看图像效果，单击“确定”按钮后，得到的效果如图 9-225 所示，其对话框设置如图 9-226 所示。

图 9-224 素材图像

图 9-225 炭笔滤镜效果

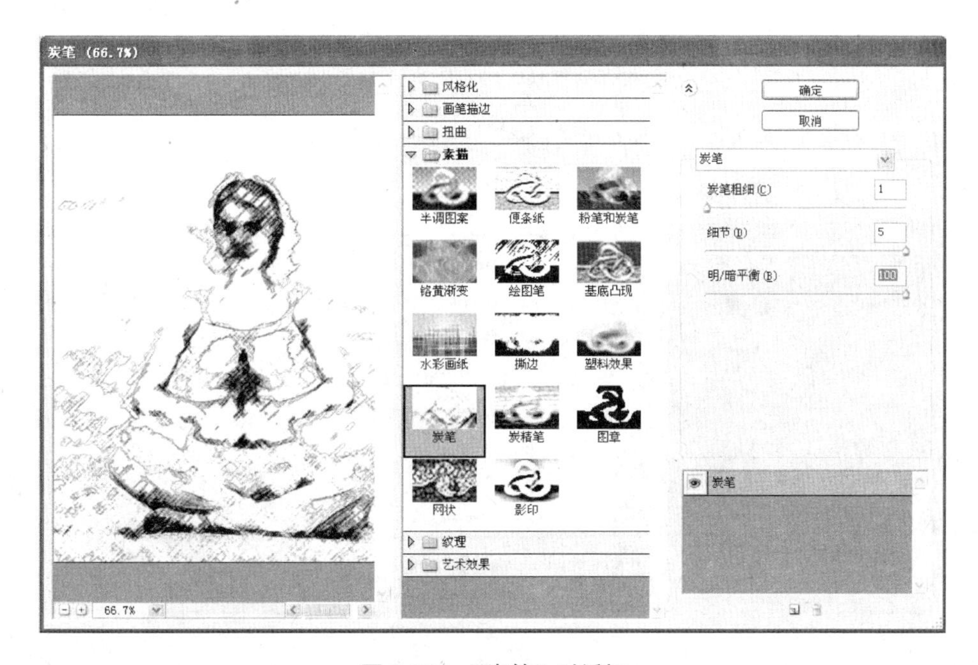

图 9-226 “炭笔”对话框

11）炭精笔滤镜

应用炭精笔滤镜可以模拟炭精条的浓重黑色和纯白的笔触纹理效果。

打开需要修改的图像素材，如图 9-227 所示。在工具箱中设置前景色和背景色分别为黑色和白色，然后选择“滤镜”→“素描”→“炭精笔”命令，打开“炭精笔”对话框。在该对话框中调整“前景色阶”、“背景色阶”、“缩放”、“凸现”、“光照”和“反相”选项，同时在图像预览框中查看图像效果，单击“确定”按钮后，得到的效果如图 9-228 所示，其对话框设置如图 9-229 所示。

图 9-227　素材图像

图 9-228　炭精笔滤镜效果

图 9-229　“炭精笔”对话框

12）图章滤镜

应用图章滤镜使图像模拟图章效果，产生黑白影印的效果。

打开需要修改的图像素材，如图 9-230 所示。在工具箱中设置前景色和背景色分别为黑色和白色，然后选择“滤镜”→“素描”→“图章”命令，打开“图章”对话框。在该对话框中调整“明/暗平衡”和“平滑度”的数值，同时在图像预览框中查看图像效果，单击“确定”按钮后，得到的效果如图 9-231 所示，其对话框设置如图 9-232 所示。

图 9-230　素材图像

图 9-231　图章滤镜效果

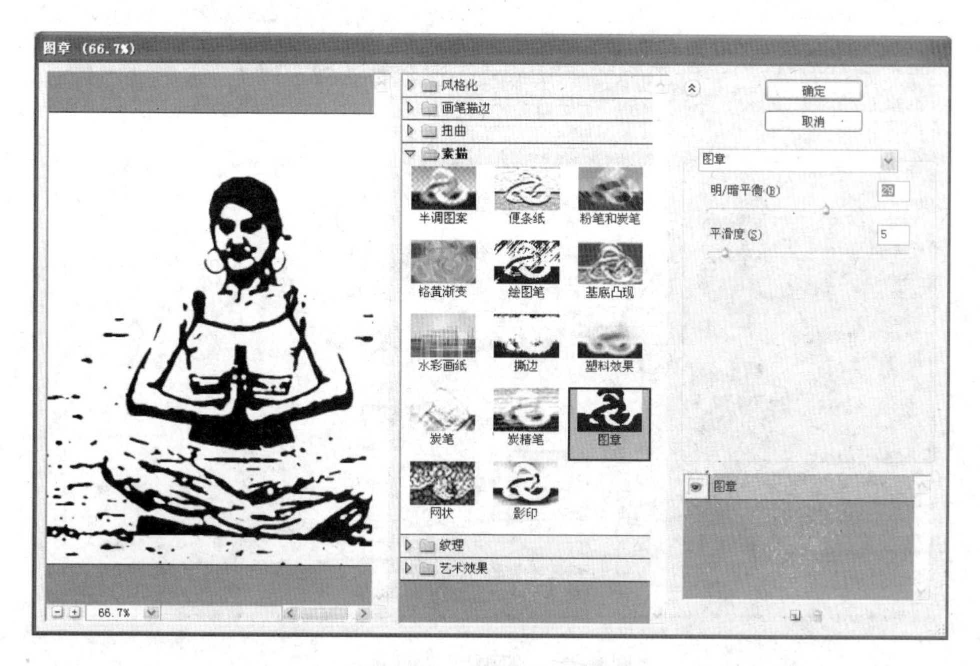

图 9-232　“图章”对话框

13）网状滤镜

应用网状滤镜可以使图像产生一种透过网格在背景上散放颗粒状前景色颜料的效果。

打开需要修改的图像素材，如图 9-233 所示。在工具箱中设置前景色和背景色分别为黑色和白色，然后选择“滤镜”→“素描”→“网状”命令，打开“网状”对话框。在该对话框中调整“浓度”、“前景色阶”和“背景色阶”的数值，同时在图像预览框中查看图像效果，单击“确定”按钮后，得到的效果如图 9-234 所示，其对话框设置如图 9-235 所示。

图 9-233　素材图像

图 9-234　网状滤镜效果

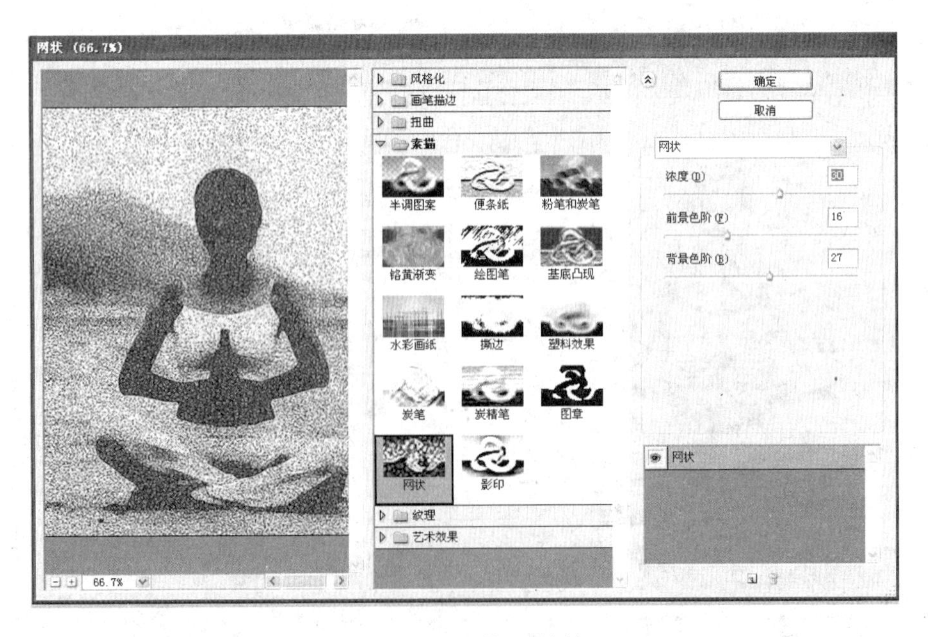

图 9-235　“网状”对话框

14）影印滤镜

应用影印滤镜可以使图像产生类似影印的效果。其中，前景色填充高亮度区域的边缘，背景色填充较暗的区域。

打开需要修改的图像素材，如图 9-236 所示。在工具箱中设置前景色和背景色分别为黑色和白色，然后选择“滤镜”→“素描”→“影印”命令，打开“影印”对话框。在该对话框中调整“细节”和“暗度”的数值，同时在图像预览框中查看图像效果，单击“确定”按钮后，得到的效果如图 9-237 所示，其对话框设置如图 9-238 所示。

图 9-236　素材图像

图 9-237　影印滤镜效果

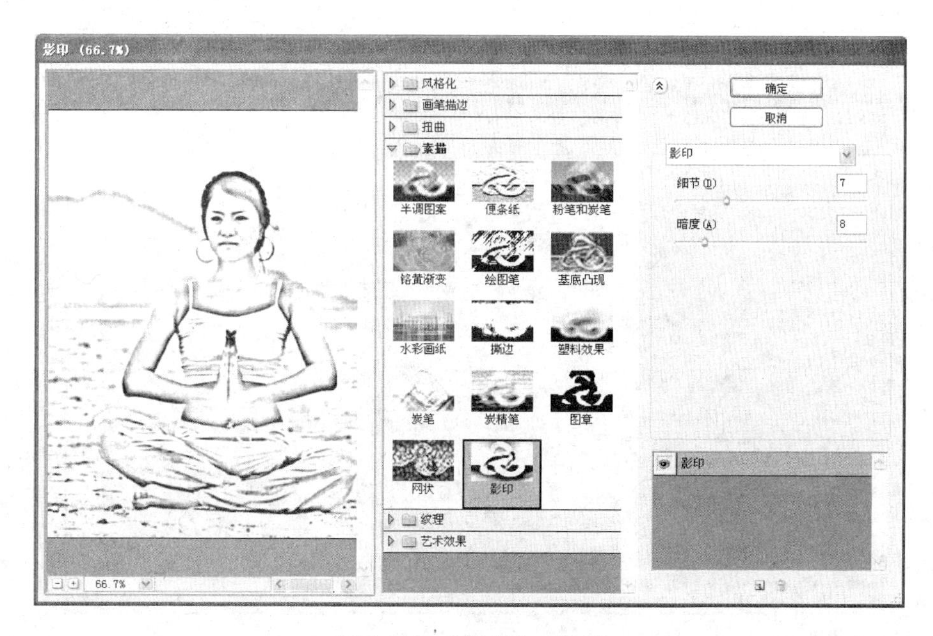

图 9-238　“影印”对话框

3．纹理滤镜组

纹理滤镜组中的滤镜用于为图像添加特殊的材质纹理效果，包括龟裂缝滤镜、颗粒滤镜、马赛克拼贴滤镜、拼缀图滤镜、染色玻璃滤镜和纹理化滤镜 6 种滤镜。

1）龟裂缝滤镜

应用龟裂缝滤镜可以模拟在粗糙的物质表面绘画，会出现很多纹理。

打开需要修改的图像素材，如图 9-239 所示，然后选择“滤镜”→“纹理”→“龟裂缝”命令，打开“龟裂缝”对话框。在该对话框中调整“裂缝间距”、“裂缝深度”和“裂缝亮度”的数值，同时在图像预览框中查看图像效果，单击“确定”按钮后，得到的效果如图 9-240 所示，其对话框设置如图 9-241 所示。

图 9-239　素材图像

图 9-240　龟裂缝滤镜效果

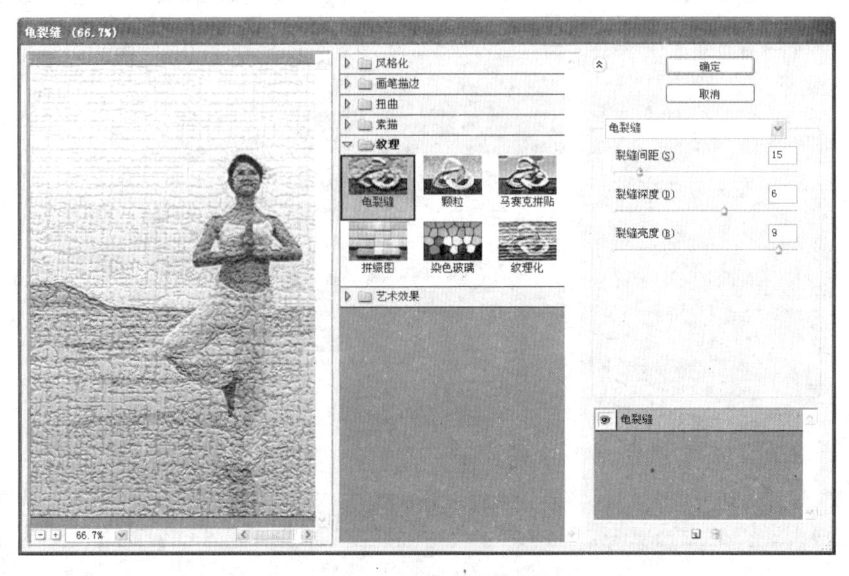

图 9-241　“龟裂缝”对话框

2）颗粒滤镜

应用颗粒滤镜可以模仿颗粒效果将图像像素颗粒化。

打开需要修改的图像素材，如图 9-242 所示，然后选择“滤镜”→“纹理”→“颗粒”命令，打开“颗粒”对话框。在该对话框中调整“强度”和“对比度”的数值，在“颗粒类型”下拉列表框中选择颗粒类型，同时在图像预览框中查看图像效果，单击“确定”按钮后，得到的效果如图 9-243 所示，其对话框设置如图 9-244 所示。

图 9-242 素材图像

图 9-243 颗粒滤镜效果

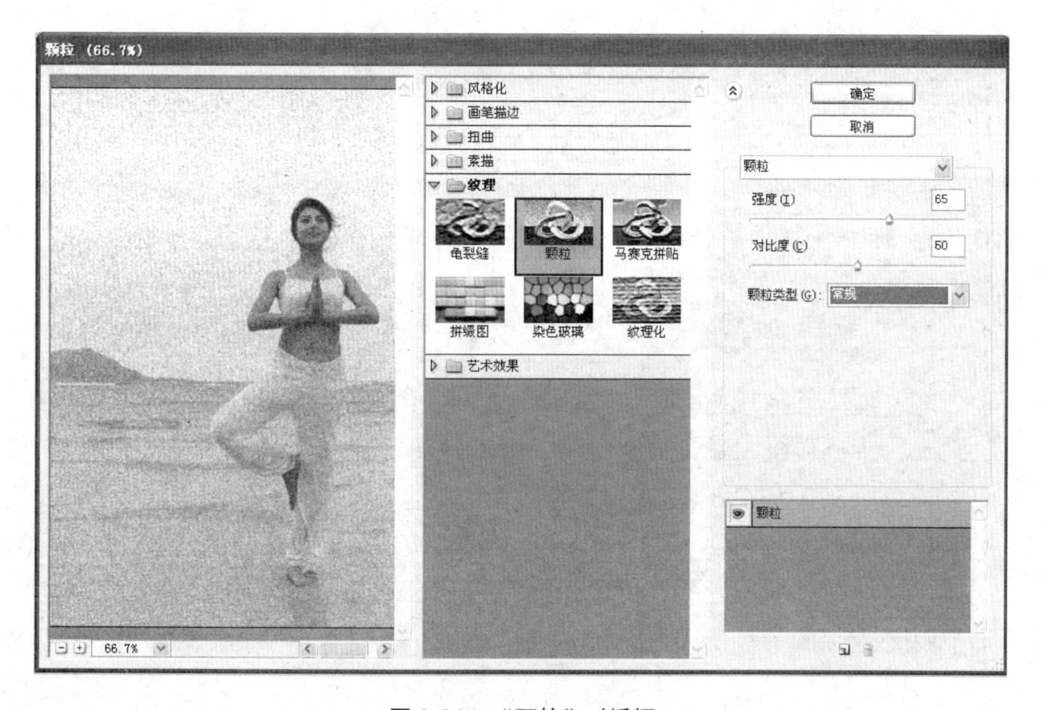

图 9-244 “颗粒”对话框

3）马赛克拼贴滤镜

应用马赛克拼贴滤镜可以将图像分隔成若干个方块形状，并在方块的缝隙之间添加深色像素，形成建筑外立面的马赛克效果。

打开需要修改的图像素材，如图 9-245 所示，然后选择“滤镜”→“纹理”→“马赛克拼贴”命令，打开“马赛克拼贴”对话框。在该对话框中调整“拼贴大小”、“缝隙宽度”和“加亮缝隙”的数值，同时在图像预览框中查看图像效果，单击“确定”按钮后，得到的效果如图 9-246 所示，其对话框设置如图 9-247 所示。

图 9-245　素材图像

图 9-246　马赛克拼贴滤镜效果

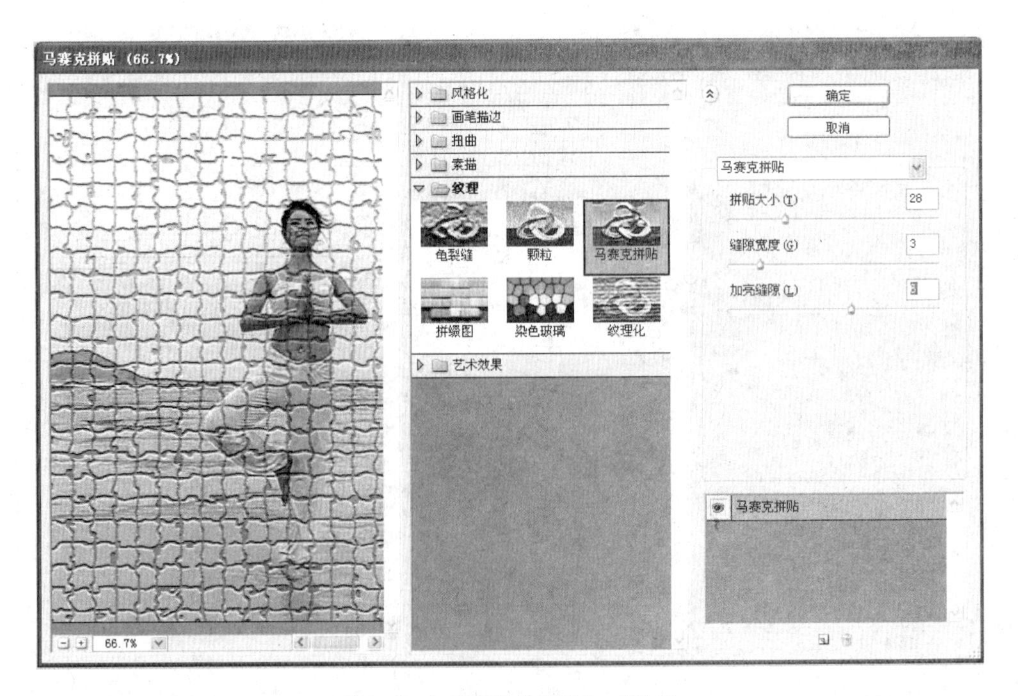

图 9-247　“马赛克拼贴”对话框

4）拼缀图滤镜

应用拼缀图滤镜可以将图像分成若干小块，每个小块用其最亮的像素填充，以使小块之间像素的颜色加深，形成平面拼图效果。

打开需要修改的图像素材，如图 9-248 所示，然后选择“滤镜”→“纹理”→“拼缀图”命令，打开“拼缀图”对话框。在该对话框中调整“方形大小”和“凸现”的数值，同时在图像预览框中查看图像效果，单击“确定”按钮后，得到的效果如图 9-249 所示，其对话框设置如图 9-250 所示。

图 9-248 素材图像

图 9-249 拼缀图滤镜效果

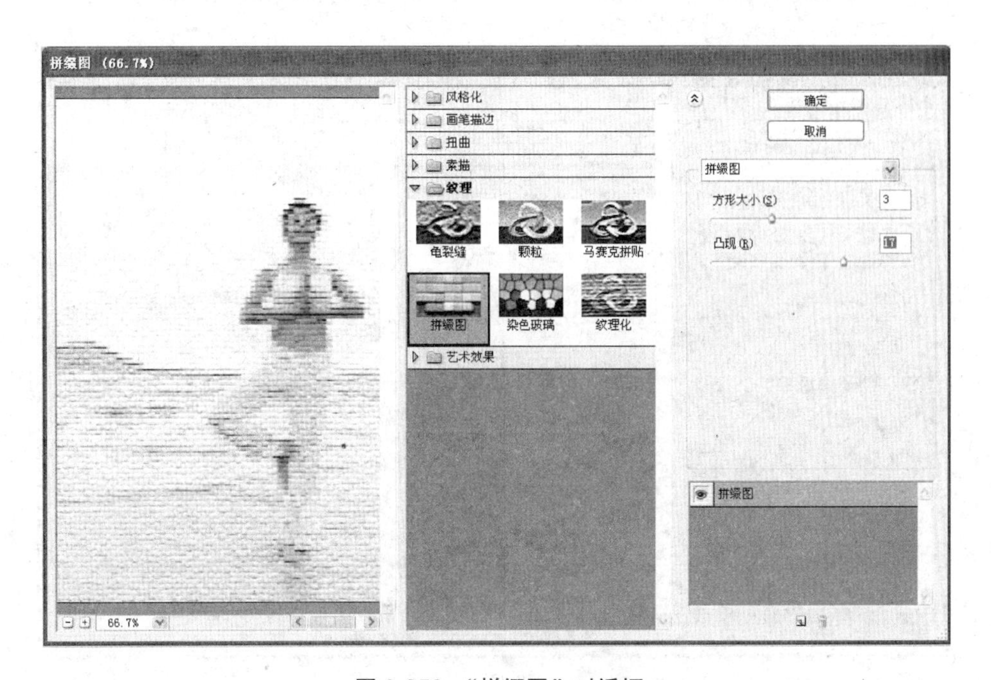

图 9-250 “拼缀图”对话框

5）染色玻璃滤镜

应用染色玻璃滤镜可以将图像分成若干五边形小块，每个小块用其最亮的像素填充，小块之间用前景色填充，以产生彩色玻璃拼图效果。

打开需要修改的图像素材，如图 9-251 所示，然后选择“滤镜”→“纹理”→“染色玻璃”命令，打开“染色玻璃”对话框。在该对话框中调整“单元格大小”、“边框粗细”和“光照强度”的数值，同时在图像预览框中查看图像效果，单击“确定”按钮后，得到的效果如图 9-252 所示，其对话框设置如图 9-253 所示。

图 9-251　素材图像

图 9-252　染色玻璃滤镜效果

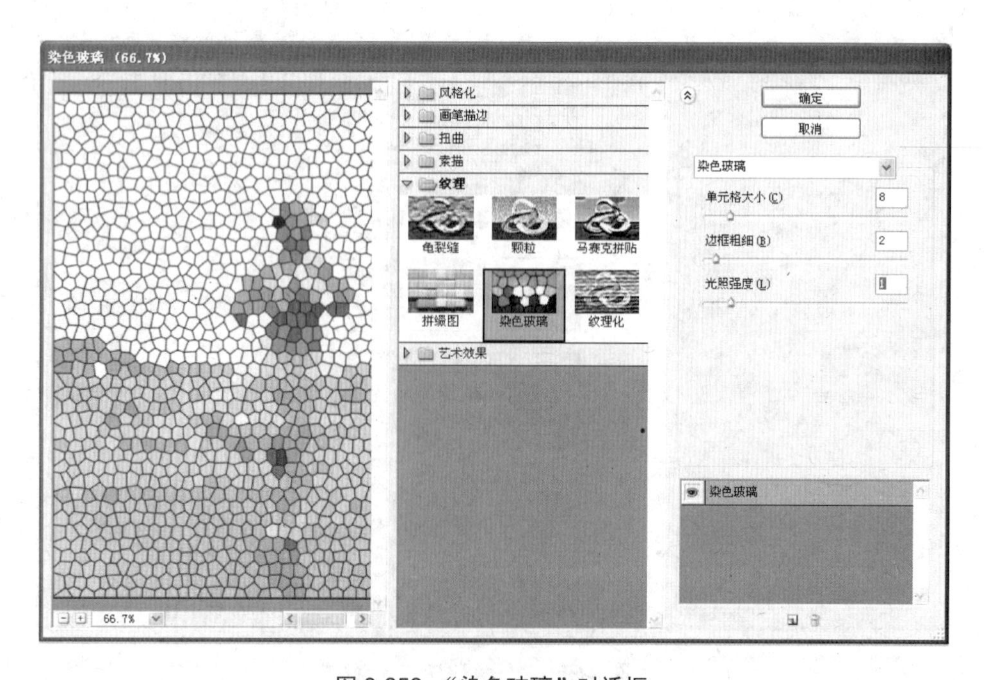

图 9-253　“染色玻璃”对话框

6）纹理化滤镜

应用纹理化滤镜可以使图像产生某种纹理效果，在“纹理化”对话框的“纹理”下拉列表框中提供了“砖形”、“粗麻布”、“画布”和“砂岩”4 种纹理类型，用户也可以自定义图像纹理。

打开需要修改的图像素材，如图 9-254 所示，然后选择“滤镜”→“纹理”→“纹理化”命令，打开“纹理化”对话框。在该对话框中调整“缩放”和“凸现”的数值，选择一种纹理，并在“光照”下拉列表框中选择光照方向，同时在图像预览框中查看图像效果，单击“确定”按钮后，得到的效果如图 9-255 所示，其对话框设置如图 9-256 所示。

图 9-254　素材图像

图 9-255　纹理化滤镜效果

图 9-256 “纹理化”对话框

4. 艺术效果滤镜组

艺术效果滤镜组中的滤镜可以通过滤镜库中的设置，模仿传统绘画的各种方式，绘制出具有多种艺术效果的图像。其中包括壁画滤镜、彩色铅笔滤镜、粗糙蜡笔滤镜、底纹效果滤镜、调色刀滤镜、干画笔滤镜、海报边缘滤镜、海绵滤镜、绘画涂抹滤镜、胶片颗粒滤镜、木刻滤镜、霓虹灯光滤镜、水彩滤镜、塑料包装滤镜和涂抹棒滤镜 15 种滤镜，要注意的是，该组滤镜不能应用于 CMYK 模式和 Lab 模式的图像。

1）壁画滤镜

应用壁画滤镜可以通过调整图像的对比度来增强暗色区域的边缘，主要表现古壁画粗犷的绘画效果。

打开需要修改的图像素材，如图 9-257 所示，然后选择"滤镜"→"艺术效果"→"壁画"命令，打开"壁画"对话框。在该对话框中调整"画笔大小"、"画笔细节"和"纹理"的数值，同时在图像预览框中查看图像效果，单击"确定"按钮后，得到的效果如图 9-258 所示，其对话框设置如图 9-259 所示。

图 9-257　素材图像

图 9-258　壁画滤镜效果

2）彩色铅笔滤镜

应用彩色铅笔滤镜可以模拟彩色铅笔在不同质地的纸上绘图的效果。

打开需要修改的图像素材，如图 9-260 所示，然后选择"滤镜"→"艺术效果"→"彩色铅笔"命令，打开"彩色铅笔"对话框。在该对话框中调整"铅笔宽度"、"描边压力"和"纸张亮度"的数值，同时在图像预览框中查看图像效果，单击"确定"按钮后，得到的效果如图 9-261 所示，其对话框设置如图 9-262 所示。

图 9-259 “壁画”对话框

图 9-260　素材图像

图 9-261　彩色铅笔滤镜效果

图 9-262 “彩色铅笔”对话框

3）粗糙蜡笔滤镜

应用粗糙蜡笔滤镜可以模拟用彩色的粗蜡笔绘图，产生不平整的纹理效果。

打开需要修改的图像素材，如图 9-263 所示，然后选择“滤镜”→“艺术效果”→“粗糙蜡笔”命令，打开“粗糙蜡笔”对话框。在该对话框中调整“描边长度”和“描边细节”等的数值，同时在图像预览框中查看图像效果，单击“确定”按钮后，得到的效果如图 9-264 所示，其对话框设置如图 9-265 所示。

图 9-263 素材图像

图 9-264 粗糙蜡笔滤镜效果

图 9-265 “粗糙蜡笔”对话框

4）底纹效果滤镜

应用底纹效果滤镜可以根据纹理的类型在图像上产生各种纹理喷绘的涂抹效果。

打开需要修改的图像素材，如图 9-266 所示，然后选择“滤镜”→“艺术效果”→“底纹效果”命令，打开“底纹效果”对话框。在该对话框中调整“画笔大小”、“纹理覆盖”、“缩放”和“凸现”的数值，在“纹理”下拉列表框中选择合适的纹理，在“光照”下拉列表框中选择光照的方向，同时在图像预览框中查看图像效果，单击“确定”按钮后，得到的效果如图 9-267 所示，其对话框设置如图 9-268 所示。

图 9-266 素材图像

图 9-267 底纹效果滤镜效果

图 9-268 “底纹效果”对话框

5）调色刀滤镜

应用调色刀滤镜可以模拟绘制油画时用调色刀将相似的颜色融合，涂抹在画布上的效果，能减少图像的细节。

打开需要修改的图像素材，如图 9-269 所示，然后选择“滤镜”→“艺术效果”→“调色刀”命令，打开“调色刀”对话框。在该对话框中调整“描边大小”、“描边细节”和“软化度”的数值，同时在图像预览框中查看图像效果，单击“确定”按钮后，得到的效果如图 9-270 所示，其对话框设置如图 9-271 所示。

图 9-269 素材图像

图 9-270 调色刀滤镜效果

图 9-271 “调色刀”对话框

6）干画笔滤镜

应用干画笔滤镜可以使图像模拟绘画的干笔画技术，表现较为干枯的绘画笔触效果。

打开需要修改的图像素材，如图 9-272 所示，然后选择“滤镜”→“艺术效果”→“干画笔”命令，打开“干画笔”对话框。在该对话框中调整“画笔大小”、“画笔细节”和“纹理”的数值，同时在图像预览框中查看图像效果，单击“确定”按钮后，得到的效果如图 9-273 所示，其对话框设置如图 9-274 所示。

图 9-272　素材图像

图 9-273　干画笔滤镜效果

图 9-274 “干画笔”对话框

7）海报边缘滤镜

应用海报边缘滤镜可以使图像自动查找颜色变化较明显的边缘，并添加黑色阴影，形成海报的剪切边缘效果。

打开需要修改的图像素材，如图 9-275 所示，然后选择“滤镜”→“艺术效果”→“海报边缘”命令，打开“海报边缘”对话框。在该对话框中调整“边缘厚度”、“边缘强度”和“海报化”的数值，同时在图像预览框中查看图像效果，单击“确定”按钮后，得到的效果如图 9-276 所示，其对话框设置如图 9-277 所示。

图 9-275 素材图像

图 9-276 海报边缘滤镜效果

图 9-277 “海报边缘”对话框

8）海绵滤镜

应用海绵滤镜可以使图像产生海绵吸颜料进行涂抹绘画的效果。

打开需要修改的图像素材，如图 9-278 所示，然后选择“滤镜”→“艺术效果”→“海绵”命令，打开“海绵”对话框。在该对话框中调整“画笔大小”、“清晰度”和“平滑度”的数值，同时在图像预览框中查看图像效果，单击“确定”按钮后，得到的效果如图 9-279 所示，其对话框设置如图 9-280 所示。

图 9-278　素材图像

图 9-279　海绵滤镜效果

图 9-280 “海绵”对话框

9）绘画涂抹滤镜

应用绘画涂抹滤镜可以使图像产生“简单”、“未处理光照”、“未处理深色”、“宽锐化”、“宽模糊”和“火花”6 种涂抹效果。

打开需要修改的图像素材，如图 9-281 所示，然后选择“滤镜”→“艺术效果”→“绘画涂抹”命令，打开“绘画涂抹”对话框。在该对话框中调整“画笔大小”和“锐化程度”的数值，在“画笔类型”下拉列表框中根据需要选择涂抹类型，同时在图像预览框中查看图像效果，单击“确定”按钮后，得到的效果如图 9-282 所示，其对话框设置如图 9-283 所示。

图 9-281　素材图像

图 9-282　绘画涂抹滤镜效果

图 9-283 “绘画涂抹”对话框

10）胶片颗粒滤镜

应用胶片颗粒滤镜可以使图像模拟胶片颗粒的效果，添加黑色不均匀的颗粒纹理，从而增强图像的层次感。

打开需要修改的图像素材，如图 9-284 所示，然后选择“滤镜”→“艺术效果”→“胶片颗粒”命令，打开“胶片颗粒”对话框。在该对话框中调整“颗粒”、“高光区域”和“强度”的数值，同时在图像预览框中查看图像效果，单击“确定”按钮后，得到的效果如图 9-285 所示，其对话框设置如图 9-286 所示。

图 9-284 素材图像

图 9-285 胶片颗粒滤镜效果

图 9-286 “胶片颗粒”对话框

11）木刻滤镜

应用木刻滤镜可以使图像的颜色层次分明，产生版画的效果。

打开需要修改的图像素材，如图 9-287 所示，然后选择“滤镜”→“艺术效果”→“木刻”命令，打开“木刻”对话框。在该对话框中调整“色阶数”、“边缘简化度”和“边缘逼真度”的数值，同时在图像预览框中查看图像效果，单击“确定”按钮后，得到的效果如图 9-288 所示，其对话框设置如图 9-289 所示。

图 9-287 素材图像

图 9-288 木刻滤镜效果

图 9-289 “木刻”对话框

12）霓虹灯光滤镜

应用霓虹灯光滤镜可以使图像产生各种奇特的霓虹灯照射效果。

打开需要修改的图像素材，如图 9-290 所示，然后选择“滤镜”→“艺术效果”→“霓虹灯光”命令，打开“霓虹灯光”对话框。在该对话框中调整“发光大小”和“发光亮度”的数值，并选择发光的颜色，同时在图像预览框中查看图像效果，单击“确定”按钮后，得到的效果如图 9-291 所示，其对话框设置如图 9-292 所示。

图 9-290　素材图像

图 9-291　霓虹灯光滤镜效果

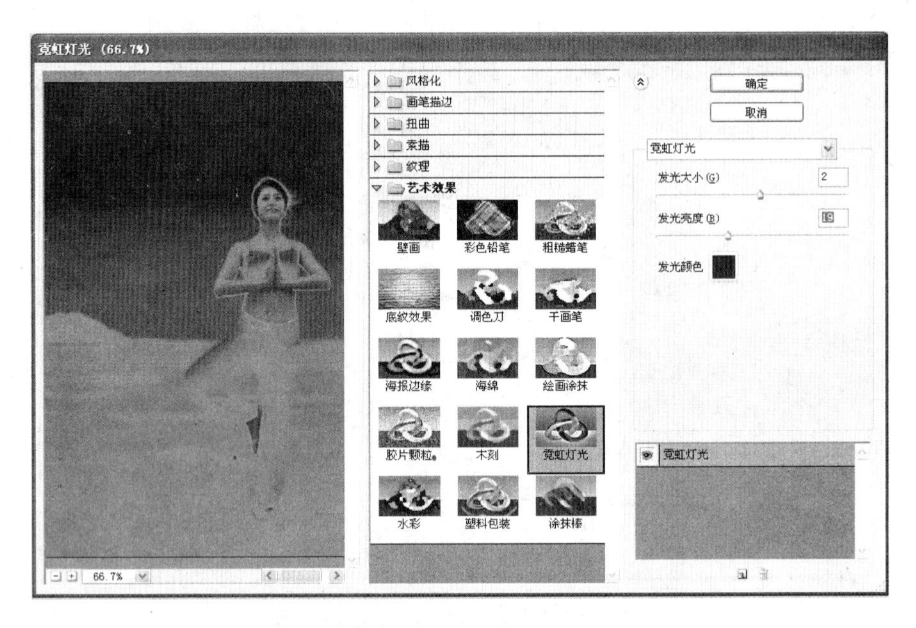

图 9-292 “霓虹灯光”对话框

13）水彩滤镜

应用水彩滤镜可以使图像模拟水彩画效果。

打开需要修改的图像素材，如图 9-293 所示，然后选择“滤镜”→“艺术效果”→“水彩”命令，打开“水彩”对话框。在该对话框中调整“画笔细节”、“阴影强度”和“纹理”的数值，同时在图像预览框中查看图像效果，单击“确定”按钮后，得到的效果如图 9-294 所示，其对话框设置如图 9-295 所示。

图 9-293 素材图像

图 9-294 水彩滤镜效果

图 9-295 “水彩”对话框

14）塑料包装滤镜

应用塑料包装滤镜可以使图像产生一种被塑料包装的立体效果。

打开需要修改的图像素材，如图 9-296 所示，然后选择“滤镜”→“艺术效果”→“塑料包装”命令，打开“塑料包装”对话框。在该对话框中调整“高光强度”、“细节”和“平滑度”的数值，同时在图像预览框中查看图像效果，单击“确定”按钮后，得到的效果如图 9-297 所示，其对话框设置如图 9-298 所示。

图 9-296 素材图像

图 9-297 塑料包装滤镜效果

图 9-298 “塑料包装”对话框

15）涂抹棒滤镜

应用涂抹棒滤镜可以模拟应用细小笔触的画笔重新绘制图像的效果，使图像的暗部区域变得柔和，亮部区域变得明亮。

打开需要修改的图像素材，如图 9-299 所示，然后选择“滤镜”→“艺术效果”→“涂抹棒”命令，打开“涂抹棒”对话框。在该对话框中调整“描边长度”、“高光区域”和“强度”的数值，同时在图像预览框中查看图像效果，单击“确定”按钮后，得到的效果如图 9-300 所示，其对话框设置如图 9-301 所示。

图 9-299 素材图像

图 9-300 涂抹棒滤镜效果

图 9-301　“涂抹棒”对话框

9.4.4　其他滤镜

1. 视频滤镜组

视频滤镜组中的滤镜与视频设备有关，其中包括“逐行滤镜”和“NTSC 颜色滤镜”两个滤镜。

1）逐行滤镜

应用逐行滤镜可以使隔行的视频图像转化为普通图像，增强其画面品质。

打开需要修改的图像素材，如图 9-302 所示，然后选择“滤镜”→“艺术效果”→“逐行”命令，打开“逐行”对话框。在该对话框中设置“消除”和“创建新场方式”选项，单击“确定”按钮后，得到的效果如图 9-303 所示，其对话框设置如图 9-304 所示。

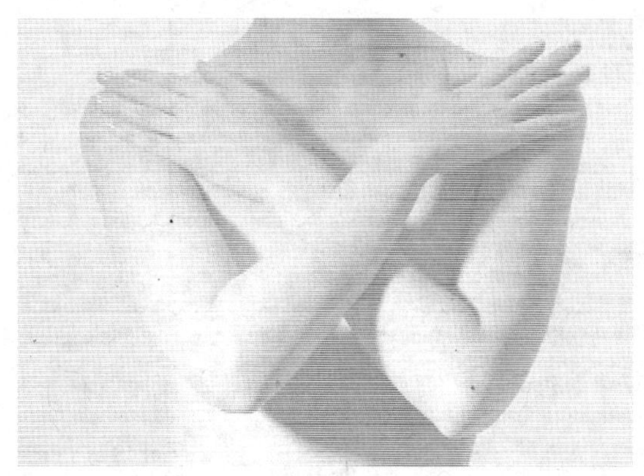

图 9-302　素材图像

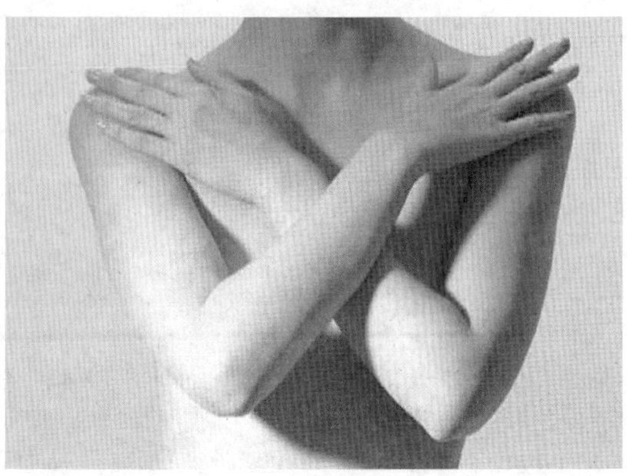

图 9-303　逐行滤镜效果

2）NTSC 颜色滤镜

应用 NTSC 颜色滤镜可以将图像的颜色转化为适合视频显示的颜色。在多媒体制作中，若想将 RGB 模式的图像以 NTSC 输出，可以使用该滤镜。

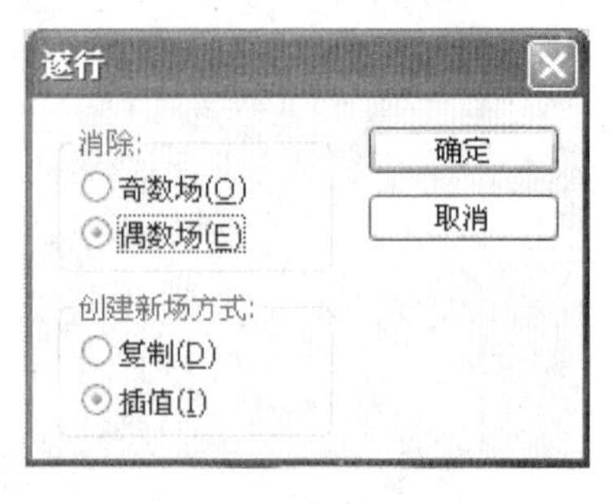

图 9-304 “逐行”对话框

9.5 外挂滤镜简介

Photoshop CS4 支持由非 Adobe 软件开发商提供的增效滤镜，也称为“第三方滤镜”或“外挂滤镜”。外挂滤镜的种类繁多，效果不断更新，功能更加强大，其使用方法和内置滤镜基本类似。外挂滤镜需要额外购买，常见的外挂滤镜有 KPT、Eye Candy 系列等。

9.6 实训项目：制作电影海报

一般情况下，制作比较复杂的图像效果都离不开滤镜，滤镜通常配合通道、图层蒙版等相关工具共同制作精美的图像效果。下面应用几个滤镜、色彩调整和图层蒙版等命令共同制作一个电影宣传海报。通过本例的制作，读者要熟悉和掌握滤镜的应用。

具体操作步骤如下：

（1）选择“文件”→“新建”命令，打开“新建”对话框，在该对话框中进行设置，如图 9-305 所示。

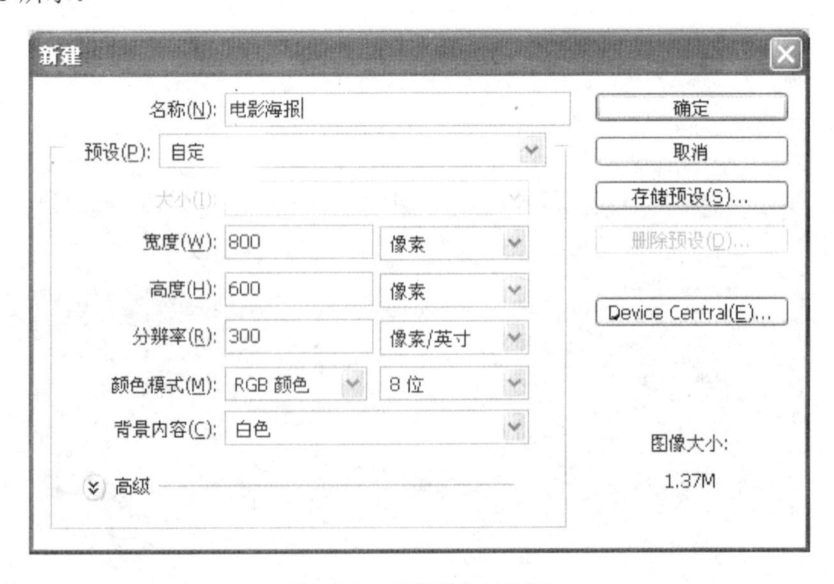

图 9-305 “新建”对话框

（2）将前景色设置为黑色，背景色设置为白色，然后选择“滤镜”→“渲染”→“云彩”命令，得到如图 9-306 所示的效果。

（3）选择“滤镜”→“渲染”→“分层云彩”命令，然后多次按 Ctrl+F 快捷键，重复执行“分层云彩”命令，得到如图 9-307 所示的效果。

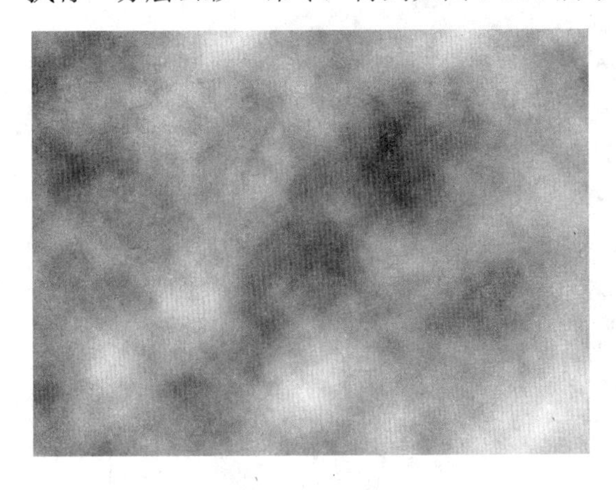

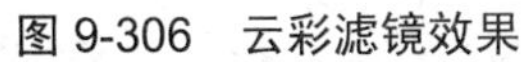

图 9-306　云彩滤镜效果

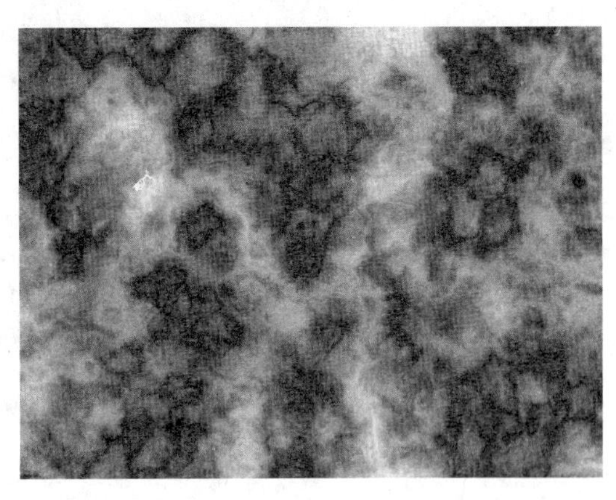

图 9-307　多次执行“分层云彩”命令效果

（4）在“图层”面板中选择“背景”图层，将其拖曳至面板下部的“创建新图层”按钮上，得到新图层“背景 副本”，将混合模式设置为“线性减淡”，同时将“不透明度”调整为 80%，参数设置如图 9-308 所示，得到的效果如图 9-309 所示。

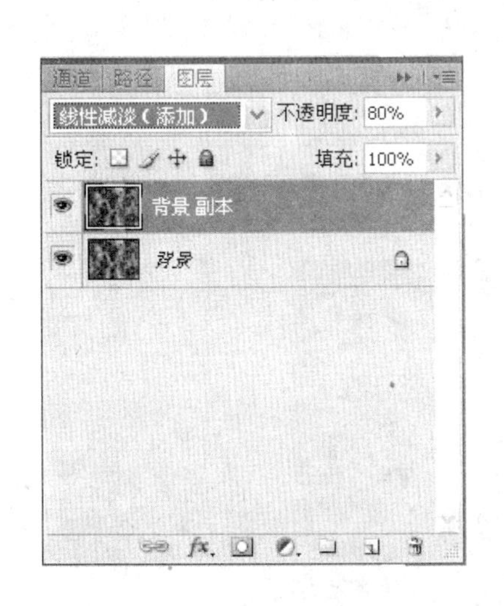

图 9-308 “图层”面板设置

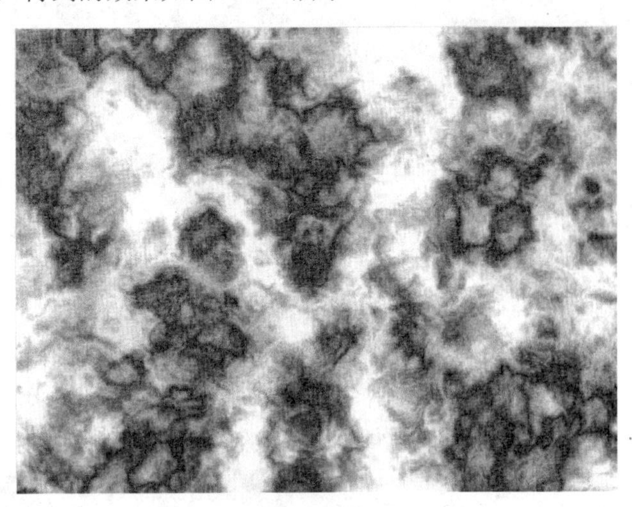

图 9-309　图层混合调整效果

（5）在“图层”面板上激活“背景”图层，多次执行“滤镜”→“渲染”→“分层云彩”命令或多次按 Ctrl+F 快捷键，直到获得满意的图像效果，如图 9-310 所示。

（6）选择“图层”→“新建填充图层”→“渐变”命令，在打开的“新建图层”对话框中设置该层的“图层混合模式”为“线性光”、“不透明度”为 85%，单击“确定”按钮，然后在打开的“渐变填充”对话框中设置“缩放”为 50%、角度为–90，两个对话框的设置如图 9-311 所示，得到的效果如图 9-312 所示。

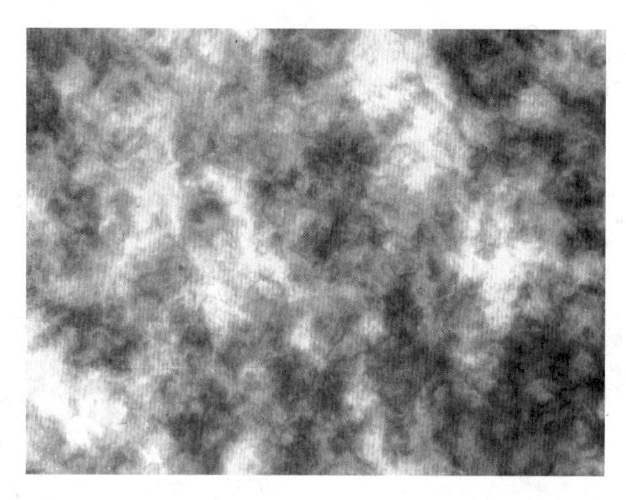

图 9-310　多次执行“分层云彩”命令效果

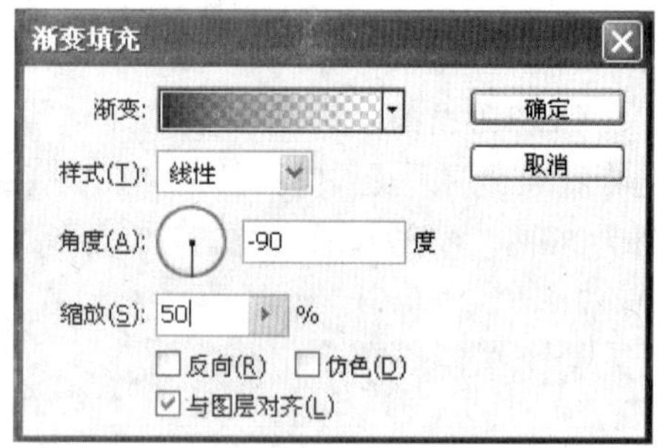

图 9-311　“新建图层”对话框设置和“渐变填充”对话框设置

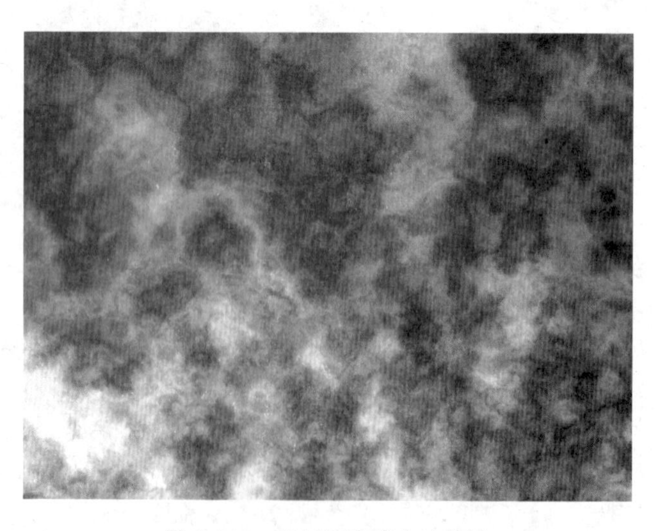

图 9-312　经过渐变填充的效果

（7）单击“调整”面板的☀按钮，新建亮度/对比度调整图层，在打开的“亮度/对比度”子面板中设置参数如图 9-313 所示，得到的效果如图 9-314 所示。

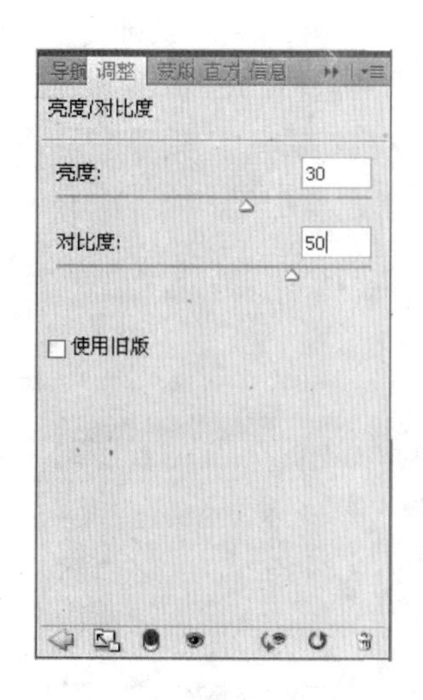

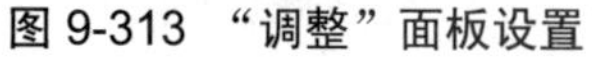
图 9-313 “调整”面板设置

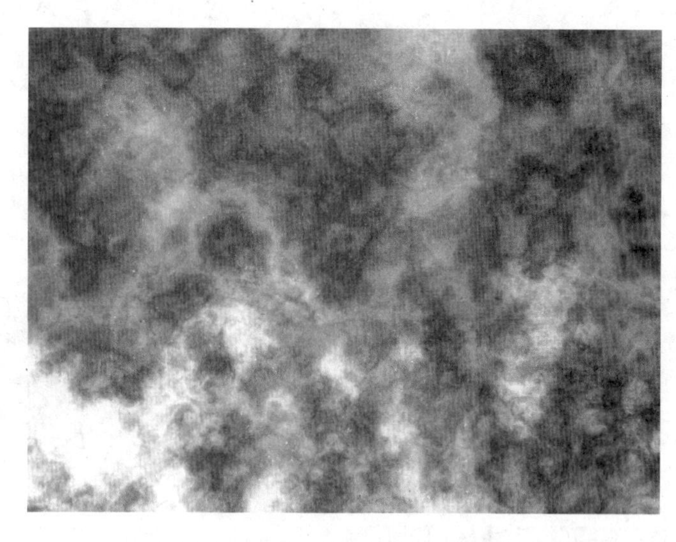

图 9-314 经过亮度/对比度设置的效果图

（8）单击“亮度/对比度”子面板左下方的按钮，返回“调整”面板。单击“调整”面板中的按钮，新建渐变映射调整图层，并在渐变编辑框内单击渐变条，在打开的“渐变编辑器”对话框中设置参数如图 9-315 所示。然后选择“图层”→“新建调整图层”→“渐变映射”命令，在打开的“新建图层”对话框中单击“确定”按钮，接着在打开的“渐变映射”子面板中单击渐变条，打开“渐变编辑器”对话框，在其中进行参数设置，单击“确定”按钮，效果如图 9-316 所示。

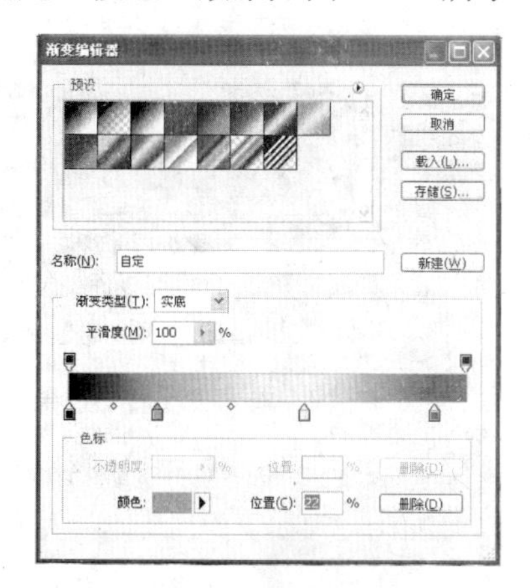

图 9-315 设置渐变映射

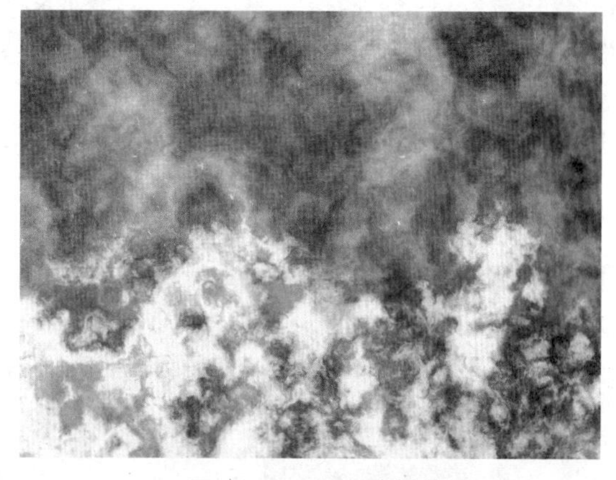

图 9-316 渐变映射效果

（9）选择“文件”→“打开”命令，打开一幅素材人物图片，如图 9-317 所示。

（10）在工具箱中选择魔棒工具，选取人物，然后选择“选择”→“修改”→“羽化”命令，在打开的“羽化”选区对话框中调整羽化值为 2。将人物拖至电影海报文件的最上层，并调整合适的大小，选择混合模式为“线性光”，然后选择“图层”→“图层蒙版”→“显示全部”命令，最后用黑白渐变进行填充。

（11）为海报添加文字。在工具箱中选择横排文字工具，输入文字并调整大小、位置。然后双击文字图层为文字添加“描边”、“外发光”和“投影”图层样式，效果如图 9-318 所示。

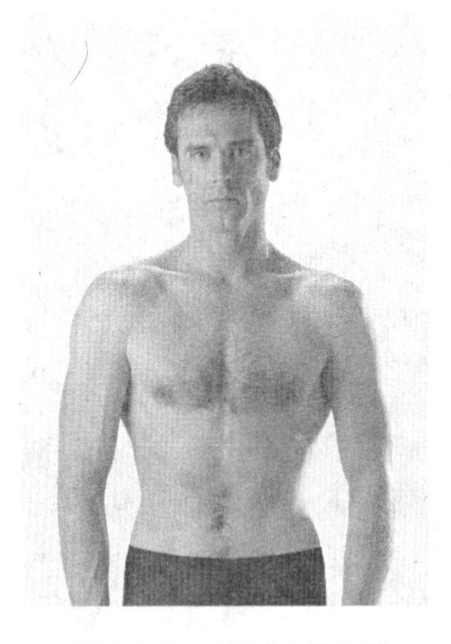

图 9-317 素材人物图片

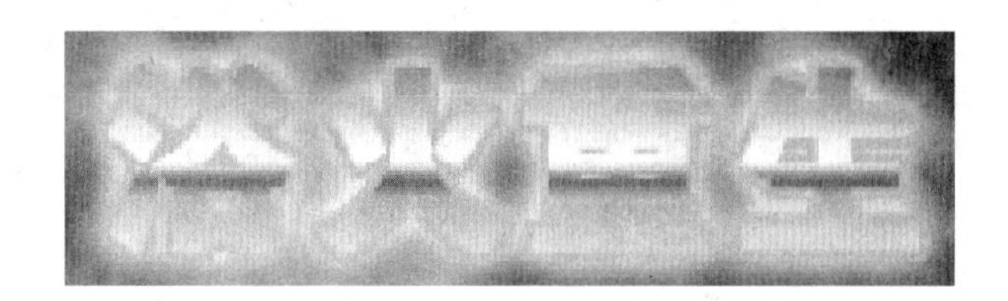

图 9-318 添加图层样式的文字效果

（12）创建发光字，需要利用模糊、曝光过度和扭曲滤镜效果，同时需要利用色阶来调整文字的颜色。首先创建一个 200 像素×100 像素、分辨率为 72 像素/英寸、颜色模式为 RGB 的文件。

（13）选择工具箱中的横排文字工具，在其选项栏中设置文字的字体、字号和颜色等属性，然后将文字移动到画布的中央位置。

（14）选择“图层”→“拼合图像”菜单命令，将文字图层与“背景”图层合并。

（15）选择“滤镜”→“模糊”→“高斯模糊”菜单命令，在打开的“高斯模糊”对话框中设置“半径”为 2，然后单击“确定”按钮。

（16）选择“滤镜”→“风格化”→“曝光过度”菜单命令，对图像应用曝光过度滤镜，效果如图 9-319 所示。

图 9-319 曝光过度后的效果

（17）调整图像的色阶分布。在“图层”面板中复制“背景”图层，得到“背景 副本”图层。选择“背景 副本”图层，然后选择“滤镜”→“扭曲”→“极坐标”菜单命令，在打开的“极坐标”对话框中选中“极坐标到平面坐标”单选按钮，如图 9-320 所示，单击“确定”按钮，得到的效果如图 9-321 所示。

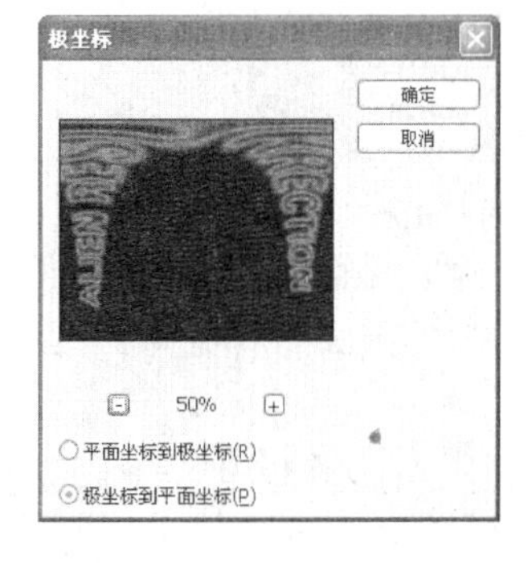

图 9-320 “极坐标”对话框

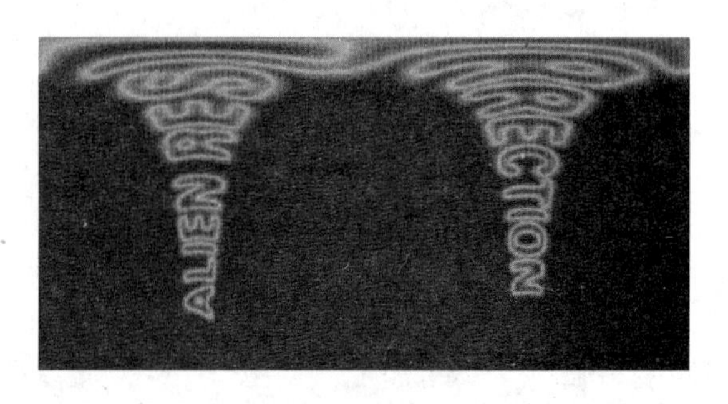

图 9-321 极坐标滤镜效果

（18）选择“图像”→“图像旋转”→“90°（顺时针）”菜单命令旋转图像，然后选择“滤镜”→“风格化”→“风”命令，打开“风”对话框。在该对话框中将“方法”设置为“风”，将“方向”设置为“从左”，接着按 Ctrl+F 快捷键再次对图像执行“风”滤镜操作，效果如图 9-322 所示。

（19）选择“图像”→“图像旋转”→“90°（逆时针）”菜单命令，将图像逆时针旋转 90°。选择“滤镜”→“扭曲”→“极坐标”菜单命令，打开“极坐标”对话框，在其中选中“平面坐标到极坐标”单选按钮，然后单击“确定”按钮，效果如图 9-323 所示。

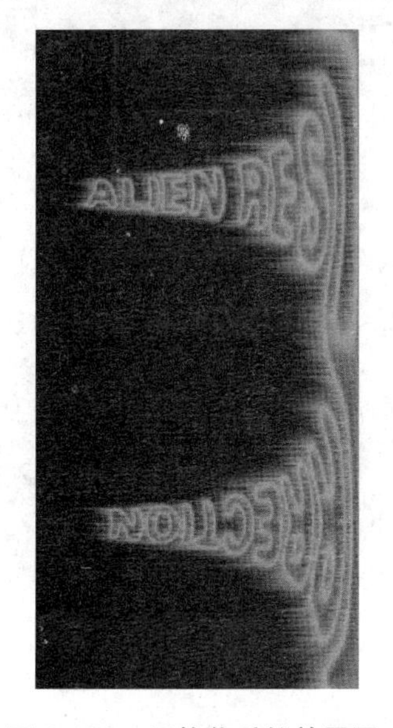

图 9-322　风格化后的效果图

图 9-323　极坐标滤镜效果

（20）选择“图像”→“调整”下的“色相/饱和度”命令，在打开的“色相/饱和度”对话框中调整模式，然后选择“图层”→“合并可见图层”菜单命令，效果如图 9-324 所示。

图 9-324　调整后的效果

（21）用魔棒工具选取制作的文字并将其粘贴到文件中，然后为海报添加其他文字，并调整文字的大小、位置等，得到最终效果，如图 9-325 所示。

图 9-325　最终效果

习　题　9

一、填空题

1．所谓________是指以特定的方式处理图像文件的像素特性的工具，如同摄影时使用的过滤镜头，能使图像产生特殊的艺术效果。

2．________滤镜多用来对复杂图像建立选区，通过该滤镜可以将图像与其周围的图像自动分离出来。

3．________命令可以对图像制作液体仿真的变形效果。它可以运用画笔制作各种变形效果，实现对图像区域进行位移、旋转、挤压、膨胀、镜像等变换处理。

4．在 Photoshop 软件中，校正性滤镜包含________、________、________和________滤镜组。

5．________多用来处理粗糙的人物面部皮肤，可以在保留图像边缘的同时模糊图像，消除杂色或粒度。

6．杂色滤镜组中包括________、________、________、________和________5 种滤镜。

7．破坏性滤镜包括________、________、________和________4 种滤镜。

8．应用________滤镜可以将图像转换为灰色，用原图像的填充色描绘图像的边缘，从而使图像产生凹凸不平的仿浮雕效果。

9．应用极坐标滤镜可以使图像在________和________之间相互转换，使图像产生旋转发射的效果。

10．视频滤镜组中的滤镜与视频设备有关，其中包括________和________两种滤镜。

11．应用________滤镜组中的滤镜可以柔和、淡化图像中不同色彩、明度的边界，创造出各种模糊效果。

12. Photoshop CS4 还提供了多组效果性滤镜组，包括________、________、________和________滤镜组，主要用于为图像添加效果，在实际操作中经常使用。

二、选择题

1．在 Photoshop CS4 中，________是所有滤镜中功能最为强大的滤镜，为了使用户操作方便，它将大部分比较常用的滤镜集中在一起。

A．滤镜库　　B．校正性滤镜

C．扭曲滤镜　　D．破坏性滤镜

2．“滤镜库”非常灵活，通常也是应用滤镜的最佳选择。但是并非“滤镜”菜单中列出的所有滤镜在“滤镜库”中都可用，对于________只有在栅格化之后才可以应用。

A．新建图层　　B．文字图层

C．普通图层　　D．混合图层

3．应用________滤镜，可以在对图像编辑时，根据图像的透视对图像进行编辑。在滤镜的执行过程中，可以对图像特定的平面执行仿制、复制和自由变换等操作，也可以用来修改和添加图片内容，使其效果符合透视规律，且更加逼真。

A．消失点　　B．动感模糊

C．自由变换　　D．风格化

4．________滤镜组，是破坏性滤镜应用较多的一组滤镜，其中包括波浪滤镜、波纹滤镜、玻璃滤镜、海洋波纹滤镜、极坐标滤镜等 13 种滤镜。

A．　极坐标　　B．校正性滤镜

C．　破坏性滤镜　　D．扭曲

5．Photoshop CS4 支持由非 Adobe 软件开发商开发的增效滤镜，也称为“第三方滤镜”或________。

A．KPT　　B．Eye Candy 系列

C．外挂滤镜　　D．视频滤镜

三、上机练习题

打开需要应用的 3 张图像素材，如图 9-326 所示，根据本章所学内容完成如图 9-327 所示的效果。

图 9-326　素材图像

图 9-327　最后完成的效果

第10章 网页特效元素设计

【学习目标】网页元素包括按钮、导航条及网页背景等，本章分别对其制作方法进行讲解。要求读者了解用 Photoshop CS4 制作网页图像的过程，掌握配合“动画”面板制作 GIF 格式图像的方法，掌握生成 HTML 文件的方法。

【本章重点】

- 制作特效按钮;
- 制作 Banner;
- 制作导航栏;
- 制作网页背景;
- 制作网页图像;
- 优化网页。

10.1 制作特效按钮

网页中的按钮风格各异、多种多样，别具一格的网页按钮会让人耳目一新、印象深刻，还能起到美化网页的作用。本例来制作一个特效按钮，具体操作步骤如下：

（1）打开 Photoshop CS4，选择“文件”→“新建”菜单命令，打开“新建”对话框，在该对话框中设置宽度为 105 像素、高度为 32 像素、分辨率为 72 像素/英寸、颜色模式为 RGB 颜色模式，（8 位）、背景内容为白色的文件，如图 10-1 所示。

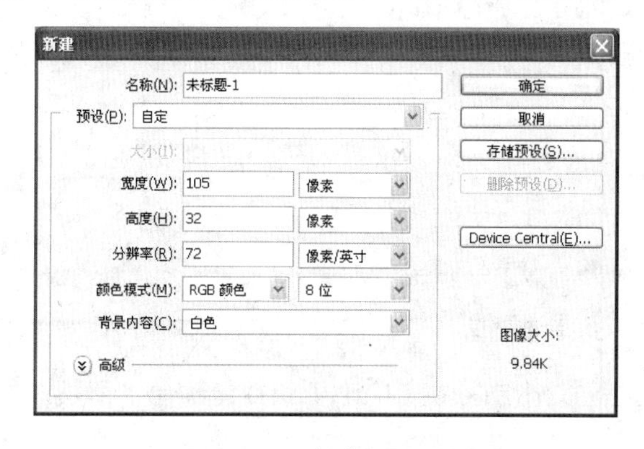

图 10-1 “新建”对话框

（2）选择工具箱中的圆角矩形工具，在其选项栏中设置半径为 10 像素，将前景色设置为#a3e01a，然后使用圆角矩形工具在图像窗口中拖动，绘制大小正好占满整个工作区的圆角矩形，如图 10-2 所示。

（3）单击“路径”面板下面的“将路径作为选区载入”按钮，或按住 Ctrl 键的同时单击工作路径前面的缩览图，将路径转换为选区，如图 10-3 所示。

（4）切换至“图层”面板，新建一个图层，用前景色进行填充，然后按 Ctrl+D 快捷键取消选区，如图 10-4 所示。

图 10-2　绘制圆角矩形

图 10-3　将路径转换为选区

图 10-4　填充前景色

（5）按住 Ctrl 键，单击“图层 1”前面的缩览图调出选区，然后新建“图层 2”，选择“编辑”→“描边”菜单命令，打开“描边”对话框，在该对话框中设置描边宽度为 2px、颜色为#5e5e5e、位置为内部，如图 10-5 所示。

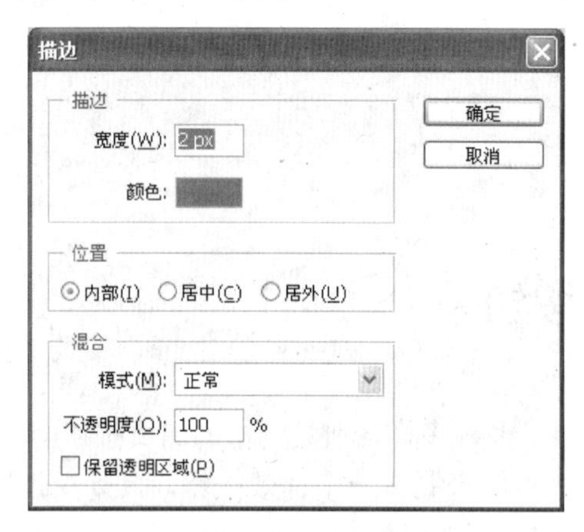

图 10-5　“描边”对话框

（6）按住 Ctrl 键，单击“图层 1”前面的缩览图调出选区，然后新建“图层 3”，按住 Alt 键，剪掉选区的下半部分，如图 10-6 所示。

（7）选择工具箱中的渐变工具，使用“前景色到透明渐变”模式在选区内制作渐变，如图 10-7 所示。

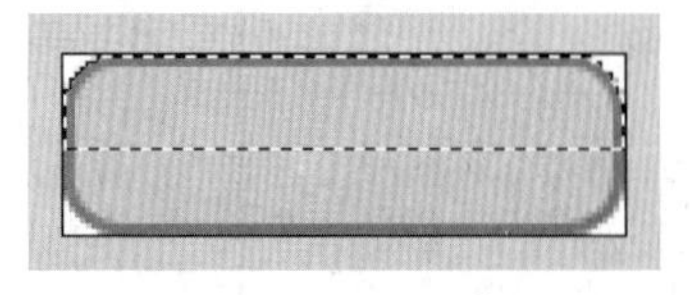

图 10-6　裁剪选区

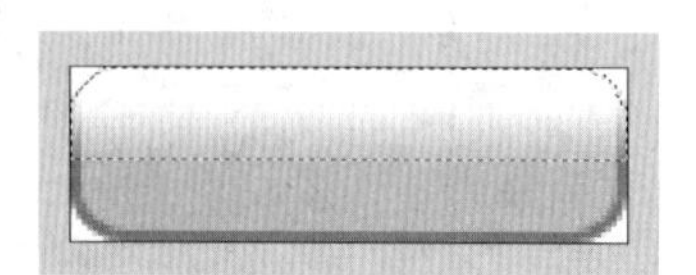

图 10-7　渐变效果

（8）按 Ctrl+D 快捷键取消选区，按 Ctrl+T 快捷键调整“图层 3”的大小和位置，如图 10-8 所示。

（9）复制“图层 3”，然后将其副本垂直翻转，并调整至“图层 3”下方，如图 10-9

所示。

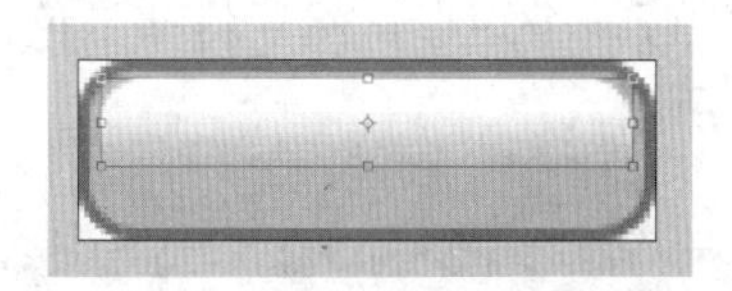

图 10-8　调整大小和位置

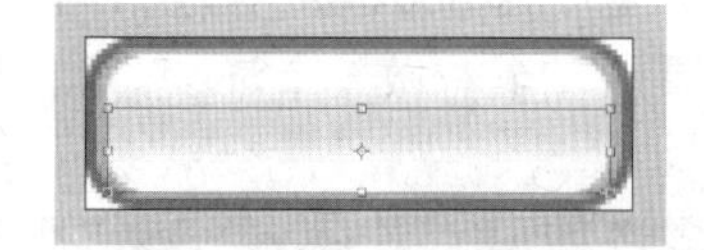

图 10-9　复制图层

（10）调整“图层 3 副本”的透明度为 25%，在其上新建一个文字图层，并输入文字“返回首页”，调整文字的大小和字体，最终效果如图 10-10 所示。

图 10-10　最终效果

10.2　制作 Banner

本例学习利用 Photoshop CS4 提供的“动画”面板制作动态的 Banner，具体操作步骤如下：

（1）打开 Photoshop CS4，新建一个宽度为 800 像素、高度为 180 像素、分辨率为 72 像素/英寸、颜色模式为 RGB 颜色模式（8 位）、背景内容为白色的文件，如图 10-11 所示。

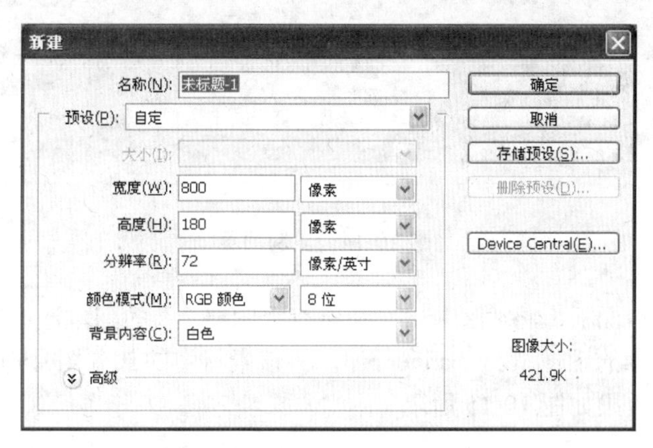

图 10-11　“新建”对话框

（2）设置前景色为#e61e6c、背景色为#f684a6，然后从左上角向右下角做一个渐变，如图 10-12 所示。

图 10-12　渐变效果

（3）在“图层”面板上新建“图层 1”，然后选择工具箱中的矩形选框工具，设置样式为固定大小、宽度为 800、高度为 2，在工作区中画一个矩形，然后将前景色设置为白色，选择渐变工具从左至右做一个渐变，如图 10-13 所示。

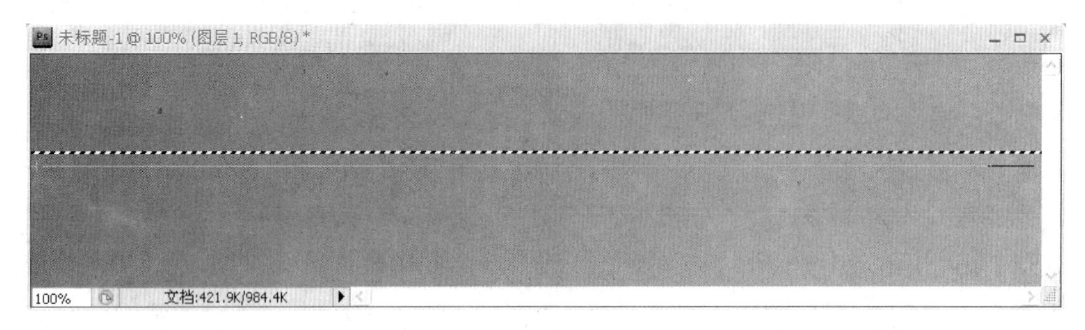

图 10-13　渐变效果

（4）将“图层 1”的透明度设置为 15%，然后按住 Alt 键向下不断复制，如图 10-14 所示。

图 10-14　复制图层

（5）在“图层”面板上将“图层 1”和所有“图层 1”的副本选中，按 Ctrl+E 快捷键合并图层。打开本章的图像素材 banner.psd，将该素材中的部分图片拖曳至刚建立的图像中，并调整位置，效果如图 10-15 所示。

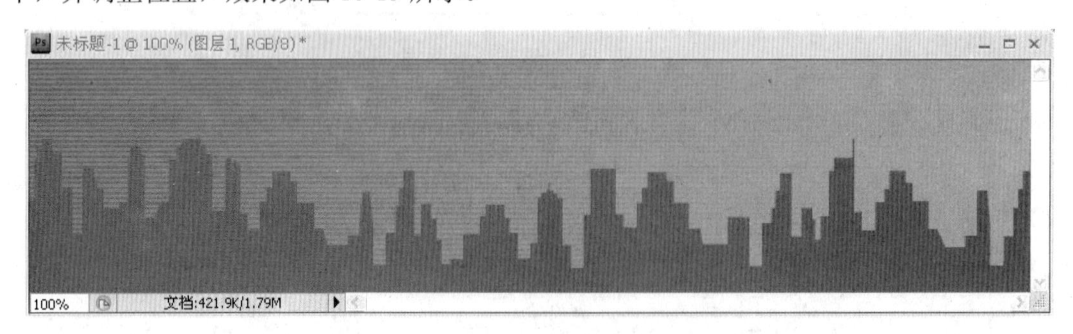

图 10-15　插入素材

（6）选择横排文字工具，在工作区内输入文字“三人行工作室”，设置字体大小为 36 点、字体为汉仪综艺体繁、颜色为白色，如图 10-16 所示。

图 10-16　输入文字

（7）按住 Ctrl 键单击文字图层前面的缩览图，调出选区，然后新建“图层 2”，选择“编辑”→“描边”菜单命令，打开“描边”对话框，在该对话框中设置描边宽度为 3px、颜色为#5e5e5e、位置为内部，如图 10-17 所示。

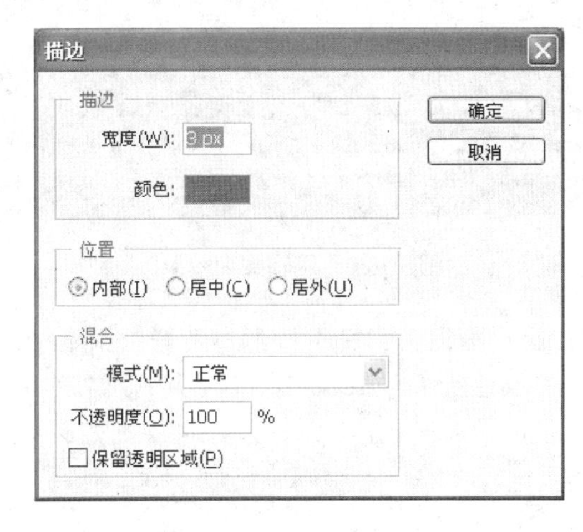

图 10-17　“描边”对话框

（8）调整文字图层和“图层 2”的位置，选择横排文字工具在工作区内输入文字“设计传奇创意经典”，并设置字体大小为 18 点、字体为汉仪综艺体繁、颜色为白色、斜体，如图 10-18 所示。

图 10-18　输入文字效果

（9）选择工具箱中的横排文字工具，在工作区内输入文字 SAN REN XING GONG ZUO SHI，并设置字体大小为 18 点、字体为 Century Gothic、颜色为白色、斜体，其位置如图 10-19 所示。

图 10-19　编辑文字效果

（10）选择横排文字工具在工作区内输入文字“三人行网络技术研究中心”，设置字体大小为 14 点、字体为黑体、颜色为白色，并调整其位置，如图 10-20 所示。

图 10-20　编辑文字效果

（11）设置前景色为白色，新建“图层 3”，然后选择椭圆选框工具，按住 Shift 键在工作区内画一个小圆，放在“设计传奇”和“创意经典”中间，效果如图 10-21 所示。

图 10-21　绘制圆点

（12）新建“图层 4”，然后选择画笔工具，设置柔角画笔，用不同的透明度在工作区内点缀星光，效果如图 10-22 所示。

图 10-22　点缀星光

（13）选中所有星光图层按 Ctrl+E 快捷键合并图层，同理合并“三人行工作室”和描边图层，“设计传奇 创意经典”、SAN REN XING GONG ZUO SHI 和圆点图层，合并图层之后的图层面板如图 10-23 所示。

图 10-23 “图层”面板

（14）为所编辑的图像制作动画效果。首先选择“窗口”→“动画”菜单命令，显示“动画”面板，如图 10-24 所示。

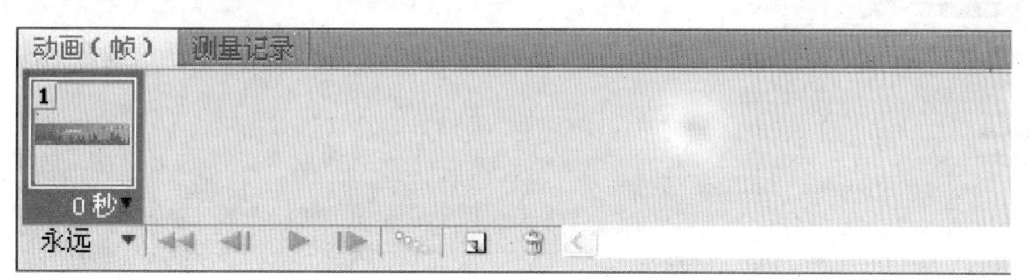

图 10-24 “动画”面板

（15）将“星光”图层和“设计传奇 创意经典”图层的透明度调整为 0，将“三人行工作室”图层调整到如图 10-25 所示的位置，然后将该图层的透明度调整为 0。

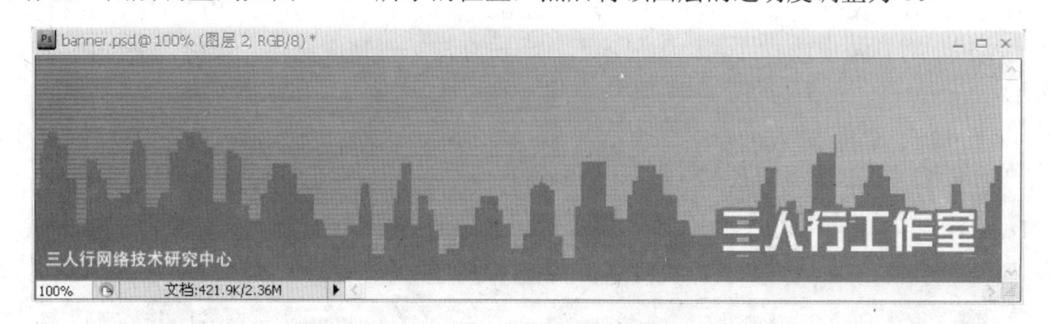

图 10-25 调整位置和透明度

（16）单击“动画”面板右边的按钮，在弹出的菜单中选择“新建帧”命令，将“三人行工作室”图层的透明度调整为 100%，并恢复最开始的位置，然后把“星光”图层和

“设计传奇创意经典”图层的透明度调整为100%，如图10-26所示。

图 10-26 调整位置和透明度

（17）单击“动画”面板右边的按钮，在弹出的菜单中选择“新建帧”命令，然后单击第3帧右下角的三角符号选择2.0秒。按住Ctrl键在“动画”面板上同时选中第1帧和第2帧，然后单击按钮，在弹出的菜单中选择“过渡”命令，或单击下面的“过渡动画帧”按钮，打开“过渡”对话框，在该对话框中的“要添加的帧数”文本框中输入100，如图10-27所示。

（18）单击“确定”按钮，在第1帧和第2帧之间增加了100个过渡帧，在“动画”面板上会自动显示添加的过渡帧，如图10-28所示。

图 10-27 “过渡”对话框

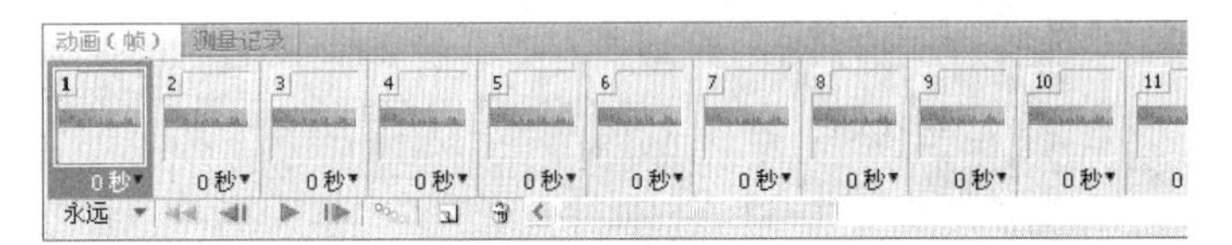

图 10-28 “动画”面板

（19）可以单击“动画”面板上的“播放”按钮来查看动画效果，如果动画效果没有问题，选择“文件/存储为Web和设备所用格式”命令，在打开的“存储为Web和设备所用格式”对话框中选择“优化”选项卡，单击存储按钮完成储存，最终效果如图10-29所示。

图 10-29 最终效果

10.3 制作导航栏

本例学习使用油漆桶工具、文字工具和选择工具的选项栏，设计制作简单的导航栏，具体操作步骤如下：

（1）打开 Photoshop CS4，新建一个宽度为 800 像素、高度为 35 像素、分辨率为 72 像素/英寸、颜色模式为 RGB 颜色模式（8 位）、背景内容为白色的文件，如图 10-30 所示。

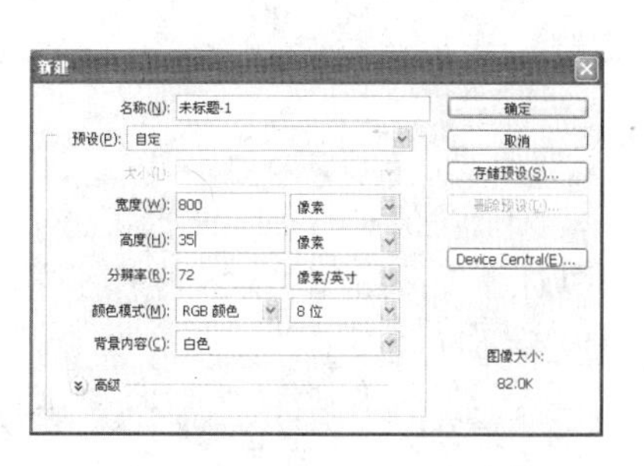

图 10-30 “新建”对话框

（2）将前景色设置为#e61b6a，然后选择工具箱中的油漆桶工具或按 Alt+Delete 快捷键填充前景色，如图 10-31 所示。

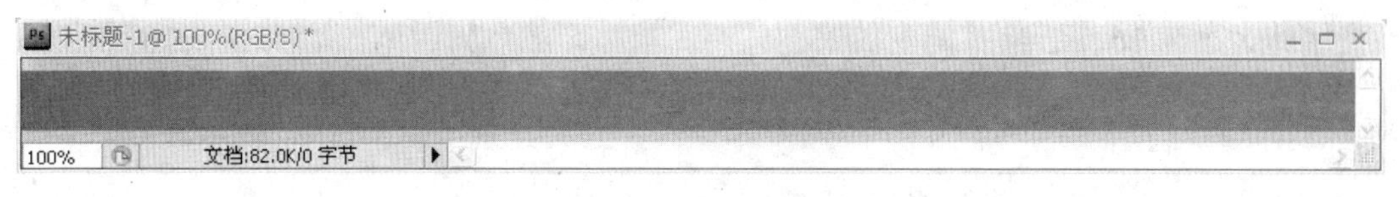

图 10-31 填充前景色

（3）选择横排文字工具，在图像窗口中输入文字“我的博客”，然后打开“字符”面板，设置字体大小为 16 点、字体为汉仪综艺体简、颜色为白色，如图 10-32 所示，接着单击文字工具选项栏中的“提交所有当前编辑”按钮✓，确定文字的输入。用同样的方法输入其他文字：“我的相册”、“我的商店”、“我的作品”、“我的留言”、“我的论坛”、“我的简介”、“我的资料”。

图 10-32 编辑文字

（4）调整所有文字图层的位置。首先，使用移动工具将第一个文字图层和最后一个文字图层的位置调整好，如图 10-33 所示。

图 10-33　调整位置

（5）在“图层”面板中将所有文字图层选中，然后在移动工具选项栏上单击“垂直居中对齐”按钮和“水平居中分布”按钮，如图 10-34 所示。这时，所有的文字图层都依次水平垂直对齐了。

图 10-34　垂直居中对齐和水平居中分布

（6）选择横排文字工具，在图像窗口中分别输入分隔符“|”，然后在“字符”面板中设置字体大小为 16 点、字体为汉仪综艺体简、粗体、颜色为白色，如图 10-35 所示。

图 10-35　“字符”面板

（7）用同样的方法将分隔符水平垂直居中，并调整其位置，最终效果如图 10-36 所示。

图 10-36　最终效果

10.4　制作网页背景

制作网页背景时，背景的颜色和相关内容要尽量与整个网站的色调相协调，如果网页的背景制作得好，会使网页增色不少。本例使用缩放工具和矩形选框工具制作一个非常简单但又相当实用的网页背景，具体操作步骤如下：

（1）打开 Photoshop CS4，新建一个宽度为 1 像素、高度为 3 像素、分辨率为 72 像素/英寸、颜色模式为 RGB 颜色模式（8 位）、背景内容为白色的文件，如图 10-37 所示。

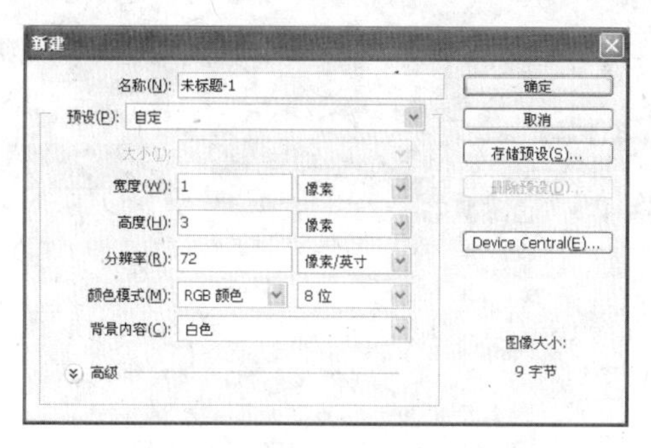

图 10-37　新建文件

（2）选择工具箱中的缩放工具，在图像窗口中单击，将工作区放到最大，然后新建“图层 1”，选择矩形选框工具，在“图层 1”的 1/3 位置画一个矩形，如图 10-38 所示。

（3）将前景色设置为#e61b6a，然后按 Alt+Delete 快捷键填充，如图 10-39 所示。

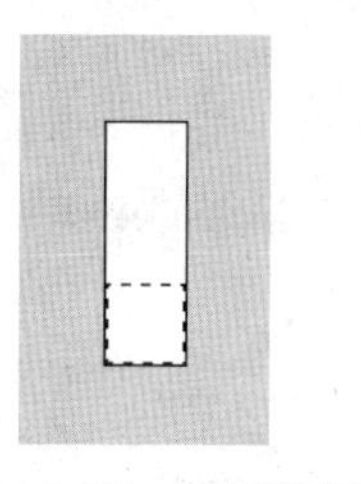

图 10-38　矩形选区

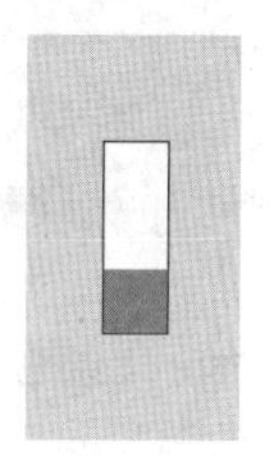

图 10-39　填充前景色

（4）将“图层 1”的透明度设置为 25%，然后选择“文件”→“存储”菜单命令，打开“存储为”对话框，在该对话框中选择 GIF 格式，如图 10-40 所示。

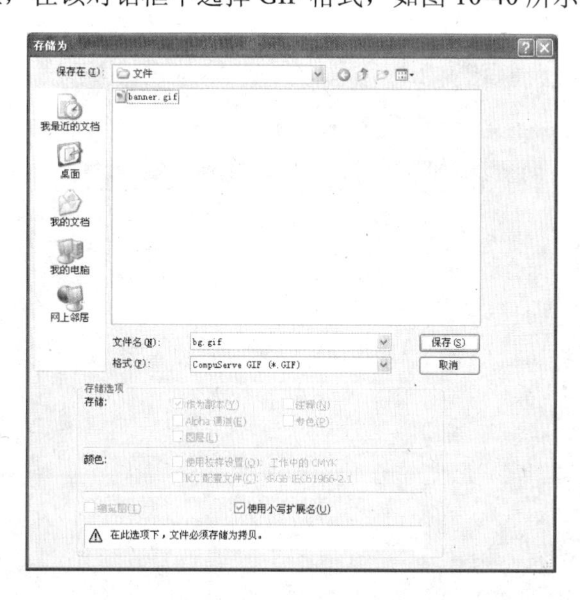

图 10-40　文件的存储

（5）本例所制作的背景图片用于网页后的效果如图 10-41 所示。

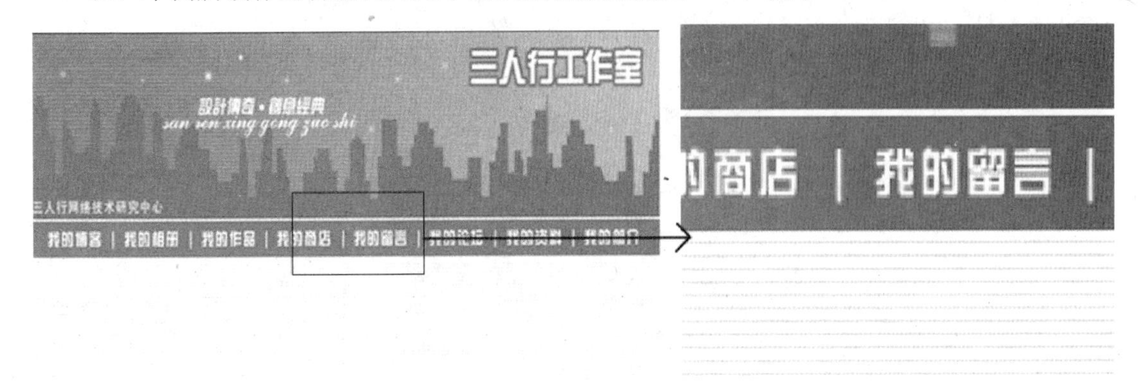

图 10-41　用于网页后的效果

10.5　制作网页图像

Photoshop CS4 中的一项重要功能就是创建 Web（网页）图像，它提高了网页图像设计的效率，使很多网页设计师欢欣鼓舞。本例要为“精品课网站”制作一个首页画面，具体操作步骤如下：

（1）启动 Photoshop CS4，选择“文件”→“新建”菜单命令，打开“新建”对话框，新建一个宽度为 1024 像素、高度为 1000 像素、分辨率为 72 像素/英寸、颜色模式为 RGB 颜色模式（8 位）、背景内容为白色的文件。

（2）打开图像素材“精品课网站素材.psd”，将其中的素材拖到新建的文件中，并调整位置，如图 10-42 所示。

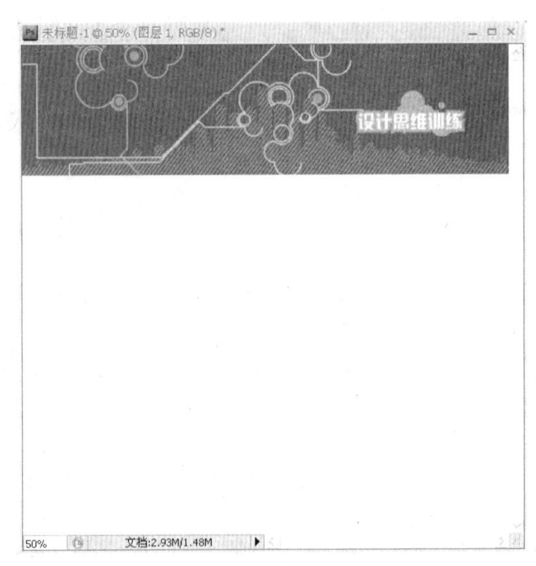

图 10-42　拖入素材

（3）在图像上利用横排文字工具输入文字“+ 首页”、“+申报表”、“+课程简介”、“+课程标准”、“+教学资源”、“+自学资源”、“+考核评价”、“+教学方式”、“+教学评价”和“+成果展示”，并设置字体为黑体、文字大小为 14 点，然后调整其位置，如图 10-43 所示。

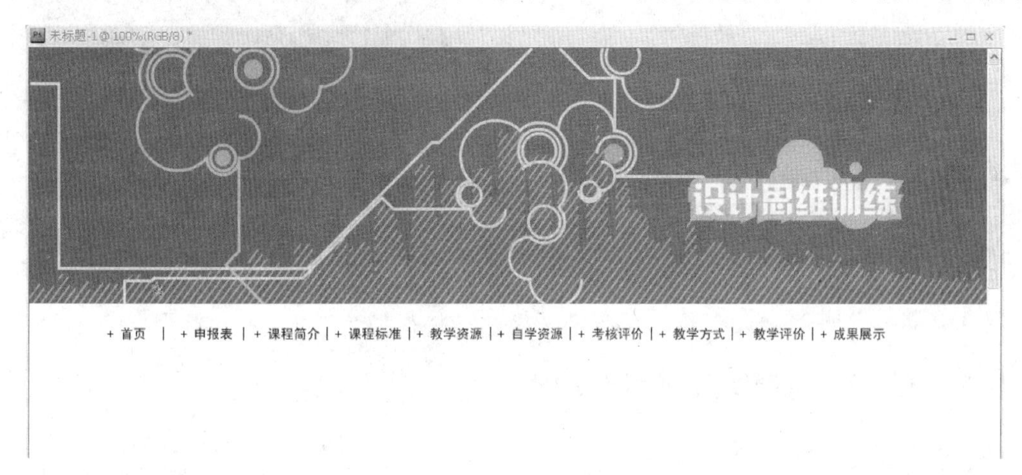

图 10-43　编辑文字

（4）新建“图层 1”，选择矩形选框工具在工作区内画一个宽为 1024px、高为 20px 的矩形，设置前景色为#4d4d4d，并进行填充，然后调整矩形到合适的位置，如图 10-44 所示。

图 10-44　填充前景色

（5）选择横排文字工具，输入文字“您现在的位置是–>课程简介”，设置字体为宋体、文字大小为 12 点，然后将文字调整到刚刚绘制的矩形选框中，效果如图 10-45 所示。

（6）新建“图层 2”，选择矩形选框工具，设置样式为“固定大小”，然后在工作区内画一个宽度为 230px、高度为 620px 的矩形选框，设置前景色为#4d4d4d，填充前景色，并调整位置如图 10-46 所示。

（7）选择横排文字工具，在上一步所绘制的矩形框中输入文字“教学团队、证件的佐证材料、课程整体设计介绍、课程简介、课程特色、教学计划、教学大纲、实训项目、案例、学习指南、教案、课件、实录、习题作业、参考文献、考试考核具体评价标准、考试考核试卷、考试考核方法、教学方法、教学手段、重点难点的解决办法、学生评价、校内督导评价、校外专家评价”，设置字体为宋体、文字大小为 12 点，并调整位置如图 10-47 所示。

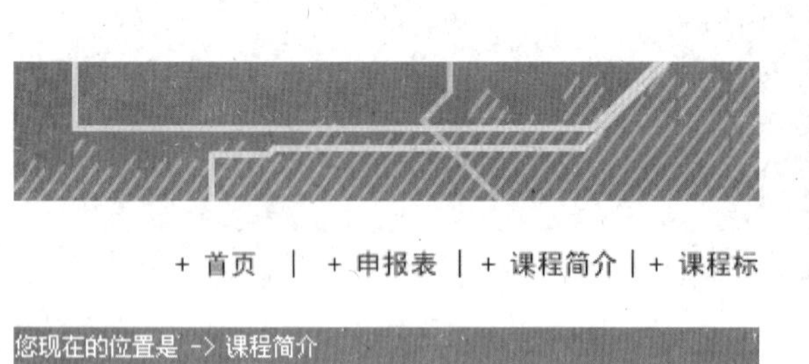

图 10-45 编辑文字

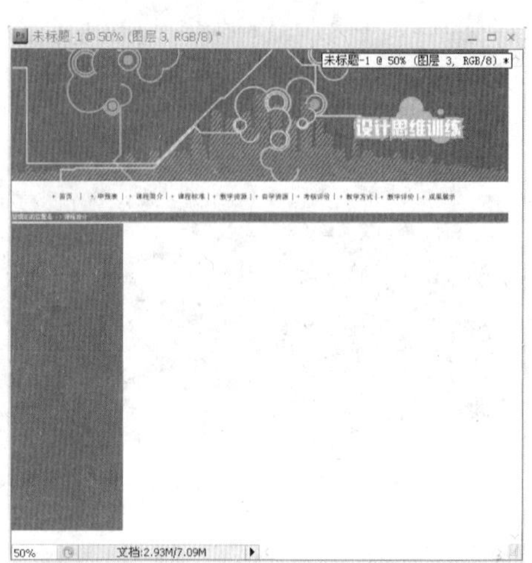

图 10-46 绘制矩形选框

（8）新建“图层 3”，选择矩形选框工具，设置样式为“固定大小”，在工作区内画一个宽度为 1024px、高度为 32px 的矩形选框，设置前景色为#4d4d4d，填充前景色，并调整位置如图 10-48 所示。

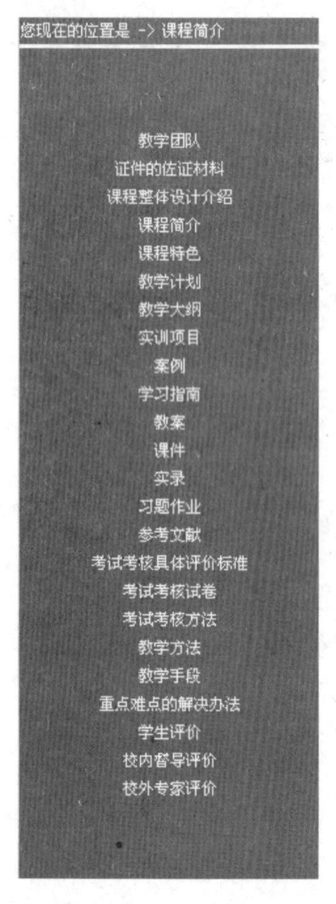

图 10-47 编辑文字

图 10-48 填充前景色

（9）选择横排文字工具，输入文字“Copyright 2008 设计思维精品课网站 All rights reserved.”，设置字体为宋体、文字大小为 12 点，并调整位置如图 10-49 所示。

图 10-49　编辑文字

（10）打开“精品课网站素材.txt”，复制文字将其粘贴到工作区内，并调整字体、大小和版式。然后输入文字“全部文章”，字体为经典综艺体简、文字大小为 14 点，并调整其位置，最终效果如图 10-50 所示。

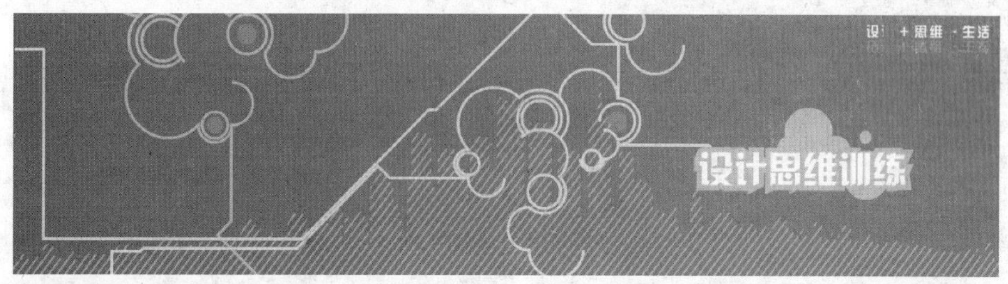

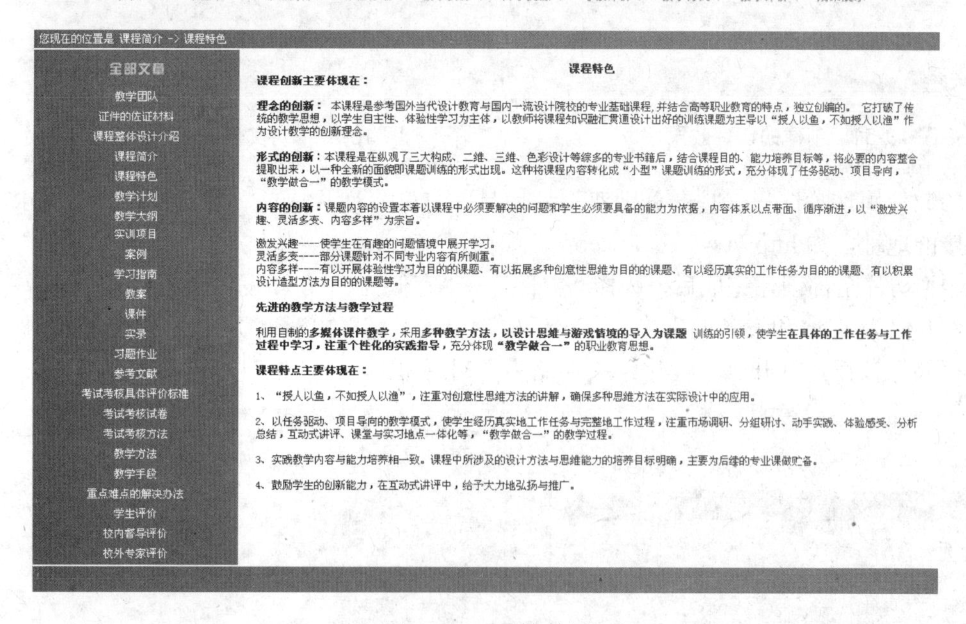

图 10-50　最终效果

为便于网页的整体效果，本例在画面中添加了许多文字内容。在实际制作时，文字部分一般使用网页制作软件来添加。

10.6　优化和发布网页

图像是网页中必不可少的元素，如果网页中包含了一个较大的图像，浏览网页时会等待很长的时间。将图像进行切割，分成若干个较小的图像，可加快网页的加载速度。本例中要对设计的网页进行切片处理，然后对其进行优化，并保存为 HTML 文件，具体操作步骤如下：

（1）打开素材图像“优化和发布网页.psd”，在工具箱中选择切片工具，然后在导航按钮处拖动，释放鼠标左键后得到如图 10-51 所示的切片效果。

（2）使用同样的方法，对其他导航按钮进行分割，效果如图 10-52 所示。

图 10-51　创建的切片效果

图 10-52　对其他按钮进行分割

（3）使用切片选择工具，分别双击各切片，打开“切片选项”对话框，设置 URL 为要链接的地址，如 http://www.baidu.com，如图 10-53 所示。

（4）切片全部创建完成后，选择“文件”→“存储为 Web 和设备所用格式”菜单命令，打开“存储为 Web 和设备所用格式”对话框，在该对话框中对网页进行优化设置，然后单击“存储”按钮，打开“将优化结果存储为”对话框，如图 10-54 所示。

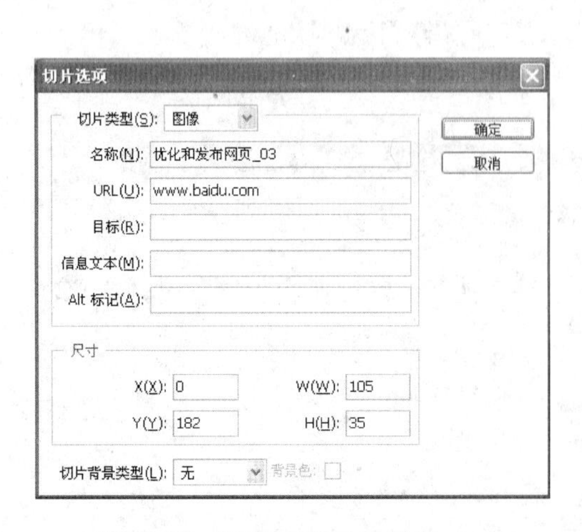

图 10-53　“切片选项”对话框

图 10-54　“将优化结果存储为”对话框

（5）在该对话框中设置“保存类型”为“HTML 和图像（*.html）”，然后单击“保存”按钮，即可将此图像文件存储为网页的形式，并将该网页所用到的图片文件按“所有切片”分割成若干个小图片，统一放在文件夹 images 中，如图 10-55 所示。

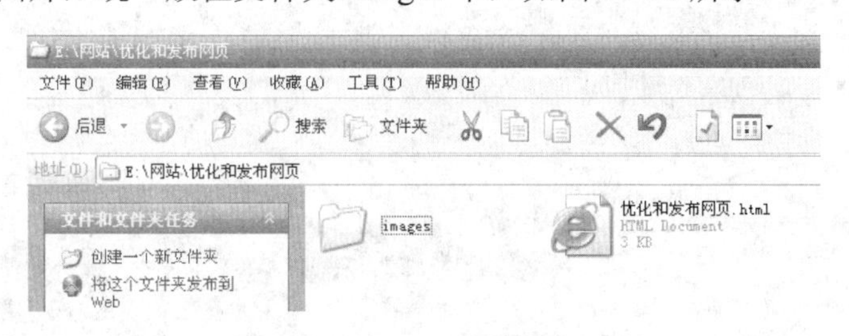

图 10-55　自动生成 images 文件夹和 html 网页文件

（6）用网页编辑软件 Dreamweaver 8 打开“优化和发布网页.html”文件，如图 10-56 所示。在其编辑窗口中，可以对网页元素进行精确的编辑处理，由此生成的网页文件要比没有用切片工具处理过的文件小很多，从而达到优化的目的。

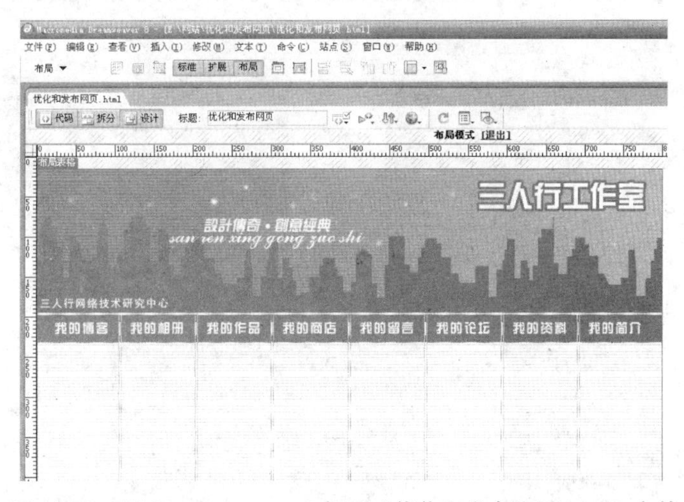

图 10-56　用 Dreamweaver 8 打开“优化和发布网页.html”文件

习　题　10

上机练习题

使用 Photoshop CS4 绘制如图 10-57 所示的模仿某高校的门户网站。

提示：

打开 Photoshop CS4 软件，新建一个宽度 800px、高度 120px、分辨率为 72、颜色模式为 RGB 模式、背景内容为白色的 8 位文件，然后根据本章所学习的内容按照图示制作出网页效果图。

黑龍江外國語學院 信息科学系

首页 | 专业设置 | 机构设置 | 校企合作 | 学生动态 | 新闻热点 | 科研建设 | 教师寄语 | 学院首页

信息科学系设有计算机科学与技术、数学与应用数学两个本科专业，下设五个专业方向。现有教师36人，教授11人，副教授6人，讲师16人，硕士及以上学历24人。

本专业依托学院的外语教学优势，培养具有扎实的计算机科学技术专业基础、熟练的外语运用能力和创新能力，软硬件并重的实用型、复合型人才。采取“专业+外语+企业联合培养”的培养模式，加强学生专业实践能力培养，使毕业生达到“基础厚、实践强、外语好”。学生在第四学年，可进入校企合作企业接受岗前培训，参与企业带薪实习，毕业后由企业安排就业，也可在高等学校、科研机构及相关领域从事教学、科研工作。

本专业与国际软件外包行业巨头塔塔信息技术（中国）有限公司、北京中软国际教育科技...[详细]

热点推荐

2012年信息科学系招生简章

学子风采

校企合作为学生提供实践实习

北软教育实训

新闻公告

信息科学系举办“大学生如何学习、生活”座谈会 [2012.05.09]

青年教师积极参加企业认证、师资培训 [2011.07.11]

数学教研室青年教师集体备课 [2011.06.30]

北软教育实训报导 [2011.06.27]

计算机基础教研室教研活动 [2011.06.18]

资源下载

- 毕业论文标准格式
- 毕业论文教师文件
- 各专业培养计划
- 教师授课视频

主任信箱

真诚欢迎您提出宝贵意见与建议...

黑龙江外国语学院信息科学系版权所有©

电话： 0451-88121192 0451-88121112

图 10-57 高校门户网站图示

第11章 Photoshop CS4 综合实例应用

【学习目标】本章主要介绍了商业照片的后期调色、复古海报的制作、三折页的制作、展会背景的设计、易拉宝设计等几个实用例子，综合应用 Photoshop CS4 进行平面设计的方法与技巧。要求读者了解和巩固 Photoshop CS4 的基本命令和基本操作，并掌握各种实用技巧。

【本章重点】

- 商业照片的后期调色；
- 雾窗水滴效果的制作；
- 复古海报的制作；
- 质感文字肖像的制作；
- 书籍装帧设计；
- 三折页的制作；
- 展会舞台背景的设计；
- 易拉宝设计。

11.1 商业照片的后期调色

在时尚杂志上经常能够看到模特拥有古铜色肤色，无论是妆容、首饰还是服装广告，古铜色作为一种健康又性感的肤色一直是摄影师们的偏好。但是并不是所有人都有浑然天成的古铜色皮肤，更多的亚洲和西方模特儿需要强大的后期技术来实现性感的古铜色皮肤。这种后期效果的实现不仅仅是调整颜色那么简单，需要在保持皮肤良好状况和自然光泽的前提下提升皮肤的性感指数。下面通过实例，来详解“性感古铜色”的实现方法。

具体操作步骤如下：

（1）打开素材图像，如图 11-1 所示。

（2）使用 Ctrl+J 快捷键新建图层，系统自动将其命名为“图层 1”。单击“图层”面板中的“创建新的填充或调整图层”按钮，在弹出的菜单中选择“通道混合器”命令，如图 11-2 所示。

选择输出通道为“灰色”，设置红色数值为 60、绿色数值为 2、蓝色数值为 8，如图 11-3 所示。

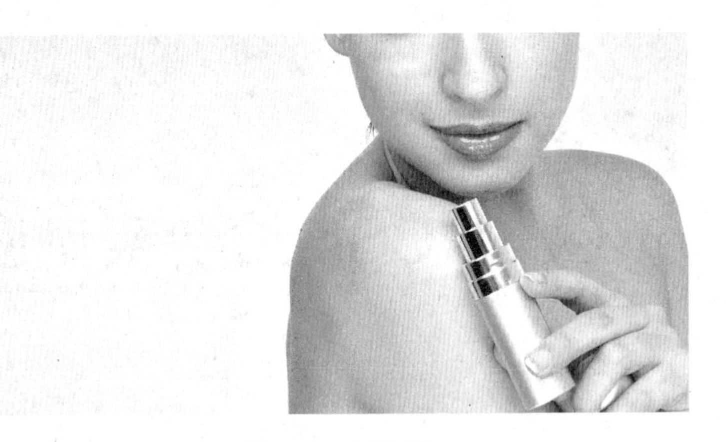

图 11-1　素材图像

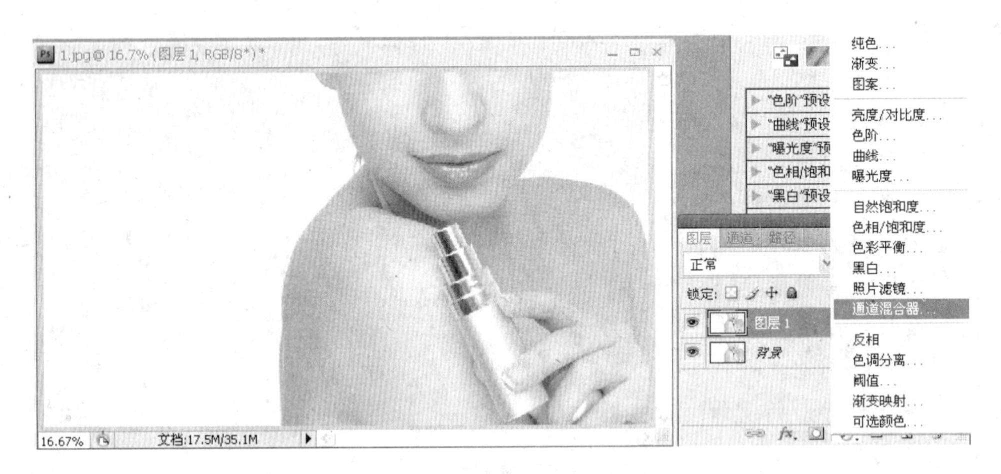

图 11-2　添加通道混合器

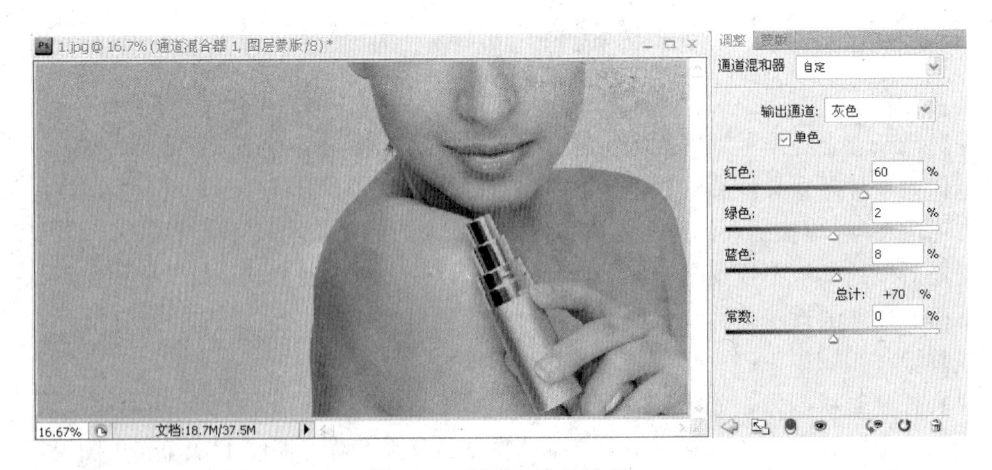

图 11-3　通道混合器设置

（3）单击“图层”面板中的“创建新的填充或调整图层”，在弹出的菜单中选择“纯色”命令，如图 11-4 所示。

设置颜色数值为#575046，如图 11-5 所示。

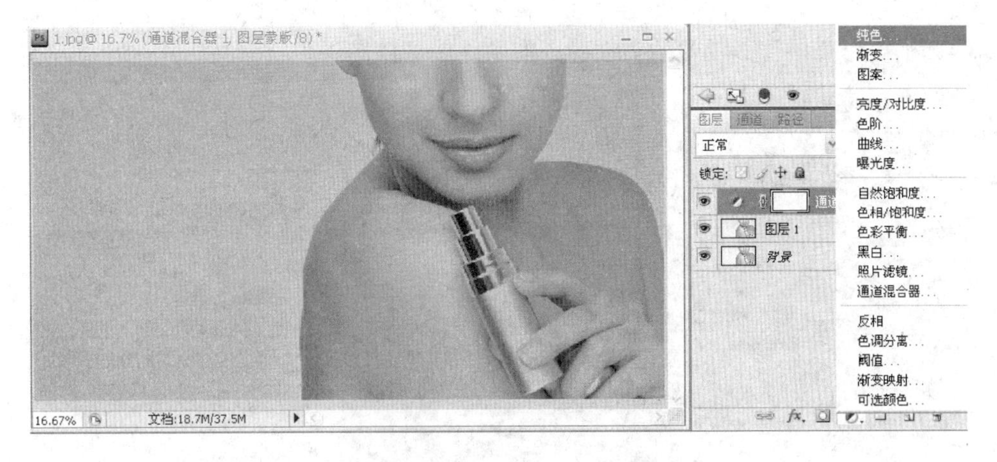

图 11-4　添加“纯色”填充图层

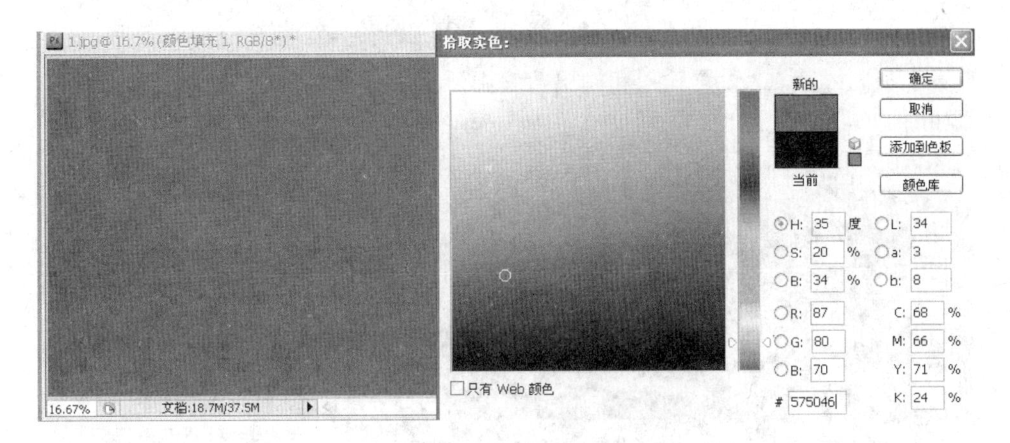

图 11-5　设置颜色

改变该图层的混合模式为“颜色”，效果如图 11-6 所示。

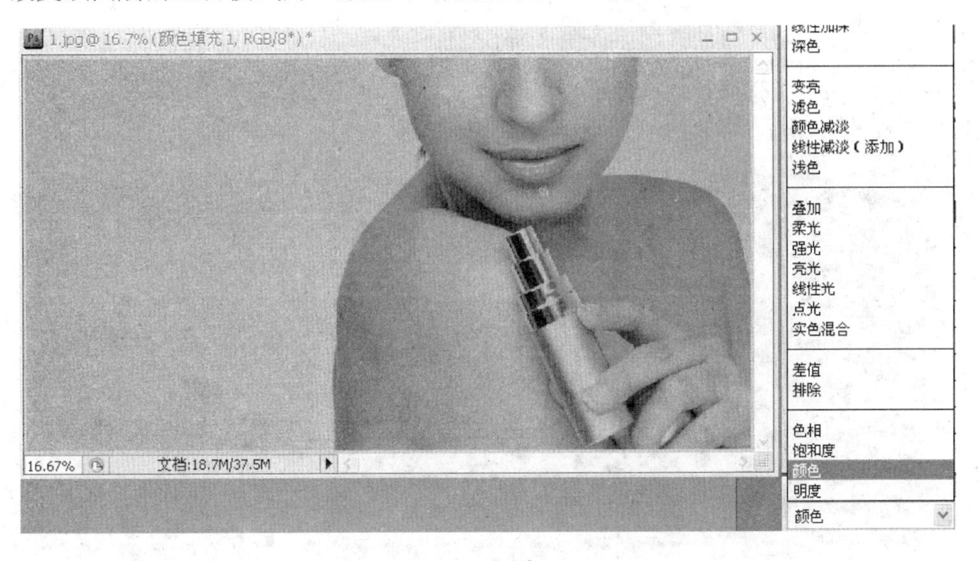

图 11-6　更改图层的混合模式

（4）单击“图层”面板中的“创建新的填充或调整图层”按钮，在弹出的菜单中选择“曲线”命令，如图 11-7 所示。

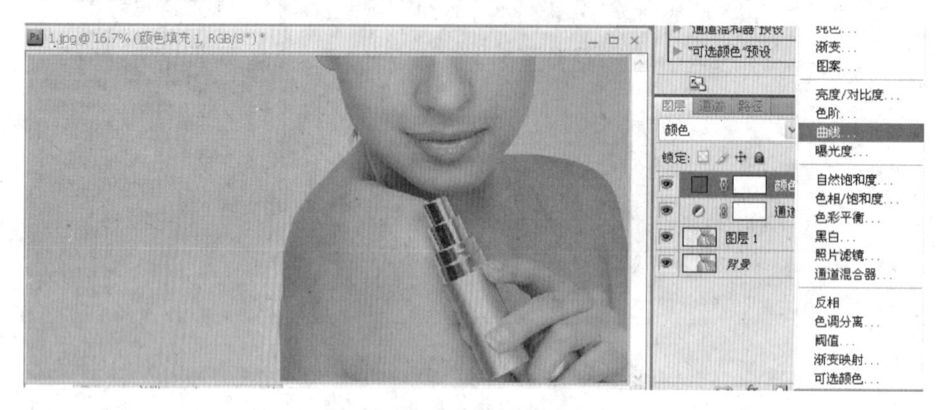

图 11-7　添加曲线调整图层

设置 3 个曲线节点，设置输入和输出数值由下至上分别为“68、32”、“114、68”、“208、197”，如图 11-8 所示。

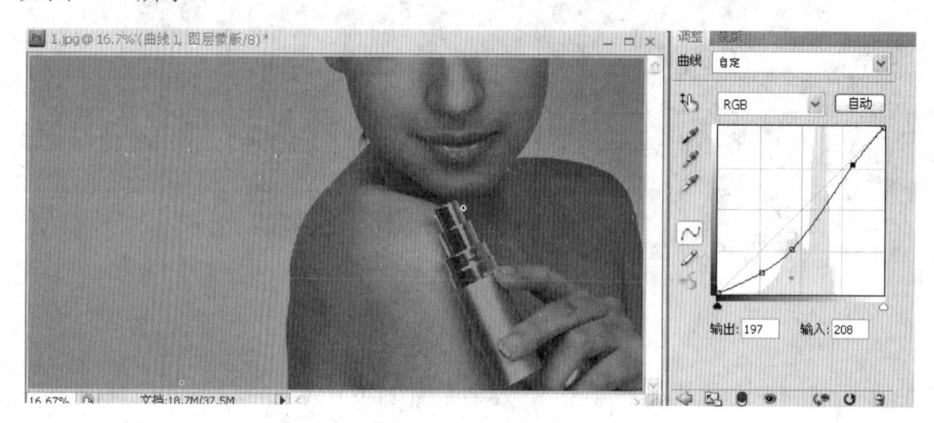

图 11-8　设置曲线

（5）同步骤（3），设置颜色数值为#443b25、混合模式为“颜色”，最终效果如图 11-9 所示。

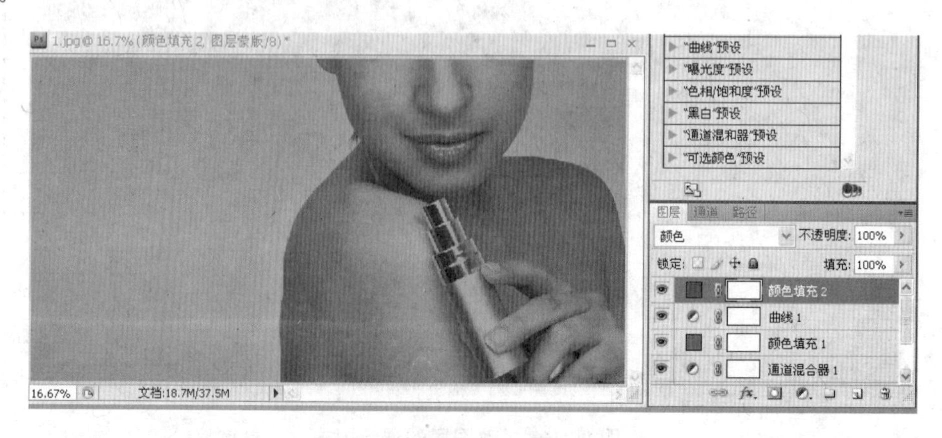

图 11-9　更改图层的混合模式

（6）为画面添加效果。按住 Alt 键单击步骤（5）制作的图层蒙版，然后按 D 键恢复默认的背景颜色，按 Ctrl+Delete 快捷键将图层蒙版填充为背景色。选择工具箱中的画笔工具，在工具选项栏中将画笔的硬度调整为 0，将前景色调整为“白色”。选择合适的画笔尺寸，在高光位置进行涂抹，调整它们的深浅和位置，如图 11-10 所示。

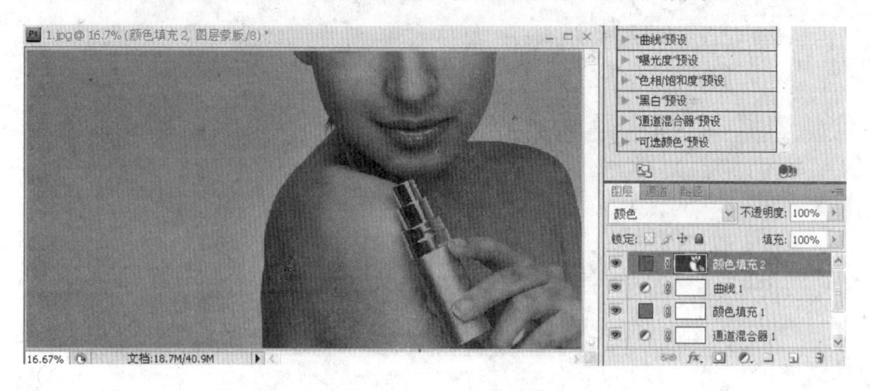

图 11-10　图层蒙版设置

（7）同步骤（3），建立填充调整图层，设置颜色数值为#90753d、混合模式为“颜色减淡”，如图 11-11 所示。

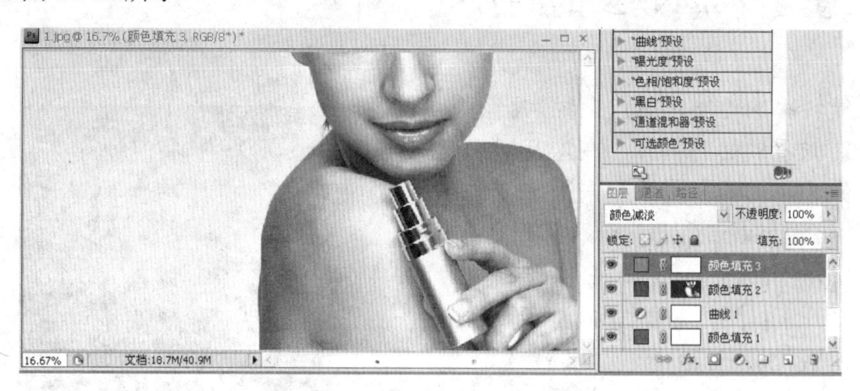

图 11-11　建立填充调整图层

同步骤（6），使用蒙版工具，将填充颜色仅保留在嘴唇位置和化妆品位置，使画面对比强烈、重点突出，如图 11-12 所示。

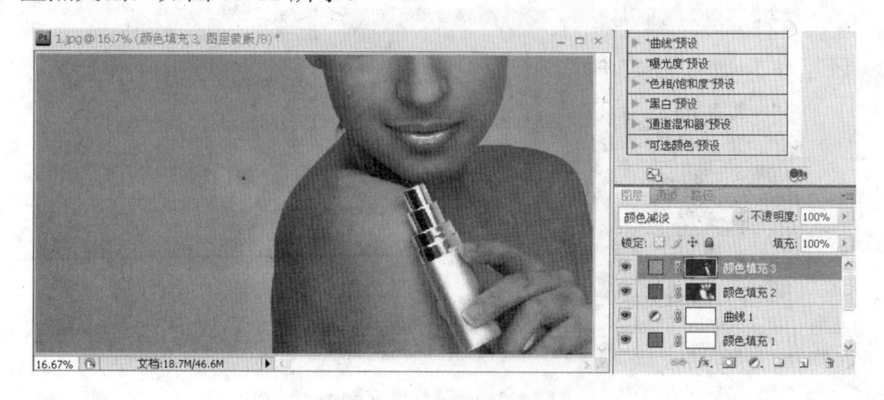

图 11-12　图层蒙版设置

这样就完成了这幅商业照片的后期调色，在调整过程中没有使用过多复杂的工具，重点在于把握颜色变化的细节和过渡的自然，需要大家长期不断的练习。最终效果如图 11-13 所示。

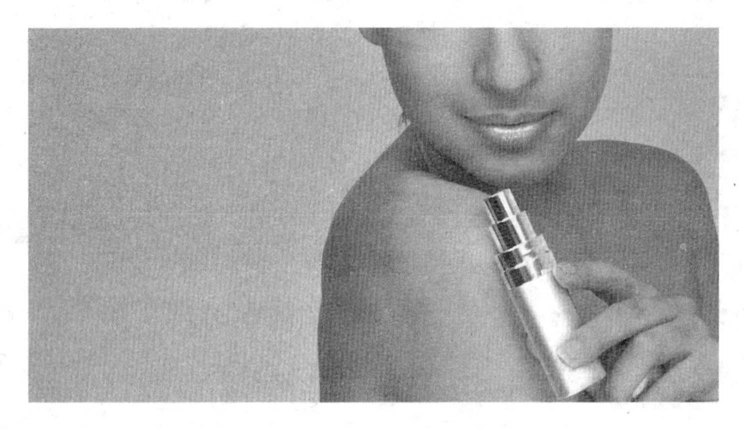

图 11-13　最终效果图

11.2　雾窗水滴效果的制作

在天气转凉的时候，窗户上经常会蒸腾起雾气，这个时候看外面的世界，在这一层水汽中浮动如影、大小不一的水滴看起来很好看。在本例中，将使用 Photoshop 制作出这种雾窗效果。

具体操作步骤如下：

（1）打开素材图像，如图 11-14 所示。

图 11-14　素材图像

（2）使用 Ctrl+Shift+N 快捷键新建图层，系统自动将其命名为“图层 1”。然后为图层填充颜色#595757，也就是 80%的灰度颜色，如图 11-15 所示。

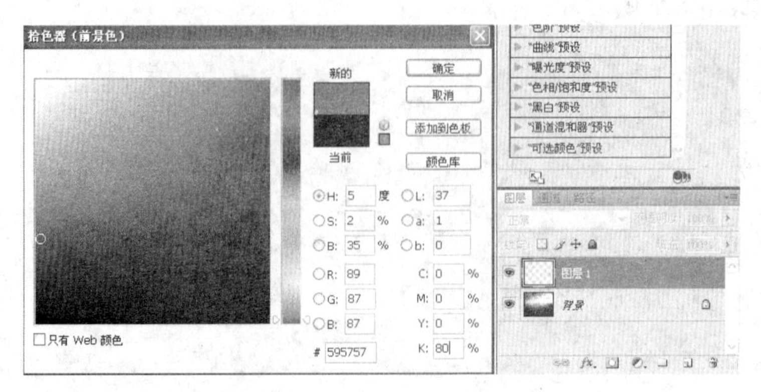

图 11-15　设置填充颜色

（3）制作雨滴。选择“窗口/画笔”命令（快捷键为 F5），打开“画笔”面板，按照下图进行画笔设置。为了使雨滴看起来更柔和，最好将笔刷设置成椭圆形，选择“画笔笔尖形状”，设置直径为 80、硬度为 2%、间距为 1000%；选择“形状动态”，设置大小抖动为 100%、控制为“钢笔斜度”、角度抖动为 100%、圆度抖动为 45%、最小圆度为 48%、并选中“翻转 X 抖动”和“翻转 Y 抖动”复选框如图 11-16 和图 11-17 所示。

选择“散布”，然后选中“两轴”复选框，设置为 1000%，设置数量为 2，并选择“平滑”，效果如图 11-18 所示。

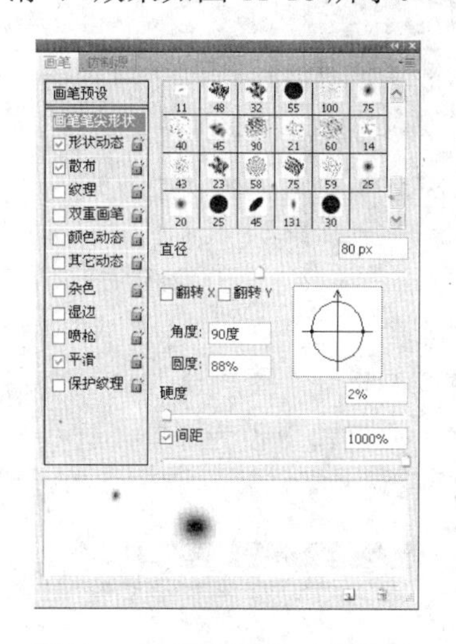

图 11-16　画笔笔尖形状设置

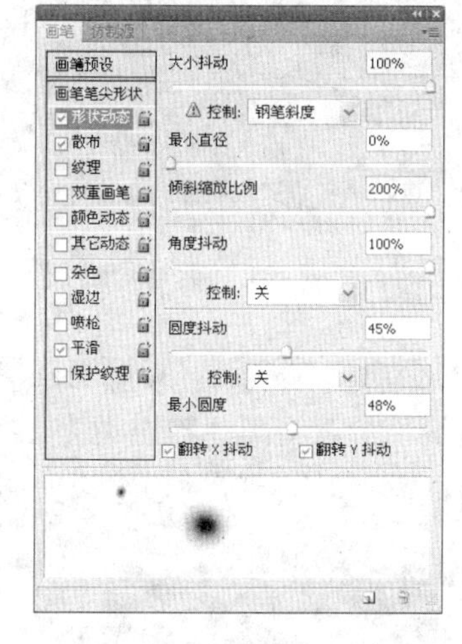

图 11-17　形状动态设置

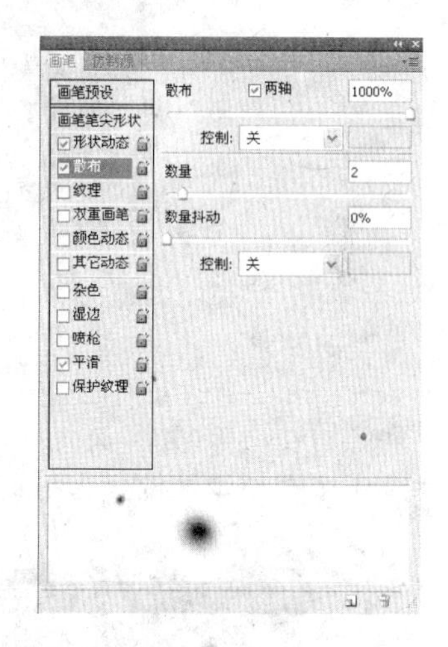

图 11-18　散布设置

（4）使用 Ctrl+Shift+N 快捷键新建图层，将图层混合模式设为“颜色减淡”，如图 11-19 所示。

图 11-19　更改图层混合模式

然后选择画笔工具，以白色在图层上绘制雨滴。注意，雨滴要有大有小，并有一些重合的形状，这样可以突出真实感，如图 11-20 所示。

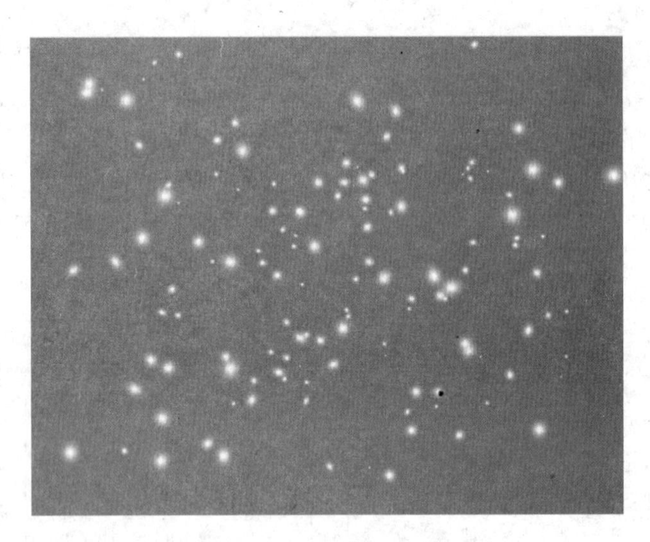

图 11-20　绘制雨滴

选择“背景”图层，并使用 Ctrl+E 快捷键，将雨滴图层和“背景”图层合并成一个图层。之后使用 Ctrl+L 快捷键调整色阶，将黑色输出设为 124、白色输出设为 161，这些数值取决于画面中的雨滴，以确保得到一个清晰的边缘，如图 11-21 所示。

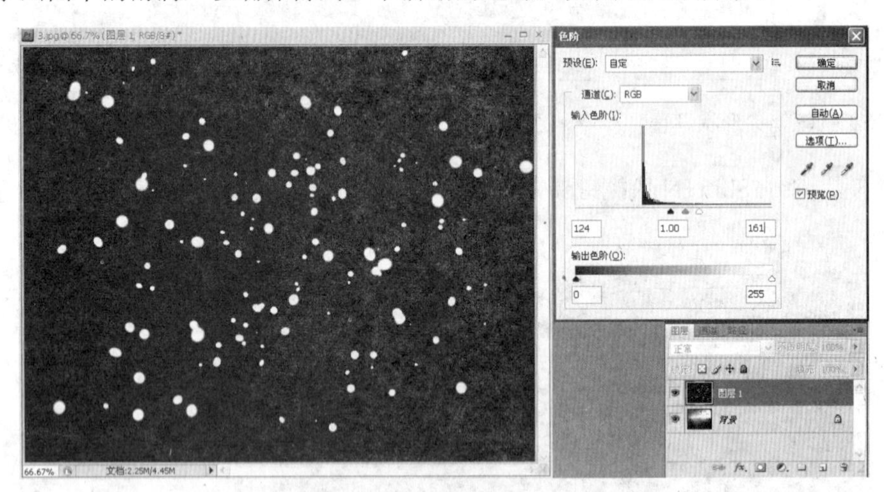

图 11-21　调整色阶

（5）复制该图层，用魔棒工具 选择黑色区域，然后选择“选择”→“选取相似”命令，以保证所有黑色区域都被选上，之后删除选区，将得到一个只有雨滴的透明图层。

（6）将刚才制作的透明水滴图层隐藏，并使用 Ctrl+J 快捷键复制“背景”图层，如图 11-22 所示。

选择该图层，应用高斯模糊滤镜，在“高斯模糊”对话框中设置半径为 4.9，如图 11-23 所示。

单击“添加图层样式”按钮 ，在弹出的菜单中选择“颜色叠加”命令，如图 11-24 所示。

图 11-22 复制“背景”图层

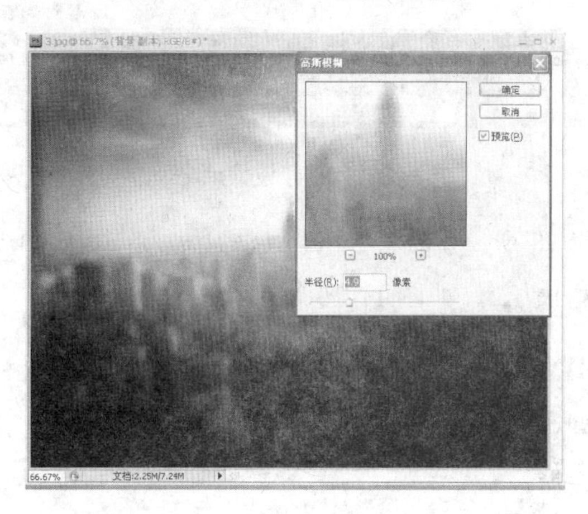

图 11-23 “高斯模糊”对话框

图 11-24 添加图层样式

设置不透明度为 60、颜色数值为#595757，如图 11-25 所示。

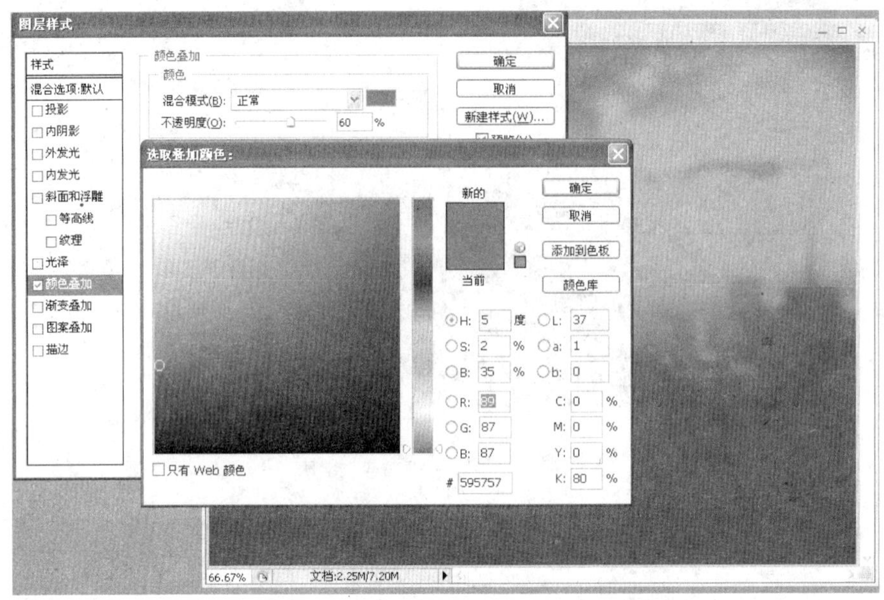

图 11-25　设置颜色

（7）选择“内阴影”命令，设置混合模式为“线性减淡”、不透明度为 50、角度为“90 度”、距离设置为 3、大小为 2，如图 11-26 所示。

图 11-26　添加内阴影效果

选择“斜面和浮雕”命令，设置样式为“内斜面”、深度为 350、方向为“下”，大小和软化的数值分别为 4、7；设置阴影角度为“54 度”、高度为“42 度”、高光模式为“颜色减淡”、颜色为白色、不透明度为 90，设置阴影模式为“正片叠底”、颜色为黑色、不透明度为 50，如图 11-27 所示。

选择“内发光”命令，设置混合模式为“变暗”、不透明度为 40、颜色为黑色，如图 11-28 所示。

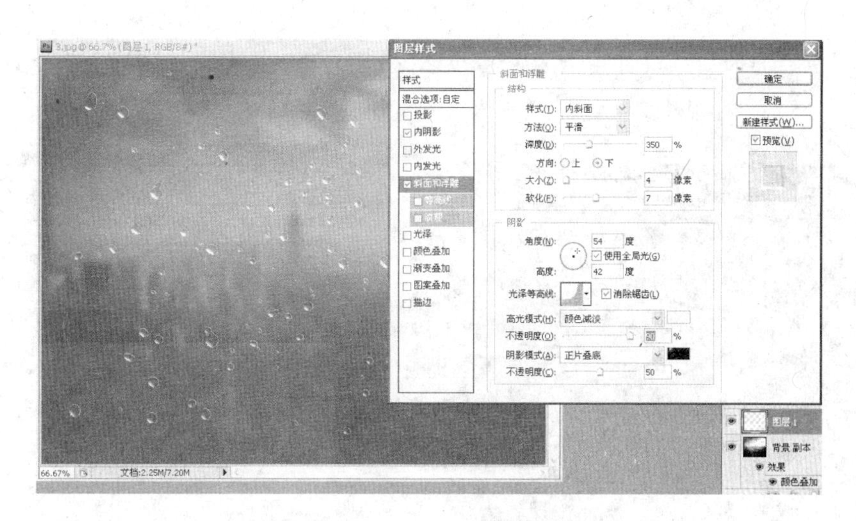

图 11-27　添加斜面和浮雕效果

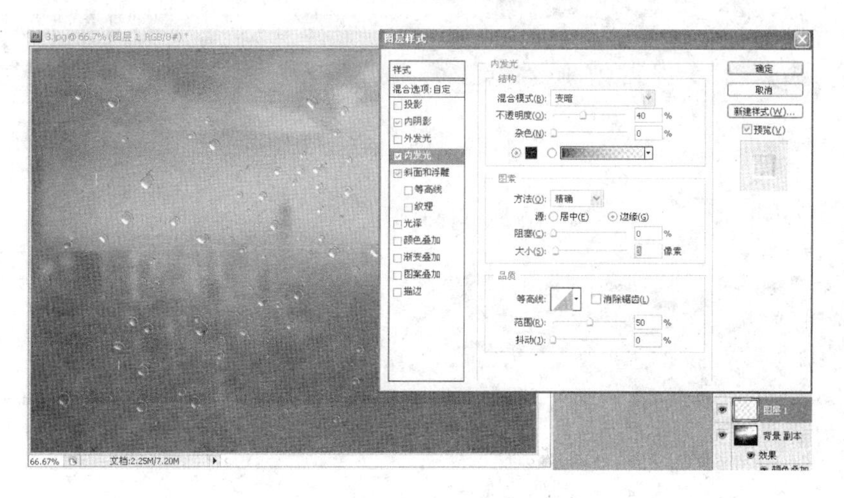

图 11-28　添加内发光效果

选择“颜色叠加”命令，设置颜色为#907f72、混合模式为“颜色减淡”、不透明度为 45，如图 11-29 所示。

图 11-29　添加颜色叠加效果

选择“投影”命令，设置角度为“90 度”、距离为“9 像素”、扩展为 5%、大小为“10 像素”、混合模式为“正片叠底”、不透明度为 20，如图 11-30 所示。

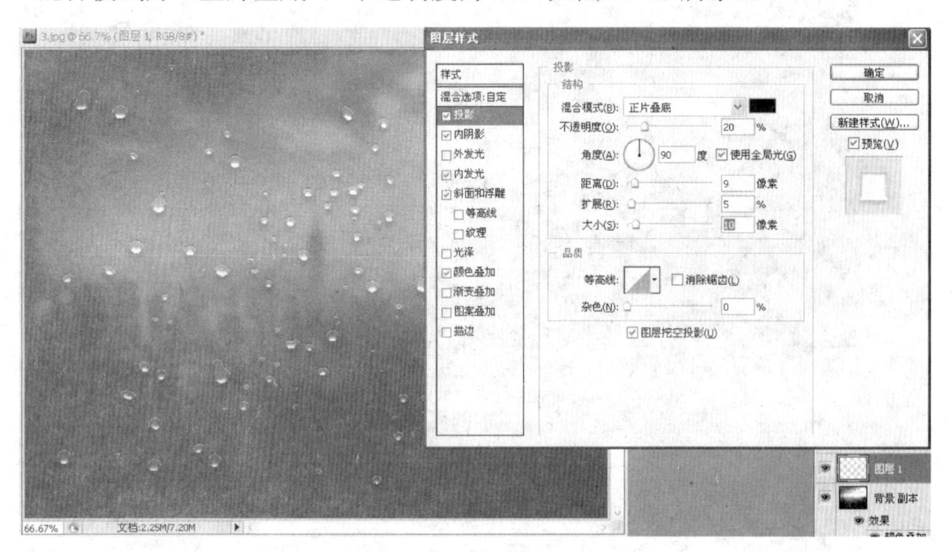

图 11-30 添加投影效果

（8）按住 Ctrl 键单击水滴图层选定选区，如图 11-31 所示。

图 11-31 选定选区

使用 Ctrl+C 和 Ctrl+V 快捷键，复制图层，如图 11-32 所示。

应用“动感模糊”滤镜，设置角度为“–87 度”、距离为“33 像素”，如图 11-33 所示。

选择“背景”图层，单击“添加图层蒙版”按钮 添加蒙版，然后按住 Ctrl 键单击水滴图层做出选区，并将图层删掉。再在“背景”图层的蒙版中将选区填充为黑色，这样就得到了水滴流淌的效果，如图 11-34 所示。

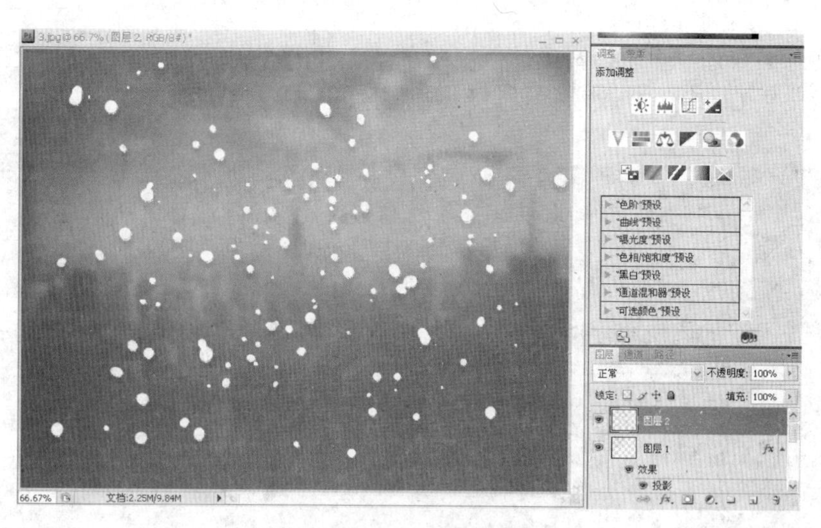

图 11-32　复制选区图形

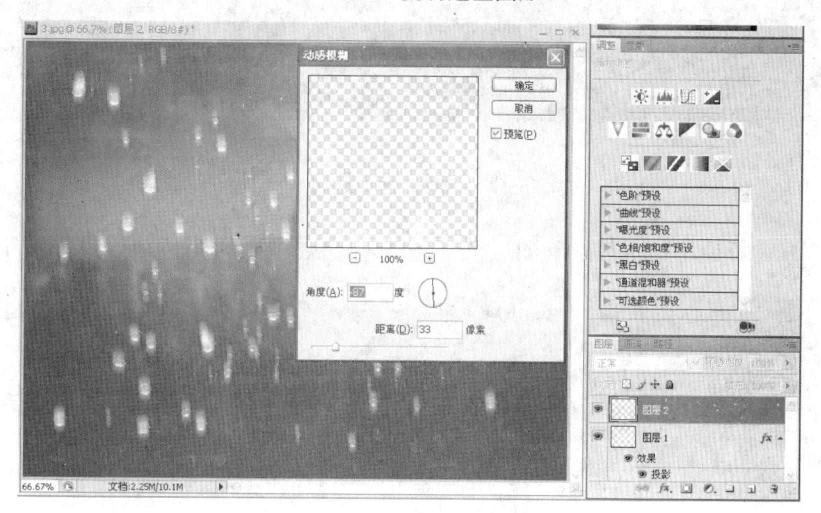

图 11-33　设置动感模糊

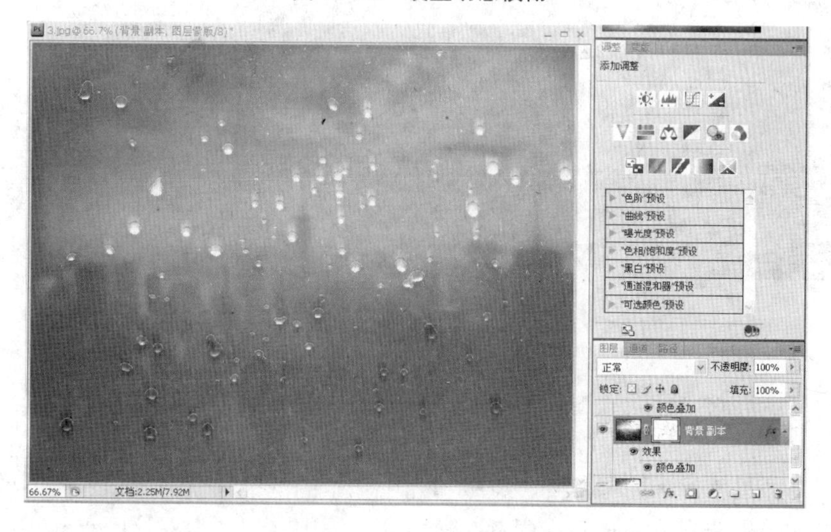

图 11-34　添加蒙版效果

（9）为画面添加一个手指写出的数字效果。选择横排文字工具 T，或者直接输入文字 2012，然后按住 Ctrl 键单击文字图层做出选区，如图 11-35 所示。

图 11-35　选定选区

将文字图层删掉，在“背景”图层的蒙版中将选区填充为黑色，效果如图 11-36 所示。

图 11-36　在蒙版中填充选区

使用画笔工具对“背景”图层的蒙版进行调整，使画面更具有真实感，最终效果如图 11-37 所示。

在该例中，只使用了图层样式、蒙版和几个基本的滤镜，就完成了对画面的制作和调整，制作出了效果非常棒的画面。读者在学习的过程中，要加深对这几点知识的了解。

图 11-37　最终效果

11.3　复古海报的制作

无论是在设计界还是时装界，都在流行复古风；无论时间流逝，岁月如梭，复古却似永恒，不断地被追忆、被纪念。任何一个设计师都会在历史中寻找答案，从以往的流行中探求灵感，下面使用 Photoshop 将照片做成一张充满怀旧感觉的复古海报。

具体操作步骤如下：

（1）打开素材图像，如图 11-38 所示。

图 11-38　素材图像

（2）单击“图层”面板中的“创建新的填充或调整图层”按钮，在弹出的菜单中选择“纯色”命令，创建颜色填充图层，如图 11-39 所示。

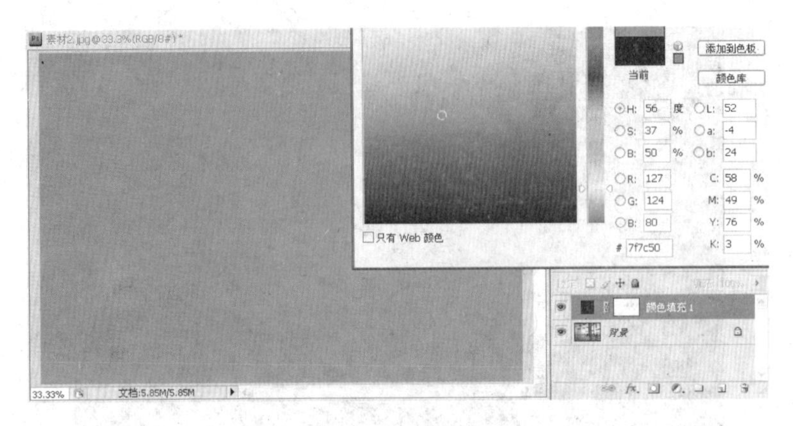

图 11-39　新建填充图层

设置填充颜色为#7f7c50、混合模式为“颜色”，如图 11-40 所示。

图 11-40　设置效果

（3）使用 Ctrl+J 快捷键复制“背景”图层，将混合模式改为“正片叠底”，然后单击“添加图层蒙版”按钮 为图层添加蒙版。选择画笔工具 ，将画笔直径改为 1300px，在蒙版的画面中间进行涂抹，制作出画面暗角的效果。如果一个图层效果不明显，可以多添加几个图层，如图 11-41 所示。

图 11-41　制作画面暗角效果

（4）使用一种不同大小和字体的排版风格，搭配完全不规则的字间距和行距进行排版设计。有先输入 same，设置字体为 Cooper Std、字号为“45 点”；然后输入 OLD，设置字体为 Stencil Std、字号为“57 点”，字母 D 的字号为“86 点”；输入字母 Story，设置字体为“Impact”、字号为“50 点”，字母 S 的字号为“93 点”，如图 11-42 所示。

图 11-42　添加文字

（5）使用 Ctrl+Shift+N 快捷键新建一个图层，然后使用矩形选框工具为画面添加几个色块，颜色为黑色，如图 11-43 所示。

图 11-43　绘制图形

在字母 D 的图层下添加一个黑色色块，然后选择字母 D，使用吸管工具选取背景图片上最亮的位置，改变字母 D 的颜色，如图 11-44 所示。

再添加一些文字，随便什么文字都行，在此添加的是《same old story》歌曲的歌词，字体为 Tahoma，当然也可以用任何你喜欢的字体。下面要做的是设置文字的属性，在此选择的字号为“12 点”。然后将一部分文字调得稍微大一些，在此选择的是歌词 but here I go again，将其字号设为“20 点”，如图 11-45 所示。

图 11-44　更改文字颜色

图 11-45　输入并设置段落文字

（6）选择画笔工具，载入干介质画笔，如图 11-46 和图 11-47 所示。

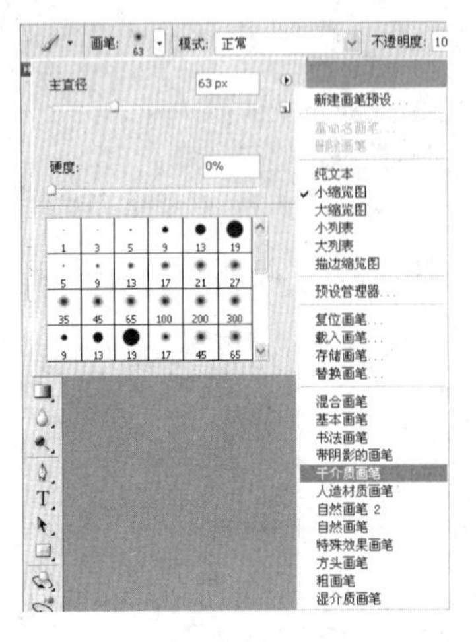

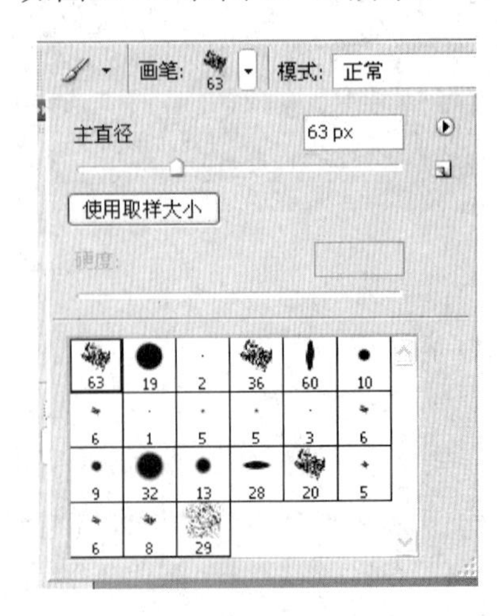

图 11-46　载入画笔　　　　图 11-47　选择画笔

使用画笔重点调整黑色色块的周围，使其具有喷溅的效果，如图 11-48 所示。

图 11-48 使用画笔添加效果

用同样的方法调整画面的四周，如图 11-49 所示。

（7）打开如图 11-50 所示的旧纸张素材，将其置入图层的最顶端。

图 11-49 继续使用画笔添加效果

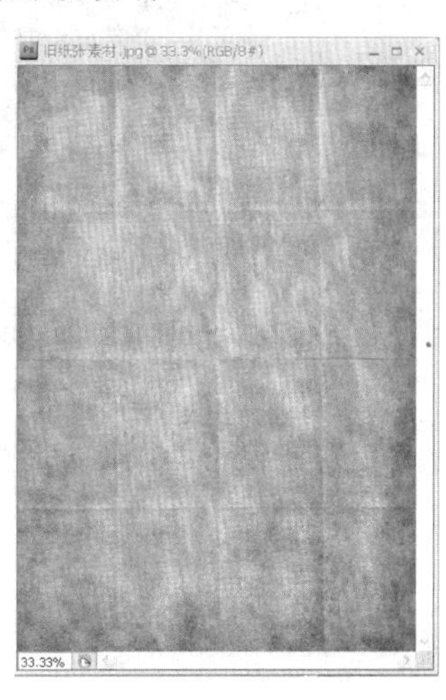

图 11-50 旧纸张素材

调整混合模式为“变亮”、不透明度为 48%，如图 11-51 所示。

图 11-51 更改混合模式

选择橡皮擦工具，设置不透明度为 50%、硬度为 0%，分别在文字的位置和画面的四角位置涂抹，使文字部分更加突出（注意对比画面的整体效果），如图 11-52 所示。

图 11-52　使用橡皮擦工具

如果读者喜欢强烈对比的风格，可将混合模式改为“颜色减淡”，如图 11-53 所示。

图 11-53　更改混合模式

根据设计的需求选择不同的设计风格，读者可以尝试用不同的“混合模式”得到不同的画面效果，笔者比较喜欢淡淡的怀旧风格，希望读者也能制作出自己喜欢的风格，如图 11-54 所示。

图 11-54　最终效果

11.4　质感文字肖像的制作

在本实例中，通过对不同工具的运用，一步步详解质感文字肖像的制作。

具体操作步骤如下：

（1）打开素材图像，如图 11-55 所示。

（2）新建一个空白文档，大小为 1600 像素×1200 像素、分辨率为“72 像素/英寸”、色彩模式为“RGB 颜色”，如图 11-56 所示。

图 11-55　素材图像

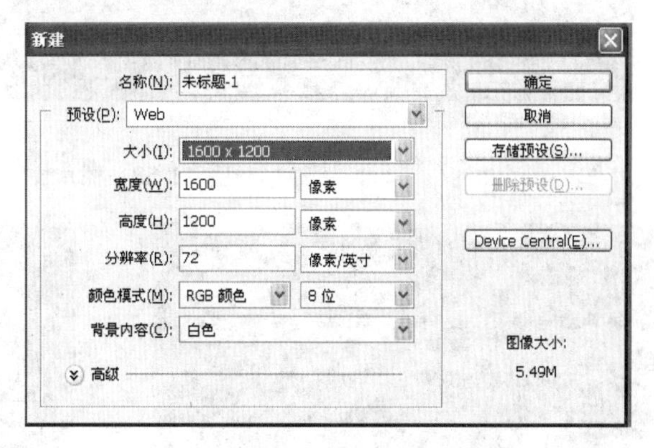

图 11-56　“新建”对话框

（3）选择人物图片，使用魔棒工具选择背景白色，然后使用快捷键 Ctrl+Shift+I 进行反选，这样就把人物选了出来。接下来使用 Ctrl+C 和 Ctrl+V 快捷键复制选区，并隐藏“背景”图层，就得到了人物的抠像，如图 11-57 所示。

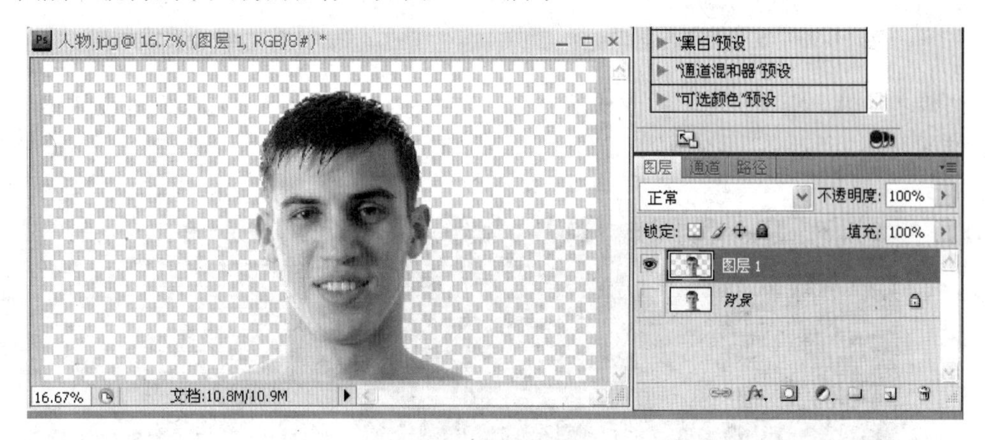

图 11-57　人物抠像

（4）将头像图层复制到新建的文件中，并将头像图层隐藏。使用横排文字工具 T. 创建一个文字框，并向其中输入文字，不必过多考虑文字的辨识性，只需将文字排列好，对于需要特别突出的文字可以将其放大或者更换字体，如图 11-58 所示。

继续复制文字图层，并改变文字的方向，如图 11-59 和图 11-60 所示。

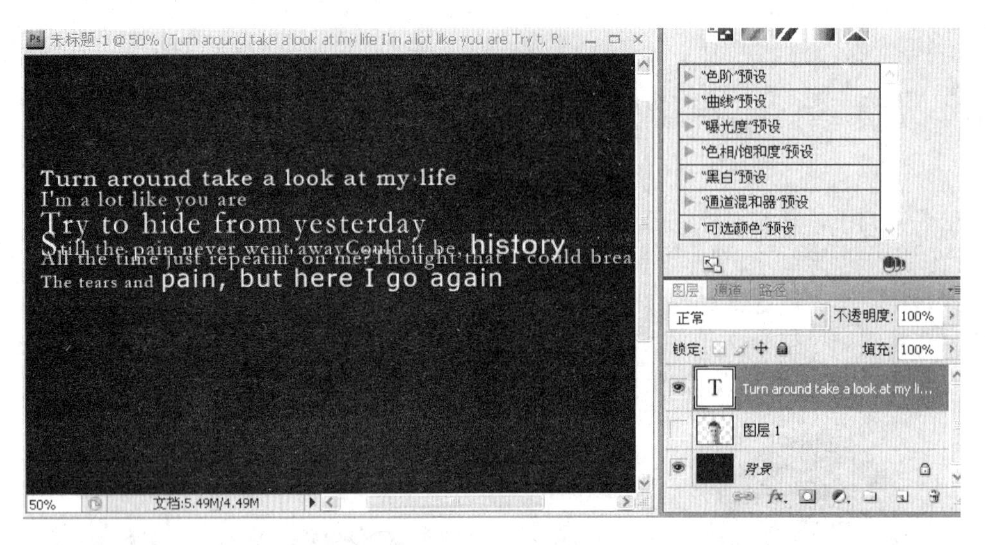

图 11-58　添加文字

图 11-59　改变文字方向

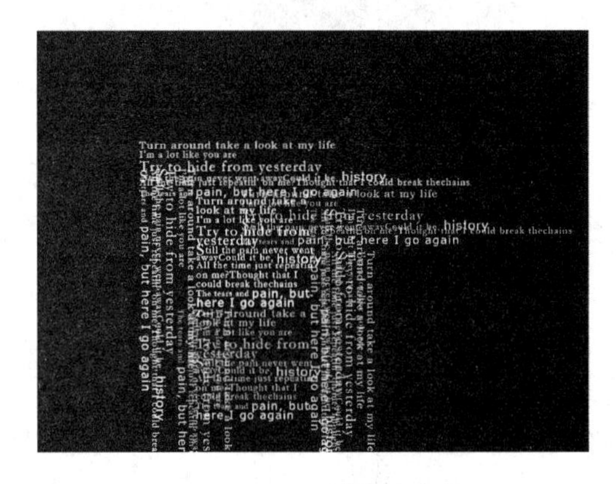

图 11-60　继续添加文字

调整文字的间距、密度，并改变部分文字的大小，以使文字看起来更有设计感，最终效果如图 11-61 所示。

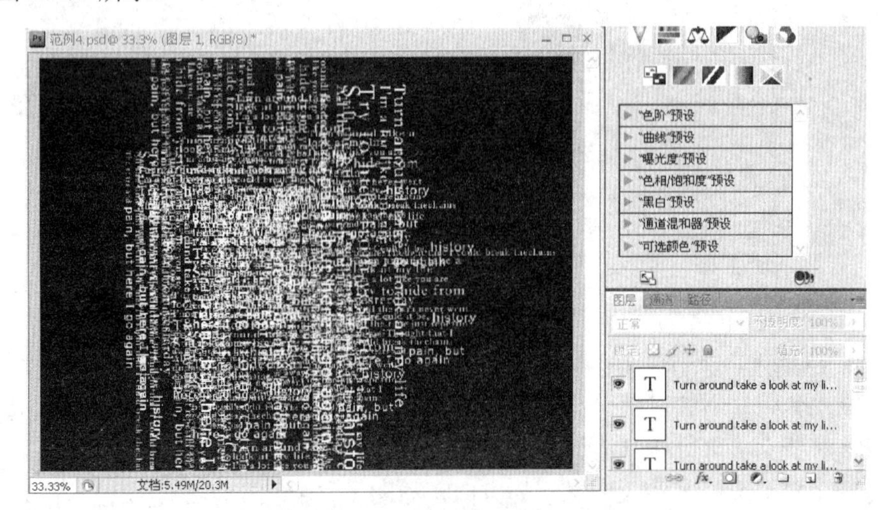

图 11-61　文字效果

（5）为画面添加效果。显示开始制作时的头像图层，改变其混合模式为“线性加深”，这样就得到了一个基本的效果，如图 11-62 所示。

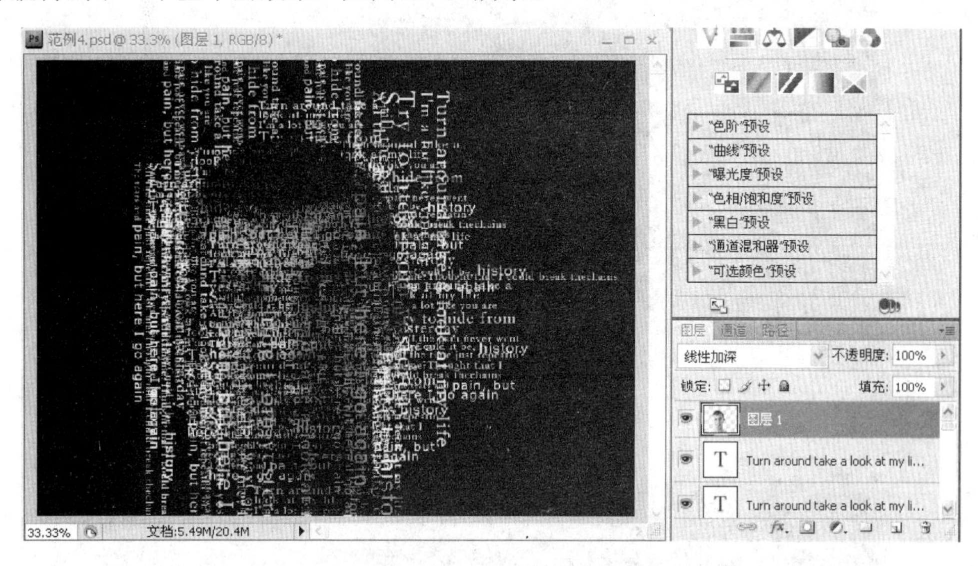

图 11-62　为画面添加效果

（6）观察目前的效果并不理想，人物形象不够清晰，下面要将图像逐步完善。首先按住 Ctrl 键选择所有的文字图层，然后使用 Ctrl+E 快捷键将文字图层全部合并，如图 11-63 和图 11-64 所示。

图 11-63　选中文字图层

图 11-64　合并图层后的效果

复制合并后的图层，调整图层的透明度为 70%，可以看到人物形象变得更清晰了，如图 11-65 所示。

下面要让人物的轮廓更加清晰，使用加深工具调整硬度为 0%，然后在人物的五官位置涂抹，使人物的轮廓更加清晰，如图 11-66 所示。

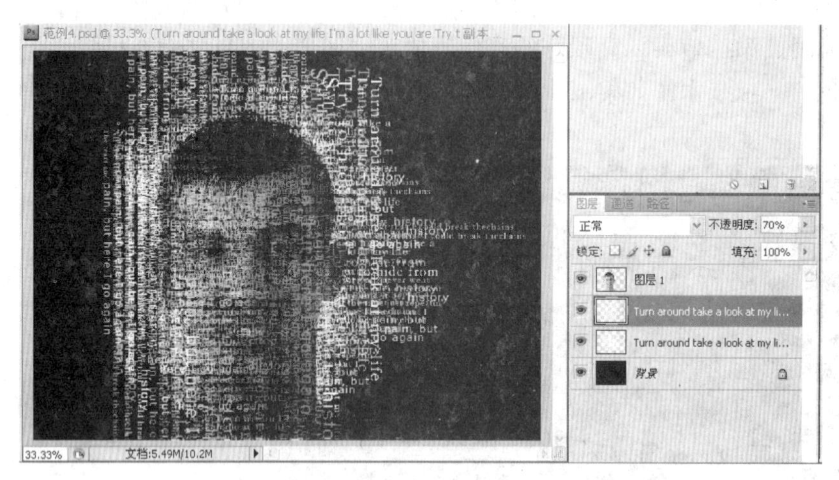

图 11-65 复制文字图层

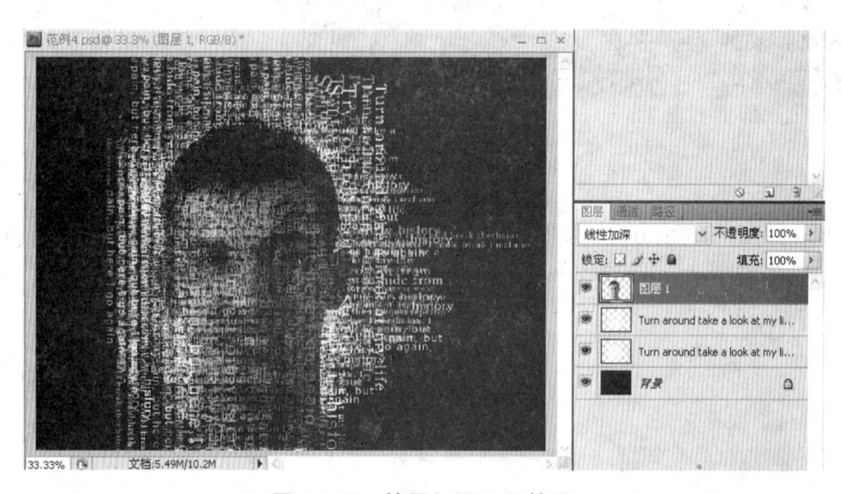

图 11-66 使用加深工具效果

（7）现在需要把人物头像外多余的文字去掉，按住 Ctrl 键单击头像图层，做出头像的选区，如图 11-67 所示。

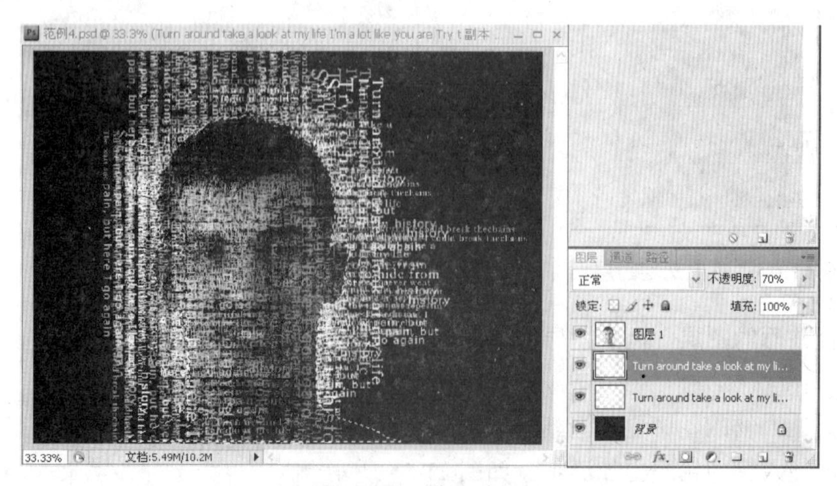

图 11-67 选定选区

在做出选区的同时分别选择文字图层，单击“添加图层蒙版”按钮 建立蒙版，如图 11-68 所示。

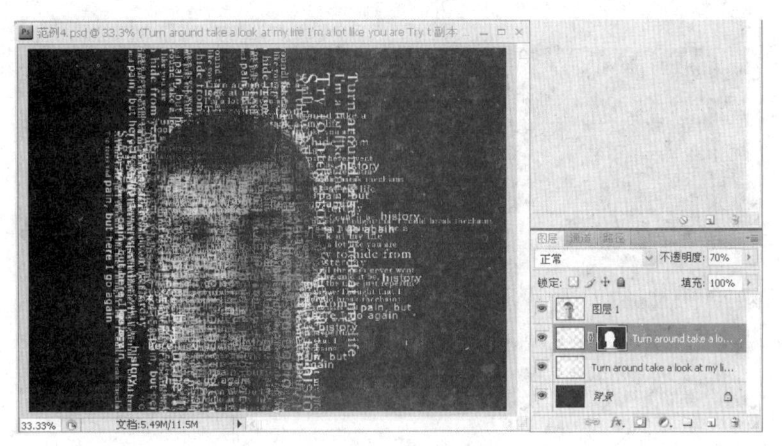

图 11-68 建立蒙版

同以上步骤，在另一文字图层制作蒙版，如图 11-69 所示。

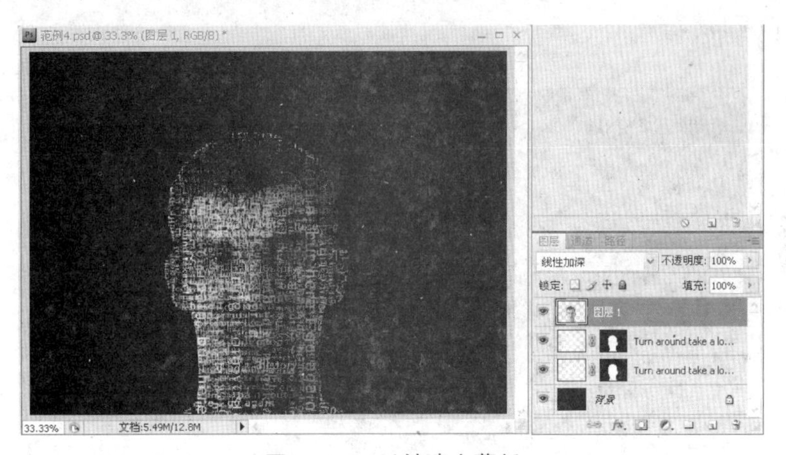

图 11-69 继续建立蒙版

（8）复制文字图层，使用橡皮擦工具在背景上擦出若隐若现的效果，如图 11-70 所示。

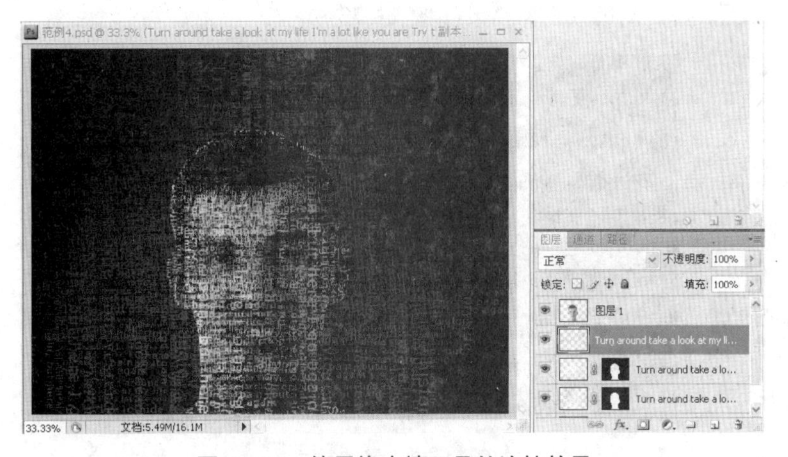

图 11-70 使用橡皮擦工具的涂抹效果

输入文字 future，设置字体为 Monotype Corsiva、字号为“145 点”，然后使用吸管工具，选择人物皮肤的颜色作为文字的颜色，如图 11-71 所示。

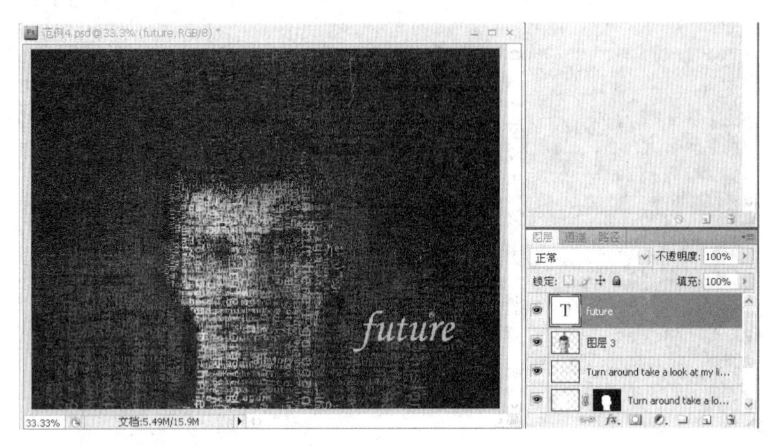

图 11-71　添加文字

将文字多复制几个，根据个人的喜好，分别改变它们的透明度和大小，制作出需要的效果，如图 11-72 所示。

图 11-72　复制并添加文字效果

这样就完成了这幅作品，最终效果如图 11-73 所示。

图 11-73　最终效果

11.5　书籍装帧设计

一个设计师只有掌握了平面印刷理论才能得到真正的认可，否则设计的东西即使很漂亮也不能应用于商业生产中，那么这个设计就是不成功的，也就失去了存在的意义。

在之前的实例中，读者逐步掌握了各种工具，并能够通过对工具的应用实现一定的效果，再接下来的实例中，帮助读者学习 Photoshop CS4 在平面印刷中的应用。

本实例将制作一本书籍，在制作的过程中，会逐步介绍一些必备的平面印刷知识，这在设计中是很重要的，最终效果如图 11-117 所示。通过本例的练习，可以使读者掌握一定的书籍装帧设计知识，以及 Photoshop CS4 的操作方法。

具体操作步骤如下：

（1）要制作一本名为《考研英语词汇——真题词频记忆法》书籍的封面，出版社方面的要求是开本为大 16 开，书脊为 25mm。根据制作要求，需要设计文件的尺寸和规格，使之符合印刷要求。首先，因大 16 开的尺寸为 210×285mm，那么这本书的平面展开图的尺寸就是书籍的封面和封底的尺寸加上书脊的宽度。具体的尺寸宽度为“210mm+210mm+25mm”，高度为“285mm”。因为在印刷制作过程中，任何超过裁切线或进入书槽的图像都被称为出血。出血必须确定超过预高的线，以使在修整裁切或装订时允许有微量的对版不准。因此，尺寸就是宽度为“210mm+210mm+25mm+3mm+3mm”，高度为“285mm+3mm+3mm”。选择“文件”→“新建”菜单命令，打开“新建”对话框，新建 445×291mm、分辨率为 300 像素/英寸的 CMYK 文件，名称为“书籍设计”，对话框设置如图 11-74 所示。

（2）面对新建好的文件，大家可能无从下手，因为无法区分哪部分是封面，哪部分是封底，或者哪部分是出血。这个时候需要借助参考线来解决问题，下面开始建立准确的参考线，首先选择“视图”→“新建参考线”菜单命令，打开“新建参考线”对话框，如图 11-75 所示。

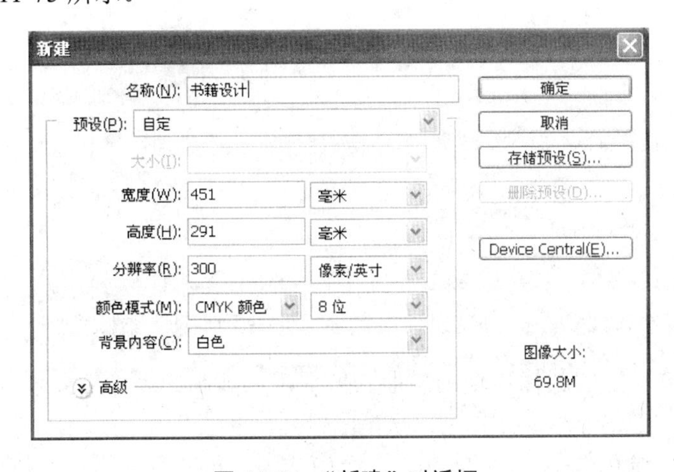

图 11-74　“新建”对话框

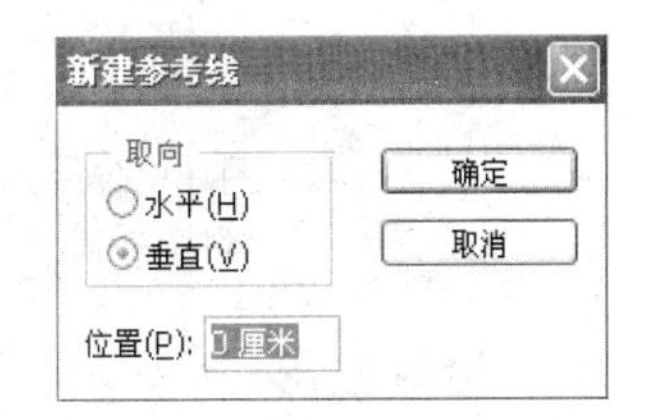

图 11-75　“新建参考线”对话框

可以看到在该对话框中可以选择垂直或水平方向，还可以输入精准的参考线位置，在此选择“垂直”方向，分别输入“0.3 厘米”、“21.3 厘米”、“23.8 厘米”、“44.8 厘米”，如图 11-76 所示。

图 11-76　建立垂直参考线

选择“水平”方向，分别输入“0.3 厘米”、“28.8 厘米”，这样就使用参考线制作出了很准确的封面、封底、书籍、出血的位置，使我们在制作过程中能够明确各个位置，如图 11-77 所示。

（3）将“手”素材导入文件中，调整其大小和位置，并将手的图层复制，选择混合模式为“正片叠底”，如图 11-78 和图 11-79 所示。

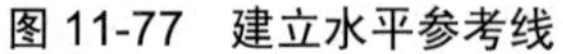

图 11-77　建立水平参考线

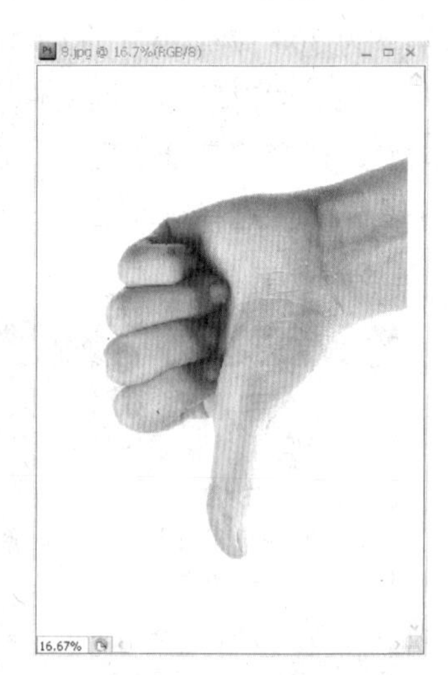

图 11-78　素材图像

（4）使用 Ctrl+Shift+N 快捷键新建图层然后使用矩形选框工具在画面上部填充黑色色块，如图 11-80 所示。

同样的方式，继续绘制色块，颜色数值为#dd0000、混合模式为“正片叠底”，这样被遮挡的手指依然可以显现，如图 11-81 所示。

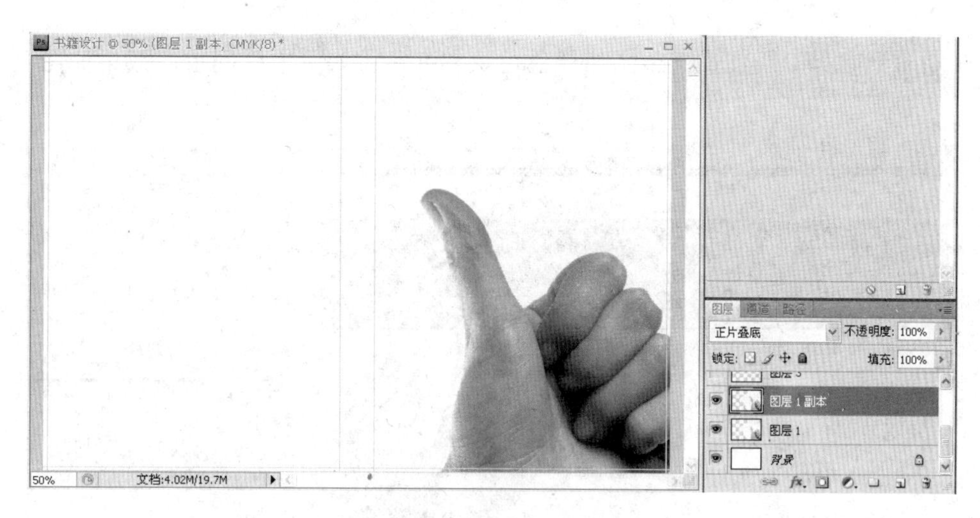

图 11-79　复制图层并更改混合模式

图 11-80　添加色块

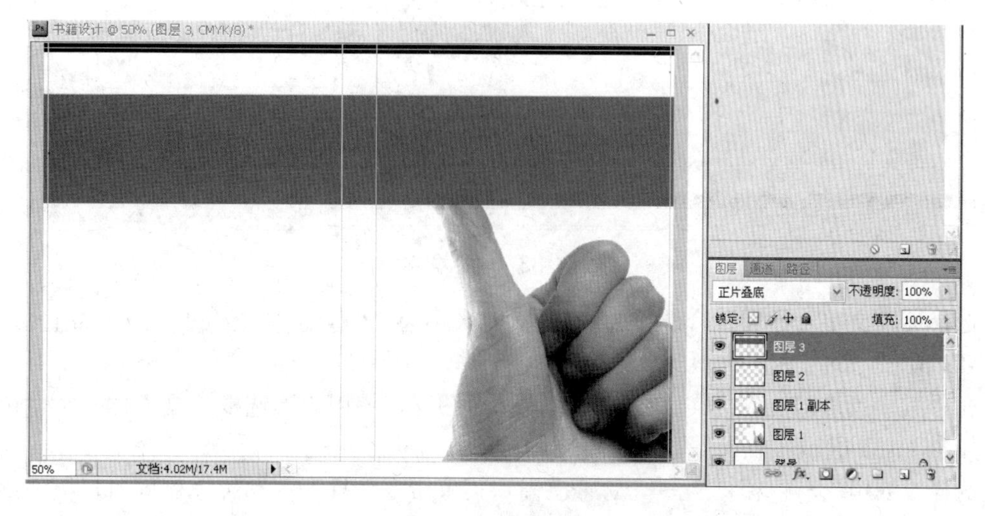

图 11-81　绘制色块

在画面下方和中间位置继续添加黑色色块和红色色块，方法同上，效果如图 11-82 所示。

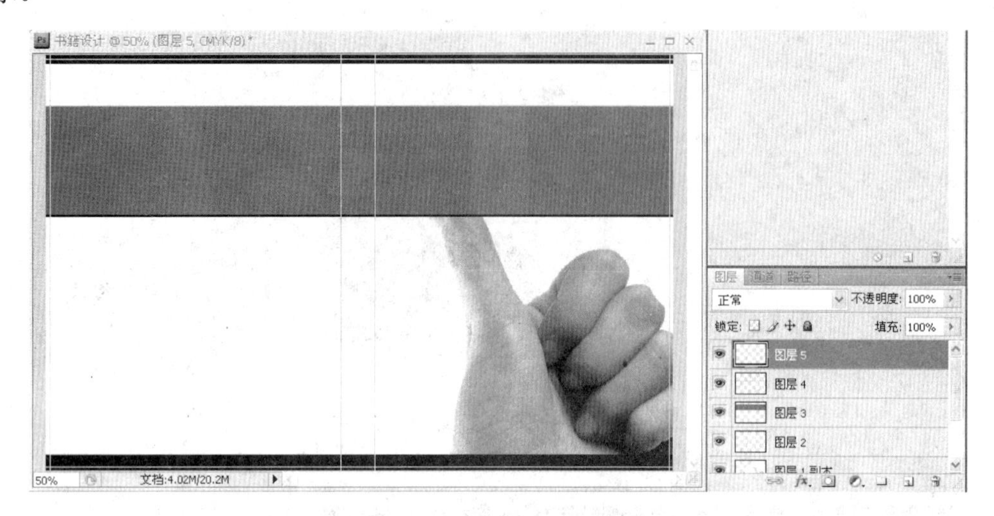

图 11-82 继续绘制色块

（5）制作封面部分。使用横排文字工具 T 输入标题文字“真题词频记忆法”，“真题词频”使用“方正风雅宋简体”字体，字号为“100 点”；“记忆法”使用“黑体”字体，字号为“51 点”，然后输入文字“考研英语词汇”，使用“方正风雅宋简体”字体，字号为“30 点”，得到的效果如图 11-83 所示。

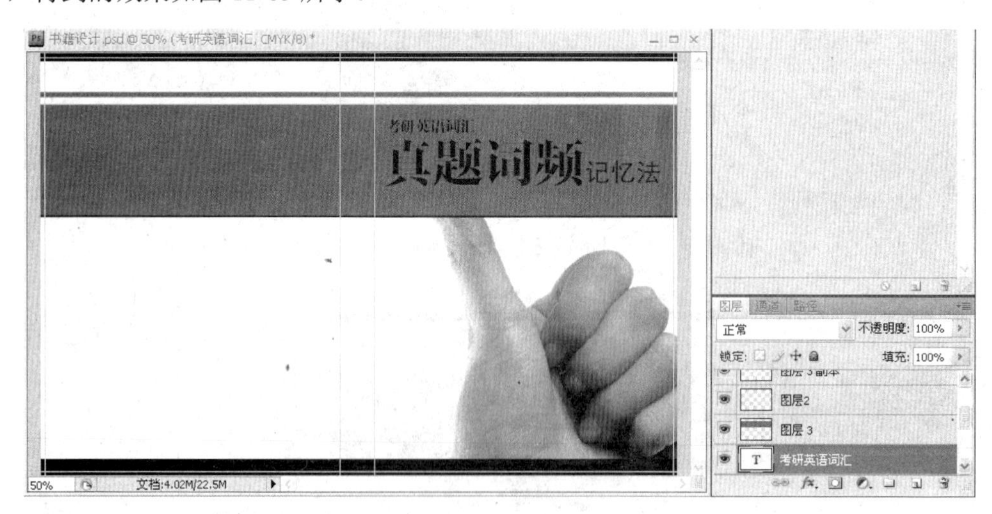

图 11-83 输入文字

选择标题文字，设置混合选项为“描边”、大小为“6 像素”、颜色数值为#f5d120，如图 11-84 所示。

在“考研英语词汇”的文字图层下新建一个图层，使用矩形选框工具添加一个白色色块，如图 11-85 所示。

选择“滤镜”→“模糊”→“动感模糊”菜单命令，打开“动感模糊”对话框，添加动感模糊滤镜，如图 11-86 所示。

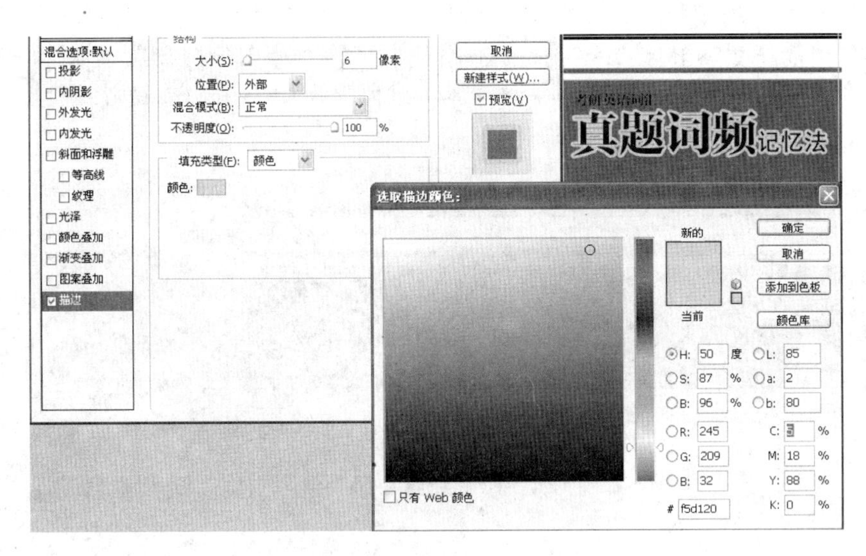

图 11-84　为文字图层添加描边

图 11-85　添加白色色块

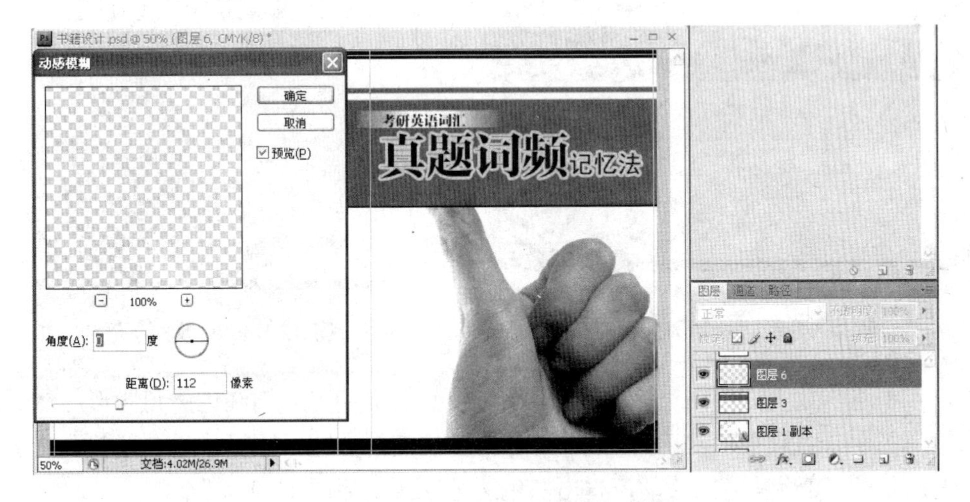

图 11-86　添加动感模糊滤镜

（6）使用横排文字工具T输入标题文字“精读版”，使用“黑体”字体，字号为“28点”，然后输入作者信息“中国人民大学　李子维”，使用“黑体”字体，字号为“25 点”，效果如图 11-87 所示。

图 11-87　添加文字

在“精读版”的文字图层下新建一个图层，使用矩形选框工具添加一个红色色块，然后选择“选择”→“修改”→“平滑”菜单命令，打开“平滑”对话框，设置取样半径为“5 像素”，单击“确定”按钮。使用 Ctrl+Shift+I 快捷键反选，然后按 Delete 键删除，就得到了一个圆角的图形，将文字改为白色，如图 11-88 和图 11-89 所示。

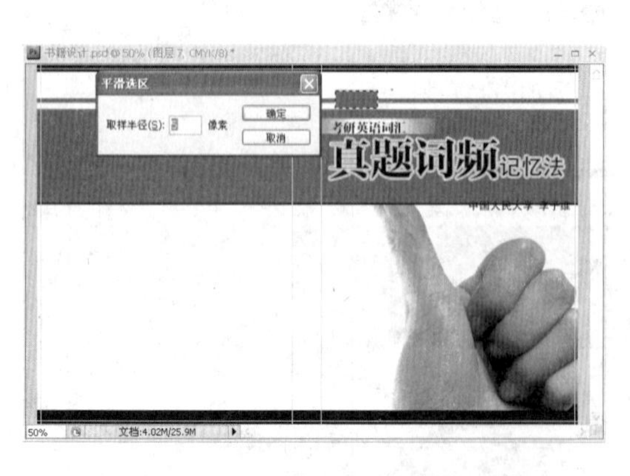

图 11-88　绘制圆角图形

图 11-89　更改文字颜色

使用同样的方法，在“中国人民大学　李子维”的文字下添加红色圆角图形，然后选择该图层，使用 Ctrl+J 快捷键将图层复制一个，并填充为黑色，置于红色图形的图层下。使用键盘上的方向键将其轻轻移动，露出黑色边缘，效果如图 11-90 所示。

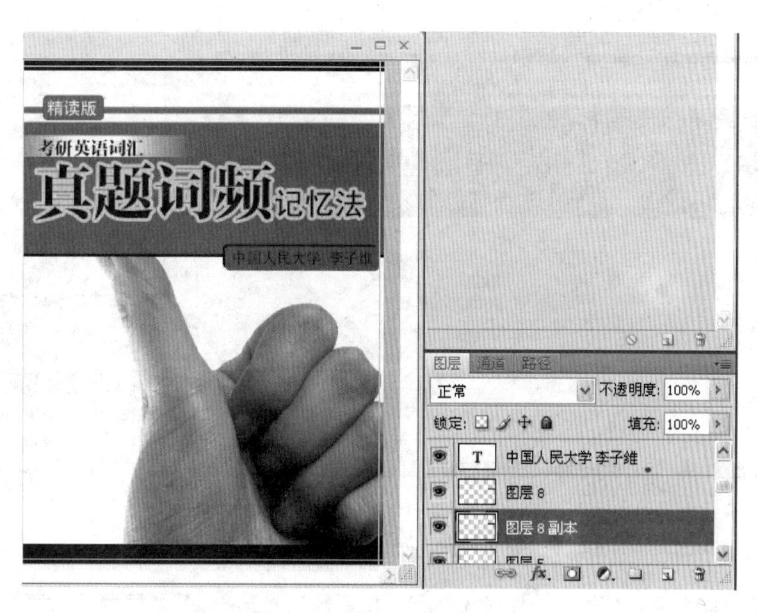

图 11-90　绘制色块的效果

（7）使用横排文字工具 T 输入文字“新大纲用真题攻克词汇壁垒”，使用“黑体”字体，字号为“23 点”；输入文字“涵盖 2010 年考研大纲所有词汇”、“必记词汇所配例句全部出自历年真题”、“涵盖历年真题出现过的所有超纲词汇”、“全部词汇按照历年真题中出现的频率排序”，使用“黑体”字体，字号为“18 点”。在文字“新大纲用真题攻克词汇壁垒”图层下添加红色色块，调整好大小之后复制该色块，使用 Ctrl+T 快捷键将图形缩放成细线，如图 11-91 和图 11-92 所示。

图 11-91　输入文字

图 11-92　添加不同颜色色块

使用同样的方法，在剩余的文字后面添加色块，并调整文字的颜色，效果如图 11-93 所示。

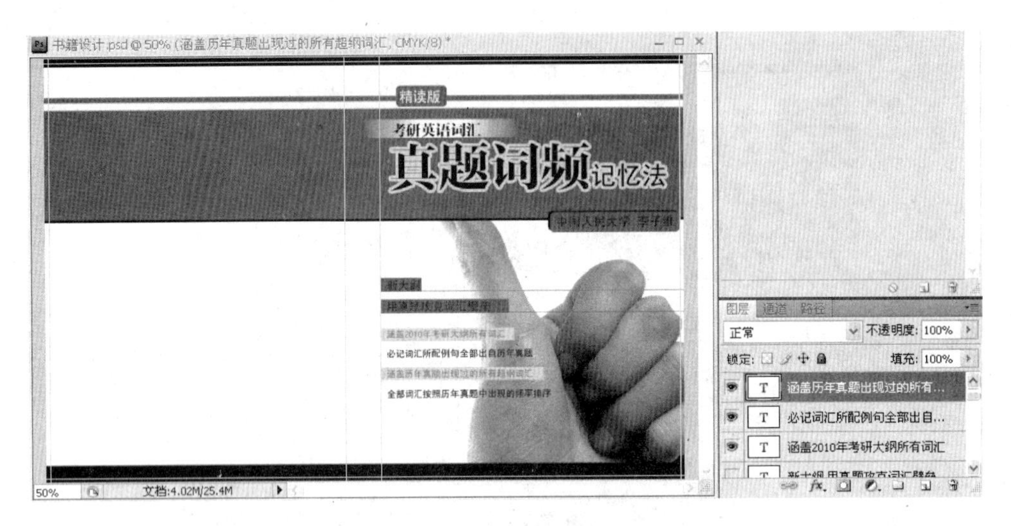

图 11-93　添加不同颜色色块

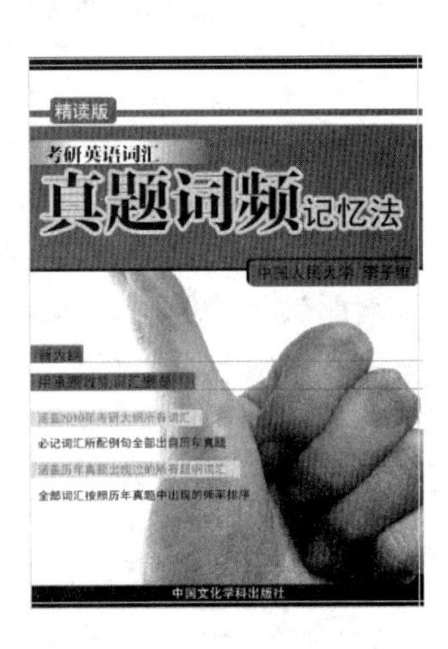

图 11-94　输入出版社名称

最后输入出版社的名称“中国文化学科出版社”，使用“黑体”字体，字号为“20 点”，文字颜色为白色，居于版面的中间位置，这样就完成了封面的制作，如图 11-94 所示。

（8）设计书脊。方法同上，为画面添加色块，然后使用直排文字工具输入文字“考研英语词汇”，使用“黑体”字体，字号为“23 点”；输入文字“真题词频记忆法，”使用“方正风雅宋简体”字体，字号为“38 点”；输入文字“精读版”、“中国文化学科出版社”，使用“黑体”字体，字号分别为“23 点”、“16 点”，并调整字体的颜色，如图 11-95 和图 11-96 所示。

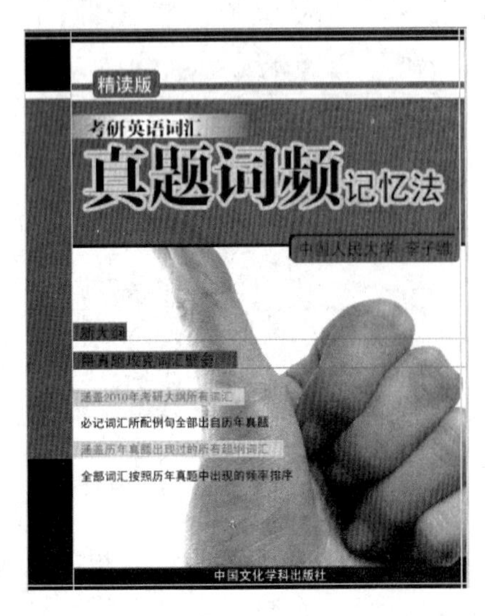

图 11-95　制作书脊

图 11-96　输入文字

（9）打开条形码素材，将其导入到文件中，并置入封底。然后使用横排文字工具输入“定价：25.00 元”、“I S B N：9787544248174”，效果如图 11-97 所示。

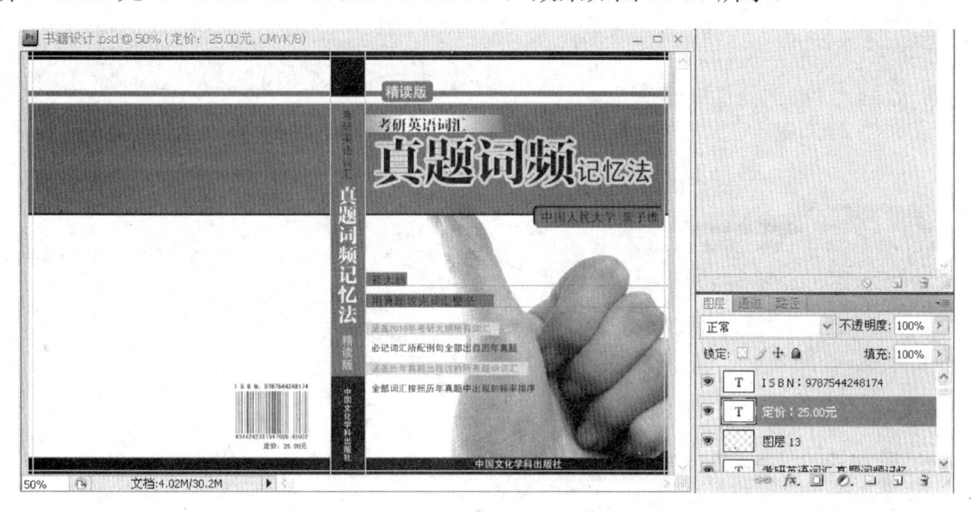

图 11-97　添加条形码

这样就完成了这本书的平面图，最终效果如图 11-98 所示。

图 11-98　平面图效果

（10）平面图往往不够直观，下面来制作这本书的立体效果图。首先，使用 Ctrl+Shift+S 快捷键将平面图存储为一张 JPG 文件，如图 11-99 所示。

（11）因为效果图通常只是在 PC 中浏览，不需要打印，所以只需建立一个 1280 像素×1024 像素、分辨率为 72 像素/英寸的文件，如图 11-100 所示。

图 11-99 “存储为”对话框

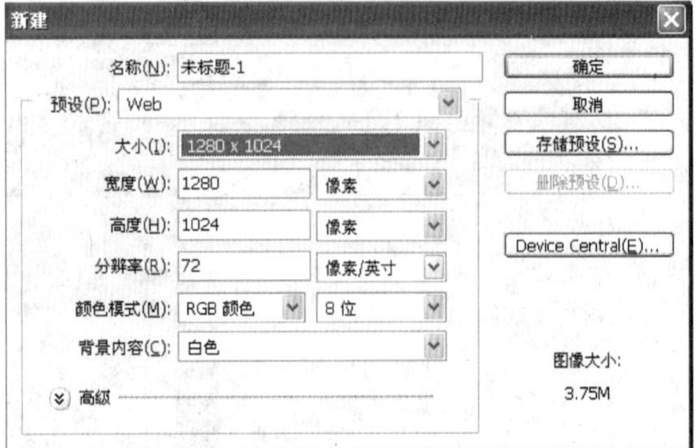

图 11-100 “新建”对话框

（12）将导出的 JPG 平面图导入到新建文件中，使用矩形选框工具分别选中封面和书脊，按 Ctrl+X、Ctrl+V 快捷键将书籍分开为不同的图层，同时更改图层的名称，如图 11-101 所示。

图 11-101 分解图层

（13）选择“封面”图层，按 Ctrl+T 快捷键，然后右击，在弹出的快捷菜单中选择“扭曲”命令，这样就可以自由变换封面的形态，使之具有透视效果了，如图 11-102～图 11-105 所示。

（14）现在大致的立体形态已经完成，下面需要逐步修改细节，使画面完善。使用钢笔工具 画出书内页厚度的路径，按 Ctrl+Enter 快捷键，将路径变成选区，并填充为白色，如图 11-106 所示。

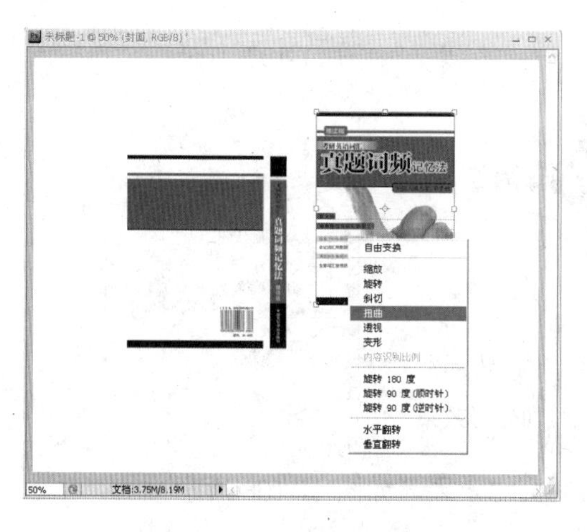

图 11-102 制作立体效果 1

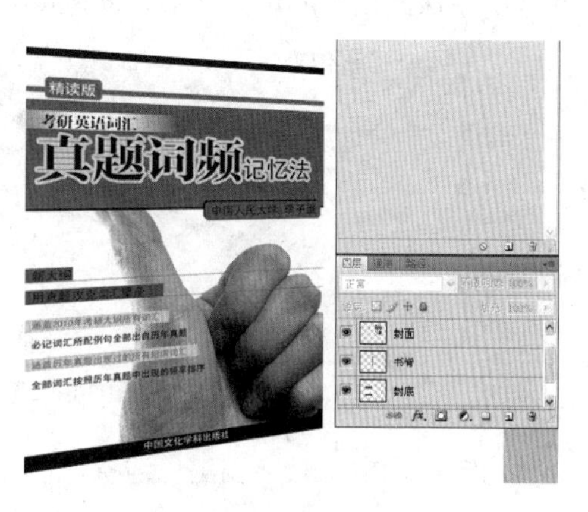

图 11-103 制作立体效果 2

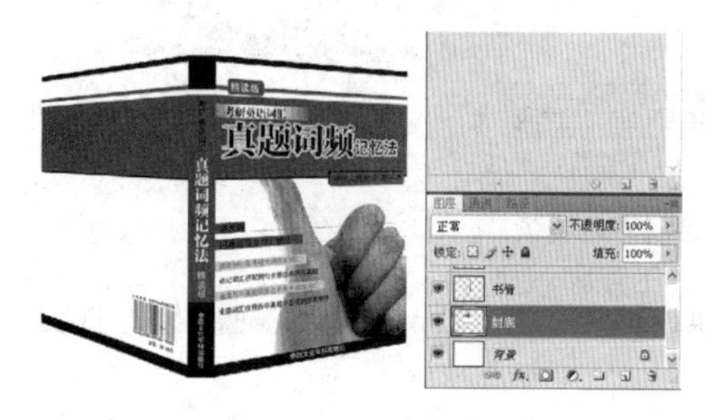

图 11-104 制作立体效果 3

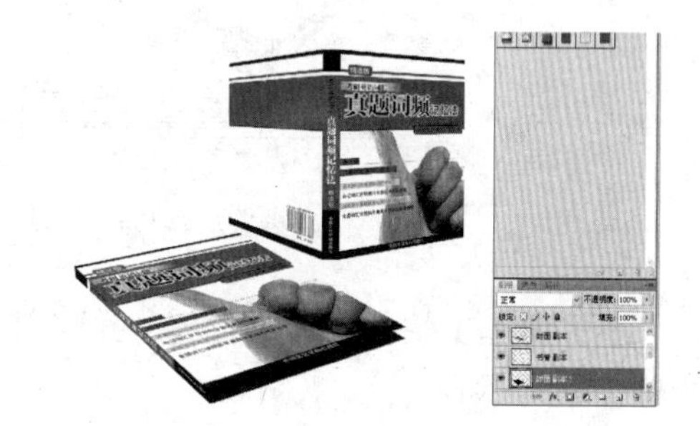

图 11-105 制作立体效果 4

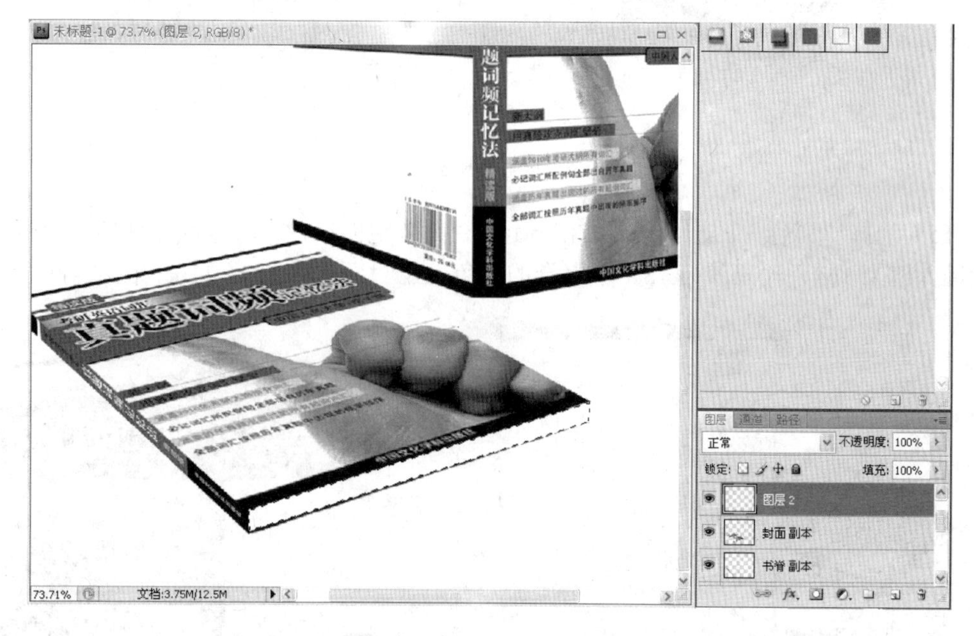

图 11-106 制作书页效果

选择画笔工具，调整画笔的不透明度为 20%、硬度为 0%，设置颜色为黑色，然后在选区中涂抹，填充颜色，使书籍的厚度具有光影效果，如图 11-107 所示。

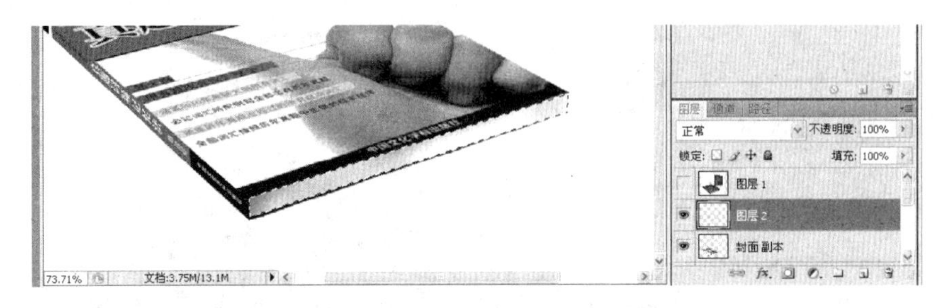

图 11-107　添加光影效果

使用矩形选框工具绘制黑色线条，制作书页的效果，如图 11-108 所示。

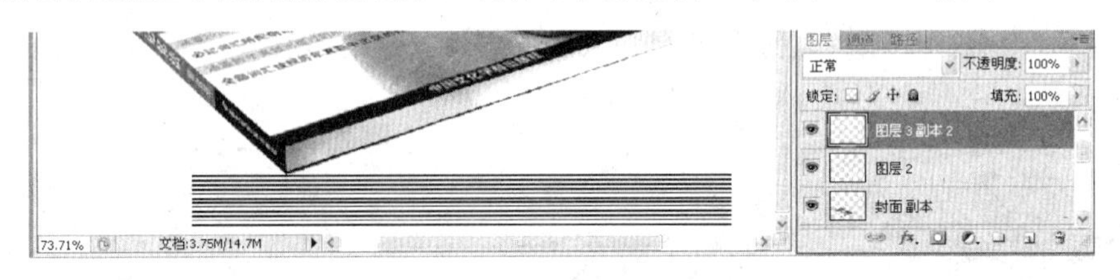

图 11-108　绘制黑色线条

使用 Ctrl+T 快捷键调整位置，并应用高斯模糊滤镜稍微模糊一下，使效果更真实，如图 11-109 所示。

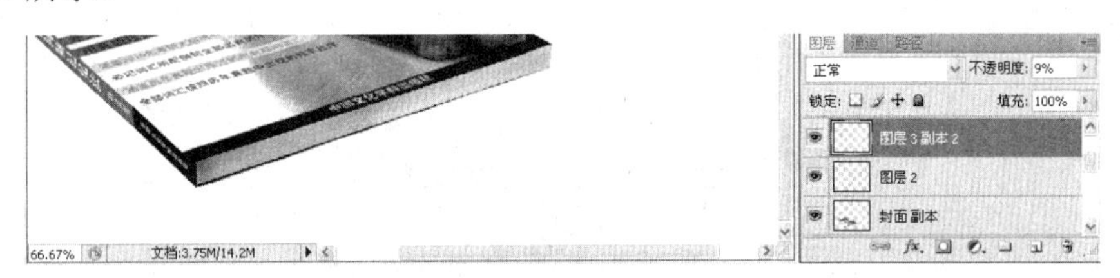

图 11-109　高斯模糊效果

（15）选择“书脊”图层，使用 Ctrl+M 快捷键调整曲线，在打开的“曲线”对话框中设置输入值为 164、输出值为 78、使书脊的颜色深于封面，如图 11-110 和图 11-111 所示。

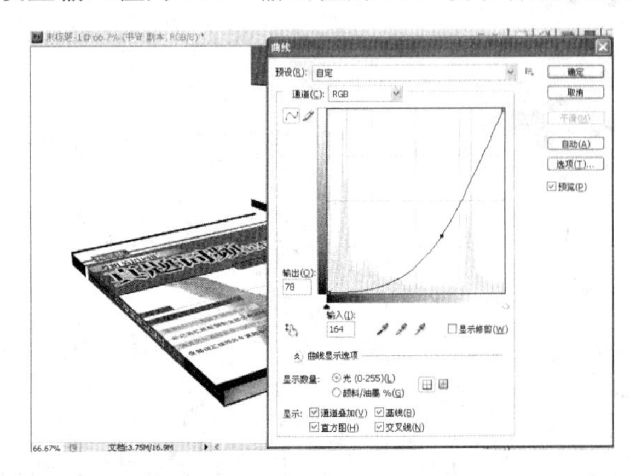

图 11-110　“曲线”对话框

图 11-111　调整颜色明暗

（16）选择“封面”图层，然后选择加深工具，右击，将硬度调整为 0%，选择尺寸为“300 像素”，将书籍的透视远端位置加深。在涂抹过程中要注意过渡自然，使立体效果更加真实，前后对比效果如图 11-112 所示。

图 11-112　制作立体效果后

（17）使用 Ctrl+E 快捷键分别将平放和竖放的书籍效果图图层合并，然后选择平放的图层，使用 Ctrl+J 快捷键复制图层，选择下面的图层，将不透明度调整为 40%，制作出投影的效果。接着选择橡皮擦工具，将不透明度调整为 20%，将透视远端的透明度降低，效果如图 11-113 所示。

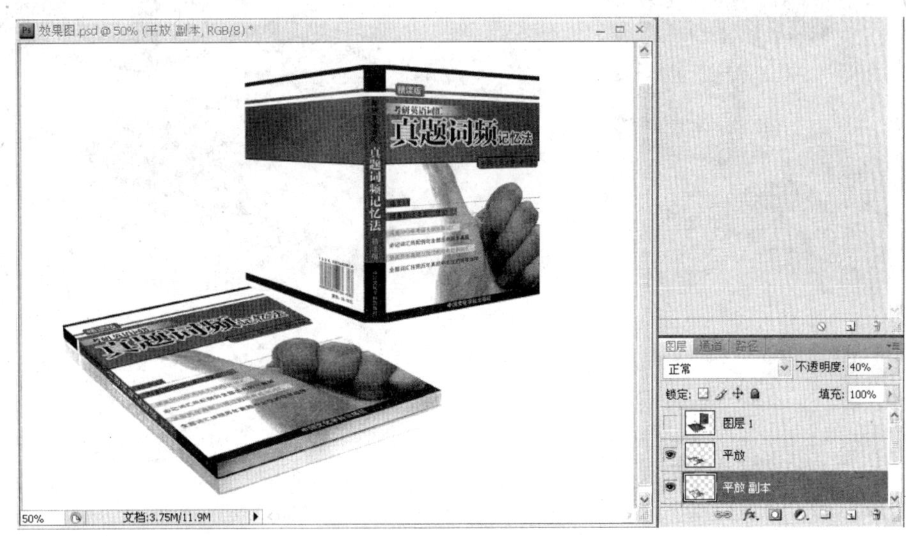

图 11-113　添加投影效果

新建图层，使用钢笔工具绘制路径，然后使用 Ctrl+Enter 快捷键建立选区，并填充黑白渐变，如图 11-114 和图 11-115 所示。

图 11-114　建立路径

图 11-115　添加投影效果

选择橡皮擦工具，使用同样的设置，涂抹渐变使之变得自然。将渐变图层复制一个，并调整方向、改变透明度，使效果更加自然。用同样的方法制作出封底的投影，效果如图 11-116 所示。

这样就完成了书籍设计的效果图制作，最终效果如图 11-117 所示。

图 11-116　添加投影效果

图 11-117　最终效果

11.6　三折页的制作

三折页是公司、项目、产品等用于品牌宣传的广告印刷品，有信息涵盖量大、利于传播、成本较低的特点，在平面印刷设计中应用得十分广泛。在本节，将通过一个三折页的实例让读者学会三折页的设计规范和设计方法，学会如何设计一个能够投放到商业活动中的三折页。

具体操作步骤如下：

（1）在制作之前，要根据设计要求来确定自己的设计方向，以保证设计的大方向不会出偏差。这是一个企业管理咨询的三折页，三折页的设计尺寸是 210×285mm（3 个 95mm 拼起来的）。首先制作正面部分，需根据要求来设计文件的尺寸和规格，使之符合印刷要求。因三折页的成品尺寸为 210×285mm，而且三折页为印刷品，因此，尺寸就是宽度为“210mm+3mm+3mm”、高度为“285mm+3mm+3mm”。选择“文件”→“新建”菜单命令，打开“新建”对话框，新建 216×291mm、分辨率为 300 像素/英寸的 CMYK 文件，名称为“三折页设计”，对话框设置如图 11-118 所示。

（2）同上一个范例一样需建立准确的参考线，选择“视图”→“新建参考线”菜单命令，打开“新建参考线”对话框，如图 11-119 所示。

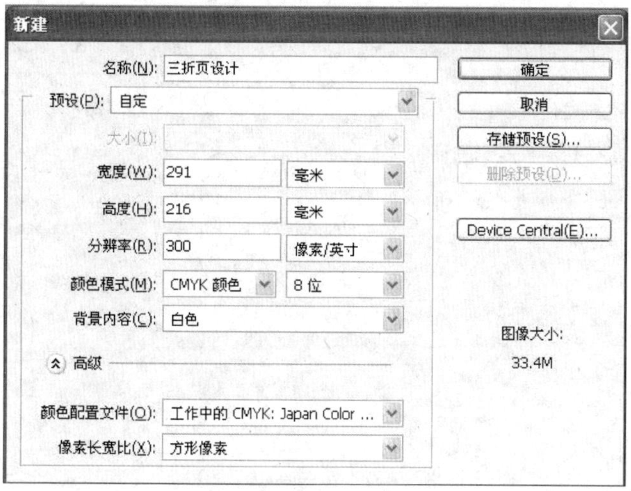

图 11-118　“新建”对话框

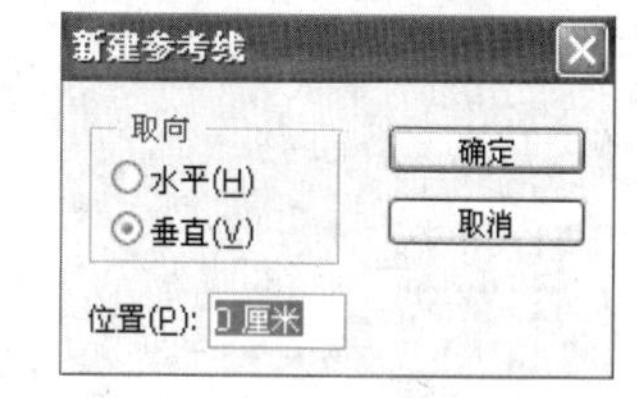

图 11-119　“新建参考线”对话框

可以看到在该对话框中可以选择垂直或水平方向，还可以输入精准的参考线位置，在此选择“垂直”方向，分别输入“0.3 厘米”、“9.8 厘米”、“19.3 厘米”、“28.8 厘米”，建立参考线，如图 11-120 所示。

图 11-120　建立垂直参考线

选择“水平”方向，分别输入“0.3 厘米”、“21.3 厘米”，这样就使用参考线制作出了很准确的折页区域和出血的位置，使我们在制作过程中能够明确各个位置，如图 11-121 所示。

（3）将“金融”素材导入文件中，并调整其大小和位置，如图 11-122 所示。

（4）使用椭圆选框工具画出一个正圆，然后新建图层，使用吸管工具吸取图片中的红色，填充刚刚绘制的正圆，如图 11-123 所示。

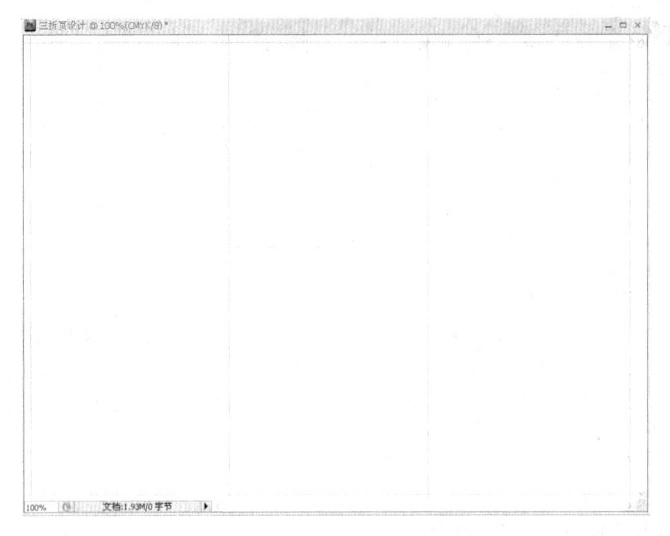

图 11-121　建立水平参考线

图 11-122　导入素材

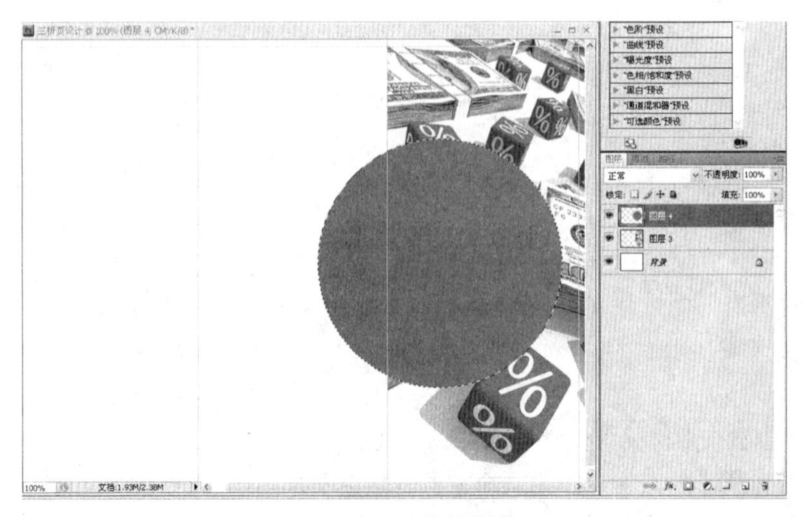

图 11-123　绘制圆形

使用 Ctrl+J 快捷键复制红色正圆图层，选中该图层后使用 Ctrl+T 快捷键将圆形稍微缩小，并填充白色，效果如图 11-124 所示。

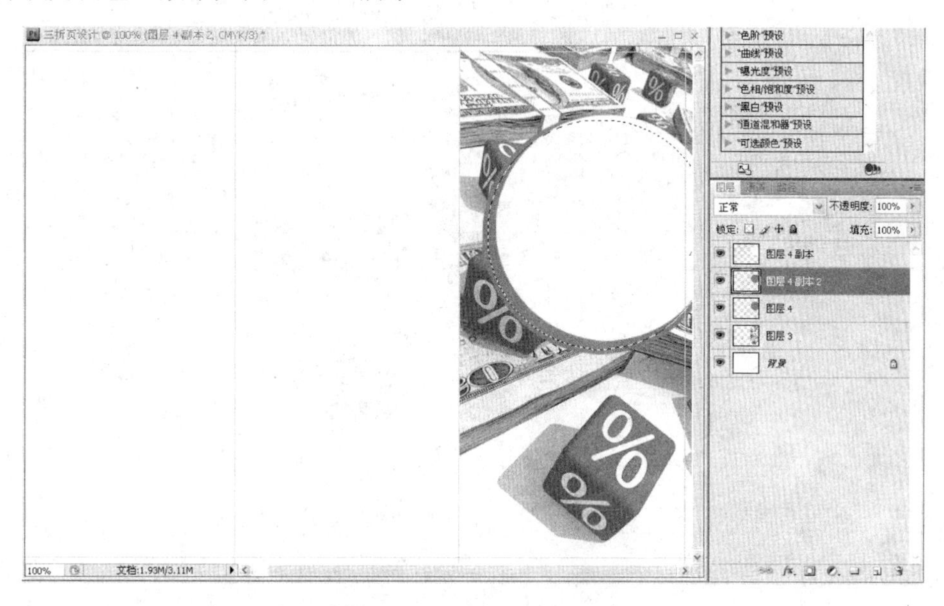

图 11-124　调整图形位置

用同样的方法再复制一个圆形图层，选中该图层后，调整该图层的位置，并使用 Ctrl+U 快捷键调整饱和度和明度，饱和度为“+30”、明度为“–31”，如图 11-125 所示。

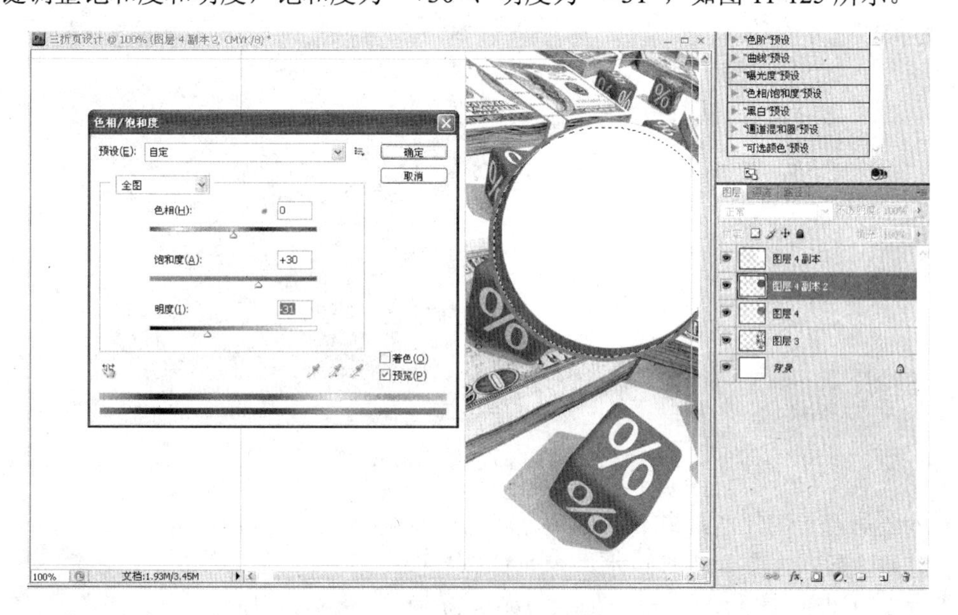

图 11-125　调整饱和度和明度

（5）使用横排文字工具 T，输入主标题文字“不断提升客户价值 让追求成就梦想”，字体使用“经典综艺体”字体，字号为“23 点”，段落间距为“26 点”，如图 11-126 所示。

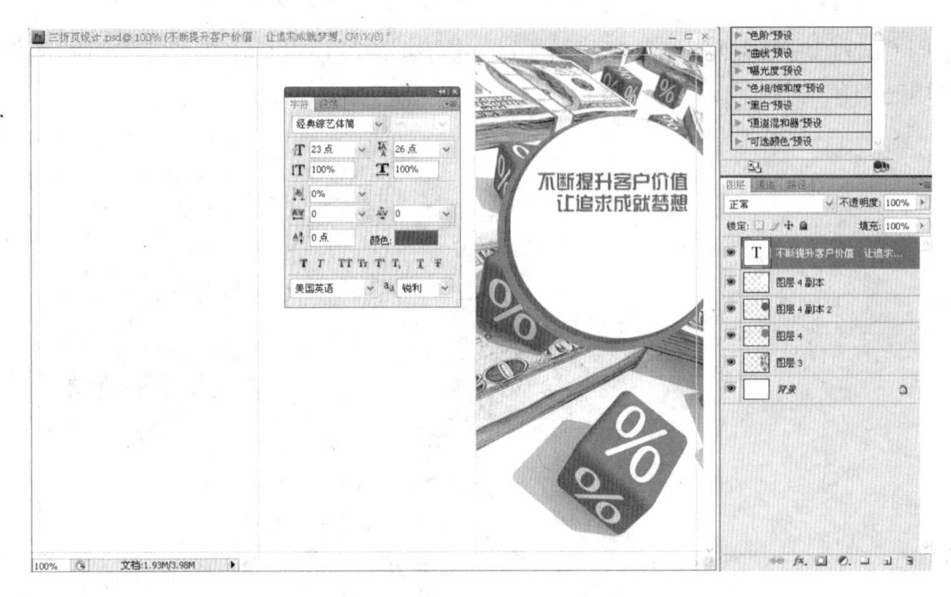

图 11-126　输入文字

使用矩形选框工具绘制一个色块，并填充为红色，如图 11-127 所示。

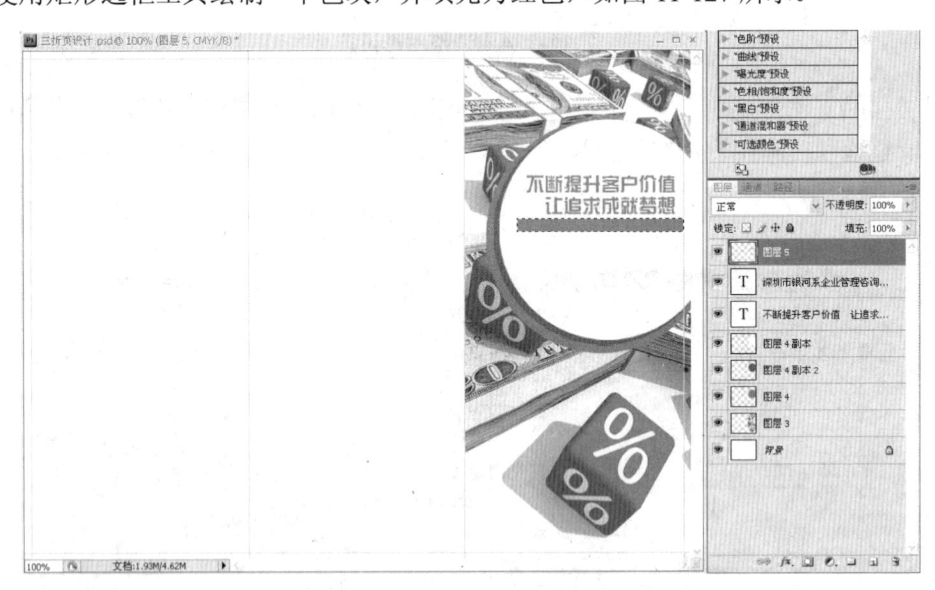

图 11-127　绘制色块

导入公司标志图片，如图 11-128 所示。

在色块上输入文字“深圳市水星企业管理咨询有限公司”，字体为“时尚中黑简体”、字号为“12 点”、颜色为白色；输入公司的网址 http://www.sxtzwg.com，字体为“时尚中黑简体”、字号为“12 点”、颜色为红色，如图 11-129 所示。

选择主标题文字，添加“描边”图层样式，颜色数值为#f1db26，描边大小为“3 像素”，如图 11-130 所示。

图 11-128　标志图片

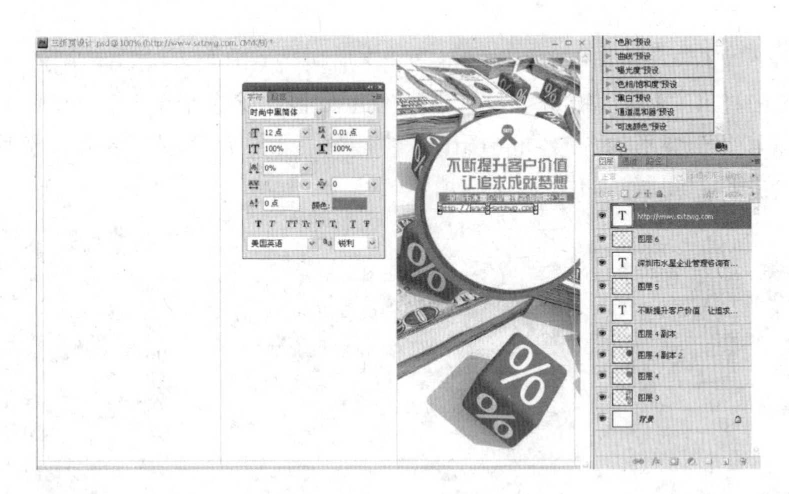

图 11-129　输入文字

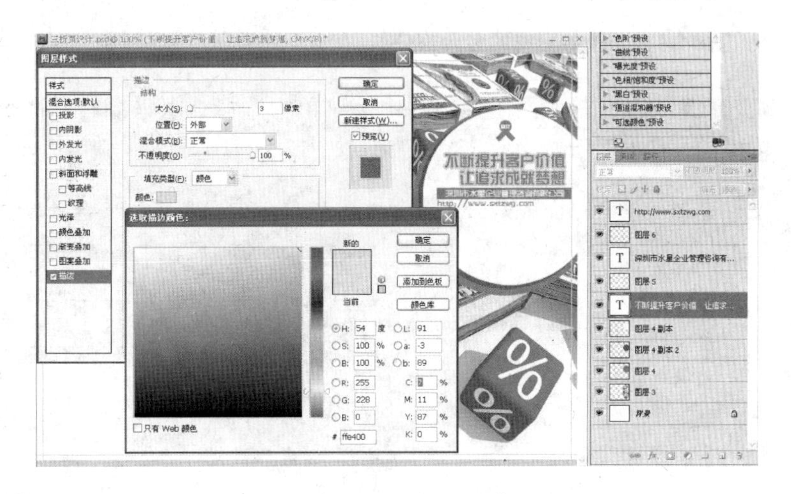

图 11-130　添加描边样式

（6）打开“金条”素材图片，如图 11-131 所示。

图 11-131　素材图片

将图片置入文件中，缩放至适当的大小，然后按住 Ctrl 键单击白色圆的图层，做出选区，再使用 Ctrl+Shift+I 快捷键进行反选，按 Delete 键删除多余部分，如图 11-132 所示。

选中金条和几个圆形的图层，按 Ctrl+E 快捷键，将这几个图层合并，然后使用 Ctrl+J 快捷键复制合并后的图层，如图 11-133 所示。

图 11-132　删除素材的多余部分

图 11-133　合并图层

按 Ctrl+T 快捷键，然后右击，在弹出的快捷菜单中选择"水平翻转"命令，调整组合图形的大小，如图 11-134 所示。

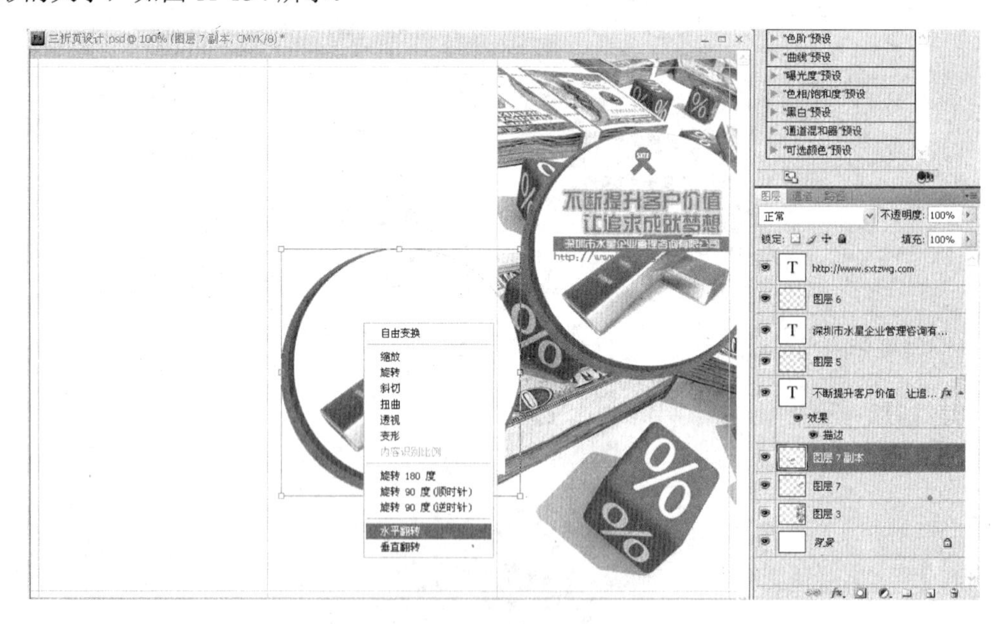

图 11-134　变换图形

使用矩形选框工具选择多余的部分，按 Delete 键将其删除，如图 11-135 所示。

这样就完成了三折页封面的制作，如图 11-136 所示。

（7）制作封底。首先导入素材图片，如图 11-137 所示。

调整图片的大小，放置于封底的中央，与左右边缘贴齐。然后在图片图层下新建图层，使用矩形选框工具填充一个红色的色块，并为图片添加红色边框，效果如图 11-138 所示。

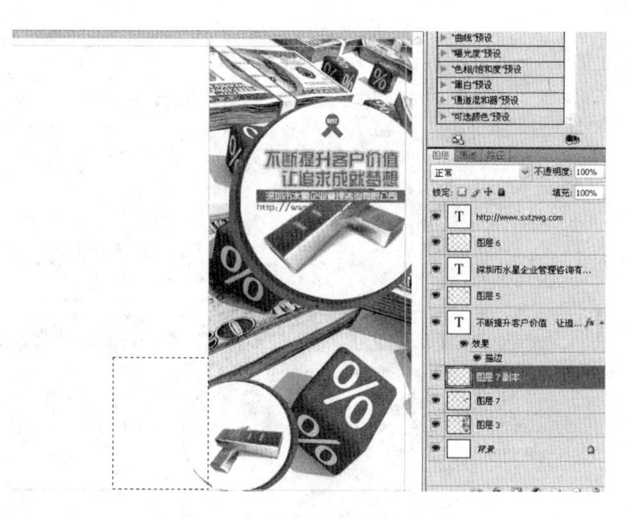

图 11-135 删除多余部分

图 11-136 三折页封面

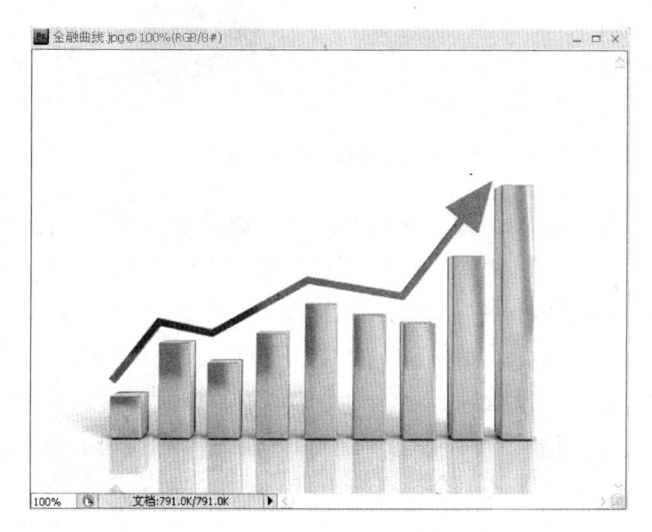

图 11-137 素材图片

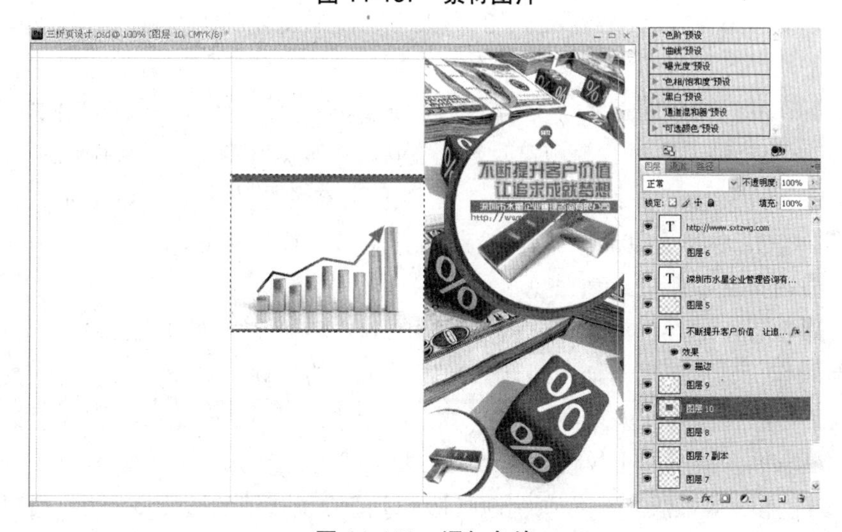

图 11-138 添加色块

将公司的名称和网址图层分别复制，置于图片下方的中央位置，如图 11-139 所示。

图 11-139　输入文字

（8）使用横排文字工具 T，输入小标题文字“成功案例》”、“客户见证》”，字体使用“时尚中黑简体”，字号为“14 点”；输入文字“建峰化工、奈安国际、太阳神集团、安心植物科技、娄底烟草、牛牛乳业、香港雅特佳家居有限公司、八卦红集团公司、厦门领将公司、吉家建材、振鑫装饰、日晶精密、金源精密、鸿宝锂电科技、攀钢、武钢”、“我们在银河系的帮助下，把企业打造成了一个稳定的系统，找到可持续发展的力量和信心，业绩有了大幅度提升，让我们真正认识到了咨询的价值。——奈安国际董事长　党永富；816 农资连锁品牌已成为西南地区乃至全国农资市场的领导品牌——重庆建峰化工 甘总；自从和银河系咨询合作以来，我们公司无论是业绩还是管理都得到了很大的提升——振鑫装饰总经理苏英；非常感谢何老师对我公司的莫大帮助，使我公司在不断成长的过程中度过了一次又一次的坎坷，取得了一个又一个的丰收果实。——东莞市茶山精源精密五金厂总经理司　李建国；我厂物流跟踪系统，一次性上线成功，上线一年多来，未出现系统问题，为公司 ERP 系统提供了良好的现场实时数据支撑，在数据管理上，达到国内先进水平——安阳钢”，字体为“黑体”、字号为“10 点”、颜色为红色，如图 11-140 所示。

新建图层，使用圆角矩形工具绘制圆角矩形，选择模式为“路径”，设置半径为“10px”，并将内文文字颜色改为白色，如图 11-141 所示。

调整间距位置，这样就完成了三折页正面的制作，如图 11-142 所示。

（9）同制作三折页正面一样，新建一个同样尺寸的文件，选择横排文字工具输入小标题文字“选择水星咨询的九大理由”。输入内文文字“一、系统营销——银河系认为营销是一个系统，追求系统效应而不仅仅是点效应，要从战略、组织结构、人力资源、业务模式、服务模式、推广模式、品牌全方位系统地打造，才能实现营销的核裂变。二、精益生产——通过对生产各子系统的梳理整合，有效提高效率，降低成本，提升品质。三、人心管理——

就是在对人性研究的基础上提出的一种管理思想，通过对企业人心的有效控制来服务于企业的一种管理。特别是在企业管理变革过程中，由于理念的冲突，利益的冲突，容易引起企业人心的失控，人心管理体系的打造能够保证企业管理变革的胜利实施。四、咨询式培训——通过对企业现场调研和诊断，有针对性地对企业进行培训方案和内容的设计并进行培训、考评、反馈、优化。五、IT 集成固化——通过 IT 技术将咨询的成果进行集成化、固化、优化。六、精准猎头、咨询监理、根据客户需要，在全国范围内，选择专业专家和行业专家，银河系站在咨询监理的角度把握咨询的进度和质量。专业专家+行业专家+银河系综合监理=效果保证。七、前沿化的远见和先行、本地化的务实与便捷。八、丰富的团队打造经验——我们有着丰富的团队打造能力，站在职业管理的角度来打造团队，包括销售团队和管理团队。九、前瞻性课题研究——根据市场发育，结合区域市场进行前瞻性课题研究，比如针对区域行业市场进行专业课题研究，从而使我们的咨询更具有高度并跟上市场的节奏。”所有的文字设置都等同于正面，效果如图 11-143 所示。

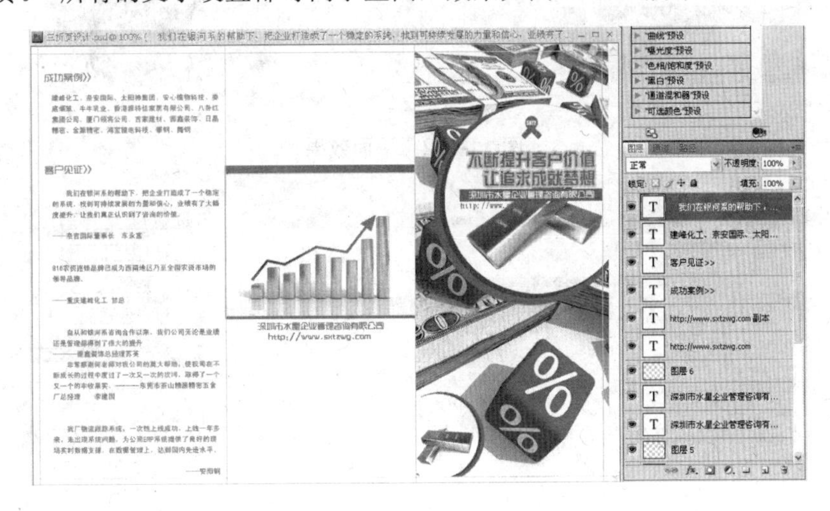

图 11-140　输入段落文字

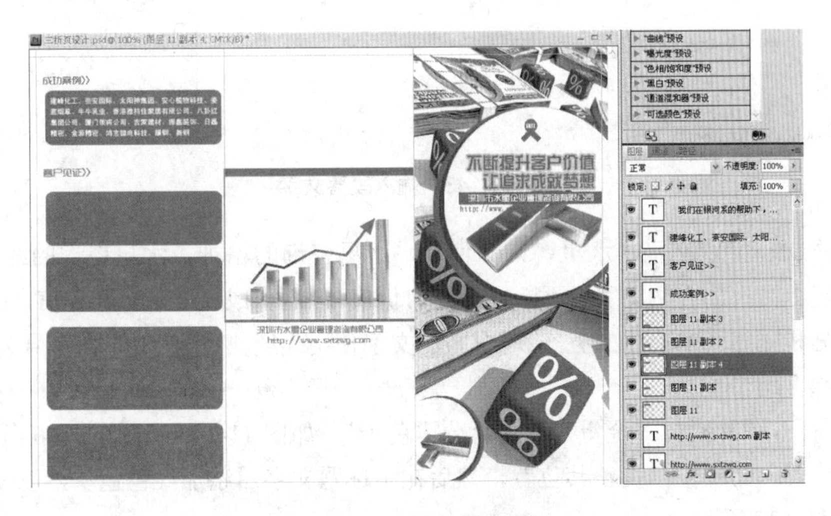

图 11-141　添加圆角图形

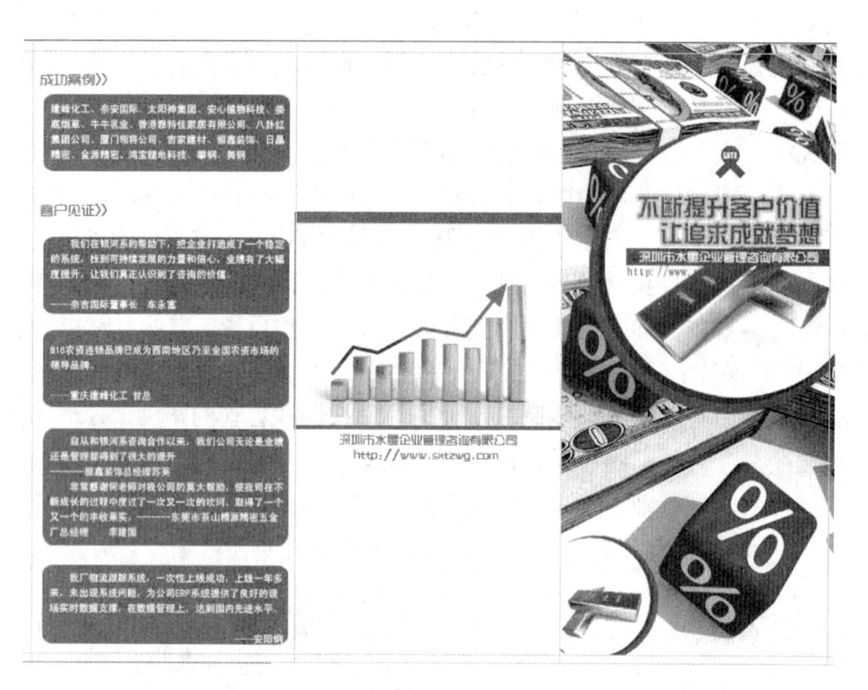

图 11-142　平面效果

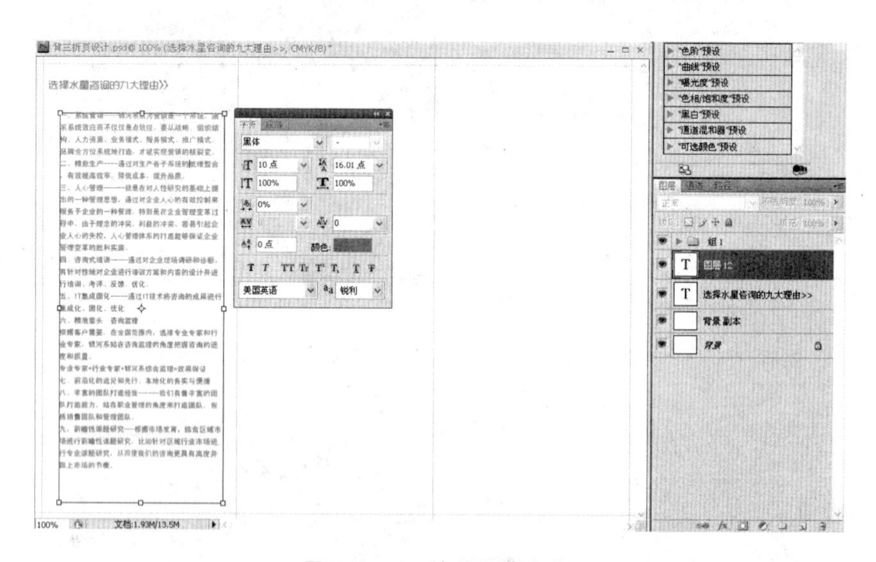

图 11-143　输入段落文字

继续添加小标题文字“水星咨询的使命，水星咨询的精神，水星咨询的经营理念，”文字设置同上；添加内文文字“不断提升客户价值 让追求成就梦想，和、信、博、一，前沿化的远见和先行，本地化的务实和便捷，”文字使用“经典特宋字体”，字号为“30 点”，如图 11-144 所示。

（10）打开图片素材“金蛋”和“百分比色子”，如图 11-145 和图 11-146 所示。

将图片置入文件中，调整其位置，然后在小标题文字后添加红色色块，以使其更加醒目，如图 11-147 所示。

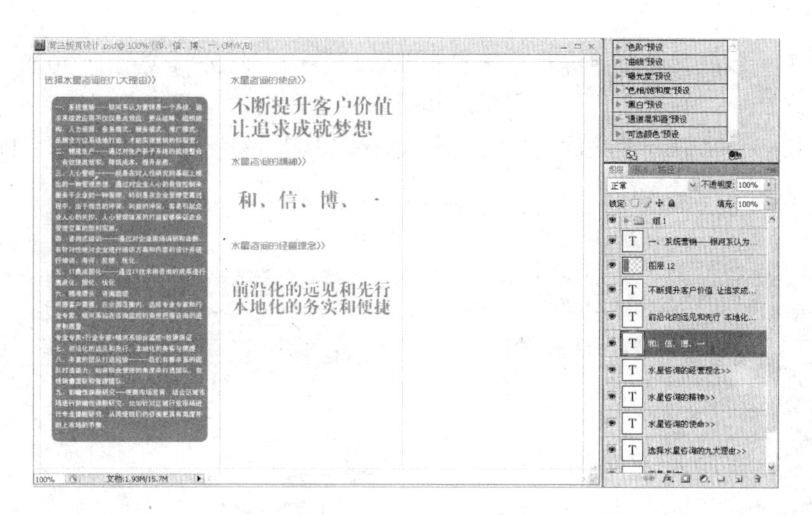

图 11-144 调整字体、字号

图 11-145 素材图片

图 11-146 素材图片

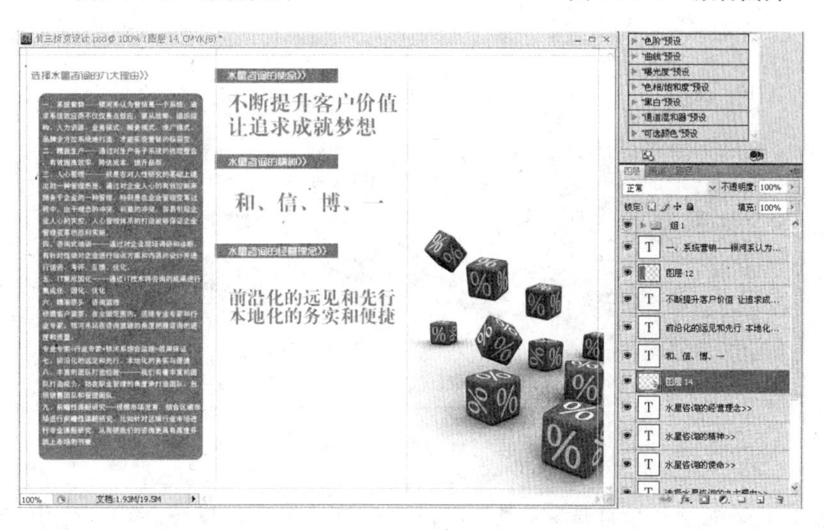

图 11-147 导入素材图片

最后添加一段内文文字“深圳市水星企业管理咨询有限公司成立于 2008 年，拥有国内一流的专家团队，致力于优秀管理思想和技术在企业内、企业间、区域间、国际间的研究与传递应用，不断提升客户价值，让追求成就梦想。”文字设置同上，如图 11-148 所示。

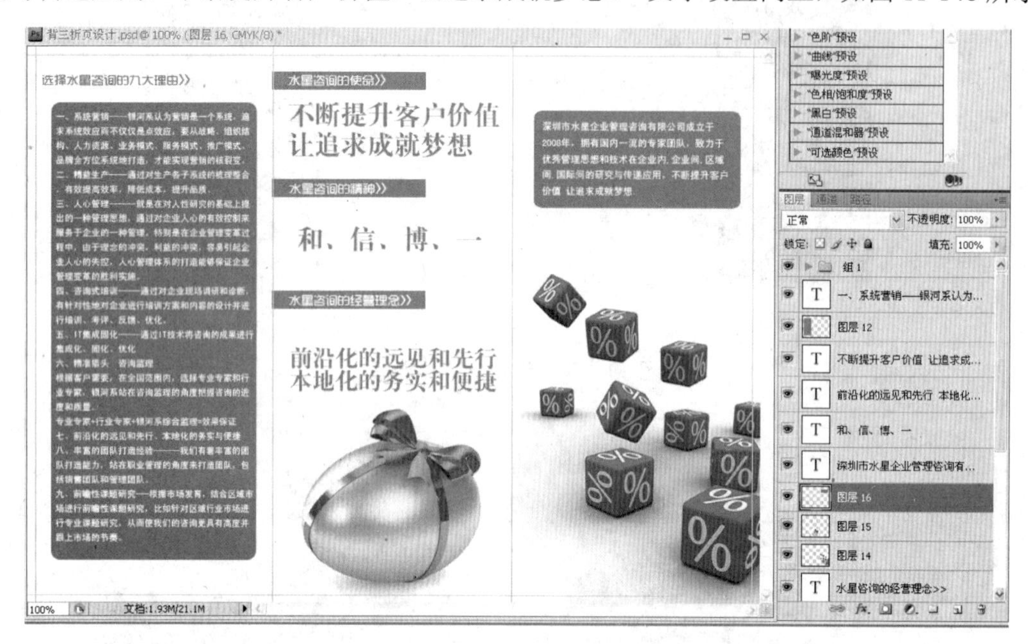

图 11-148　输入文字

这样就完成了三折页背面的制作，如图 11-149 所示。

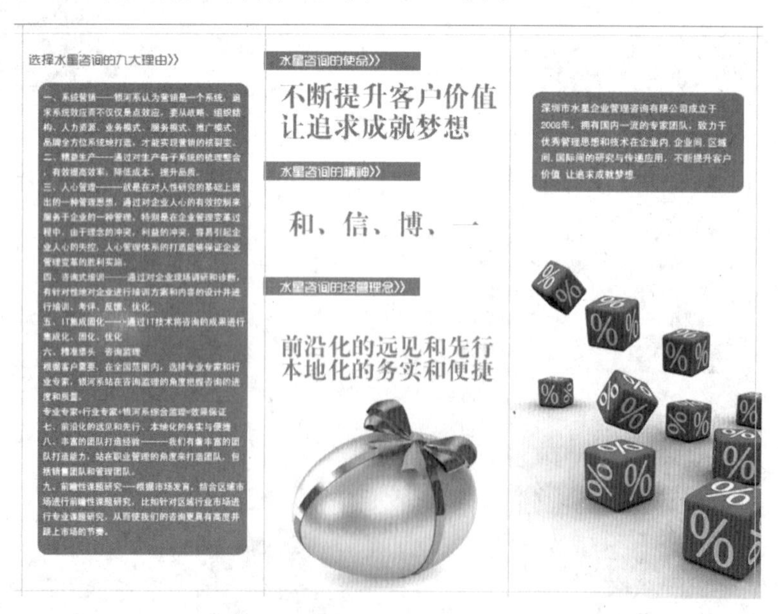

图 11-149　平面图

(11)为了更好地展示设计成果，下面制作三折页的展示效果图。首先，使用 Ctrl+Shift+S 快捷键分别将正面和背面存储为一张 JPG 文件。

（12）因为效果图通常只是在 PC 中浏览，不需要打印，所以只需新建一个 1280 像素×1024 像素、分辨率为 72 像素/英寸的文件，如图 11-150 所示。

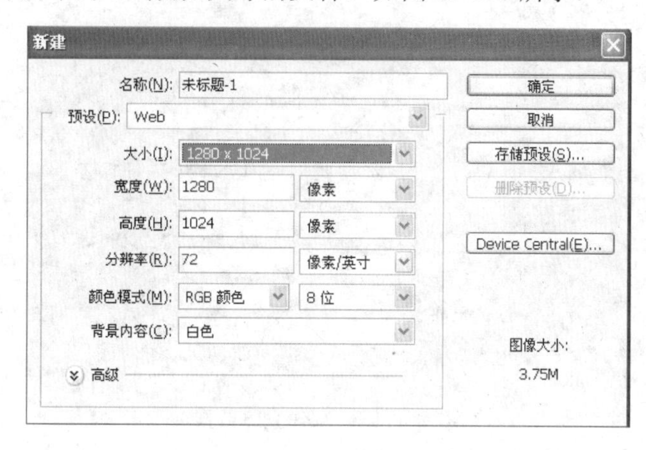

图 11-150 “新建”对话框

（13）将导出的 JPG 平面图导入到新建文件中，使用矩形选框工具分别选中各部分，按 Ctrl+X、Ctrl+V 快捷键将其分开为不同的图层，如图 11-151 所示。

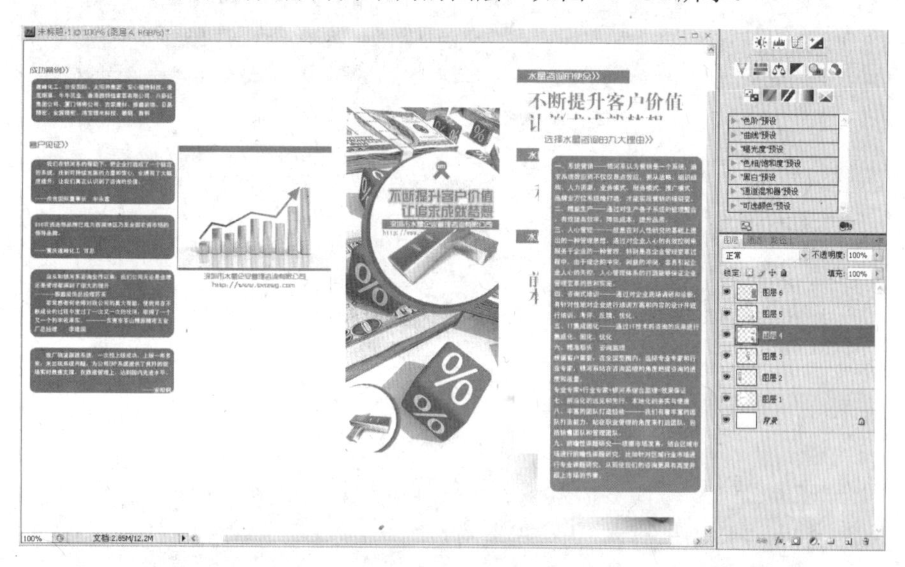

图 11-151 分解图层

（14）先将背面文件图层隐藏，复制“背景”图层，并填充灰色#9d9d9d。然后选择第 2 部分对应的图层，使用 Ctrl+T 快捷键为其添加透视效果，如图 11-152 所示。

（15）现在大致的立体形态已经完成，下面需要逐步修改细节，使画面完善。分别按住 Ctrl 键，单击各页图层做出选区，并填充灰色渐变，更改混合模式为“线性加深”，不透明度根据画面的光影效果进行调整，如图 11-153 和图 11-154 所示。

（16）分别复制折页图层，使用 Ctrl+T 快捷键改变它们的方向和形状，制作出倒影效果，如图 11-155 所示。

图 11-152　制作立体效果

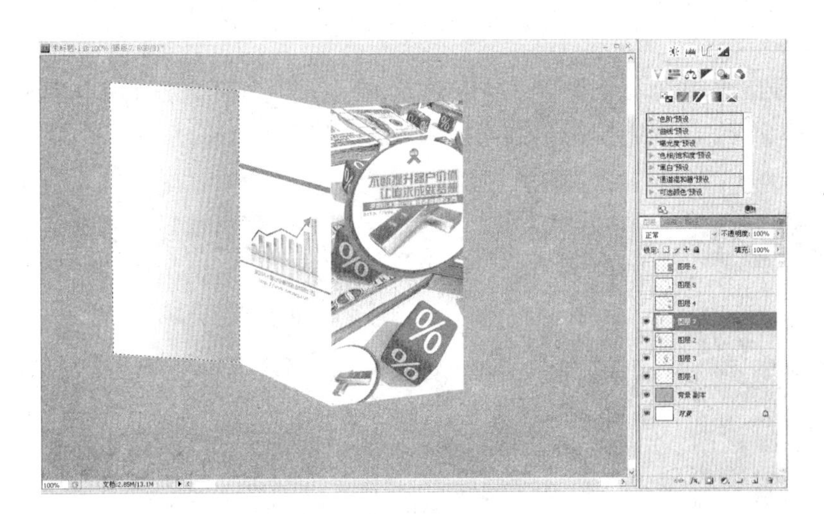

图 11-153　添加渐变和更改混合模式

图 11-154　画面效果

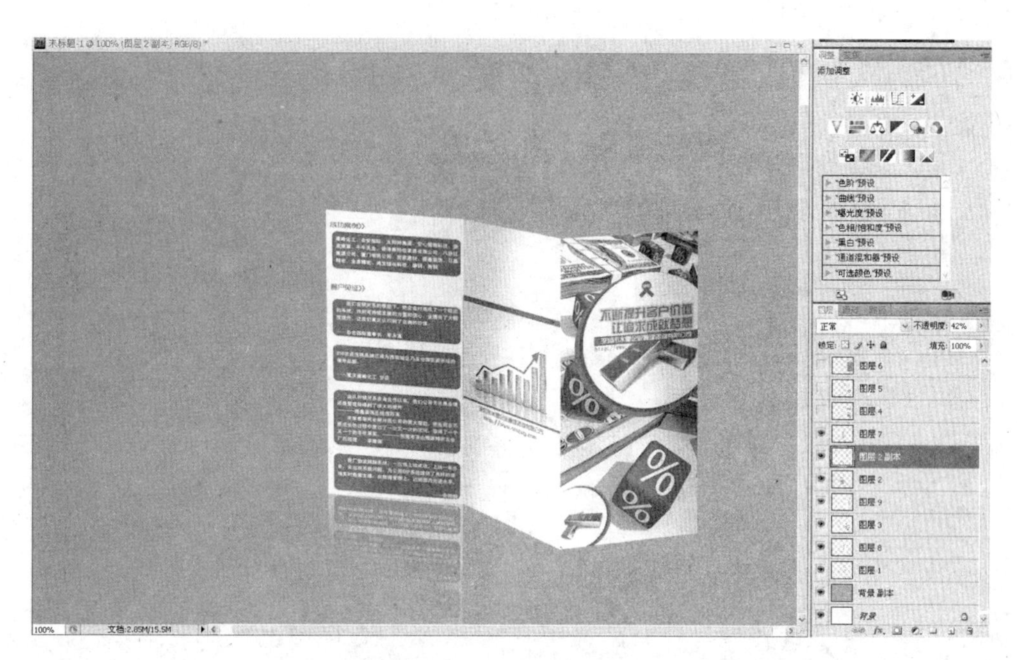

图 11-155　制作倒影效果

选择橡皮擦工具，设置不透明度为 20%、硬度为 0，涂抹倒影部分使之更自然，效果如图 11-156 所示。

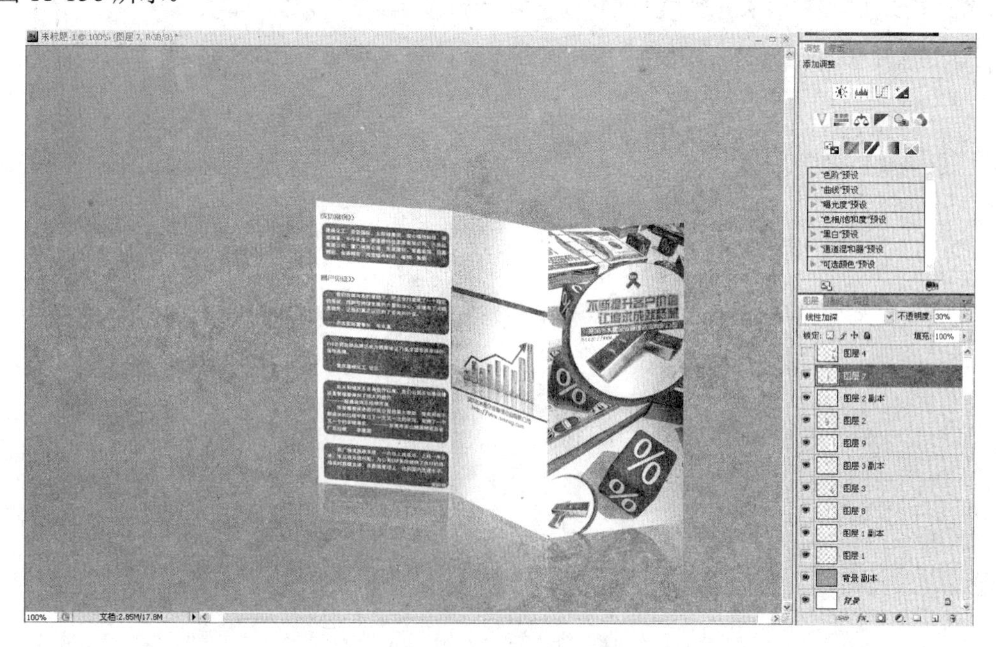

图 11-156　使用橡皮擦工具

（17）使用同样的方法制作背面的立体效果，如图 11-157 所示。

（18）使用 Ctrl+E 快捷键分别将正面和背面的效果图图层合并，并调整它们的大小比例，效果如图 11-158 所示。

图 11-157　背面立体效果

图 11-158　组合效果

为了更好地增加空间感，分别在两个图层上添加阴影效果，正面阴影效果的混合模式为“正片叠底”、不透明度为“77%”、距离为“5 像素”、大小为“27 像素”、角度为“4 度”，如图 11-159 所示。

背面阴影效果的混合模式为“正片叠底”、不透明度为“22%”、距离为“5 像素”、大小为“8 像素”、角度为“4 度”，如图 11-160 所示。

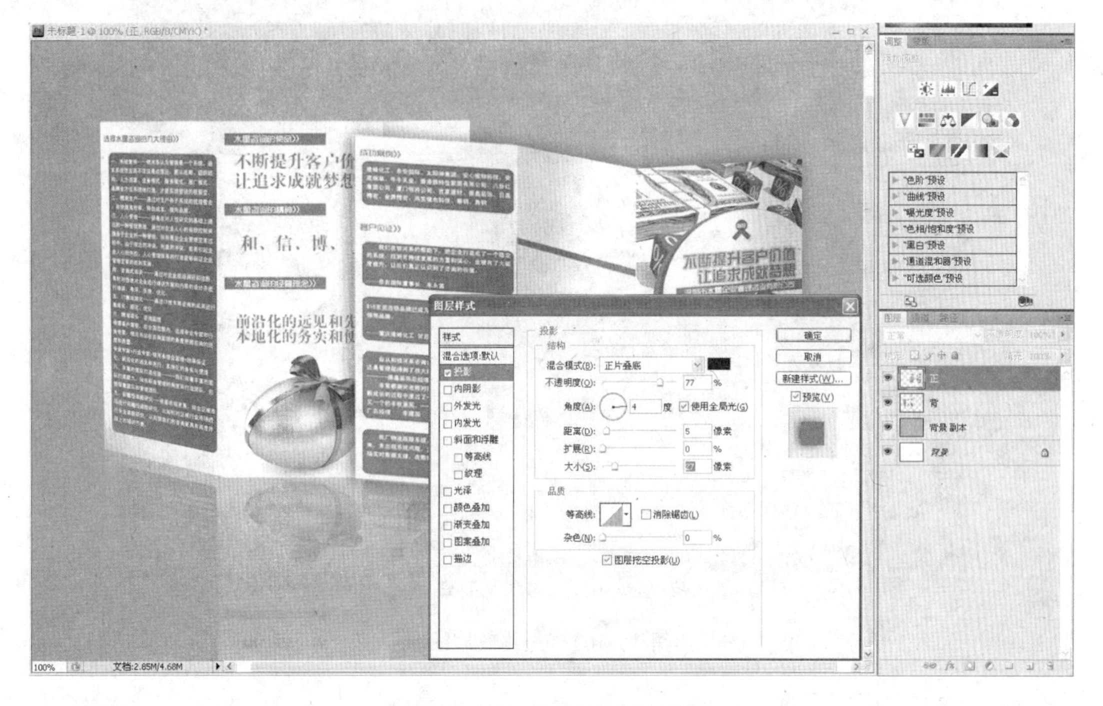

图 11-159　为正面添加阴影

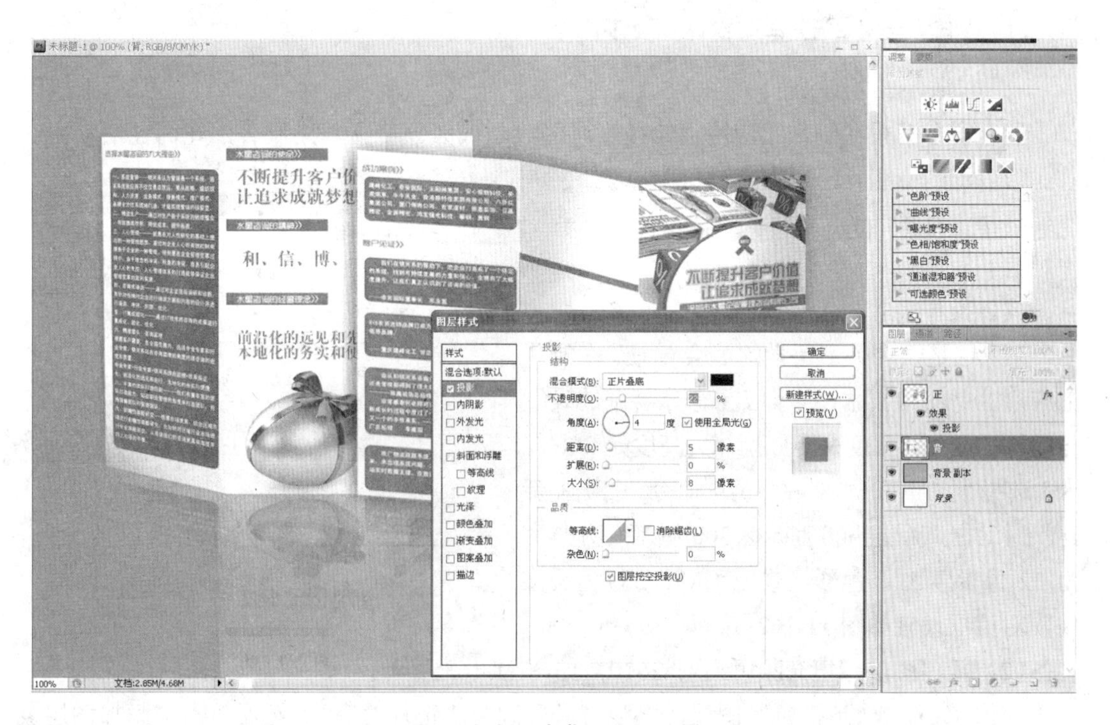

图 11-160　为背面添加阴影

这样就完成了三折页设计的效果图制作，最终效果如图 11-161 所示。

图 11-161　最终效果图

11.7　展会舞台背景的设计

展会舞台背景在制作上应用喷绘技术，因成本低廉，传播效果显著，在商业活动中有着非常广泛的应用。下面通过实例来学习如何制作展会舞台背景，希望读者掌握其设计方法和制作规范。

具体操作步骤如下：

（1）这是一个关于留学的展会背景，在制作上应用的是喷绘技术，大家应注意分辨率的设置与印刷的区别，宽度是 600 厘米，高度是 300 厘米。选择“文件”→“新建”菜单命令，打开“新建”对话框，新建 600 厘米×300 厘米、分辨率为 32 像素/英寸、色彩模式为 CMYK 颜色的文件，对话框设置如图 11-162 所示。

图 11-162　“新建”对话框

（2）新建图层，填充颜色为#ca261d，如图 11-163 所示。

使用 Ctrl+J 快捷键复制图层，将混合模式改为“正片叠底”，然后单击“添加图层蒙版”按钮为图层添加蒙版。使用画笔工具将画笔直径改到最大，在蒙版的画面中间进行涂抹，制作出画面暗角的效果，如图 11-164 所示。

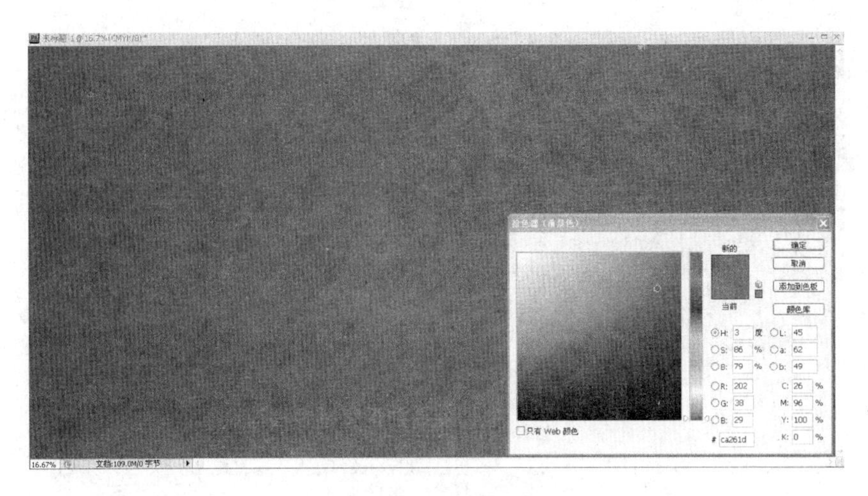

图 11-163　填充颜色效果

图 11-164　制作暗角效果

（3）使用钢笔工具绘制路径，打开渐变编辑器，选择黄色到橙色的渐变。然后选择最右边的颜色滑块，向下拖曳将其删除，并调整黄色色块到最右端，在选区中填充渐变颜色，如图 11-165～图 11-167 所示。

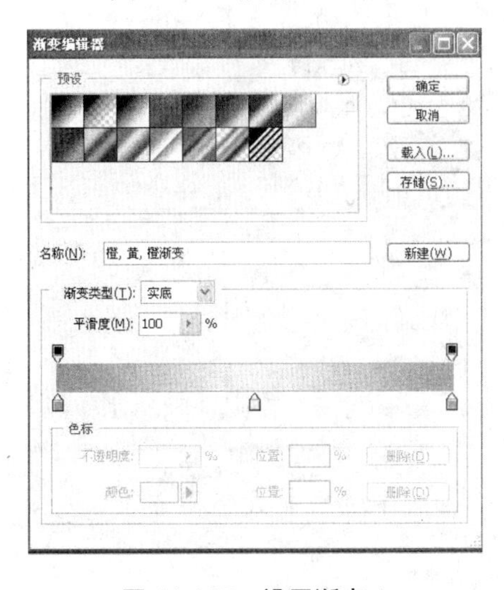

图 11-165　设置渐变 1

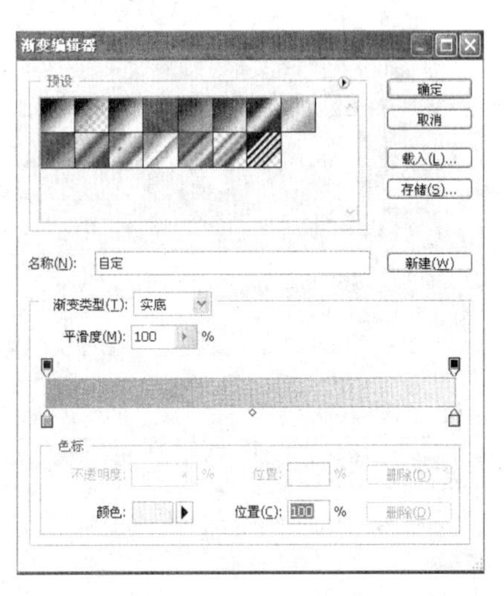

图 11-166　设置渐变 2

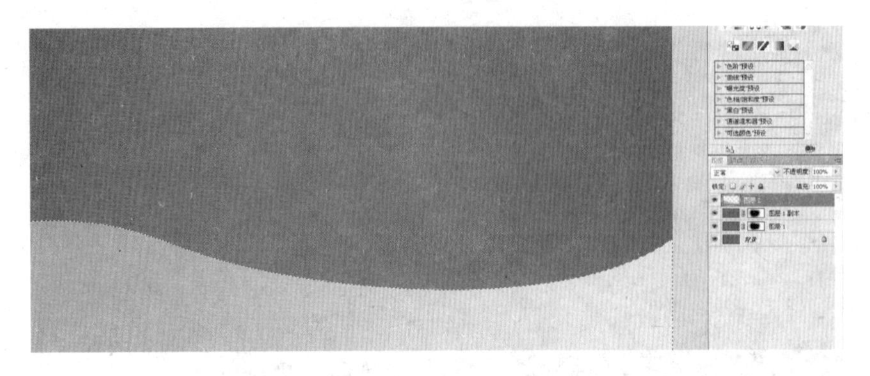

图 11-167　渐变效果

复制该图层，按方向键调整位置，并使用加深工具使该图层的颜色变深，制作出边框效果，如图 11-168 所示。

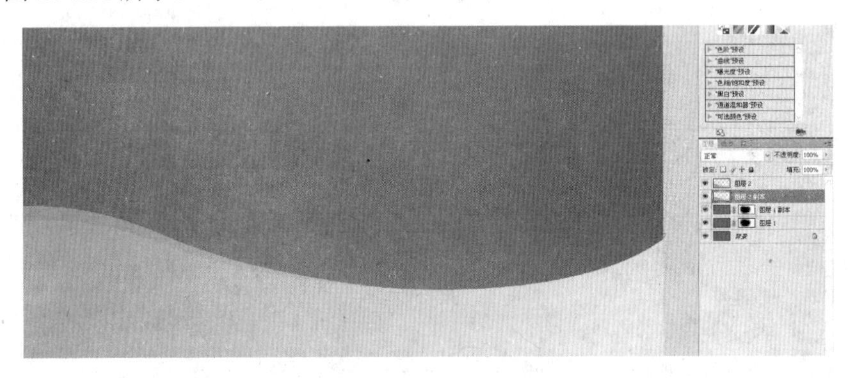

图 11-168　加深效果

使用同样的方法制作出边框效果，如图 11-169 所示。

图 11-169　继续加深效果

（4）新建图层，按住 Shift 键，使用椭圆选框工具绘制一个正圆选区，并使用上一步的渐变设置填充颜色，如图 11-170 所示。

复制该图层，使用 Ctrl+T 快捷键改变上面图层中圆形的大小和方向，如图 11-171 所示。

（5）打开“小人”素材图片，如图 11-172 所示。

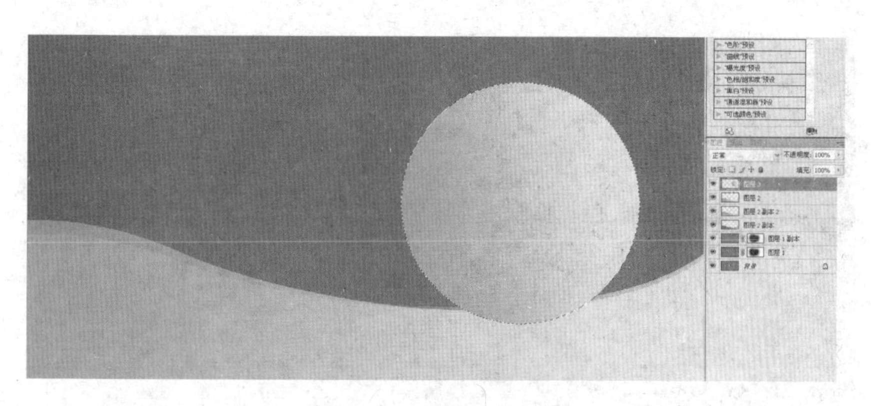

图 11-170 绘制渐变正圆图形

图 11-171 复制图形并改变方向

图 11-172 素材图片

将素材置入文件中，调整其大小和位置。然后按住 Ctrl 键单击圆形的图层，做出选区。接着使用 Ctrl+Shift+I 快捷键进行反选，按 Delete 键删除多余部分，如图 11-173 所示。

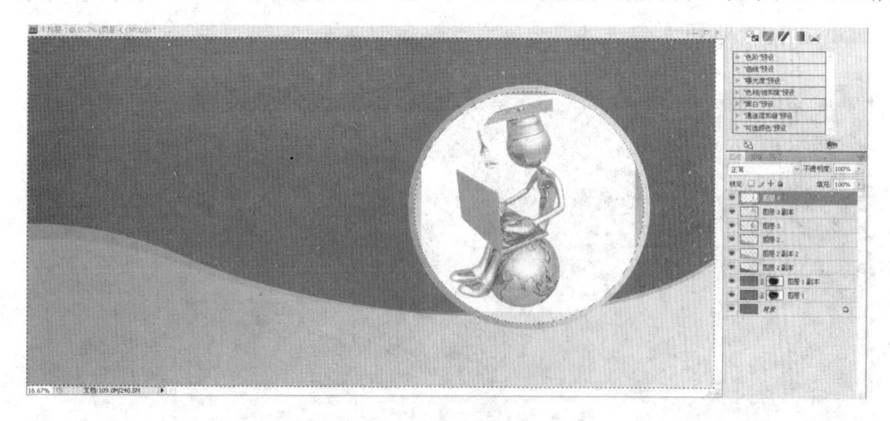

图 11-173 删除多余部分

在素材图层下新建一个图层，重复刚才的步骤做出圆形选区，并填充为白色，如图 11-174 所示。

将白色圆形图层与素材图片图层合并，并调整大小，使其略小于下面的圆形，看起来有边框的效果，如图 11-175 所示。

图 11-174　填充颜色

图 11-175　更改图形大小

⑹ 使用 Ctrl+J 快捷键复制画面下方的曲线图形，并使用 Ctrl+T 快捷键调整图形的大小和方向，如图 11-176 所示。

图 11-176　复制图形

选择橡皮擦工具，调整硬度为 0%、不透明度为 20%，画笔大小适当，然后涂抹该图形，使其颜色变浅，如图 11-177 所示。

图 11-177　使用橡皮擦工具

复制该图层，并调整方向，如图 11-178 所示。

图 11-178　改变图形方向

（7）输入标题文字“梦翔春季环球教育论坛”，字体为“经典综艺体简”，字号为“650 点”，如图 11-179 所示。

图 11-179　输入标题文字

输入英文名称 Universal education BBS dream xiang spring，字体为“经典综艺体简”，字号为“248 点”，如图 11-180 所示。

图 11-180　输入英文名称

选中英文标题图层，添加“渐变叠加”样式，使用之前步骤的渐变选项，并设置角度为 180，如图 11-181 所示。

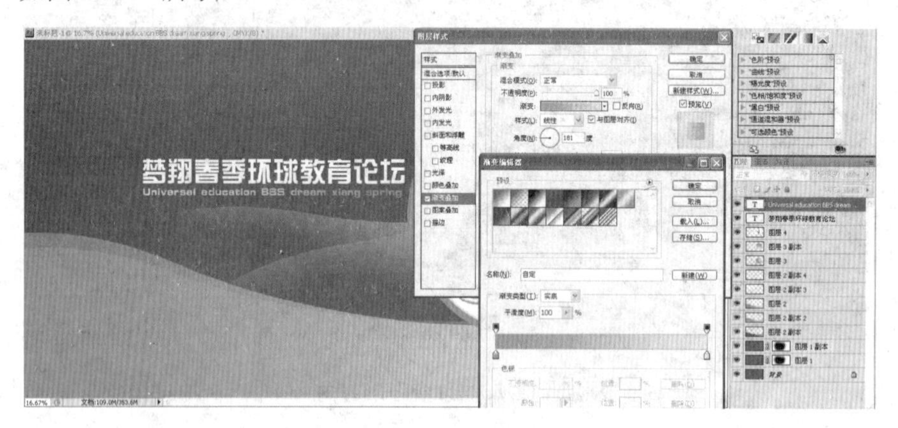

图 11-181　调整文字颜色

输入文字 2011，字体为 Impact，字号为“1000 点”，如图 11-182 所示。

图 11-182　输入文字

为文字添加同样的渐变叠加样式，如图 11-183 所示。

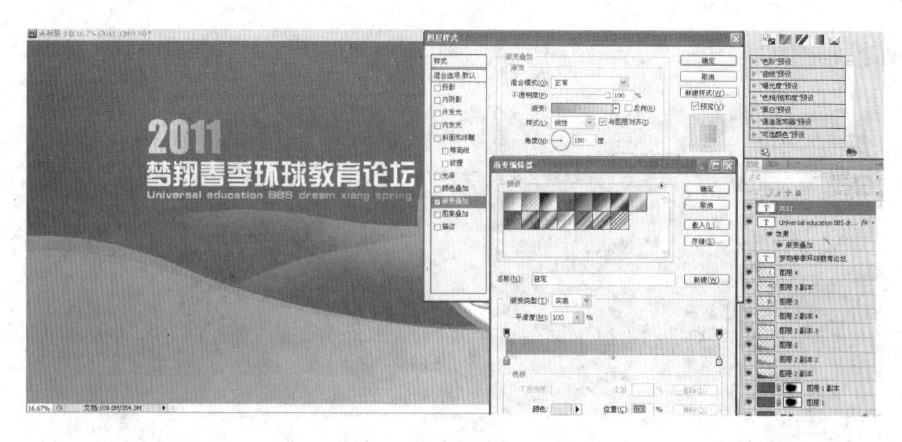

图 11-183　调整文字颜色

（8）选中两个金色圆的图层将其合并，并复制 3 个分别放置于画面的不同位置，以增强画面的设计感，如图 11-184 所示。

图 11-184　复制圆形图层

在左边的圆形图层中输入文字“留学点亮人生”，“留学”用的字体是“经典粗宋简”，字号是“865 点”；“点亮人生”用的字体是“经典美黑简”，字号是“519 点”，如图 11-185 所示。

图 11-185　输入文字

将文字图层的混合模式改为“叠加”，如图 11-186 所示。

图 11-186　更改混合模式

（9）输入文字“媒体支持：中国电台经济频道、教育电视台、考试无忧频道、城市读报、环球资讯”，“特邀机构：中国教育中介委员会、澳大利亚教育署、荷兰高等教育交流协会、美国教育考试中心、法国文化合作处、马来西亚文化协作所，”标题用的字体是“经典美黑简”，字号是“300 点”，内文用的字体是“黑体”，字号是“150 点”，如图 11-187 和图 11-188 所示。

图 11-187　输入文字 1

图 11-188　输入文字 2

（10）打开素材图片“世界地图”，如图 11-189 所示。

图 11-189　素材图片

使用魔棒工具选择素材中的白色，并置入文件中，调整位置后，设置混合模式为“叠加”，如图 11-190 所示。

图 11-190　导入素材

这样就完成了展会舞台背景的设计，最终效果如图 11-191 所示。

图 11-191　最终效果

11.8　易拉宝设计

易拉宝设计在制作上应用了喷绘技术，因组装简易、广告效果良好，在商业活动中应用得十分广泛。下面通过实例来学习如何制作易拉宝，读者要掌握其设计方法和制作规范。

具体操作步骤如下：

（1）这是一个关于英语口语教学的设计，在制作上应用的是写真喷绘，通常易拉宝的设计分辨率不低于“72 像素/英寸”，尺寸宽度是 80 厘米，高度是 200 厘米。选择“文件”→“新建”菜单命令，打开“新建”对话框，新建 80 厘米×200 厘米、分辨率为 72 像素/英寸、色彩模式为 CMYK 颜色的文件，对话框设置如图 11-192 所示。

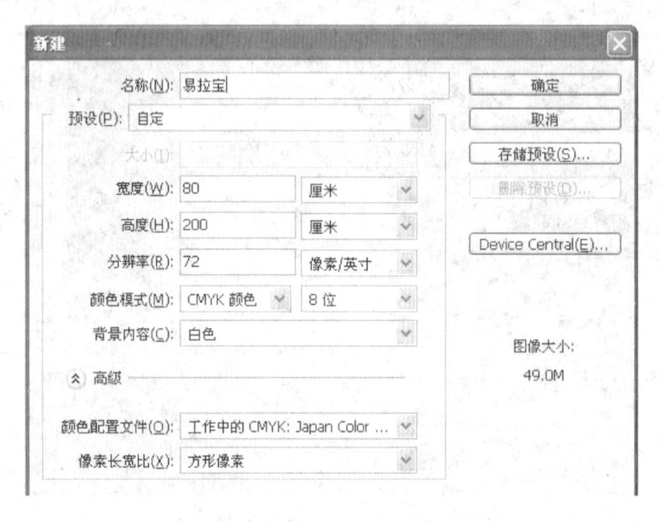

图 11-192 “新建”对话框

（2）打开“口语人物”素材，如图 11-193 所示。

图 11-193 图片素材

（3）将素材图片置入文件中，并调整其大小。然后新建图层，在画面中间绘制一个方形选区，并填充颜色为#0056a3，如图 11-194 所示。

将图片图层置于顶端，将混合模式改为“正片叠底”，效果如图 11-195 所示。

（4）使用 Ctrl+J 快捷键复制颜色图层，将混合模式改为“正片叠底”，然后单击“添加图层蒙版”按钮 为图层添加蒙版。使用画笔工具 将画笔直径改到最大，在蒙版的画面中间涂抹，制作出画面暗角效果，如图 11-196 和图 11-197 所示。

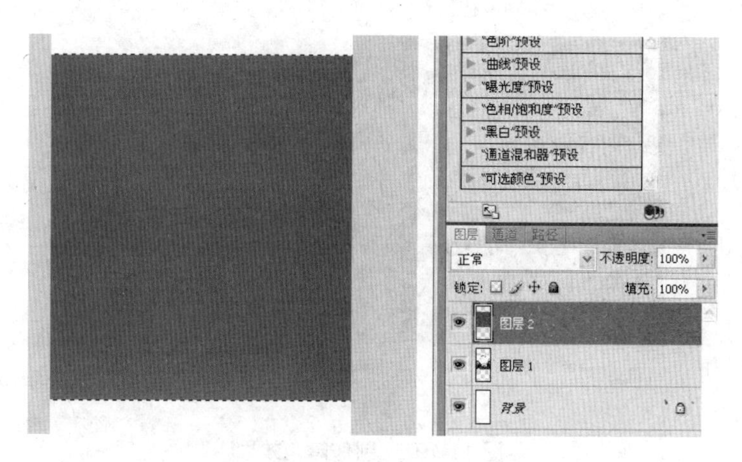

图 11-194　填充选区颜色

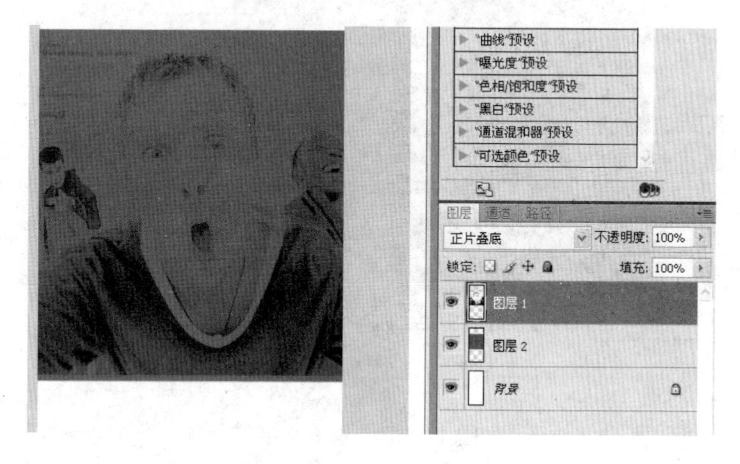

图 11-195　更改混合模式

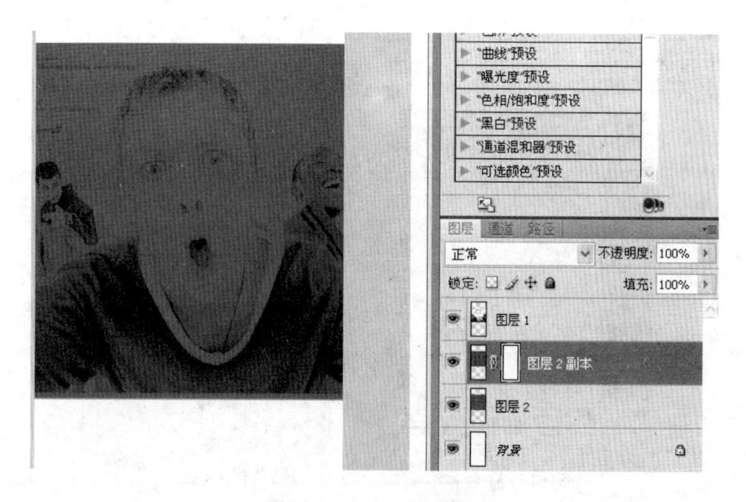

图 11-196　添加蒙版

（5）使用横排文字工具添加文字“口语培训教室”，字体用的是“经典综艺体简”，字号是“285 点”，使用了倾斜字体，如图 11-198 所示。

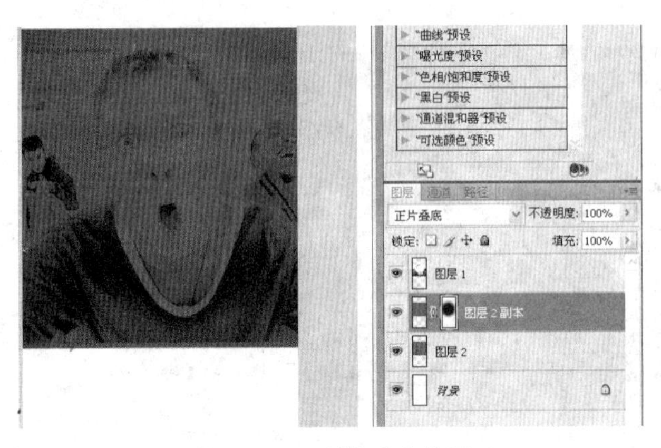

图 11-197 制作暗角效果

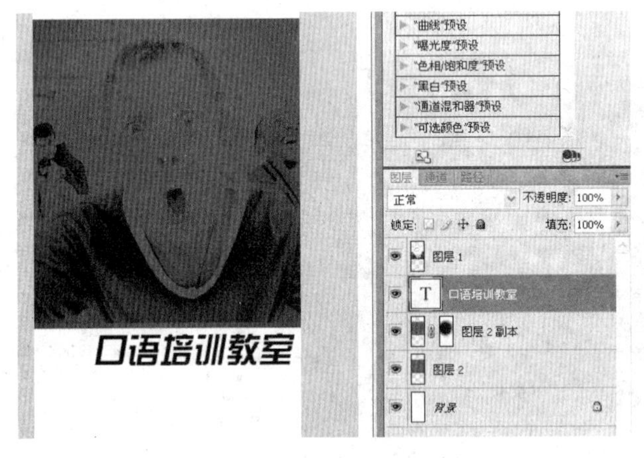

图 11-198 输入文字

继续输入文字“来自美国的口语教师　为你带来纯正的美语”，“十人小班授课　授课时间保障”，字体用的是“经典综艺体简”，重点强调文字的字号是“241 点”，填充颜色数值为#0056a3，其他文字的字号为“139 点”，如图 11-199 和图 11-200 所示。

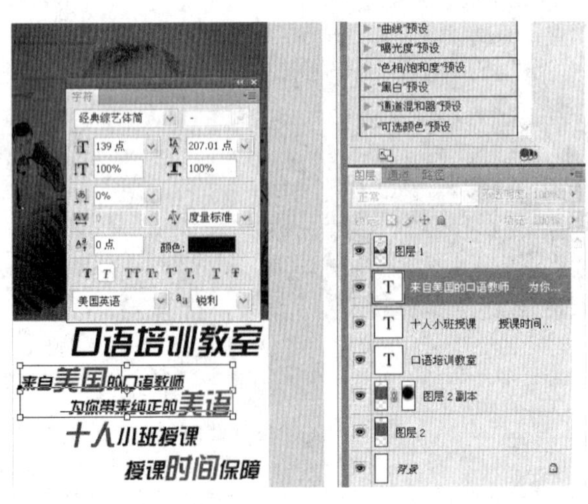

图 11-199 继续输入文字

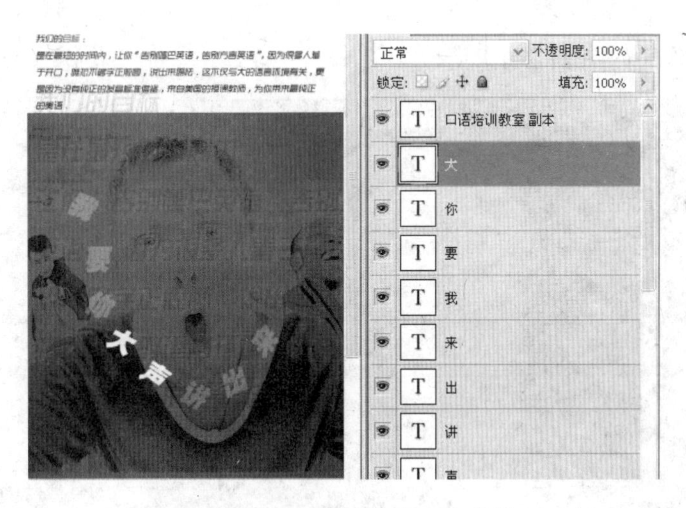

图 11-207 更改文字颜色和字号

加上信息文字“文化教育中心二楼联系人：黄老师”，字体用的是“经典美黑简”、字号是“80 点”，如图 11-208 所示。

这样就完成了这幅易拉宝的设计，如图 11-209 所示。

图 11-208 输入文字

图 11-209 平面图

（9）打开素材图片“易拉宝展示”，如图 11-210 所示。

将刚才制作的文件导出为 JPG 格式，将其置入文件中，使用 Ctrl+T 快捷键调整图片的大小和位置，并使用加深工具加深图片的上下位置，使之看上去更加自然，这样就完成了效果展示图的制作，如图 11-211 所示。

图 11-210　素材图片

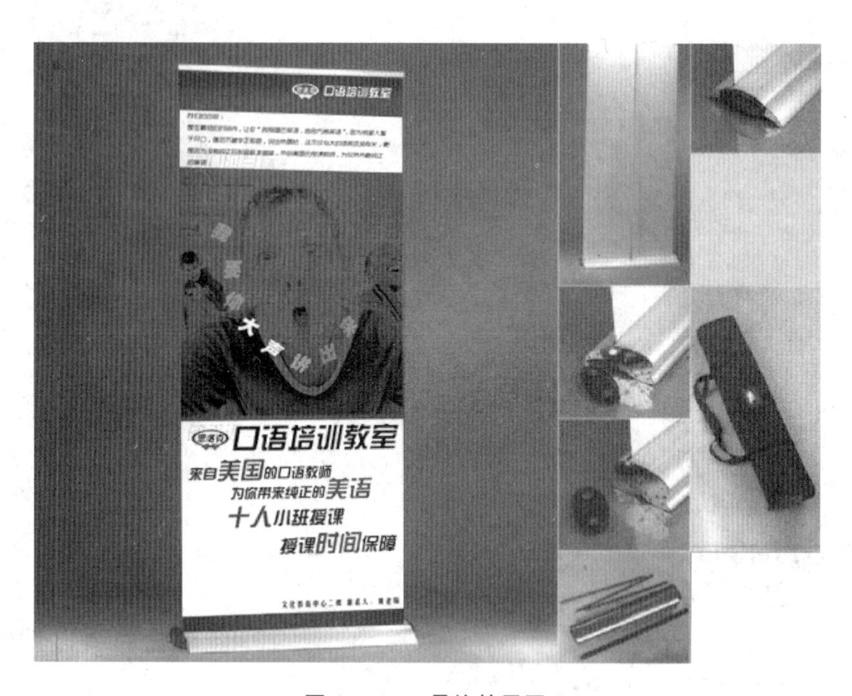

图 11-211　最终效果图

附录A 习题答案

第1章

一、填空题

1．图像处理应用
2．2GB、256MB、1024×768
3．位图、矢量图
4．数学向量方式
5．像素
6．图像分辨率
7．CMYK 颜色
8．PSD
9．标题栏、菜单栏、工具箱
10．JPEG 格式

二、选择题

1．A　2．C　3．B　4．D　5．D

三、简答题

1．解：

位图是由像素点组合成的图像，一个点就是一个像素，每个点都有自己的颜色。所以位图能够表现出丰富的色彩，但是正因为这样，位图图像记录的信息量较多，文件容量较大。矢量图像是以数学向量方式记录图像的，它由点、线和面等元素组成。矢量图像所记录的是对象的几何形状、线条大小、粗细和颜色等信息，不需要记录每个点的位置和颜色，所以它的文件容量比较小。另外，矢量图像与分辨率无关，它可以任意倍的缩放且清晰度不变，而不会出现锯齿状边缘。

2．解：

图像分辨率是指图像中每单位长度显示的像素的数量，通常用“像素/尺寸（dpi）”表示。分辨率是用来衡量图像细节表现力的一个技术指标。每英寸的像素越多，分辨率越高。一般来说，图像的分辨率越高，得到的印刷图像的质量就越好。

3．解：

颜色模式决定最终的显示和输出色彩。在 Photoshop 中可以支持多种颜色模式，如位图、灰度、索引颜色、RGB 颜色等。执行“图像”→“模式”菜单命令，在弹出的子菜单中包含了更多、更全面的颜色模式类型。

4．解：

启动 Photoshop CS4 后，即可查看到它的工作区，它主要由标题栏、菜单栏、工具选项栏、工具箱、面板、图像窗口及状态栏组成。

第 2 章

一、填空题

1．文件→存储
2．导航器
3．图像/图像大小
4．参考线
5．缩放
6．抓手工具
7．标尺、网格、参考线

二、选择题

1．B　　2．D　　3．C　　4．D

三、简答题

1．解：

Photoshop 图像文件的基本操作包括新建文件、打开图像文件、保存图像文件、关闭图像文件和图像文件的置入与导出。

2．解：

新建或打开图像文件后，对图像编辑完毕后要对图像文件进行存储，存储图像可以通过“文件”→“存储”命令来完成。对已存储过的文件，执行命令，不会弹出对话框，而是直接以原路径、原文件名保存。利用“存储为”对话框，不仅可以改变存储位置、文件名，也可以改变文件格式。还可以使用该对话框中的“存储选项”设置区进行详细的保存选项设置。

3．解：

如果不需要编辑图像文件时，可以关闭图像文件窗口，关闭时不退出 Photoshop 程序，关闭的方法有以下几种。

方法 1：选择“文件”→“关闭”菜单命令可关闭当前图像文件窗口。

方法 2：单击需要关闭的图像文件窗口右上角的“关闭”按钮。

方法 3：按 Ctrl+W 或 Ctrl+F4 快捷键关闭当前图像文件窗口。

四、上机练习题

解：略

第 3 章

一、填空题

1．Ctrl+Shift+Alt
2．粘贴入
3．Ctrl+T
4．套索工具、多边形套索工具、磁性套索工具
5．Ctrl +A

二、选择题

1．A　2．D　3．B　4．C
5．D　6．B　7．A　8．B

第 4 章

一、选择题

1．B　2．D　3．C　4．B　5．C　6．D

第 5 章

一、填空题

1．矩形工具、圆角矩形工具、椭圆工具、多边形工具、直线工具、自定义形状工具
2．闭合路径、开放路径
3．描边、设置选区

二、选择题

1．A　2．C　3．A　4．C

第 6 章

一、填空题

1．左对齐、居中、右对齐
2．段文字

3. 沿路径排列文字、路径内部文字

二、选择题

1. A　2. A　3. A　4. C　5. B

第 7 章

一、填空题

1. 图像/调整
2. 曲线
3. 预设
4. –00、+100
5. 亮度/对比度
6. 色相、饱和度、明度
7. 源图像、目标图像
8. 自动色阶、自动对比度、自动颜色、去色

二、选择题

1. C　2. A　3. C　4. D　5. A

三、上机练习题

解：略

第 8 章

一、填空题

1. 图层、图层
2. 显示、隐藏图层
3. 图层的混合模式
4. 用来存储图像颜色信息的
5. 创建新通道、复制通道、删除通道、分离与合并通道

二、选择题

1. B　2. A　3. C　4. B　5. D

三、上机练习题

解：略

第 9 章

一、填空题

1．滤镜
2．抽出
3．液化
4．模糊、杂色、锐化、其他
5．表面模糊滤镜
6．减少杂色、蒙尘与划痕、去斑、添加杂色、中间值
7．风格化、扭曲、像素化、渲染
8．浮雕效果
9．平面坐标、极坐标
10．逐行滤镜、NTSC 颜色滤镜
11．模糊
12．画笔描边、素描、纹理、艺术效果

二、选择题

1．A　2．B　3．A　4．D　5．C

三、上机练习题

解：略

第 10 章

上机练习题

解：略

第 11 章

一、填空题

1．动画（帧）

二、上机练习题

解：略

附录B Photoshop CS4 常用快捷键

Photoshop 中的操作方法复杂多样，在 Photoshop 中进行任何操作，从选择到命令，从工具到菜单，都至少有两种方法，有时有更多种。一个操作熟练的 Photoshop 玩家，在操作过程中，总是能够选择在当前工作方式下最容易、便捷的方法，通常就是快捷键操作，这样可以大大减少操作步骤，从而节省操作时间，提高工作效率。

下面就简单介绍一下 Photoshop 中主要快捷操作方式及其相对应的中文含义，如表 B-1 和表 B-2 所示。

表 B-1 菜单快捷键

菜单	快捷键	工具	快捷键	工具
文件菜单	Ctrl+N	新建	Ctrl+O	打开
	Ctrl+W	关闭	Ctrl+S	保存
	Shift+Ctrl+S	另存为	Shift+Ctrl+P	页面设置
	Ctrl+P	打印	Ctrl+Q	退出
编辑菜单	Ctrl+Z	撤销操作	F2/Ctrl+X	剪切
	F3/Ctrl+C	复制	Shift+Ctrl+C	复制合并
	F4/Ctrl+V	粘贴	Shift+Ctrl+V	粘贴进
	Ctrl+T	自由变换		
图像菜单	Ctrl+L	色阶	Shift+Ctrl+L	自动色阶
	Shift+Ctrl+Alt+L	自动对比度	Ctrl+M	色调曲线
	Ctrl+B	色彩平衡	Ctrl+U	色调/饱和度
	Shift+Ctrl+U	去色	Ctrl+I	反相
图层菜单	Shift+Ctrl+N	新建层	Ctrl+J	从复制新建层
	Shift+Ctrl+J	从剪切新建层	Ctrl+G	和上一层编组
	Shift+Ctrl+G	取消编组	Shift+Ctrl+]	移到顶层
	Ctrl+]	上移一层	Ctrl+[	下移一层
	Shift+Ctrl+[	移到底层	Ctrl+E	向下合并
	Alt+[	激活上一图层	Alt+]	激活下一图层
	Shift+Ctrl+E	合并可见层		
选择菜单	Ctrl+A	全选	Ctrl+D	取消选择
	Shift+Ctrl+D	重新选择	Shift+Ctrl+I	反转选择
	Alt+Ctrl+D	羽化		

续表

菜单	快捷键	工具	快捷键	工具
滤镜菜单	Ctrl+F	重复使用滤镜	Shift+Ctrl+F	淡化
视图菜单	Ctrl+Y	CMYK 模式预览	Shift+Ctrl+Y	颜色警告
	Ctrl++	放大	Ctrl+ -	缩小
	Ctrl+空格+单击	放大局部	Ctrl+空格+单击	缩小局部
	Ctrl+0	匹配屏幕	Alt+Ctrl+0	实际大小
	Ctrl+H	显示/隐藏选择	Shift+Ctrl+H	显示/隐藏路径
	Ctrl+R	显示/隐藏标尺	Ctrl+;	显示/隐藏辅助线
	Shift+Ctrl+;	锁定到辅助线	Alt+Ctrl+;	固定辅助线
	Ctrl+”	显示/隐藏网格	Shift+Ctrl+”	锁定到网格
其他命令	Shift+Tab	选项板调整	F1	帮助
	F5	显示或隐藏画板	F6	显示或隐藏颜色调板
	F7	显示或关闭图层调板	F8	显示或关闭信息调板
	F9	显示或关闭动作调板	Tab	调板、状态栏和工具箱
	方向键	选择区域移动	Ctrl+单击	图层转化为选区
	Shift+方向键	以 10 像素移动	Alt+Delete	填充为前景色
	Ctrl +Delete	填充为背景色	]	增大笔尖大小
	[	减小笔尖大小	Shift+]	选择最大笔尖
	Shift+[	选择最小笔尖		

表 B-2 工具快捷键

快捷键	工具	快捷键	工具
M	矩形选框工具	V	移动工具
C	裁剪工具	L	多边形套索工具
L	套索工具	W	魔棒工具
L	磁性套索工具	B	画笔工具
J	修补工具	S	图案图章工具
S	仿制图章工具	E	橡皮擦工具
Y	历史记录画笔工具	U	直线工具
N	铅笔工具	R	锐化工具
R	模糊工具	O	减淡工具
R	涂抹工具	O	海绵工具
O	加深工具	P	自由钢笔工具
P	钢笔工具	+	添加描点工具
-	删除描点工具	A	直接选择工具
T	文字工具	T	直排文字工具
T	横排文字蒙版工具	T	直排文字蒙版工具
U	度量工具	G	直线渐变工具
G	径向渐变工具	G	对称渐变工具
G	角度渐变工具	G	菱形渐变工具
G	油漆桶工具	I	吸管工具

续表

快捷键	工具	快捷键	工具
I	颜色取样器	H	抓手工具
Z	缩放工具	D	默认前景色和背景色
X	切换前景色和背景色	Q	切换标准模式和快速蒙版模式
F	标准屏幕模式	F	带有菜单栏的全屏模式
F	全屏模式	Ctrl	临时使用移动工具
Alt	临时使用吸色工具	空格	临时使用抓手工具
M	椭圆选框工具		

21 世纪高等学校数字媒体专业规划教材

ISBN	书　名	定价（元）
9787302234111	多媒体 CAI 课件制作技术及应用	35.00
9787302235118	虚拟现实技术	35.00
9787302238133	影视技术导论	29.00
9787302224921	网络视频技术	35.00
9787302232865	计算机动画制作与技术	39.00
9787302224877	数字动画编导制作	29.50
9787302222651	数字图像处理技术	35.00
9787302218562	动态网页设计与制作	35.00
9787302222644	J2ME 手机游戏开发技术与实践	36.00
9787302217343	Flash 多媒体课件制作教程	29.5
9787302208037	Photoshop CS4 中文版上机必做练习	99.00
9787302210399	数字音视频资源的设计与制作	25.00
9787302201076	Flash 动画设计与制作	29.50
9787302185406	网页设计与制作实践教程	35.00
9787302180319	非线性编辑原理与技术	25.00
9787302168119	数字媒体技术导论	32.00
9787302155188	多媒体技术与应用	25.00
9787302243700	多媒体信息处理与应用	35.00

以上教材样书可以免费赠送给授课教师，如果需要，请发电子邮件与我们联系。

教学资源支持

敬爱的教师：

感谢您一直以来对清华版计算机教材的支持和爱护。为了配合本课程的教学需要，本教材配有配套的电子教案（素材），有需求的教师可以与我们联系，我们将向使用本教材进行教学的教师免费赠送电子教案（素材），希望有助于教学活动的开展。

相关信息请拨打电话 010-62776969 或发送电子邮件至 weijj@tup.tsinghua.edu.cn 咨询，也可以到清华大学出版社主页（http://www.tup.com.cn 或 http://www.tup.tsinghua.edu.cn）上查询和下载。

如果您在使用本教材的过程中遇到了什么问题，或者有相关教材出版计划，也请您发邮件或来信告诉我们，以便我们更好地为您服务。

地址：北京市海淀区双清路学研大厦 A 座 708　　计算机与信息分社魏江江　收
邮编：100084　　电子邮件：weijj@tup.tsinghua.edu.cn
电话：010-62770175-4604　　邮购电话：010-62786544

《网页设计与制作（第 2 版）》目录

ISBN 978-7-302-25413-3　　梁　芳　主编

图书简介：

Dreamweaver CS3、Fireworks CS3 和 Flash CS3 是 Macromedia 公司为网页制作人员研制的新一代网页设计软件，被称为网页制作“三剑客”。它们在专业网页制作、网页图形处理、矢量动画以及 Web 编程等领域中占有十分重要的地位。

本书共 11 章，从基础网络知识出发，从网站规划开始，重点介绍了使用“网页三剑客”制作网页的方法。内容包括了网页设计基础、HTML 语言基础、使用 Dreamweaver CS3 管理站点和制作网页、使用 Fireworks CS3 处理网页图像、使用 Flash CS3 制作动画和动态交互式网页，以及网站制作的综合应用。

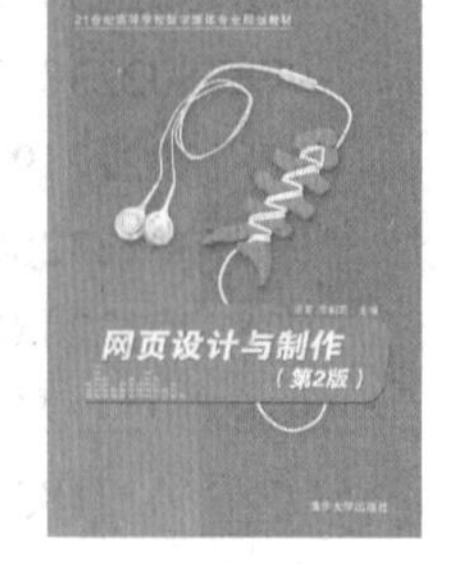

本书遵循循序渐进的原则，通过实例结合基础知识讲解的方法介绍了网页设计与制作的基础知识和基本操作技能，在每章的后面都提供了配套的习题。

为了方便教学和读者上机操作练习，作者还编写了《网页设计与制作实践教程》一书，作为与本书配套的实验教材。另外，还有与本书配套的电子课件，供教师教学参考。

本书可作为高等院校本、专科网页设计课程的教材，也可作为高职高专院校相关课程的教材或培训教材。

目　　录：